高等院校程序设计系列教材

Visual C++
教程（第4版）

郑阿奇 主编
丁有和 编著

清华大学出版社
北 京

内 容 简 介

本书以 Visual Studio 2010（Visual C++）专业版为平台，直接从 Windows 编程入手，系统介绍了 Windows 应用程序编程技巧和应用技术。内容包括 Windows 编程基础，对话框，常用控件，菜单、工具栏和状态栏，框架窗口，文档和视图，图形、文本和打印，数据库编程，以及 Visual C++ 高级应用（包括 CImage、OpenGL、DLL 和 ActiveX 控件等）。附录部分包括 Visual C++ 常用编程操作方法、程序简单调试以及 C++ 基本知识点。

本书体现较强的应用特色，既适合作为大学本科、高职高专等各类高等学校的教材，也可作为 Visual C++ 的各类培训和用户学习参考用书。

本书封面贴有清华大学出版社防伪标签，无标签者不得销售。

版权所有，侵权必究。举报：010-62782989，beiqinquan@tup.tsinghua.edu.cn。

图书在版编目（CIP）数据

Visual C++ 教程/郑阿奇主编；丁有和编著. —4 版. —北京：清华大学出版社，2022.4（2024.1重印）
高等院校程序设计系列教材
ISBN 978-7-302-60261-3

Ⅰ.①V… Ⅱ.①郑… ②丁… Ⅲ.①C++ 语言－程序设计－高等学校－教材 Ⅳ.①TP312.8

中国版本图书馆 CIP 数据核字（2022）第 036260 号

责任编辑：张瑞庆　薛　阳
封面设计：常雪影
责任校对：徐俊伟
责任印制：刘海龙

出版发行：清华大学出版社
　　　　网　　址：https://www.tup.com.cn，https://www.wqxuetang.com
　　　　地　　址：北京清华大学学研大厦 A 座　　邮　　编：100084
　　　　社 总 机：010-83470000　　邮　　购：010-62786544
　　　　投稿与读者服务：010-62776969，c-service@tup.tsinghua.edu.cn
　　　　质量反馈：010-62772015，zhiliang@tup.tsinghua.edu.cn
　　　　课件下载：https://www.tup.com.cn，010-83470236
印 装 者：三河市铭诚印务有限公司
经　　销：全国新华书店
开　　本：185mm×260mm　　印　　张：24.75　　字　　数：606 千字
版　　次：2005 年 6 月第 1 版　　2022 年 5 月第 4 版　　印　　次：2024 年 1 月第 2 次印刷
定　　价：69.90 元

产品编号：093215-01

前言

本书在第 3 版的基础上采用 Visual Studio 2010(Visual C++)开发环境(专业版)对各章的内容进行梳理、更新和优化，修改了第 3 章的"树控件"和第 7 章的"多表处理"示例以及附录中的内容，在第 8 章中增加了"使用 CImage"一节，删除了第 7 章的"数据库相关的 ActiveX 控件"内容，同时对晦涩、重复以及错误的内容及代码进行了调整和更正。

本书配套资源提供按章组织的教学课件，同时提供包含教程中例 Ex_xxxx 实例源文件代码的所有工程文件，方便教师教学和学生模仿。可以在清华大学出版社网站 http://www.tup.com.cn 中免费下载。同时，配套提供《Visual C++ 实训》，包含与本教程配套的实验和综合应用实习，可以根据需要选择。

本教程不仅适合于教学，也非常适合于 Visual C++ 的各类培训和用 Visual C++ 开发应用程序的用户学习和参考。

本书由南京师范大学丁有和编写，南京师范大学郑阿奇统编并定稿。

由于作者水平有限，书中不当之处在所难免，恳请读者批评指正。

作　者

2022 年 2 月

目 录

第 1 章　Windows 编程基础 … 1
1.1　从 main() 到 WinMain() … 1
1.1.1　Windows 等价程序 … 2
1.1.2　头文件 … 5
1.1.3　程序入口函数 … 5
1.1.4　MessageBox() 函数 … 6
1.2　窗口和消息 … 7
1.2.1　程序框架代码 … 7
1.2.2　注册窗口类 … 10
1.2.3　创建和显示窗口 … 11
1.2.4　消息和消息处理 … 12
1.2.5　WM_PAINT 消息 … 13
1.2.6　Windows 基本数据类型 … 14
1.3　C++"类" … 16
1.3.1　类和对象 … 16
1.3.2　构造函数和析构函数 … 19
1.3.3　new 和 delete … 22
1.3.4　this 指针 … 23
1.3.5　继承和派生 … 25
1.3.6　虚函数 … 27
1.4　MFC 编程 … 29
1.4.1　MFC 概述 … 29
1.4.2　MFC 程序框架 … 30
1.4.3　程序运行机制 … 32
1.4.4　消息映射 … 32
1.5　MFC 应用程序框架 … 33
1.5.1　MFC 应用程序类型 … 33
1.5.2　文档应用程序创建 … 34
1.5.3　项目和解决方案 … 41
1.5.4　解决方案管理和配置 … 42
1.5.5　OnDraw() 和消息添加 … 46

1.6　总结提高 ··· 50

第 2 章　对话框　　52

2.1　创建对话框 ·· 52
　　2.1.1　创建基于对话框的应用程序 ·· 52
　　2.1.2　添加并创建对话框 ··· 56
2.2　设计对话框 ·· 61
　　2.2.1　设置对话框属性 ·· 61
　　2.2.2　添加和布局控件 ·· 62
　　2.2.3　组框和蚀刻线 ··· 65
　　2.2.4　WM_INITDIALOG 消息 ·· 66
2.3　使用对话框 ·· 68
　　2.3.1　在程序中使用 ··· 68
　　2.3.2　DoModal()和模式对话框 ·· 71
　　2.3.3　通用对话框 ·· 72
　　2.3.4　消息对话框 ·· 75
2.4　总结提高 ··· 76

第 3 章　常用控件　　77

3.1　创建和使用控件 ·· 77
　　3.1.1　控件的创建方式 ·· 77
　　3.1.2　控件的消息及消息映射 ··· 80
　　3.1.3　控件类和控件对象 ··· 83
　　3.1.4　DDX 和 DDV ·· 87
3.2　静态控件和按钮 ·· 88
　　3.2.1　静态控件 ··· 88
　　3.2.2　按钮 ··· 88
　　3.2.3　制作问卷调查对话框示例 ·· 89
3.3　编辑框和旋转按钮控件 ··· 93
　　3.3.1　编辑框的属性和通知消息 ·· 93
　　3.3.2　编辑框的基本操作 ··· 94
　　3.3.3　旋转按钮控件 ··· 96
　　3.3.4　输入学生成绩对话框示例 ·· 97
3.4　列表框 ··· 101
　　3.4.1　列表框的属性和消息 ··· 101
　　3.4.2　列表框的基本操作 ·· 102
　　3.4.3　城市邮政编码对话框示例 ··· 104
3.5　组合框 ··· 109
　　3.5.1　组合框的属性和消息 ··· 109

		3.5.2 组合框常见操作 ······ 110
		3.5.3 城市邮政编码和区号对话框示例 ······ 111
3.6	进展条、滚动条和滑动条 ······ 116	
		3.6.1 进展条 ······ 116
		3.6.2 滚动条 ······ 119
		3.6.3 滑动条 ······ 121
		3.6.4 调整对话框背景颜色示例 ······ 123
3.7	日期时间拾取器 ······ 125	
3.8	列表控件和树控件 ······ 129	
		3.8.1 图像列表控件 ······ 129
		3.8.2 列表控件 ······ 130
		3.8.3 树控件 ······ 140
3.9	总结提高 ······ 149	

第 4 章 菜单、工具栏和状态栏　　151

4.1	菜单 ······ 151	
		4.1.1 菜单一般规则 ······ 151
		4.1.2 更改应用程序菜单 ······ 152
		4.1.3 使用键盘快捷键 ······ 154
		4.1.4 菜单的编程控制 ······ 155
		4.1.5 使用快捷菜单 ······ 159
4.2	工具栏 ······ 161	
		4.2.1 使用工具栏编辑器 ······ 161
		4.2.2 工具图标按钮和菜单项相结合 ······ 163
		4.2.3 多个工具栏的使用 ······ 164
4.3	状态栏 ······ 167	
		4.3.1 状态栏的定义 ······ 167
		4.3.2 状态栏的常用操作 ······ 168
		4.3.3 改变状态栏的风格 ······ 170
4.4	总结提高 ······ 172	

第 5 章 框架窗口、文档和视图　　174

5.1	框架窗口 ······ 174	
		5.1.1 主框架窗口和文档窗口 ······ 174
		5.1.2 框架窗口初始状态的改变 ······ 175
		5.1.3 窗口样式 ······ 176
		5.1.4 窗口样式设置 ······ 177
		5.1.5 改变窗口大小和位置 ······ 179
5.2	文档模板 ······ 181	

	5.2.1 文档模板类	181
	5.2.2 文档模板字符串资源	182
5.3	文档序列化	183
	5.3.1 文档序列化过程	184
	5.3.2 CArchive 类和序列化操作	185
	5.3.3 使用简单数组集合类	188
	5.3.4 使用 CFile 类	191
	5.3.5 CFile 和 CArchive 类之间的关联	196
5.4	视图应用框架	197
	5.4.1 一般视图框架	197
	5.4.2 列表视图框架	203
	5.4.3 树视图框架	208
5.5	文档视图结构	211
	5.5.1 文档与视图的相互作用	211
	5.5.2 应用程序对象指针的互调	213
	5.5.3 切分窗口	215
	5.5.4 一档多视	218
5.6	总结提高	224

第 6 章　图形、文本和打印　226

6.1	概述	226
	6.1.1 设备环境类	226
	6.1.2 坐标映射	226
	6.1.3 CPoint、CSize 和 CRect	228
	6.1.4 颜色和颜色对话框	231
6.2	图形设备接口	233
	6.2.1 使用 GDI 对象	233
	6.2.2 画笔	234
	6.2.3 画刷	235
	6.2.4 位图	237
6.3	图形绘制	239
	6.3.1 画点、线	239
	6.3.2 矩形和多边形	240
	6.3.3 曲线	242
	6.3.4 在视图中绘制图形示例	244
	6.3.5 在对话框及控件中绘图	246
6.4	字体与文字处理	248
	6.4.1 字体和字体对话框	248
	6.4.2 常用文本输出函数	250

    6.4.3 文本格式化属性 ·· 253
    6.4.4 计算字符的几何尺寸 ······································ 254
    6.4.5 文档内容显示及其字体改变 ······························ 255
  6.5 图标和光标 ·· 257
    6.5.1 图像编辑器 ·· 257
    6.5.2 图标 ·· 260
    6.5.3 光标 ·· 263
  6.6 打印与打印预览 ·· 266
    6.6.1 打印与打印预览机制 ······································ 266
    6.6.2 打印与打印预览的简单设计 ······························ 268
    6.6.3 完整的示例 ·· 275
  6.7 总结提高 ·· 278

第 7 章 数据库编程 282

  7.1 概述 ·· 282
    7.1.1 数据模型 ·· 282
    7.1.2 SQL 接口和常用语句 ······································ 283
    7.1.3 ODBC、DAO 和 OLE DB ································ 285
    7.1.4 ADO 技术 ·· 286
  7.2 MFC ODBC 一般操作 ······································ 286
    7.2.1 MFC ODBC 使用过程 ···································· 286
    7.2.2 ODBC 数据表绑定更新 ·································· 293
    7.2.3 MFC 的 ODBC 类 ·· 294
  7.3 MFC ODBC 常用编程 ···································· 297
    7.3.1 显示记录总数和当前记录号 ···························· 297
    7.3.2 编辑记录 ·· 300
    7.3.3 字段操作 ·· 303
    7.3.4 多表处理 ·· 306
  7.4 ADO 数据库编程 ·· 310
    7.4.1 ADO 编程的一般过程 ···································· 310
    7.4.2 Recordset 对象使用 ······································ 314
    7.4.3 Command 对象使用 ······································ 317
  7.5 总结提高 ·· 317

第 8 章 高级应用 320

  8.1 图像处理和 OpenGL ······································ 320
    8.1.1 常用图像控件 ·· 320
    8.1.2 使用 CImage ·· 322
    8.1.3 使用 OpenGL ·· 326

8.2 动态链接库 ······ 330
8.2.1 DLL 概念和 Visual C++ 的支持 ······ 330
8.2.2 动态链接库的创建 ······ 331
8.2.3 动态链接库的访问 ······ 333
8.3 ActiveX 控件 ······ 335
8.3.1 创建 ActiveX 控件 ······ 335
8.3.2 测试和使用 ActiveX 控件 ······ 344
8.4 总结提高 ······ 348

附录 A Visual C++ 常用编程操作方法   349

附录 B 程序简单调试   354

附录 C C++ 基本知识点   359

C.1 C++ 程序结构 ······ 359
C.2 标识符和数据类型 ······ 360
C.3 运算符和表达式 ······ 364
C.4 基本语句 ······ 368
C.5 函数 ······ 370
C.6 指针和引用 ······ 371
C.7 预处理 ······ 373
C.8 类和对象 ······ 375
C.9 继承和派生 ······ 378
C.10 多态和虚函数 ······ 379
C.11 运算符重载 ······ 380
C.12 基本异常处理 ······ 381

第 1 章 Windows 编程基础

基于 Windows 的编程方式有两种。一种是使用 Windows API(Application Programming Interface,应用程序编程接口)函数,通常用 C/C++ 语言按相应的程序框架进行编程。这些程序框架往往还针对程序应用的不同提供了相应的文档、范例和工具的"软件开发工具包"(Software Development Kit,SDK),所以这种编程方式有时又称为 SDK 方式。另一种是使用"封装"方式,例如 Visual C++ 的 MFC 方式,它是将 SDK 中的绝大多数函数、数据等按 C++ "类"的形式进行封装,并提供相应应用程序框架和编程操作。

事实上,无论是哪种编程方式,人们最关心的内容有三个:一是程序入口,二是窗口、资源等的创建和使用,三是键盘、鼠标等所产生的事件或其他消息的接收和处理。本章就来讨论这些内容。

1.1 从 main()到 WinMain()

学习编程往往以简单的例子来入手,例如,一个简单的 C 程序常有下列框架代码。

```
#include <stdio.h>
int main()
{
    printf("Hello World!\n");        /*输出*/
    return 0;                        /*指定返回值*/
}
```

事实上,该程序已包括 C 程序中最常用的 #include 指令、必需的程序入口 main()函数、库函数 printf()调用和 return 语句。由于此程序是在早期的 DOS(Disk Operating System,磁盘操作系统)环境的字符模型下运行的,因而 printf()函数所输出的都是字符流。这就是说,它在屏幕上输出一行文本"Hello World!"。类似地,具有相同运行结果的 C++ 程序可有下列代码。

```
#include <iostream.h>
int main()
{
```

```
        cout<<"Hello World!\n";              /*输出*/
        return 0;                            /*指定返回值*/
}
```

这里,cout 表示标准输出流对象,用于屏幕输出,"<<"是插入符,它将后面的内容插入到 cout 中,即输出到屏幕上。♯include 指定的 iostream.h 文件是 C++一个标准输入输出流的头文件,由于程序中用到了输出流对象 cout,故需此包含语句。

需要说明的是,随着第一个 C++的国际标准 ISO/IEC 14882:1998(常称为 C++ 98、标准 C++或 ANSI/ISO C++)发布,C++头文件(Header File)格式有了明显的变化。同时,为了避免与早期库文件相冲突,C++引用了"名称空间(Namespace)"这个特性,并重新对库文件命名,去掉了早期库文件中的扩展名.h。因此,上述代码应写成:

```
#include<iostream>
using namespace std;
int main()
{
        cout<<"Hello World!\n";              /*输出*/
        return 0;                            /*指定返回值*/
}
```

其中的 cin 和 cout 就是 std 中已定义的流对象,若不使用"using namespace std;",还应在调用时通过域作用运算符"::"来指定它所属的名称空间。

不过,由于 Windows 是图形界面,因而在 Windows 环境下的编程与 DOS 环境下的 C/C++是有着本质区别的。事实上,Windows 控制台窗口就是用来与 DOS 屏幕相兼容的。

1.1.1 Windows 等价程序

等价的 Windows 程序可以写成:

【例 Ex_HelloMsg】

```
#include <windows.h>
int WINAPI WinMain (HINSTANCE hInstance, HINSTANCE hPrevInstance,
                PSTR szCmdLine, int nCmdShow)
{
        MessageBox (NULL, "Hello, World!", "Hello", 0);
        return 0;
}
```

在深入剖析上述程序之前,先来看一看在 Microsoft Visual Studio 2010(Visual C++)中的编辑、连接和运行的过程。

(1) 依次选择"开始"→"所有程序"→Microsoft Visual Studio 2010→Microsoft Visual Studio 2010 菜单命令,运行 Microsoft Visual Studio 2010。第一次运行时,会出现"选择默认环境设置"对话框。对于 Visual C++用户来说,为了能延续以往的环境布局和操作习惯,应选中"Visual C++ 开发设置",然后单击 [启动 Visual Studio(S)] 按钮。稍等片刻后,出现 Microsoft Visual Studio 2010 开发环境。

说明:为叙述方便,以后"Visual C++"就是指上述过程,本书做此约定!

(2)依次选择"文件"→"新建"→"项目"菜单命令、按快捷键 Ctrl+Shift+N 或单击顶层菜单下的标准工具栏中的 [图] 按钮,弹出"新建项目"对话框。在"已安装的模板"栏下选中 Visual C++下的 Win32 结点,在中间的模板栏中选中 [图] Win32 项目。

(3)单击"位置"编辑框右侧的 [浏览(B)...] 按钮,从弹出的"项目位置"对话框中指定项目所在的文件夹 [▶ 计算机 ▶ 本地磁盘 (D:) ▶ Visual C++程序 ▶ 第1章](预先要创建这个文件夹),如图 1.1 所示,单击 [选择文件夹] 按钮,回到"新建项目"对话框中。

图 1.1　创建并定位工作文件夹

需要说明的是,为了便于程序的管理和查找,本书涉及的程序均放入工作文件夹 "D:\Visual C++程序"中,第 1 章程序放入其下子文件夹"第 1 章"中,第 2 章程序放入子文件夹"第 2 章"中,以此类推。

(4)在"新建项目"对话框的"名称"编辑框中输入名称"Ex_HelloMsg"(双引号不输入)。同时,要取消勾选"为解决方案创建目录"复选框。

(5)单击 [确定] 按钮,弹出"Win32 应用程序向导"对话框,单击 [下一步 >] 按钮,进入"应用程序设置"页面,选中"附加选项"的"空项目",单击 [完成] 按钮,系统开始创建 Ex_HelloMsg 空项目。

(6)依次选择"项目"→"添加新项"菜单命令、按快捷键 Ctrl+Shift+A 或单击标准工具栏中的 [图] 按钮,弹出"添加新项"对话框,在"已安装的模板"栏下选中 Visual C++下的"代码"结点,在中间模板栏中选 [图] C++ 文件(.cpp);在"名称"栏中输入文件名"HelloMsg"(双引号不输入,扩展名.cpp 可省略)。单击 [添加(A)] 按钮,在打开的文档窗口中输入上面的 C++

代码。从中可以看到输入的代码的颜色会相应地发生改变,这是 Microsoft Visual Studio 2010 的文本编辑器所具有的语法颜色功能,绿色表示注释(如/ * … * /),蓝色表示关键词(如 return)等。

(7) 依次选择"项目"→"Ex_HelloMsg 属性"菜单命令或按快捷键 Alt+F7,在弹出的"Ex_HelloMsg 属性页"对话框中展开并选中"配置属性"→"常规"结点,在右侧"字符集"属性值中单击下拉按钮,从弹出的下拉项中选中"使用多字节字符集",如图 1.2 所示。单击 确定 按钮。

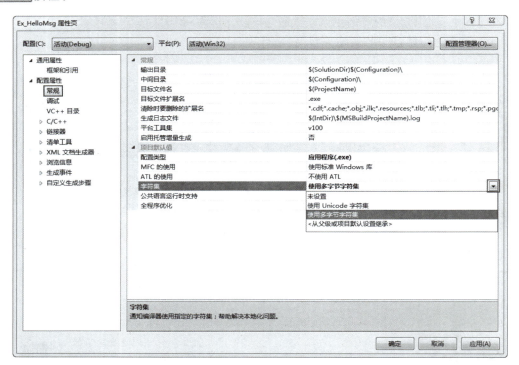

图 1.2　配置"字符集"属性

特别地,为了能使用当前 Windows 7 系统下的最新界面风格,应在 HelloMsg.cpp 文件首行加上下列一行代码(不能有换行符,是一行)。

```
#pragma comment(linker,"/manifestdependency:\"type='win32'
    name='Microsoft.Windows.Common-Controls'
    version='6.0.0.0' processorArchitecture='x86'
    publicKeyToken='6595b64144ccf1df' language='*'\"")
```

(8) 依次选择"生成"→"生成解决方案"菜单命令或直接按快捷键 F7,系统开始对 HelloMsg.cpp 进行编译、连接,同时在输出窗口中显示编连信息,当出现"==生成:成功 1 个,失败 0 个,最新 0 个,跳过 0 个=="时,表示可执行文件 Ex_HelloMsg.exe 已经正确无误地生成了。

(9) 依次选择"调试"→"开始执行(不调试)"菜单命令或直接按快捷键 Ctrl+F5,就可以运行刚刚生成的 Ex_HelloMsg.exe 了,结果如图 1.3 所示。

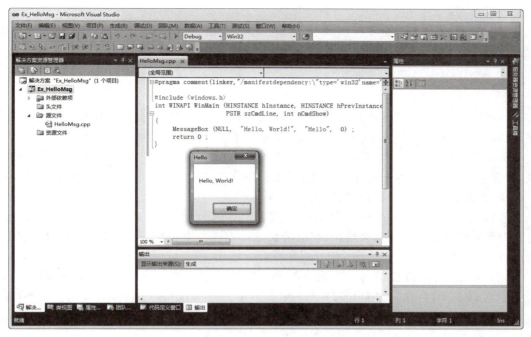

图 1.3　输入代码后的开发环境和运行结果

1.1.2　头文件

HelloMsg.cpp 的开始是一条 #include 预处理指令，实际上在用 C++（或者 C）编写的 Windows 应用程序的头部都可以看到这样的指令：

```
#include <windows.h>
```

Windows.h 是最主要的头文件，它还包含其他一些 Windows 头文件。例如：

```
windef.h:        //基本类型定义
winbase.h:       //内核函数
wingdi.h:        //用户接口函数
winuser.h:       //图形设备接口函数
```

这些头文件定义了 Windows 的所有数据类型、函数调用、数据结构和符号常量，它们是 Windows 应用程序文档中的一个重要部分。

1.1.3　程序入口函数

在 C/C++ 程序中，其入口函数都是 main()。但在 Windows 程序中，这个入口函数是由 WinMain() 来代替的。该函数是在 winbase.h 中声明的，其原型如下。

```
int WINAPI WinMain(HINSTANCE hInstance, HINSTANCE hPrevInstance,
        LPSTR lpCmdLine, int nShowCmd);
```

可以看出：

（1）WinMain（）函数被声明成为返回一个 int 值，同时 WinMain（）函数名前还有 WINAPI 标识符的修饰。WINAPI 是一种"调用约定"宏，它在 windef.h 中有如下定义。

```
#define WINAPI     __stdcall
```

所谓"调用约定"，就是指程序生成机器码后，函数调用的多个参数是按怎样的次序来传递，同时函数调用结束后堆栈由谁来恢复，以及编译器对函数名的修饰约定等的协议。

函数调用约定"协议"有许多个，其中，由 WINAPI 宏指定的 __stdcall 是一个常见的协议，内容包括：参数从右向左压入堆栈；函数自身修改堆栈；机器码中的函数名前面自动加下画线，而函数后面接@符号和参数的字节数。

特别地，Visual C++ 的 MFC 方式却采用了 __cdecl 调用约定：参数从右向左压入堆栈；传递参数的内存栈由调用者来维护（正因为如此可实现变参函数）；机器码中的函数名只在前面自动加下画线。

（2）WinMain（）函数的第一个和第二个参数都是 HINSTANCE（实例句柄）类型。在 HINSTANCE 中，H 表示 Handle，是"句柄"的意思。在 Windows 编程中，句柄是一个应用程序，用来识别某些资源、状态、模块等的数字。由于句柄唯一标识着对应的资源、状态、模块等，因而使用句柄就是使（调）用相应的资源、状态、模块。

当应用程序运行多次时，每一次都是应用程序的"实例"。由于同一个应用程序的所有实例都共享着应用程序的资源，因而程序通过检查 hPrevInstance 参数就可确定自身的其他实例是否正在运行。

（3）WinMain（）函数的第三个参数 lpCmdLine 用来指定程序的命令行，其参数类型为 LPSTR。但在 HelloMsg.cpp 中，却将其改为 PSTR。这两种数据类型都是合法的，也都是指向字符串的指针类型。其中的 STR 是"STRING，字符串"的含义，是指以\0 结尾的字符串，LP 前缀表示"长指针"，在 Win32 中，它与 P 前缀表示的"指针"含义相同。

（4）WinMain（）函数的第四个参数 nShowCmd 用来指定程序最初显示的方式，它可以是正常、最大化或最小化来显示程序窗口。

纵观上述参数和类型名可以发现它们的命名规则如下。

（1）C++ 原有的类型名仍保留其小写，但新的类型都是用大写字母来命名的。

（2）参数名（变量名）都是采用"匈牙利表示法"的命名规则来定义的。它的主要方法是将变量名前后加上表示"类型"和"作用"的"前缀（小写）"；而变量名本身由"状态""属性"和"含义"等几部分组成，每部分的名称可以是全称，也可以是缩写，且每部分一般只有第一个字母是大写。例如，hPrevInstance 则是由前缀 h（表示"句柄"类型）+ 状态 Prev（表示"以前的"）+ 属性 Instance（表示"实例"）组成的。

1.1.4　MessageBox（）函数

MessageBox（）是一个 Win32 API 函数，用来弹出一个对话框，显示短信息，该函数具有下列原型。

```
int MessageBox(HWND hWnd, LPCTSTR lpText, LPCTSTR lpCaption, UINT uType);
```

其中，第一个参数 hWnd 用来指定父窗口句柄，即对话框所在的窗口句柄。第二个和第三个参数分别用来指定显示的消息内容(lpText)和对话框窗口的标题(lpCaption)，最后一个参数用来指定在对话框中显示的预定义的按钮和图标标识，它们是在 winuser.h 中定义的一组以 MB_ 开始的常数组合。例如，下面是在例 HelloMsg.cpp 中改变 MessageBox 的第四个参数。

```
#include <windows.h>
int WINAPI WinMain (HINSTANCE hInstance, HINSTANCE hPrevInstance,
                    PSTR szCmdLine, int nCmdShow)
{
    MessageBox (NULL, "Hello, World!", "Hello",
                MB_ICONQUESTION | MB_ABORTRETRYIGNORE);
    return 0;
}
```

程序运行后，结果如图 1.4 所示。可见，MB_ICONQUESTION 用来指定在对话框中显示图标，而 MB_ABORTRETRYIGNORE 用来指定"中止""重试"和"忽略"按钮，类似这样的预定义标识还有很多，以后讨论到 MFC 中的 CWnd∷MessageBox 函数时还要讨论，故这里不再赘述。

图 1.4　第四个参数的作用

1.2　窗口和消息

MessageBox 通过创建的默认"窗口"来显示简单的信息：窗口标题、一行或多行文本、图标和按钮等。在 Windows 环境中，一个"窗口"就是屏幕上的一个矩形区域，它接收用户的输入，并以文本或图形方式来显示内容。事实上，"窗口"就是用户操作的区域界面，在编程中除创建等操作外，还要处理用户输入、窗口本身事件所产生的"消息"。

1.2.1　程序框架代码

为了能处理上述两部分的内容：窗口创建和消息处理，Windows 提供了相应的程序框架，如下面的例子。

【例 Ex_HelloWin】

```c
#pragma comment(linker,"/manifestdependency:\"...    //同前
#include <windows.h>
LRESULT CALLBACK WndProc(HWND, UINT, WPARAM, LPARAM);    //窗口过程
int WINAPI WinMain(HINSTANCE hInstance, HINSTANCE hPrevInstance,
            LPSTR lpCmdLine, int nCmdShow)
{
    HWND        hwnd;                           //窗口句柄
    MSG         msg;                            //消息
    WNDCLASS    wndclass;                       //窗口类
    wndclass.style          = CS_HREDRAW | CS_VREDRAW;
    wndclass.lpfnWndProc    = WndProc;
    wndclass.cbClsExtra     = 0;
    wndclass.cbWndExtra     = 0;
    wndclass.hInstance      = hInstance;
    wndclass.hIcon          = LoadIcon(NULL, IDI_APPLICATION);
    wndclass.hCursor        = LoadCursor(NULL, IDC_ARROW);
    wndclass.hbrBackground  = (HBRUSH)GetStockObject(WHITE_BRUSH);
    wndclass.lpszMenuName   = NULL;
    wndclass.lpszClassName  = "HelloWin";       //窗口类名
    if(!RegisterClass(&wndclass))   {           //注册窗口
        MessageBox(NULL, "窗口注册失败!", "HelloWin", 0);
        return 0;
    }
    //创建窗口
    hwnd = CreateWindow("HelloWin",             //窗口类名
                "我的窗口",                      //窗口标题
                WS_OVERLAPPEDWINDOW,            //窗口样式
                CW_USEDEFAULT,                  //窗口最初的 x 位置
                CW_USEDEFAULT,                  //窗口最初的 y 位置
                480,                            //窗口最初的 x 大小
                320,                            //窗口最初的 y 大小
                NULL,                           //父窗口句柄
                NULL,                           //窗口菜单句柄
                hInstance,                      //应用程序实例句柄
                NULL);                          //创建窗口的参数
    ShowWindow(hwnd, nCmdShow);                 //显示窗口
    UpdateWindow(hwnd);                         //更新窗口,包括窗口的客户区
    //进入消息循环:当从应用程序消息队列中检取的消息是 WM_QUIT 时,则退出循环
    while(GetMessage(&msg, NULL, 0, 0)) {
        TranslateMessage(&msg);                 //转换某些键盘消息
        DispatchMessage(&msg);
        //将消息发送给窗口过程,这里是 WndProc
```

```
        }
        return msg.wParam;
}
LRESULT CALLBACK WndProc(HWND hwnd, UINT message,
                            WPARAM wParam, LPARAM lParam)
{
    HDC             hdc;
    PAINTSTRUCT     ps;
    RECT            rc;
    switch (message)    {
        case    WM_CREATE:                      //窗口创建产生的消息
            return 0;
        case    WM_PAINT:
            hdc     = BeginPaint(hwnd, &ps);
            GetClientRect(hwnd, &rc);           //获取窗口客户区大小
            DrawText(hdc, "Hello Windows!", -1, &rc,
                    DT_SINGLELINE|DT_CENTER|DT_VCENTER);
            EndPaint(hwnd, &ps);
            return 0;
        case    WM_DESTROY:                     //当窗口关闭时产生的消息
            PostQuitMessage(0);
            return 0;
    }
    return DefWindowProc(hwnd, message, wParam, lParam);
    //执行默认的消息处理
}
```

创建并运行上述程序时，先创建一个 Ex_HelloWin 的 Win32 空项目，然后再创建并添加新的源文件 hellowin.cpp，输入上述代码，修改"字符集"属性值为"使用多字节字符集"，然后编连和运行，结果如图 1.5 所示（中间的空白区域称为"客户区"）。

图 1.5　例 Ex_HelloWin 运行结果

虽然与例 Ex_HelloMsg 相比,例 Ex_HelloWin 要复杂得多,但总可以将其分解成两个基本函数的程序结构。一个就是前面所讨论的 WinMain()函数,另一个是用户定义的窗口过程函数 WndProc()。窗口过程函数 WndProc()用来接收和处理各种不同的消息。

1.2.2 注册窗口类

程序中在创建窗口之前,还应调用 RegisterClass()注册应用程序的窗口类。该函数只要一个参数,即一个指向类型为 WNDCLASS 的结构指针。它包含一个窗口的基本属性,如窗口边框、窗口标题栏文字、窗口大小和位置、鼠标、背景色、处理窗口消息函数的名称等。事实上,注册的过程也就是将这些属性告诉系统,然后再调用 CreateWindow()函数创建出窗口。WNDCLASS 结构具有下列原型。

```
typedef struct {
    UINT         style;           //窗口的风格
    WNDPROC      lpfnWndProc;     //指定窗口的消息处理函数的窗口过程函数
    int          cbClsExtra;      //指定分配给窗口类结构之后的额外字节数
    int          cbWndExtra;      //指定分配给窗口实例之后的额外字节数
    HINSTANCE    hInstance;       //指定窗口过程所对应的实例句柄
    HICON        hIcon;           //指定窗口的图标
    HCURSOR      hCursor;         //指定窗口的鼠标指针
    HBRUSH       hbrBackground;   //指定窗口的背景画刷
    LPCTSTR      lpszMenuName;    //窗口的菜单资源名称
    LPCTSTR      lpszClassName;   //该窗口类的名称
} WNDCLASS, * PWNDCLASS;
```

从中可以看出:该结构有十个域(成员),其中第一个域 style 表示窗口类的风格,它往往由一些基本的预定义风格通过位的"或"操作(操作符位"|")组合而成。例如,在 HelloWin.c 中,有:

```
WNDCLASS   wndclass;                              //窗口类
wndclass.style              = CS_HREDRAW | CS_VREDRAW;
wndclass.lpfnWndProc        = WndProc;
...
wndclass.hbrBackground      = (HBRUSH)GetStockObject(WHITE_BRUSH);
wndclass.lpszMenuName       = NULL;
wndclass.lpszClassName      = "HelloWin";         //窗口类名
```

可以看到,wndclass.style 被设为 CS_HREDRAW │ CS_VREDRAW,表示只要是窗口的高度或宽度发生变化,都会重画整个窗口。

第二个域参(成员)lpfnWndProc 的值为 WndProc。表明该窗口类的消息处理函数是 WndProc()函数。这里,可简单直接地输入消息处理(窗口过程)函数的函数名即可。

接下来的 cbClsExtra 和 cbWndExtra 在大多数情况下都会设为 0。然后是 hInstance 域参(成员),给它的值是由 WinMain()传来的应用程序的实例句柄,表明该窗口与该实例是相关联的。事实上,只要是注册窗口类,该成员的值始终是该程序的实例句柄。

下面的 hIcon 域参（成员），是要给这个窗口指定一个图标，LoadIcon（NULL，IDI_APPLICATION）就是调用系统内部预先定义好的标识符为 IDC_APPLICATION 的图标，作为该窗口的图标。同样，LoadCursor（NULL，IDC_ARROW）就是调用预定义的箭型鼠标指针。hbrBackground 域用来定义窗口的背景画刷颜色，也就是该窗口的背景色。调用 GetStockObject(WHITE_BRUSH)可以获得系统内部预先定义好的白色画刷，作为窗口的背景色，同时强制转换成画刷句柄类型 HBRUSH。这里的 LoadIcon()、LoadCursor()、GetStockObject()等都是 Windows 的 API 函数，在程序中可直接调用。

lpszMenuName 域参（成员）的值若为 NULL，则表示该窗口将没有菜单。否则，需要指定表示菜单资源的字符串。

WNDCLASS 结构的最后一个域参（成员）lpszClassName 是要给这个窗口类起一个唯一的名称，因为 Windows 操作系统中有许许多多的窗口类，必须用一个独一无二的名称来代表它们。通常，可以用程序名来直接作为这个窗口类的名称，它在创建窗口的 CreateWindow() 函数中用到。

1.2.3 创建和显示窗口

当窗口类注册完毕之后，窗口并不会显示出来，因为注册的过程仅仅是为创建窗口所做的准备工作。窗口实际的创建还须通过调用 CreateWindow()函数来完成。窗口类中已经预先定义了窗口的一般属性，而 CreateWindow()中的参数可以进一步指定窗口的更具体的属性，在 HelloWin.cpp 程序中，有下列调用 CreateWindow()函数的代码。

```
hwnd = CreateWindow ("HelloWin",        //窗口类名,要与注册时指定的相同
                     "我的窗口",          //窗口标题
                     WS_OVERLAPPEDWINDOW, //窗口样式
                     CW_USEDEFAULT,       //窗口最初的 x 位置
                     CW_USEDEFAULT,       //窗口最初的 y 位置
                     480,                 //窗口最初的 x 大小
                     320,                 //窗口最初的 y 大小
                     NULL,                //父窗口句柄
                     NULL,                //窗口菜单句柄
                     hInstance,           //应用程序实例句柄
                     NULL);               //创建窗口的参数
```

CreateWindow()函数的第一个参数是创建该窗口所使用的窗口类的名称，注意这个名称应与前面所注册的窗口类的名称一致。第三个参数为创建的窗口的风格，它们通常是一些预定义风格的"|"组合。其中，WS_OVERLAPPEDWINDOW 表示创建一个层叠式窗口，有边框、标题栏、系统菜单、最大化和最小化按钮等。

在 CreateWindow()函数后面的参数中，仍用到了该应用程序的实例句柄 hInstance。如果窗口创建成功，返回值是新窗口的句柄，否则返回 NULL。创建窗口后，并不会在屏幕上显示出来。要能真正把窗口显示在屏幕上，还得使用 ShowWindow()函数，其原型如下。

```
BOOL ShowWindow(HWND hWnd, int nCmdShow);
```

其中，参数 hWnd 指定要显示的窗口的句柄，nCmdShow 表示窗口的显示方式，例 Ex_HelloWin 指定的是从 WinMain()函数中参数 nCmdShow 传递而来的值。

由于 ShowWindow()函数的执行优先级不高，所以当系统正忙着执行其他任务时，窗口不会立即显示出来，此时，调用 UpdateWindow()函数可以立即显示窗口。同时，它将会给窗口过程发出 WM_PAINT 消息。

1.2.4 消息和消息处理

1. 消息循环

在 Win32 编程中，消息循环是相当重要的一个概念，看似很难，但使用起来却非常简单。在 WinMain()函数的最后，有下列代码：

```
while(GetMessage(&msg, NULL, 0, 0)) {
    TranslateMessage(&msg);                 //转换某些键盘消息
    DispatchMessage(&msg);
    //将消息发送给窗口过程,这里是 WndProc
}
```

Windows 应用程序可以接收以各种形式输入的信息，包括键盘、鼠标动作、计时器产生的消息，也可以是其他应用程序发来的消息等。Windows 系统自动监控所有的输入设备，并将其消息放入该应用程序的消息队列中。

GetMessage()函数就是从应用程序的消息队列中按照先进先出的原则将这些消息一个个地取出来，放进一个 MSG 结构中去，它的原型如下：

```
BOOL GetMessage(
    LPMSG       lpMsg,              //指向一个 MSG 结构的指针,用来保存消息
    HWND        hWnd,               //指定哪个窗口的消息将被获取
    UINT        wMsgFilterMin,      //指定获取的主消息值的最小值
    UINT        wMsgFilterMax       //指定获取的主消息值的最大值
);
```

GetMessage()函数用来将获取的消息复制到一个 MSG 结构中。如果队列中没有任何消息，该函数将一直空闲，直到队列中又有消息时再返回。如果队列中已有消息，它将取出一个后返回。MSG 结构包含 Windows 消息的完整信息，其定义如下。

```
typedef struct {
    HWND        hwnd;               //消息发向的窗口的句柄
    UINT        message;            //主消息的标识值
    WPARAM      wParam;             //附消息值,其具体含义依赖于主消息值
    LPARAM      lParam;             //附消息值,其具体含义依赖于主消息值
    DWORD       time;               //消息放入消息队列中的时间
    POINT       pt;                 //消息放入消息队列时的鼠标坐标
} MSG, * PMSG;
```

该结构中的主消息表明了消息的类型，例如，是键盘消息还是鼠标消息等。附消息的含义则依赖于主消息值，例如，如果主消息是键盘消息，那么附消息中存储的是键盘的哪个具体键的信息。

事实上，GetMessage()函数还可以过滤消息，它的第二个参数是用来指定从哪个窗口的消息队列中获取消息，其他窗口的消息将被过滤掉。如果该参数为 NULL，则 GetMessage()从该应用程序线程的所有窗口的消息队列中获取消息。第三个和第四个参数是用来过滤 MSG 结构中主消息值的，主消息值在 wMsgFilterMin 和 wMsgFilterMax 之外的消息将被过滤掉。如果这两个参数为 0，则表示接收所有消息。

特别地，当且仅当 GetMessage()函数在获取到 WM_QUIT 消息后，将返回 0 值，于是程序退出消息循环。

TranslateMessage()函数的作用是把虚拟键消息转换到字符消息，以满足键盘输入的需要。DispatchMessage()函数所完成的工作是把当前的消息发送到对应的窗口过程中去。

2. 消息处理

用于消息处理的函数又叫窗口过程，在这个函数中，不同的消息将用 switch 语句分配到不同的处理程序中去。Windows 的消息处理函数都有一个确定的统一方式，即这种函数的参数个数和类型及其返回值的类型都有明确的规定。

在 HelloWin.cpp 中，WinProc()函数明确处理了 3 个消息，分别是 WM_CREATE(创建窗口消息)、WM_PAINT(窗口重画消息)、WM_DESTROY(销毁窗口消息)。

事实上，应用程序发送到窗口的消息远远不止以上这几条，像 WM_MINIMIZE、WM_SIZE、WM_MOVE 等这样经常使用的消息就有好几十条。为了减轻编程的负担，Windows 的 API 提供了 DefWindowProc()函数来处理这些最常用的消息，调用了这个函数后，这些消息将按照系统默认的方式得到处理。

因此，在 switch 语句中，只需明确地处理那些有必要进行特别响应的消息，而把其余的消息交给 DefWindowProc()函数来处理，即将消息的控制交由 Windows 进行默认处理，这是一种明智的选择。

3. 结束消息循环

当用户按 Alt+F4 快捷键或单击窗口右上角的"退出"按钮时，系统就向应用程序发送一条 WM_DESTROY 消息。处理此消息时，调用了 PostQuitMessage()函数，该函数会给窗口的消息队列中发送一条 WM_QUIT 消息。在消息循环中，GetMessage()函数一旦检索到这条消息，就会返回 FALSE，从而结束消息循环，随后程序也结束。

1.2.5 WM_PAINT 消息

WM_PAINT 是 Win32 的图形和文本编程中经常使用到的消息。当窗口客户区的一部分或全部变成"无效"时，则必须要"刷新"重绘，此时将向程序发出此消息。

那么客户区怎么会"无效"呢？在最初创建窗口时，整个客户区都是"无效"的，因为窗口上还没有绘制任何东西。所以，在创建窗口时，会发出第一个 WM_PAINT 消息。

在 HelloWin.cpp 程序中，由于在注册窗口时指定了 wndclass.style 的风格为 CS_VREDRAW 和 CS_HREDRAW，这表明只要窗口的高度或宽度发生变化，就将使整个窗口"无效"，从而发出 WM_PAINT 消息，使得系统重画整个窗口。

当窗口最小化再恢复为以前的大小时,Windows 将令窗口"无效",并发出 WM_PAINT 消息,使系统重画整个窗口。当窗口移至与另一窗口有重叠被遮挡时,Windows 也将窗口视为"无效",发出 WM_PAINT 消息,以便刷新窗口。

在窗口过程函数 WndProc()中,WM_PAINT 消息处理通常有下列代码。

```
...
case    WM_PAINT:
    hdc     = BeginPaint(hwnd, &ps);
    GetClientRect(hwnd, &rc);           //获取窗口客户区大小
    DrawText(hdc, "Hello Windows!", -1, &rc,
            DT_SINGLELINE|DT_CENTER|DT_VCENTER);
    EndPaint(hwnd, &ps);
    return 0;
...
```

它总是从 BeginPaint()函数开始,到 EndPaint()函数结束。

BeginPaint()函数用来返回指定窗口句柄的设备描述表句柄,设备描述表用来将程序与计算机外部输出设备连接起来。

hdc 定义的是句柄 HDC 变量,DrawText()等 GDI 函数都需要通过这样的 HDC 句柄来绘制图形和文本。EndPaint()用来释放设备描述表句柄,并使先前无效区域变为有效,从而使 Windows 不再发送 WM_PAINT 消息。PAINTSTRUCT 是"绘图信息结构",BeginPaint()和 EndPaint()函数都需要 PAINTSTRUCT 结构变量作为自己的参数。需要说明的是,BeginPaint()和 EndPaint()函数必须成对出现,所有 GDI 函数的调用也应在这两个函数之间进行。

DrawText()函数用来在参考矩形内使用指定的格式来绘制文本,它的函数原型如下。

```
int DrawText(
    HDC         hDC,                //绘制设备的句柄
    LPCTSTR     lpString,           //要绘制的文本
    int         nCount,             //文本的字符个数
    LPRECT      lpRect,             //参考矩形
    UINT        uFormat             //文本绘制格式
);
```

其中,当 nCount 为 -1 时,表示 lpString 指定的是以 \0 为结尾的字符串,并自动计算该字符串的字符个数。lpRect 是一个指向 RECT 类型的"矩形"结构指针,该"矩形"结构含有 left、top、right 和 bottom 共 4 个 LONG 域参(成员)。为了能在窗口客户区中间绘制文本,该函数的 lpRect 被填为 RECT 变量 rc 的指针,它通过调用 GetClientRect()函数获取 hwnd 窗口的客户区大小。同时,指定 uFormat 格式为 DT_SINGLELINE(单行输出)、DT_CENTER(水平居中)和 DT_VCENTER(垂直居中)。

1.2.6 Windows 基本数据类型

在前面的示例和函数原型中,有一些"奇怪"的数据类型,如前面的 HINSTANCE 和

LPSTR 等,事实上,很多这样的数据类型只是一些基本数据类型的别名,以方便不同风格的程序员使用。其中,表 1.1 列出了一些在 Windows 编程中常用的基本数据类型;表 1.2 列出了常用的预定义句柄,它们的类型均为 void*,即一个 32 位指针。

表 1.1 Windows 常用的基本数据类型

Windows 所用的数据类型	对应的基本数据类型	说　　明
BOOL	bool	布尔值
BSTR	unsigned short*	32 位字符指针
BYTE	unsigned char	8 位无符号整数
COLORREF	unsigned long	用作颜色值的 32 位值
DWORD	unsigned long	32 位无符号整数,段地址和相关的偏移地址
LONG	long	32 位带符号整数
LPARAM	long	作为参数传递给窗口过程或回调函数的 32 位值
LPCSTR	const char*	指向字符串常量的 32 位指针
LPSTR	char*	指向字符串的 32 位指针
LPVOID	void*	指向未定义类型的 32 位指针
LRESULT	long	来自窗口过程或回调函数的 32 位返回值
UINT	unsigned int	32 位无符号整数
WORD	unsigned short	16 位无符号整数
WPARAM	unsigned int	当作参数传递给窗口过程或回调函数的 32 位值

表 1.2 Windows 常用的句柄类型

句 柄 类 型	说　　明
HBITMAP	保存位图信息的内存域的句柄
HBRUSH	画刷句柄
HCURSOR	鼠标光标句柄
HDC	设备描述表句柄
HFONT	字体句柄
HICON	图标句柄
HINSTANCE	应用程序的实例句柄
HMENU	菜单句柄
HPALETTE	颜色调色板句柄
HPEN	在设备上画图时用于指明线型的笔的句柄
HWND	窗口句柄

需要说明的是:

(1) 这些基本数据类型都用大写字符来表示,以与一般 C++(包括 C)基本数据类型相区别。

（2）若数据类型的前缀是 P 或 LP，则表示该类型是一个指针或长指针数据类型；若前缀是 U，则表示无符号数据类型。

（3）Windows 还提供一些宏来处理上述基本数据类型。例如，LOBYTE 和 HIBYTE 分别用来获取 16 位数值中的低位和高位字节；LOWORD 和 HIWORD 分别用来获取 32 位数值中的低位字和高位字；MAKEWORD 是将两个 16 位无符号值结合成一个 32 位无符号值。

1.3 C++"类"

事实上，前面的 HelloMsg.cpp 和 HelloWin.cpp 都是基于 Win32 API 的 C++ 应用程序。显然，随着应用程序的复杂性增加，C++ 应用程序代码也必然更复杂。为了简化上述编程，Visual C++ 设计了一套微软基础类库（Microsoft Foundation Class Library，MFC）。MFC 把 Windows 编程规范中的大多数内容用 C++ 方式封装成为各种类，使程序员从繁杂的编程中解脱出来，提高了编程和代码效率。那么，什么是"类"呢？这里就来讨论它。

1.3.1 类和对象

1. 类的定义

如同 C 语言的"结构"类型，C++ 的"类"也是一种复合的数据类型，只不过要更为复杂一些。在 C++ 中，一个独立"类"的声明格式一般如下：

```
class <类名>                                    //声明部分
{
private:
        [<私有型数据和函数>]
public:
        [<公有型数据和函数>]
protected:
        [<保护型数据和函数>]
};
<各个成员函数的实现>                             //实现部分
```

其中，class 是类声明的关键字，class 的后面是要声明的类名。类中的数据和函数都是类的成员，分别称为"数据成员"和"成员函数"。"数据成员"用来描述类状态等的属性，由于数据成员常用变量来定义，所以有时又将这样的数据成员称为"成员变量"。"成员函数"用来对数据成员进行操作，又称为"方法"。

注意：类体中最后一个花括号后面的分号";"不能省略。

类中关键字 public、private 和 protected 声明了类中的成员与类外之间的关系，称为"访问权限"。对于 public 成员来说，它们是公有的，可以在类外访问。对于 private 成员来说，它们是私有的，不能在类外访问，数据成员只能由类中的函数所使用，成员函数只允许在类中调用。而对于 protected 成员来说，它们是受保护的，具有半公开性质，可在类中或其子类中访问(后面还会讨论)。

成员函数既可以在类中进行定义,也可先在类中声明函数原型,然后在类外定义,这种定义又称为成员函数的实现。需要说明的是,成员函数在类外实现时,必须用作用域运算符"::"来告知编译系统该函数所属的类。即:

<函数类型> <类名>::<函数名>(<形式参数表>)
{
 ...
}

例如,下面为类的定义示例代码。

```cpp
class CStuscore
{
public:
    float Average(void);            //求平均成绩:在类中声明
    char * getName()                //获取姓名:直接在类中完成
    {
        return strName;
    }
    char * getNo()                  //获取学号:直接在类中完成
    {
        return strStuNO;
    }
private:
    char    strName[12];            //姓名
    char    strStuNO[9];            //学号
private:
    float   fScore[3];              //三门课程成绩
};
float CStuscore::Average(void)      //在类体外部定义
{
    return (float)((fScore[0] + fScore[1] + fScore[2])/3.0);
}
```

本例中用关键词 class 声明了名为 CStuscore 的类。在类的声明中,描述学生的姓名、学号与三门课程成绩的数据 strName、strStuNo、fScore,用 private 定义为私有数据成员。这表明数据成员 strName、strStuNo、fScore 只能在类中使用,而不能在类外使用。

对学生成绩信息进行处理的函数 Average()、getName()和 getNo()用关键词 public 声明成公有成员函数,这样就可在外部程序中通过 getName()和 getNo()函数分别来获取学生姓名和学号数据,通过 Average()函数获取学生的平均成绩。可见,类中的私有数据成员只能通过公有接口函数(像 getName()和 getNo()函数)来访问,从而保证数据的安全性。

在类 CStuscore 中,成员函数 getName()和 getNo()的声明和定义是在类体中同时进行的,而函数 Average()是在类体中声明,但在类体外实现的。注意,在函数 Average()实现中,函数名前面一定要用域作用符"∷"指明该函数所属的类。

习惯上,往往将类的声明和实现分开来编写代码,并将类的声明保存在.h 文件时,而将类的实现保存在同名的.cpp 文件中,这也是 Visual C++ 的一种规范!

2. 对象的定义和初始化

同变量一样,声明类后,就可以定义该类的对象。类的对象也有好几种定义方式。但由于"类"比任何数据类型都要复杂得多,为了提高程序的可读性,真正将"类"当成一个密闭、"封装"的盒子(接口),在程序中应尽量使用对象的"声明之后定义"方式,即按下列格式进行。

```
<类名> <对象名表>;
```

其中,<类名>是已声明过的类的标识符,<对象名表>中可以有一个或多个,多个时要用逗号隔开。被定义的对象既可以是一个普通对象,也可以是一个数组对象或指针对象。例如:

```
CStuscore one, * Stu, Stus[2];
```

这时,one 是类 CStuscore 的一个普通对象,Stu 和 Stus 分别是该类的一个指针对象和数组对象。若对象是一个指针,则还可像指针变量那样进行初始化,例如:

```
CStuscore * two = &one;
```

可见,在程序中,对象的使用和变量是一样的,只是对象还有成员的访问等手段。

3. 对象成员的访问

一个对象的成员就是该对象的类所定义的数据成员和成员函数。访问对象的成员变量和成员函数与访问一般结构的变量的方法是一样的。对于普通对象,其访问格式如下。

```
<对象名>.<成员变量>
<对象名>.<成员函数>(<参数表>)
```

例如,one.getName()就是用来调用对象 one 中的成员函数 getName(),Stus[0].getNo()就是用来调用对象数组元素 Stus[0]中的成员函数 getNo()。

注意:由于类的封装性,每个成员均有声明的访问属性,一个类对象只能访问该类的公有型成员,而对于私有型成员则不能访问。例如,getName()和 getNo()等公有成员可以由对象通过上述方式来访问,但 strName、strStuNo、fScore 等私有成员不能被对象来访问。

若对象是一个指针,则对象的成员访问格式如下。

```
<对象名>-><成员变量>
<对象名>-><成员函数>(<参数表>)
```

"->"是另一个表示成员的运算符,它与"."运算符的区别是:"->"用来表示指向对象的指针的成员,而"."用来表示一般对象的成员。

需要说明的是,下面的两种表示是等价的(对于成员函数也适用)。

```
<对象名>-><成员变量>
(*<对象指针名>).<成员变量>
```

例如,(*two).getName()与 two->getName()等价。

可见,在 C++ 中,"类"实际上是一种新的数据类型,它是对某一类概念的抽象。如同变量一样,用"类"也可定义一个对象,此时的对象称为类的"实例"。

1.3.2 构造函数和析构函数

事实上,一个类总有两种特殊的成员函数:构造函数和析构函数。构造函数的功能是在创建对象时,给数据成员赋初值,即给对象初始化。析构函数的功能是用来释放一个对象,在删除对象前,用它来做一些内存释放等清理工作,它与构造函数的功能正好相反。

1. 构造函数

C++ 规定,在类的定义(声明)中是不能对数据成员进行初始化的。为了能给数据成员设置某些初值,就要使用类的特殊成员函数——构造函数。构造函数的最大特点是在对象建立时它会被自动执行,因此用于变量、对象的初始化代码一般放在构造函数中。

C++ 规定,一个类的构造函数必须与相应的类同名,它可以带参数,也可以不带参数,与一般的成员函数定义相同,可以重载,也可以有默认的形参值。例如:

Constructor.cpp

```cpp
#include <iostream>
using namespace std;
class CPerson
{
public:
    CPerson(char * str, float h, float w)        //A:构造函数
    {
        strcpy(name, str);      height = h;      weight = w;
    }
    CPerson(char * str)                          //B:构造函数
    {
        strcpy(name, str);
    }
    CPerson(float h, float w = 120);             //C:构造函数
public:
    void print()
    {
        cout<<"姓名:"<<name
            <<"\t 身高:"<<height<<"\t 体重:"<<weight<<endl;
    }
private:
    char name[20];                                        //姓名
```

```
            float height;                          //身高
            float weight;                          //体重
    };
    CPerson::CPerson(float h, float w)
    {
        height = h;       weight = w;
    }
    int main()
    {
        CPerson one("DING");
        one.print();
        CPerson two(170, 130);
        two.print();
        CPerson three("DING", 170, 130);
        three.print();
        return 0;
    }
```

在 Microsoft Visual Studio 2010(Visual C++)中运行上述程序时,先创建一个 Win32 控制台应用程序空项目 Ex_1,然后添加代码文件 Constructor.cpp,输入上述代码。编译运行后,其结果如下。

```
姓名:DING       身高:-1.07374e+008      体重:-1.07374e+008
姓名:烫烫烫烫烫烫烫烫烫   身高:170            体重:130
姓名:DING       身高:170             体重:130
```

说明:

(1) 类 CPerson 定义了 3 个重载的构造函数(程序中用 A、B、C 标明)。当然,重载时要么参数个数不同;要么参数个数相同,但参数类型不能相同。其中,构造函数 CPerson(float h, float w=120)不仅设置了形参 w 的默认值,而且还将该构造函数的声明在类中进行,其定义在类体外实现。

(2) 在主函数 main()中,CPerson one("DING")等价于 one.CPerson("DING"),即对象 one 初始化调用的是 B 构造函数,此时对象的私有数据成员 name 设定了初值"DING",而 height 和 weight 初值没有指定,它们的初值取决于对象的存储类型,可能是默认值或无效值。

(3) CPerson two(170,130)等价于 two.CPerson(170,130),因而调用的是 C 构造函数,此时对象的私有数据成员 height 和 weight 初值分别设定为 170 和 130,而 name 初值没有指定,它可能是默认值或无效值("烫烫烫烫烫烫烫烫烫")。

(4) CPerson three("DING",170,130)等价于 three.CPerson("DING",170,130),因而调用的是 A 构造函数,此时对象的私有数据成员 name、height 和 weight 初值分别设定为"DING"、170 和 130。

可见,构造函数提供了对象的初始化方式。若没有定义任何构造函数,则编译自动为该类隐式生成一个不带任何参数的默认构造函数,由于该函数体是空块,因此默认构造函数不进行任何操作,仅仅为了对象创建时的语法需要。例如,对于 CPerson 类来说,默认构造函数的形式如下。

```
CPerson()                        //默认构造函数的形式
{ }
```

默认构造函数的目的是使下列对象定义形式合法。

```
CPerson one;                     //即:one.CPerson()会自动调用默认构造函数
```

此时,由于对象 one 没指定任何初值,因而编译会自动调用类中隐式生成的默认构造函数,对其初始化。

若当类定义中指定了构造函数,则隐式的默认构造函数不再存在,因此,若对于前面定义的 CPerson 类来说,若有:

```
CPerson four;                    //错误
```

则因为找不到默认构造函数而出现编译错误。此时,在类中还要给出默认构造函数的具体定义,即定义一个不带任何参数的构造函数,称为显式的默认构造函数,这样才能对 four 进行定义并初始化。另外,构造函数的访问属性必须是公有型(public),否则上述的类对象定义也是错误的。

2. 析构函数

与构造函数相对应的是析构函数。析构函数是 C++ 类中另一个特殊的成员函数,它只是在类名称前加上一个"~"符号(逻辑非),以与构造函数功能相反,其格式如下。

```
<~类名>()
{ ... }
```

当对象的生存期结束后,或者当使用 delete 释放由 new 来分配动态内存的对象时,析构函数会被自动调用。

这样,数据成员(尤其是用 new 为其开辟的内存空间)的释放代码就可放入析构函数的函数体中,以便对象消失后自动调用。需要说明的是:

(1) 每一个类最多只能有一个析构函数,且应为 public 型,否则类实例化后无法自动调用析构函数进行释放。析构函数不能被重载,没有任何参数,也不返回任何值,函数名前也不能有任何关键词(包括 void)。例如:

```
class CPerson
{
public:
    ...
    ~CPerson()    {  }           //析构函数
    ...
};
```

(2) 与类的其他成员函数一样,析构函数的定义也可在类体外进行,但必须指明它所属的类,且在类体中还必须有析构函数的声明。例如:

```
class CPerson
{
public:
    ...
    ~CPerson();              //析构函数的声明
    ...
};
CPerson::~CPerson()          //在类体外进行析构函数的定义
{ ... }
```

(3) 与默认构造函数类似,若类的声明中没有定义析构函数时,则编译也会自动生成一个隐式的不做任何操作的默认析构函数。

1.3.3 new 和 delete

在 C++ 中,new 和 delete 是运算符,它们能有效地、直接地在堆内存区中进行内存的动态分配和释放。例如:

```
double * p;
p = new double;
* p = 30.4;                  //将值存放在 p 所指向的内存空间中
delete p;
p = NULL;                    //一个好的习惯
```

其中,"p=new double;"是将自动根据 double 类型的空间大小开辟一个内存空间,并将其首地址作为指针变量 p 的值。当然,也可在开辟内存空间时,对内存空间里的内容进行初始化。如上述代码可写成。

```
double * p;
p = new double(30.4);        //使 p 所指向的内存空间的初值为 30.4
```

运算符 delete 操作是释放(动态回收)new 请求到的内存。这就是说,一旦"delete p;"执行后,p 指针所指向的空间被释放。但 p 指针的指向,有的编译器还继续保留。正因为如此,从程序的健壮性来考虑,一定要在使用 delete 后,将指针置为 0 或 NULL,这是一个良好的编程习惯。

注意:

(1) new 和 delete 须配对使用。也就是说,用 new 为指针分配内存,当使用结束之后,一定要用 delete 来释放已分配的内存空间。

(2) delete 必须用于先前 new 分配的有效指针。如果使用了未定义的其他任何类型的指针,就会带来严重问题,如系统崩溃等。

(3) 用 new 给指针变量分配一个有效指针后,必须用 delete 先释放,然后再用 new 重新分配或改变指向,否则先前分配的内存空间因无法被程序所引用而变成一个无用的内存垃圾,直到重新启动计算机,该内存才会被收回。

引入 new 和 delete 运算符的最主要目的之一就是用于类的构造和析构。例如:

```
class CName
{
public:
    CName()                        //A:显式默认构造函数
    {
        strName = NULL;            //空值
    }
    CName(char * str)              //B
    {
        strName = (char *)new char[strlen(str)+1];
        //因字符串后面还有一个结束符,因此内存空间的大小要多开辟1个内存单元
        strcpy(strName, str);      //复制内容
    }
    ~CName()
    {
        if(strName)    delete []strName;
        strName = NULL;            //一个好习惯
    }
    char * getName()
    {
        return strName;
    }
private:
    char   * strName;              //字符指针,名称
};
```

在上述 CName 类中,由于构造函数 B 中使用了 new 为(char *)str 的字符串开辟独立的空间,这样当有 CName one("DING")对象定义时,one 内部的 strName 指针就会指向这个空间。而当对象 one 失效时,还会自动调用其析构函数来释放 strName 指针指向的空间。这样,就保证了成员数据在类中的封装性。若在构造函数中将指针成员直接指向字符串或指向外部的存储字符串的内存空间,则会出现潜在的危险。

1.3.4　this 指针

this 指针是类中的一个特殊指针,当类实例化(用类定义对象)时,this 指针指向对象自己,而在类的声明时指向类本身。打个比方,this 指针就好比你自己一样,当你在屋子里面(类的声明)时,你只知道"房子"这个概念(类名),而不知道房子是什么样子,但你可以看到里面的一切(可以通过 this 指针引用所有成员);所谓"不识庐山真面目,只缘身在此山中",而当你走出屋子外(类的实例),你看到的是一栋具体的房子(this 指针指向类的实例)。下面来看一个示例,它是通过 this 指针用另一个对象直接给对象赋值。

This.cpp

```cpp
#include <iostream>
using namespace std;
class CPoint
{
public:
        CPoint(int x = 0, int y = 0)
        {    xPos = x;          yPos = y;         }
public:
        void Copy(CPoint one)
        {
            *this = one;
        }                                         //直接通过 this 赋值
        void Print()
        {
            cout<<"Point("<<xPos<<", "<<yPos<<")"<< endl;
        }
private:
        int xPos, yPos;
};
int main()
{
        CPoint pt1(10, 20), pt2(30, 40);
        pt1.Print();
        pt1.Copy(pt2);      pt1.Print();
        return 0;
}
```

类 CPoint 中，使用 this 指针的成员函数是 Copy，此时 this 指针指向类自己，在成员函数 Copy 中，由于语句"*this=one"等到对象调用时才会执行，因而当在 main()函数中调用"pt1.Copy(pt2);"时，this 指针指向对象 pt1，此时"*this=one"是将 one 的内容复制到类对象 pt1 中，这样就使得 pt1 的数据成员的值等于 pt2 的数据成员的值。因此 main()函数中最后的语句"pt1.print();"输出的结果就是等于 pt2 的结果。

需要说明的是，This.cpp 文件仍然添加在 Win32 控制台应用程序空项目 Ex_1 中，但在编译运行前，须在项目工作区的"解决方案资源管理器"页面中，右击"源文件"的 Constructor.cpp 结点，从弹出的快捷菜单中选择"从项目中排除"命令，这样就将前面的 Constructor.cpp 源文件排除出项目。程序运行的结果如下。

```
Point(10, 20)
Point(30, 40)
```

事实上，当成员函数的形参名与该类的成员变量名同名时，则必须用 this 指针来显式区分，例如：

```
class CPoint
{
public:
        CPoint(int x = 0, int y = 0)
        {   this->x = x;    this->y = y;    }
        void Offset(int x, int y)
        {   (*this).x += x;    (*this).y += y;   }
        void Print() const
        {   cout<<"Point("<<x<<", "<<y<<")"<<endl;    }
private:
        int x, y;
};
```

类 CPoint 中的私有数据成员 x、y 和构造函数、Offset()成员函数的形参同名,正是因为成员函数体中使用了 this 指针,从而使函数中的赋值语句合法有效,且含义明确。否则,如果没有 this 指针,则构造函数中的赋值语句就变为"x=x;y=y;",显然是不合法的。

1.3.5 继承和派生

面向对象的程序设计方法实际上是模拟现实世界的一种软件方法。在现实世界中,事物之间有着复杂的联系,除了相似性、多样性等之外,还有遗传性或继承性。一个事物可以继承其父辈特性,且自己还有其他特性,这种继承(Inheritance)的特性也在 C++ 类中得到了应用。在 C++ 中,当一个新类从一个已定义的类中派生后,新类不仅继承了原有类的属性和方法,并且还可以拥有自己新的属性和方法,称为类的继承和派生。被继承的类称为基类(Base Class)或超类(Super class)(又称为父类),在基类或父类上建立的新类称为派生类(Derived Class)或子类(Sub Class)。一个基类可以有多个派生类。一个派生类还可以作为基类,继续派生出新的类来,这样的派生方式称为多层派生,或称为多重派生,从继承的角度来看称为多层继承,或称为多重继承。

1. 派生类的定义

在 C++ 中,一个派生类的定义可按下列格式。

```
class <派生类名> : [<继承方式 1>] <基类名 1>, [<继承方式 2>] <基类名 2>, …
                                    基类列表
{
    [<派生类的成员>]
};
```

从格式可以看出:

(1) 一个派生类和一个一般类的定义格式基本相同,唯一区别就在于:派生类定义时派生类名后面是由冒号":"引导的基类列表。

(2) 在基类列表中,若指定基类只有一个,则这样的派生类是单继承方式,若有多个基类,则为多继承方式。当有多个基类时,基类名之间要用逗号分隔。

(3) 各基类名之前一般需要指定其继承方式,用来限定派生类继承基类属性和方法的使用权限。C++继承方式有 3 种：public(公有)、private(私有)及 protected(保护)，若继承方式没有指定，则被默认指定为 private(私有)方式。

(4) 基类必须是在派生类定义前已做过定义的类，若是在派生类后面定义，而仅在派生类定义前做基类的提前声明，则是不合法的。例如，下面的代码：

```
class CBase;                          //基类 CBase 做提前声明
class CDerived: public CBase          //错误：CBase 未定义
{
    int z;
};
class CBase                           //基类的定义
{
    int x, y;
};
```

2. 继承方式

类的继承使得基类可以向派生类传递基类的属性和方法，但在派生类中访问基类的属性和方法不仅取决于基类成员的访问属性，而且还取决于其继承方式。

继承方式能有条件地改变在派生类中的基类成员的访问属性，从而使派生类对象对派生类中的自身成员和基类成员的访问均取决于成员的访问属性。C++继承方式有 3 种：public(公有)、private(私有)及 protected(保护)。

1) 公有继承

公有继承方式具有这样的特点：在派生类中，基类的公有成员、保护成员和私有成员的访问属性保持不变。在派生类中，只有基类的私有成员是无法访问的。也就是说，基类的私有成员在派生类中被隐藏了，但不等于说基类的私有成员不能由派生类继承。派生类对象只能访问派生类和基类的公有(public)成员。

2) 私有继承

私有继承方式具有这样的特点：在派生类中，基类的公有成员、保护成员和私有成员的访问属性都将变成私有(private)，且基类的私有成员在派生类中被隐藏。因此，私有继承方式下，在派生类中仍可访问基类的公有(public)成员和保护(protected)成员。由于基类的所有成员在派生类中都变成私有，因此基类的所有成员在派生类的子类中都是不可见的。换句话说，基类的成员在派生类的子类中已无法发挥基类的作用，实际上相当于终止基类的继续派生。正因为如此，实际应用中私有继承的使用情况一般比较少见。另外，派生类对象只能访问派生类的共有成员，而不能访问基类的任何成员。

3) 保护继承

保护继承方式具有这样的特点：在派生类中，基类的公有成员、保护成员的访问属性都将变成保护的，同样，基类的私有成员在派生类中也是被隐藏的。同私有继承一样，在保护继承方式下，派生类中仍可访问基类的公有成员和保护成员。但派生类对象只能访问派生类的共有成员，而不能访问基类的任何成员。

3. 派生类数据成员初始化

C++规定，派生类中对象成员初值的设定应在初始化列表中进行，因此一个派生类的构造函数的定义可为下列格式。

```
<派生类名>(形参表)
    :基类1(参数表)，基类2(参数表)，…，基类n(参数表)，
    对象成员1(参数表)，对象成员2(参数表)，…，对象成员n(参数表)
                            成员初始化列表
{ }
```

说明：

（1）在派生类构造函数的成员初始化列表中，既可有基类的数据成员的初始化，也可有派生类中对象成员的初始化。当然，派生类的数据成员也可在成员初始化列表中进行初始化，但数据成员的初始化形式必须是"数据成员名(参数)"的形式。

（2）在成员初始化列表中，多个成员初始化之间必须用逗号分隔。

（3）派生类中的各数据成员的初始化次序总体是：首先是基类成员的初始化，然后才是派生类自己的数据成员初始化。

（4）基类成员的初始化次序与它在成员初始化列表中的次序无关。在单继承中，它取决于继承层次的次序，即优先初始化上层类的对象。而在多继承中，基类成员的初始化次序取决于派生类声明时指定继承时的基类的先后次序。

（5）派生类自身数据成员的初始化次序也与在成员初始化列表中的次序无关，它们取决于在派生类中声明的先后次序。

1.3.6 虚函数

多态(Polymorphism)是指不同类型的对象接收相同的消息时产生不同的行为。在C++中，多态可分为两种：编译时的多态和运行时的多态。编译时的多态是通过函数的重载或运算符的重载来实现的。而运行时的多态是通过继承和虚函数来实现的。这就是说，在程序执行之前，仅根据函数和参数还无法确定应该调用哪一个函数，必须在程序的执行过程中，根据具体的执行情况动态地确定。

虚函数是用关键字 virtual 来修饰基类中的 public 或 protected 的成员函数。在基类中，虚函数定义的一般格式如下。

```
virtual <函数类型> <函数名>(<形式参数表>)
{
    <若干语句>
}
```

需要说明的是：

（1）虽然虚函数定义只是在一般函数定义前添加了关键字 virtual，但虚函数必须是类中的成员函数。

（2）可把析构函数定义为虚函数，但不能将构造函数定义为虚函数。通常在释放基类中及其派生类中的动态申请的存储空间时，一般要把析构函数定义为虚函数，以便实现撤销对象时的多态性。

（3）虚函数在派生类重新定义时参数的个数和类型以及函数类型必须和基类中的虚函数完全匹配，这一点和函数重载完全不同。并且，虚函数派生下去仍是虚函数，且可省略virtual 关键字。

VirtualFunc.cpp

```cpp
#include <iostream>
using namespace std;
class CShape
{
public:
    virtual float area()
    {   return 0.0;   }
};
class CTriangle : public CShape
{
public:
    CTriangle(float h = 0, float w = 0)
    {   H = h;    W = w;    }
    float area()
    {    return (float)(H * W * 0.5);    }
private:
    float H, W;
};
class CCircle : public CShape
{
public:
    CCircle(float r = 0)
    {   R = r;    }
    float area()
    {    return (float)(3.14159265 * R * R);    }
private:
    float R;
};
int main()
{
    CTriangle tri(3, 4);
    cout<<"tri.area() = "<<tri.area()<<endl;         //A
    CCircle cir(5);
    cout<<"cir.area() = "<<cir.area()<<endl;         //B
    CShape * s1 = &tri;
    cout<<"s1->area() = "<<s1->area()<<endl;         //C
    CShape &s2 = cir;
    cout<<"s2.area() = "<<s2.area()<<endl;           //D
    return 0;
}
```

由于基类 CShape 指针对象 s1 指向派生类 CTriangle 对象 tri，故 s1->area()调用的是

CTriangle 中的成员函数 area()，而不是基类中的成员函数 area()。同样，由于 CShape 引用对象 s2 引用的是派生类 CCircle 对象 cir，因而 s2->area()调用的是 CCircle 中的成员函数 area()。

可见，通过将基类的成员函数 area()定义成虚函数后，C 和 D 语句就可通过基类的指针对象或引用对象根据所指向或所引用的派生类对象，调用派生类中实际的 area()成员函数，输出实际的形状面积值。

需要说明的是，VirtualFunc.cpp 文件仍然添加在 Win32 控制台应用程序空项目 Ex_1 中，但在编译运行前，须将其他无关的源文件排除出项目。程序运行的结果如下。

```
tri.area() = 6
cir.area() = 78.5398
s1->area() = 6
s2.area() = 78.5398
```

实际上，除"类"之外，C++ 本身还有比 C 更多的特性，例如，引用、函数重载、默认形参值以及运算符重载等，具体请参看附录 C。

1.4 MFC 编程

MFC 不仅是一套基础类库，更主要的还是一种编程方式。

1.4.1 MFC 概述

1987 年，微软公司推出了第一代 Windows 产品，并为应用程序设计者提供了 Win16（16 位 Windows 操作系统）API，在此基础上推出了 Windows GUI（图形用户界面），然后采用面向对象技术对 API 进行封装。1992 年，应用程序框架产品 AFX（Application Frameworks）出现，并在 AFX 的基础上进一步发展为 MFC 产品。正因为如此，在用 MFC 应用程序向导（后面会讨论）创建的程序中仍然保留 stdafx.h 头文件包含语句，它是每个应用程序所必有的预编译头文件，程序所用到的 Visual C++ 头文件包含语句一般均添加到这个文件中。MFC 类的基本层次结构如图 1.6 所示。

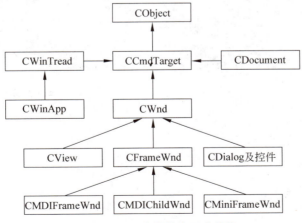

图 1.6　MFC 类的基本层次结构

CObject 类是 MFC 提供的绝大多数类的基类。该类完成动态空间的分配与回收，支持一般诊断、出错信息处理和文档序列化等。

CCmdTarget 类主要负责将系统事件（消息）和窗口事件（消息）发送给响应这些事件的对象，完成消息发送、等待和派遣（调度）等工作，实现应用程序的对象之间协调运行。

CWinApp 类是应用程序的主线程类，它是从 CWinThread 类派生而来。CWinThread 类用来完成对线程的控制，包括线程的创建、运行、终止和挂起等。

CDocument 类是文档类，包含应用程序在运行期间所用到的数据。

CWnd 类是一个通用的窗口类，用来提供 Windows 中的所有通用特性、对话框和控件。CFrameWnd 类是从 CWnd 继承来的，并实现了标准的框架应用程序。CDialog 类用来控制对话框。

CView 用于让用户通过窗口来访问文档。

CFrameWnd 的派生类 CMDIFrameWnd 和 CMDIChildWnd 类分别用于多文档应用程序的主框架窗口和文档子窗口的显示和管理。CMiniFrameWnd 类是一种简化的框架窗口，它没有最大化和最小化窗口按钮，也没有窗口系统菜单，一般很少用到它。

1.4.2　MFC 程序框架

在理解 MFC 机制之前，先来看一个 MFC 应用程序。

【例 Ex_HelloMFC】

```cpp
#include <afxwin.h>                             //MFC 头文件
class CHelloApp : public CWinApp                //声明应用程序类
{
public:
    virtual BOOL InitInstance();
};
CHelloApp theApp;                               //建立应用程序类的实例
class CMainFrame: public CFrameWnd              //声明主窗口类
{
public:
    CMainFrame()
    {
        //创建主窗口
        Create(NULL, "我的窗口", WS_OVERLAPPEDWINDOW, CRect(0,0,480,320));
    }
protected:
    afx_msg void OnPaint();
    DECLARE_MESSAGE_MAP()
};
//消息映射入口
BEGIN_MESSAGE_MAP(CMainFrame, CFrameWnd)
    ON_WM_PAINT()                               //绘制消息宏
END_MESSAGE_MAP()
```

```
//定义消息映射函数
void CMainFrame::OnPaint()
{
    CPaintDC        dc(this);
    CRect           rc;
    GetClientRect(&rc);
    dc.DrawText("Hello MFC!", -1, &rc,
                DT_SINGLELINE | DT_CENTER |DT_VCENTER);
}
//每当应用程序首次执行时都要调用的初始化函数
BOOL CHelloApp::InitInstance()
{
    m_pMainWnd = new CMainFrame();
    m_pMainWnd->ShowWindow(m_nCmdShow);
    m_pMainWnd->UpdateWindow();
    return TRUE;
}
```

上述程序的运行应按下列步骤进行。

（1）创建一个 Win32 应用程序空项目 Ex_HelloMFC，创建并添加源文件 HelloMFC.cpp，在打开的文档窗口中输入上述程序代码。

（2）选择"项目"→"Ex_HelloMFC 属性"菜单命令，在弹出的"Ex_HelloMFC 属性页"窗口中，将"常规"配置属性中的"字符集"默认值改选为"使用多字节字符集"，将"MFC 的使用"属性配置为"在共享 DLL 中使用 MFC"。单击 确定 按钮。

（3）编译运行，结果如图 1.7 所示。

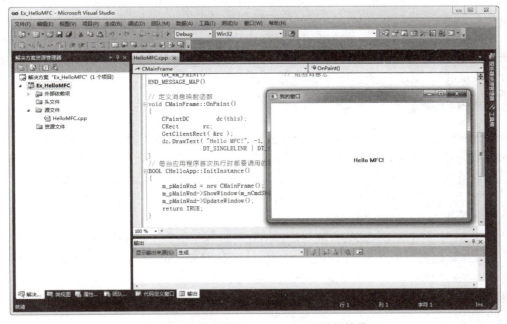

图 1.7　开发环境和 Ex_HelloMFC 运行结果

1.4.3 程序运行机制

从例 Ex_HelloMFC 可以看出，MFC 使用 afxwin.h 来代替头文件 windows.h，但在 Ex_HelloMFC 程序中却看不到 Windows 应用程序所必需的程序入口函数 WinMain()。这是因为 MFC 将它隐藏在应用程序框架内部了。

当用户运行应用程序时，Windows 会自动调用应用程序框架内部的 WinMain()函数，并自动查找该应用程序类 CHelloApp（从 CWinApp 派生）的全局变量 theApp，然后自动调用 CHelloApp 的虚函数 InitInstance()，该函数会进一步调用相应的函数来完成主窗口的构造和显示工作。下面来看看程序中 InitInstance()的执行过程。

（1）首先执行的是：

```
m_pMainWnd = new CMainFrame();
```

该语句用来创建从 CFrameWnd 类派生而来的用户框架窗口 CMainFrame 类对象，继而调用该类的构造函数，使得 Create()函数被调用，完成了窗口创建工作。

（2）然后执行后面两句，用作窗口的显示和更新。

```
m_pMainWnd->ShowWindow(m_nCmdShow);
m_pMainWnd->UpdateWindow();
```

（3）最后返回 TRUE，表示窗口创建成功。

需要说明的是，全局的应用程序派生类 CHelloApp 对象 theApp 在构造时还自动进行基类 CWinApp 的初始化，这使得在 InitInstance()完成初始化工作之后，还会调用基类 CWinApp 的成员函数 Run()，执行应用程序的消息循环，即重复执行接收消息并转发消息的工作。当 Run()检查到消息队列为空时，将调用基类 CWinApp 的成员函数 OnIdle()进行空闲时的后台处理工作。若消息队列为空且又没有后台工作要处理时，则应用程序一直处于等待状态，一直等到有消息为止。当程序结束后，调用基类 CWinApp 的成员函数 ExitInstance()，完成终止应用程序的收尾工作。

1.4.4 消息映射

在 MFC 中，不再使用消息循环代码以及在窗口过程函数中的 switch 结构来处理 Win32 的消息，而是使用独特的消息映射机制。

所谓消息映射（Message Map）机制，就是 MFC 类中的消息与消息处理函数一一对应起来。在 MFC 中，任何一个从类 CCmdTarget 派生的类理论上均可处理消息，且都有相应的消息映射函数。

按照 MFC 的消息映射机制，映射一个消息的过程是由以下三部分组成的。

（1）在处理消息的类中，使用消息宏 DECLARE_MESSAGE_MAP()声明对消息映射的支持，并在该宏之前声明消息处理函数。例如前面示例中的。

```
protected:
    afx_msg void OnPaint();
    DECLARE_MESSAGE_MAP()
```

（2）使用 BEGIN_MESSAGE_MAP 和 END_MESSAGE_MAP 宏在类声明之后的地方定义该类支持的消息映射入口点，所有消息映射宏都添加在这里，当然不同的消息 MFC 都会有不同的消息映射宏。例如：

```
BEGIN_MESSAGE_MAP(CMainFrame, CFrameWnd)
    ON_WM_PAINT()                           //绘制消息宏
    ...
END_MESSAGE_MAP()
```

其中，BEGIN_MESSAGE_MAP 带有两个参数，第一个参数用来指定需要支持消息映射的用户派生类，第二个参数指定该类的基类。

（3）定义消息处理函数。例如：

```
void CMainFrame::OnPaint()
{
    CPaintDC    dc(this);
    CRect       rc;
    GetClientRect(&rc);
    dc.DrawText("Hello MFC!", -1, &rc,
                DT_SINGLELINE | DT_CENTER | DT_VCENTER);
}
```

需要说明的是，为了使该消息能被其他对象接收并处理，在函数中常常还需调用其基类中的相关消息处理函数。

综上所述，使用 MFC 不仅可以减少 Windows 应用程序的代码量，而且通过消息映射机制使消息处理更为方便，并能很好地体现面向对象编程的优点。

1.5 MFC 应用程序框架

事实上，上述 MFC 程序代码可以不必从头构造，甚至不需要输入一句代码就能创建这样的 MFC 应用程序，这就是 Visual C++ 中的 MFC 项目向导的功能。同时，MFC 还对应用程序项目有着独特的管理方式。

1.5.1 MFC 应用程序类型

Visual C++ 中的 MFC 项目向导能为用户快速、高效、自动地生成一些常用的标准程序结构和编程风格的应用程序，它们被称为应用程序框架结构。前面的例 Ex_HelloMsg 和例 Ex_HelloWin 事实上正是使用它的 Win32 项目向导类型。

在 Visual C++ 中，选择"文件"→"新建"→"项目"菜单命令，按快捷键 Ctrl+Shift+N 或单击标准工具栏中的 按钮，弹出"新建项目"对话框，可以看到在左侧栏中有许多相应的项目类型（已安装的模板），如图 1.8 所示。

这些模板能满足各个层次的需要，但更关心的是 MFC 应用程序 类型，因为它包含一般创建的最常用、最基本的 3 种应用程序类型：单文档、多文档和基于对话框的应用程序。

所谓单文档应用程序是类似于 Windows 记事本的程序，它的功能比较简单，复杂程度

图 1.8　MFC 项目向导类型

适中,虽然每次只能打开和处理一个文档,但已能满足一般工程上的需要。因此,大多数应用程序的编制都是从单文档程序框架开始的。

与单文档应用程序相比较,基于对话框的应用程序是最简单,也是最紧凑的。它没有菜单、工具栏及状态栏,也不能处理文档,但它的好处是速度快,代码少,程序员所花费的开发和调试时间短。

多文档应用程序,顾名思义,能允许同时打开和处理多个文档。与单文档应用程序相比,增加了许多功能,因而需要大量额外的编程工作。例如,它不仅需要跟踪所有打开文档的路径,而且还需要管理各文档窗口的显示和更新等。

需要说明的是,不论选择何种类型的应用程序框架,一定要根据自己的具体需要而定。

1.5.2　文档应用程序创建

用 MFC 应用程序向导可以方便地创建一个默认经典的 Windows 单文档应用程序,其步骤如下。

(1) 打开"新建项目"对话框,参看图 1.8,在左侧"已安装的模板"中选中 MFC,在右侧的"模板"栏中选中 MFC应用程序 类型(以后所论及的"MFC 应用程序向导"就是指这种操作),检查并将项目工作文件夹定位到"D:\Visual C++ 程序\第 1 章",在"名称"栏中输入项目名"Ex_SDI"(双引号不输入)。

(2) 单击 确定 按钮,出现"MFC 应用程序向导"概述页面,显示项目当前设置的所有属性,单击 下一步> 按钮,出现如图 1.9 所示的"应用程序类型"页面。其中,"应用程序类型"可有下列选择。

第 1 章　Windows 编程基础

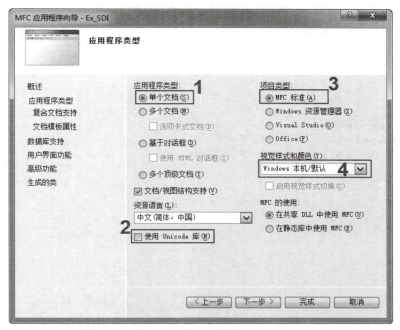

图 1.9　"应用程序类型"页面

①"单个文档",即单文档应用程序。

②"多个文档",即多文档应用程序。当选中"选项卡式文档"选项时,则打开的多个文档的窗口管理采用"选项卡"标签页面方式,集中布排在同一个窗口区域中。

③"基于对话框",即基于对话框的应用程序。当选中"使用 HTML 对话框"选项时,则对话框使用 HTML 资源界面,其中的控件与运行满足 HTML 规范。

④"多个顶级文档",属于多文档应用程序的一种,程序打开窗口的状态和任务管理器中的运行状态与 Word 2016 相似。

选中"单个文档"应用程序类型,取消勾选"使用 Unicode 库"复选框,将"项目类型"选为"MFC 标准","视觉样式和颜色"选为"Windows 本机/默认"。这样选择的结果可以大大简化向导创建的应用程序代码。

(3) 保留其他默认选项,单击 下一步> 按钮,弹出如图 1.10 所示的对话框,允许在程序中加入复合文档和活动文档的不同级别的支持。

(4) 保留默认选项,单击 下一步> 按钮,弹出如图 1.11 所示的对话框,从中可对文档模板字符串中的相关内容进行设置(以后还会讨论)。

(5) 保留默认选项,单击 下一步> 按钮,弹出如图 1.12 所示的对话框,从这里可选择程序中是否加入数据库的支持(有关数据库的内容将在以后的章节中介绍)。

(6) 保留默认选项,单击 下一步> 按钮,弹出如图 1.13 所示的对话框,在这里可对主框架窗口、菜单/工具栏等界面进行设置(以后还会讨论)。选中"使用经典菜单"单选按钮,且勾选"使用传统的停靠工具栏"复选框。

(7) 保留其他默认选项,单击 下一步> 按钮,弹出如图 1.14 所示的对话框,在这里可对上下文帮助、打印、自动化、ActiveX、支持重新启动管理器及最近使用文件数等项进行设定。

图 1.10 "复合文档支持"页面

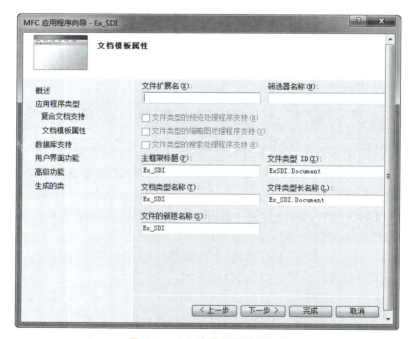

图 1.11 "文档模板属性"页面

(8) 保留默认选项,单击 下一步> 按钮,弹出如图 1.15 所示的对话框,在这里可以对向导创建的默认类名、基类名(以后还会讨论)、各个源文件名进行修改。

(9) 单击 完成 按钮,系统开始创建,并又回到 Visual C++ 主界面。到这里为止,虽然

图 1.12 "数据库支持"页面

图 1.13 "用户界面功能"页面

没有编写任何程序代码,但向导已根据前面的选择自动生成了相应的应用程序框架。

(10) 将项目工作区切换到"解决方案管理器"页面,双击头文件结点 **stdafx.h**,打开 stdafx.h 文档,滚动到最后代码行,将"#ifdef _UNICODE"和最后一行的"#endif"注释掉,

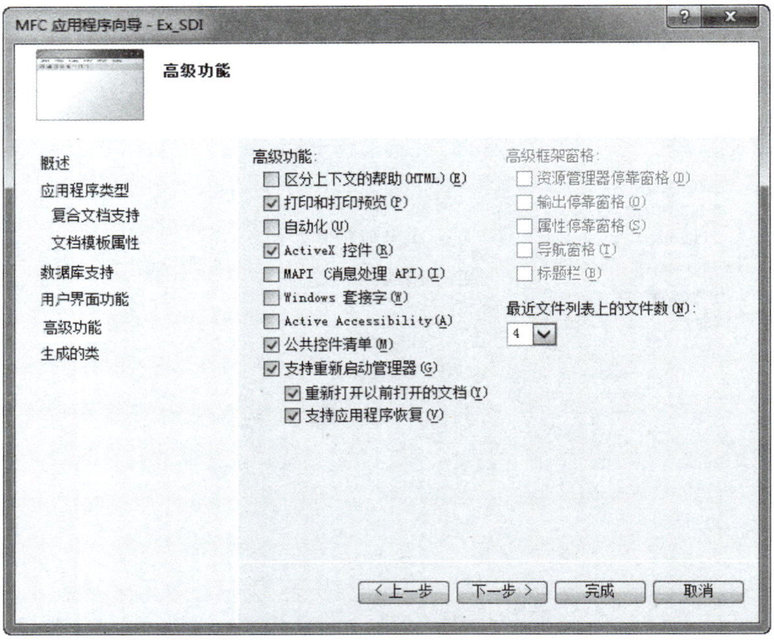

图 1.14 "高级功能"页面

图 1.15 "生成的类"页面

如图 1.16 所示。

（11）编译运行，结果如图 1.17 所示。

需要说明的是，创建的单文档应用程序 Ex_SDI 界面和其他文档应用程序一样，都有标

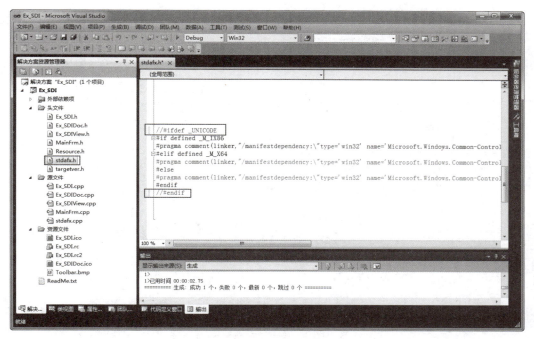

图 1.16　修改 stdafx.h 中的代码

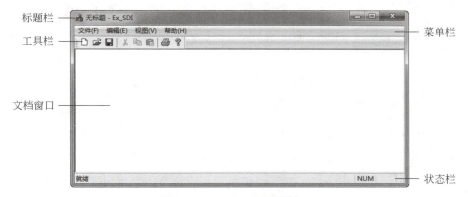

图 1.17　Ex_SDI 运行结果

题栏、菜单栏、工具栏、状态栏以及客户区（文档窗口）等界面元素。事实上，Microsoft Visual Studio 2010 对 MFC 文档应用程序界面做了全面美化，提供了"视觉管理器和样式"功能，包含 Windows 7、Office 2003、Office 2007、Visual Studio 2005 以及 Visual Studio 2008 等不同的界面风格。例如，用向导创建一个单文档应用程序 Ex_T，各步骤按如下操作。

（1）在向导的"应用程序类型"中选定"单个文档""MFC 标准"、Visual Studio 2008 或 Office 2003，取消勾选"使用 Unicode 库"和"启用视觉样式切换"复选框，如图 1.18 所示。

（2）在"用户界面功能"页面中，取消勾选"用户定义的工具栏和图像"及"个性化菜单行为"复选框，如图 1.19 所示。保留其他默认选项，单击 完成 按钮。

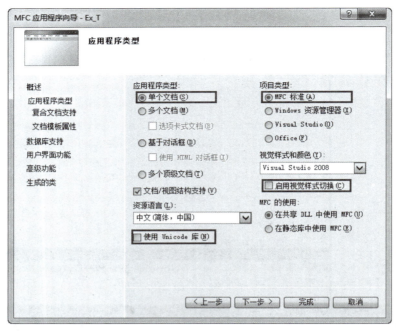

图 1.18 "应用程序类型"页面

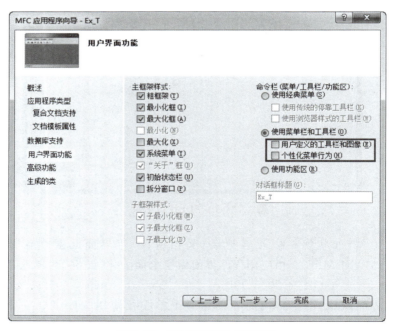

图 1.19 "用户界面功能"页面

(3) 打开 stdafx.h 文档,滚动到最后代码行,将"#ifdef _UNICODE"和最后一行的"#endif"注释掉。

(4) 编译并运行,结果如图 1.20 所示。

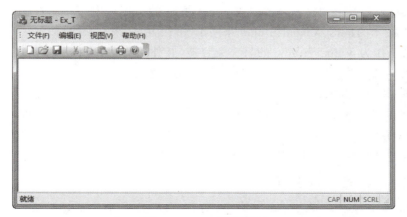

图 1.20　Ex_T 运行结果

类似地，使用 MFC 应用程序向导可以创建一个标准的视觉样式多文档应用程序 Ex_MDI（在"应用程序类型"页面中选择"多个文档"类型，取消勾选"选项卡式文档"，其他步骤均与 Ex_T 相同），编译并运行后，其结果如图 1.21 所示。

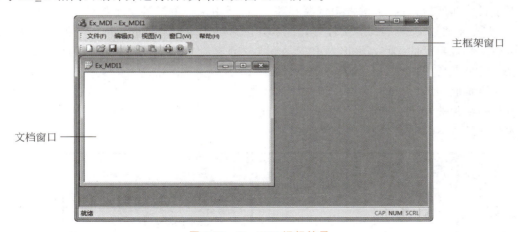

图 1.21　Ex_MDI 运行结果

注意：为了以后叙述方便，将向导创建的 Ex_SDI 这种单文档应用程序称为"默认的经典单文档应用程序"，而将 Ex_T(Ex_MDI) 称为"标准的视觉样式单（多）文档应用程序"（后面还会讨论）。

1.5.3　项目和解决方案

定位到创建时指定的根文件夹"D:\Visual C++ 应用\第 1 章"中，可以看到 Ex_SDI 和 Ex_MDI 两个文件夹，其中分别包含单文档应用程序 Ex_SDI 和多文档应用程序 Ex_MDI 所有的文件和信息。由于这些应用程序还包含除源程序外的许多信息，因此，在 Visual C++ 中常将它们称为项目或工程。

一个项目可简单，也可复杂。一个简单的项目可能仅由一个对话框或一个 HTML 文档、源代码文件和一个项目文件组成。但若是复杂的项目，则还可能在这些项的基础上包括数据库脚本、存储过程和对现有 XML Web Services 的引用等内容。随着软件工程不断发展以及.NET 技术的推出，Visual Studio 采用了"解决方案"来组织项目。

解决方案，作为 Visual Studio 的另一类容器，其外延要比"项目"宽得多。一个解决方案可包含多个项目，而一个项目通常包含多个项。所谓的"项"，就是创建应用程序所需的引用、数据连接、文件夹和文件等。

从 Ex_SDI 文件夹下的文件可以看到，除了有.vcxproj 项目文件外，还有一个同名的扩展名为.sln 的解决方案文件。除此之外，还包含源程序代码文件(.cpp、.h)以及相应的 Debug(调试)或 Release(发行)、Res(资源)等子文件夹。

1.5.4 解决方案管理和配置

为了能有效地管理方案中的那些文件并维护各源文件之间的依赖关系，Visual C++ 通过开发环境中左边的"项目工作区窗口"来进行管理。默认工作区窗口包含四个选项卡(或称标签页面)，分别是解决方案资源管理器、类视图、属性管理器和团队资源管理器(基于 SQL Server，这里不做讨论)，其中最经常使用的是前两个页面。

1. 解决方案资源管理器

项目工作区窗口的"解决方案资源管理器"页面用来将解决方案中的所有文件(C++ 源文件、头文件、资源文件、Help 文件等)分类，并按树层次结构来显示。每一个类别的文件在该页面中都有自己的结点，例如，所有的.cpp 源文件都在"源文件"目录项中，而.h 文件都在"头文件"目录项中。

在该页面中，不仅可以在结点项中移动文件，而且还可以创建新的结点项以及将一些特殊类型的文件放在该结点项中。单击结点名称图标前的符号"+"或"-"或双击图标，将显示或隐藏结点下的相关内容。如图 1.22(a)所示。

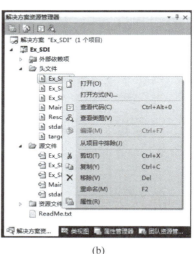

(a)   (b)

图 1.22　解决方案资源管理器

当选定顶部结点(例如 stdafx.h)时，"解决方案资源管理器"窗口的顶部出现三个工具图标 Ex_SDI 。其中， 用来显示树视图中所选项的相应"属性页"对话框； 用来显示所有项目项,包括那些已经被排除的项和正常情况下隐藏的项;而 用来启动"类设计器",显示当前项目中类的关系图。

需要说明的是,选择的结点项不同,对应的窗口顶部出现的工具图标也不同。同时,右击结点的快捷菜单也各不相同。例如,右击 Ex_SDI.h 结点,弹出如图 1.22(b)所示的快捷菜单,从中可选择相应的命令和操作。

2. 类视图

单击项目工作区窗口底部的"类视图"标签,可切换至"类视图"页面,它用来显示和管理项目中所有的名称空间、类和方法。"类视图"包含上下两栏:"类别和类""成员",如图 1.23(a)所示。

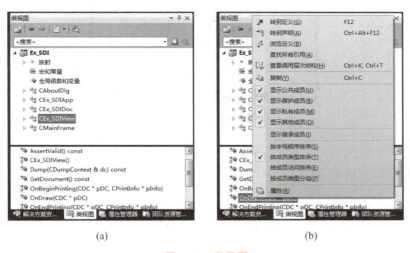

图 1.23　类视图

"类别和类"栏位于整个页面的上部,它以"树"结构来显示当前方案中的"类别"(包括映射、宏和常量、全局函数和变量等)或"类",其顶级结点(根)是当前的项目结点。若要展开树中选定的结点,则应单击结点前的 按钮或按数字小键盘上的加号(+)键。同样,若要收起选定的已展开结点,则应单击结点前的 按钮或按数字小键盘上的减号(—)键。

"成员"栏位于页面的下部,用列表方式列出当前所选"类别"或"类"结点中的属性、方法、事件、变量、常量及其他成员。双击这些"成员"项,将在文档窗口中自动打开并定位到其定义处。当然,若右击"成员"项,则弹出如图 1.23(b)所示的快捷菜单(如右击 CEx_SDIView 类的 OnDraw(CDC * pDC) 项),从中可选择相应的命令和操作。

需要说明的是,在"类视图"页面中每个结点前都有一些图标,用来表示结点的含义。通常,{} 表示"名称空间", 表示"类",粉红色的向下立体小方块表示"成员函数",天蓝色的向上立体小方块表示"成员变量"。若立体小方块前有一把锁,则表示该成员是"私有的"(private);若有一把钥匙,则表示该成员是"保护的"(protected);若仅有一个立体小方块,则表示该成员是"公有的(public)"。

3. 属性管理器

单击项目工作区窗口底部的"属性管理器"标签,切换至"属性管理器"页面,展开所有结点,如图 1.24 所示,双击任何结点都将弹出相应的"属性页"对话框,从中可修改属性表中定义的项目设置。

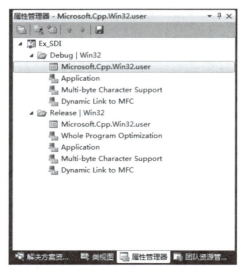

图 1.24　属性管理器

默认时，一个 Visual C++ 项目（解决方案）会有 Debug（调试）和 Release（发行）两种类型的属性表。所谓"调试"版本，是为调试而配置，所生成的程序中包含大量调试信息；而"发行"版本是用来生成最终的应用程序，它对所生成的代码进行充分优化，生成的代码更小、速度更快。

需要说明的是，这里的项目属性仅是预定义的方案，具体项目生成的版本还需要通过选择"生成"→"配置管理器"菜单命令，在弹出的对话框中进行指定，如图 1.25 所示。

图 1.25　配置管理器

配置时，可通过对话框上方的"活动解决方案配置"的组合框选项来进行，也可在对话框项目配置列表中为某个具体的项目进行配置。由于 Ex_SDI 方案中仅有一个同名的项目，所以这两种操作方式结果是相同的。事实上,项目配置也可直接通过"标准"工具栏进行,如图 1.26 所示。

图 1.26　从工具栏上设置方案配置

特别地,当应用程序项目经过测试后并可以交付时,应将其配置从默认的 Win32 Debug 版本修改成 Win32 Release 版本。这样,重新编连后,在 Release 文件夹中的.exe 文件就是交付用户的可执行文件。当然,交付时最好还应制作安装程序包及相应的必要的文档。

4. 应用程序的 MFC 类结构

将项目工作区窗口切换到"类视图"页面,可以看到 MFC 为单文档应用程序项目 Ex_SDI 自动创建了用户 MFC 派生类,包括 CAboutDlg、CEx_SDIApp、CEx_SDIDoc、CEx_SDIView 和 CMainFrame。这些 MFC 类之间的继承和派生关系如图 1.27 所示。

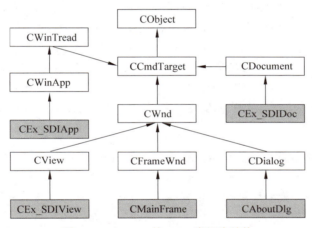

图 1.27　Ex_SDI 的 MFC 类层次结构

在图 1.27 中,对话框类 CAboutDlg 是每一个应用程序框架都有的,用来显示本程序的有关信息,它是从 CDialog(MFC 2010 已将其更新为派生类 CDialogEx)类派生而来的。

CEx_SDIApp 是应用程序类,它是从 CWinApp 类派生而来的,负责应用程序的创建、运行和终止,每一个应用程序都需要这样的类。

CEx_SDIDoc 是应用程序文档类,它是从 CDocument 类派生而来的,负责应用程序文档数据管理。

CEx_SDIView 是应用程序视图类,它既可以从基类 CView 派生,也可以从 CView 派生类(如 CListView、CTreeView 等)派生,负责数据的显示、绘制和其他用户交互。

CMainFrame 类用来负责主框架窗口的显示和管理,包括工具栏和状态栏等界面元素的初始化。对于单文档应用程序来说,主框架窗口类是从 CFrameWnd 派生而来的。

需要说明的是,对于基于对话框的应用程序来说,一般有 CAboutDlg 类、应用程序类和对话框类。

特别地,若在 MFC 应用程序向导中文档应用程序使用了"视觉管理器和样式"功能,则其类结构中相应的基类 CFrameWnd、CMDIFrameWnd、CMDIChildWnd 和 CWinApp 等分别被更新为它们的派生类 CFrameWndEx、CMDIFrameWndEx、CMDIChildWndEx 和 CWinAppEx 等。

1.5.5 OnDraw()和消息添加

MFC 应用程序框架核心机制之一便是与用户"交互"的代码。在 Microsoft Visual Studio 2010 中,可以方便地为基类虚函数、窗口消息以及界面元素(控件、菜单)添加重写(重载)、消息映射以及相应的事件处理函数。

1. 虚函数及重写

在 MFC 应用程序类中继承了基类的虚函数,通过对虚函数的重写可以实现用户类的代码执行。在文档应用程序框架中,视图类用来封装和管理框架窗口的子窗口,当子窗口无效时,就会自动调用用户视图类的 OnDraw()虚函数。一般来说,OnDraw()虚函数就是对 WM_PAINT 消息的一种映射。因此,要想在客户区绘制"Hello MFC!"时,其绘制代码就应在 OnDraw()虚函数中添加,如下面的过程。

(1) 重新创建一个标准的视觉样式单文档应用程序,或选择"文件"→"打开"→"项目/解决方案"或按快捷键 Ctrl+Shift+O,弹出"打开项目"对话框,从中定位到"D:\Visual C++ 程序\第 1 章\Ex_T\"目录,选择并打开 Ex_T.sln。

(2) 将项目工作区切换到"类视图"页面,展开所有结点,单击 CEx_T 结点,双击其下区域中的 OnDraw()函数结点,这样便在其源文件的窗口中打开并定位到 OnDraw()函数处。

(3) 添加下列代码。

```
void CEx_TView::OnDraw(CDC* pDC)
{
    CEx_TDoc* pDoc = GetDocument();
    ASSERT_VALID(pDoc);
    if(!pDoc)   return;
    CRect       rc;
    GetClientRect(&rc);                     //获取客户区大小
    pDC->DrawText("Hello MFC!", -1, &rc,
            DT_SINGLELINE | DT_CENTER |DT_VCENTER);
}
```

(4) 编译并运行,结果如图 1.28 所示。

当然,若要在 CEx_TView 类(或其他类)中添加其他虚函数的重写(重载),可有两种方法:一是通过"属性"窗口,二是使用"MFC 类向导"(后面讨论)。

在项目工作区"类视图"页面中,右击 CEx_TView 结点,从弹出的快捷菜单中选择"属性"命令,将在开发环境右侧显示出其"属性"窗口,在靠顶部的工具栏中单击"重写"(重载)图标按钮 ,切换到"重写"页面,如图 1.29(a)所示。

从中可以看出,凡是在用户类中已重写的虚函数,其右侧栏中均有相同的重写函数名。若要添加虚函数重写,只需单击相应虚函数的右侧栏,再单击右侧的下拉按钮,从弹出的选

图 1.28　绘制文本

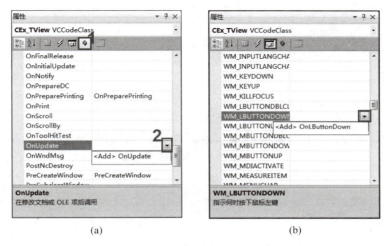

图 1.29　"属性"窗口的重写和消息页面

项中选择"＜Add＞ xxx",则会在文档窗口中自动打开并定位到刚刚添加的虚函数实现处,在其中可添加相应的代码。

需要说明的是,若要映射窗口、键盘、鼠标等消息,可在"属性"窗口的"消息"页面中进行类似添加,如图 1.29(b)所示。

2. 使用 MFC ClassWizard

虚函数重写的另一种方式是使用 MFC ClassWizard(MFC 类向导)。选择"项目"→"类向导"菜单命令或按快捷键 Ctrl＋Shift＋X,弹出如图 1.30 所示的"MFC 类向导"对话框,它分为上下两部分。上部分区域包含所属的"项目""类名"以及 下拉按钮,而下部分区域则是由"命令""消息""虚函数""成员变量"以及"方法"共 5 个页面组成。

"命令"页面:用来对当前项目下所在类中的对象 ID(菜单项、全局 ID 等)进行命令消息的"处理程序"(映射成员函数)的添加、删除和代码编辑。列表中加粗的是已映射的对象 ID 和消息。

"消息"页面:用来对当前项目下所在类的窗口、键盘、鼠标等消息进行"处理程序"(映射函数)的添加、删除和代码编辑,如图 1.31 所示。列表中加粗的是已映射的消息。

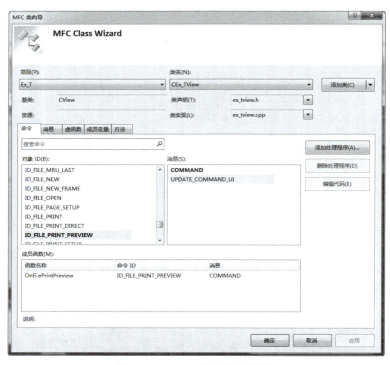

图 1.30 "MFC 类向导"对话框

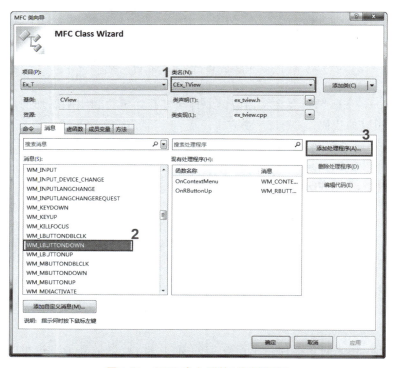

图 1.31 MFC 类向导的"消息"页面

"虚函数"页面：用来对当前项目下所在类的基类虚函数的重写（重载）进行添加、删除和代码编辑，如图 1.32 所示。列表中加粗的是已重写的虚函数。

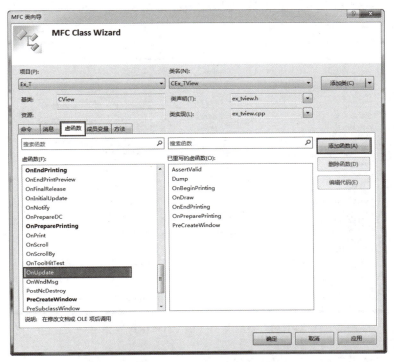

图 1.32　MFC 类向导的"虚函数"页面

"成员变量"页面：用来添加或删除与控件相关联的成员变量（或称控件变量），以便与控件进行数据交换。这些控件所在的类一般是从 CDialog、CPropertyPage、CRecordView 或 CDaoRecordView 中派生的类。

"方法"页面：用来对当前所在类的成员函数（方法）进行添加、删除以及编辑等。

可见，要在类中添加虚函数重写，则在 MFC 类向导"虚函数"页面中，双击左侧列表中要重写的虚函数，或选定虚函数，单击 [添加函数(A)] 按钮。选定右侧列表中的"已重写的虚函数"，则 [删除函数(D)] 按钮和 [编辑代码(E)] 按钮激活。

3. 消息处理

下面过程是用 MFC 类向导在 CEx_TView 类中添加"单击"鼠标的事件处理程序。

（1）选择"项目"→"类向导"菜单命令或按快捷键 Ctrl+Shift+X，弹出"MFC 类向导"对话框（见图 1.31）。在"类名"组合框中，将类名选定为 CEx_TView（图 1.31 中的标记 1），切换到"消息"页面。

（2）拖动"消息"列表框右侧的滚动块，直到出现要映射的 WM_LBUTTONDOWN 消息为止（图 1.31 中的标记 2）。双击"消息"列表中的 WM_LBUTTONDOWN 消息或单击 [添加处理程序(A)...] 按钮（图 1.31 中的标记 3），都会在 CEx_TView 类中添加该消息的映射函数 OnLButtonDown，同时在"现有处理程序"列表中显示这一消息映射函数和被映射的消息，结果如图 1.33 所示。

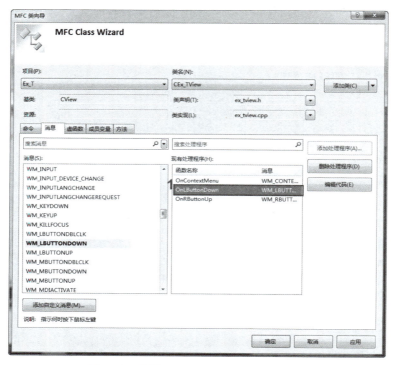

图 1.33 映射 WM_LBUTTONDOWN 消息

（3）双击消息函数（图 1.33 中的标记 1）或单击 编辑代码(E) 按钮后，MFC 类向导对话框退出，并转向文档窗口，定位到 OnLButtonDown() 函数实现的源代码处。添加下列代码。

```
void CEx_TView::OnLButtonDown(UINT nFlags, CPoint point)
{
    MessageBox ("Hello, World!", "Hello",
                MB_ICONQUESTION | MB_ABORTRETRYIGNORE);
    CView::OnLButtonDown(nFlags, point);
}
```

这样就完成了一个消息的添加和映射过程，向导所产生的消息映射代码与前述的 MFC 消息过程是一样的。程序运行后，在窗口客户区单击，就会弹出一个消息对话框。

1.6 总 结 提 高

本章主要讨论 Win32 的两种编程框架。第一种框架是 SDK 方式，它使用 WinMain() 入口函数和窗口过程函数分别用来管理窗口和处理消息。第二种框架是 MFC 方式，它使用应用程序类对象的构造，自动运行用户版本的虚函数 InitInstance() 进行初始化，最后运行 Run() 函数进入消息循环处理。

相比较而言，SDK 方式相对简单一些，而 MFC 方式由于涉及"可视化"编程，所以代码中添加了许多 C/C++ 标准语言中没有的扩展内容。例如，用于消息处理的各种宏，用于调试的_debug 信息等。

在学习 MFC 编程时,要学会理解 MFC 类的作用和关系。例如,MFC 为单文档应用程序项目 Ex_SDI 自动创建了类 CAboutDlg、CEx_SDIApp、CEx_SDIDoc、CEx_SDIView 和 CMainFrame。

其中,对话框类 CAboutDlg 是从 CDialog(MFC 2010 已将其更新为 CDialogEx)类派生而来的,它是每一个应用程序框架都有的,用来显示本程序的有关信息。

CEx_SDIApp 是应用程序类,是从 CWinApp 类派生而来的,负责应用程序创建、运行和终止,每一个应用程序都需要这样的类。

CEx_SDIDoc 是应用程序文档类,它是从 CDocument 类派生而来的,负责应用程序文档数据管理。CEx_SDIView 是应用程序视图类,它既可以从基类 CView 派生,也可以从 CView 派生类(如 CListView、CTreeView 等)派生,负责数据的显示、绘制和其他用户交互。

CMainFrame 类用来负责主框架窗口的显示和管理,包括工具栏和状态栏等界面元素的初始化。对于单文档应用程序来说,主框架窗口类是从 CFrameWnd 派生而来的。

特别地,若在 MFC 应用程序向导中文档应用程序使用了"视觉管理器和样式"功能,则其类结构中相应的基类 CWinApp、CFrameWnd、CMDIFrameWnd 和 CMDIChildWnd 分别被更新为 CWinAppEx、CFrameWndEx、CMDIFrameWndEx 和 CMDIChildWndEx。

在开发环境中,打开或定位上述类代码时,不仅可以通过项目工作区窗口"解决方案资源管理器"和"类视图"页面进行,而且在文档窗口的顶部还有一个"类"组合框及一个类成员函数组合框,通过它们可指定要定位的类,当在成员函数组合框中选定某成员函数,可直接在该文档窗口中定位到该函数的定义处。

通过类"属性"窗口或 MFC 类向导,可以很方便地向类中为基类虚函数、窗口消息以及界面元素(控件、菜单)添加重写(重载)、消息映射以及相应的事件处理函数。

当然,在建立应用程序 MFC 类的概念后,就要着手思考如何进行界面设计,包括主框架窗口的属性改变,如何添加并编辑对话框、菜单、工具栏、状态栏、图标、光标等。

有了界面设计能力之后,就可对某些常见应用进行解决方案设计。例如,图形图像处理、科学计算、数据库以及网络应用等。

在后面的章节,将一步步按上述过程进行阐述。

第 2 章 对话框

对话框是 Windows 应用程序中最重要的用户界面元素之一,是与用户交互的重要手段。对话框是一个特殊类型的窗口,可以作为各种控件(具有独特功能的界面元素)的容器,可用于捕捉和处理用户的多个输入信息或数据。虽然对话框的创建、使用和实现比较容易,但同时也反映了开发者对界面设计的视觉艺术水平。

2.1 创建对话框

在 Visual C++ 应用程序中,创建一个对话框通常有两种方式:一是直接创建一个基于对话框的应用程序,二是在一个应用程序中添加并创建对话框类。

2.1.1 创建基于对话框的应用程序

用"MFC 应用程序向导"可以非常方便地创建一个基于对话框的应用程序,如下面的过程。

(1) 在"D:\Visual C++ 程序"文件夹中,创建本章应用程序工作文件夹"第 2 章"。

(2) 启动 Visual C++ ,选择"文件"→"新建"→"项目"菜单命令、按快捷键 Ctrl+Shift+N 或单击标准工具栏中的 按钮,弹出"新建项目"对话框。在左侧"项目类型"中选中 MFC,在右侧的"模板"栏中选中 MFC应用程序 类型,检查并将项目工作文件夹定位到"D:\Visual C++ 程序\第 2 章",在"名称"栏中输入项目名"Ex_Dlg",检查并取消勾选"为解决方案创建目录"复选框,如图 2.1 所示。

(3) 单击 确定 按钮,出现"MFC 应用程序向导"欢迎页面,单击 下一步> 按钮,出现"应用程序类型"页面。选中"基于对话框"应用程序类型,此时右侧的"项目类型"自动选定为"MFC 标准",取消勾选"使用 Unicode 库"复选框,如图 2.2 所示。

(4) 单击 下一步> 按钮,出现如图 2.3 所示的"用户界面功能"页面,除了有与文档应用程序相同的"主框架样式"选项外,还可在这里指定对话框标题。

(5) 保留默认选项,单击 下一步> 按钮,出现如图 2.4 所示的"高级功能"页面。在这里,允许在程序中加入上下文帮助、自动化、ActiveX 控件、Active Accessibility、TCP/IP 网络通信以及提供 Windows 公共控件 DLL 的支持等。

第 2 章 对话框

图 2.1 新建项目

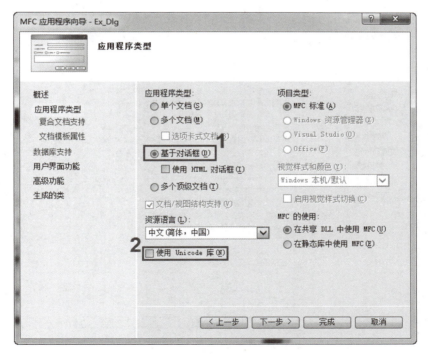

图 2.2 "应用程序类型"页面

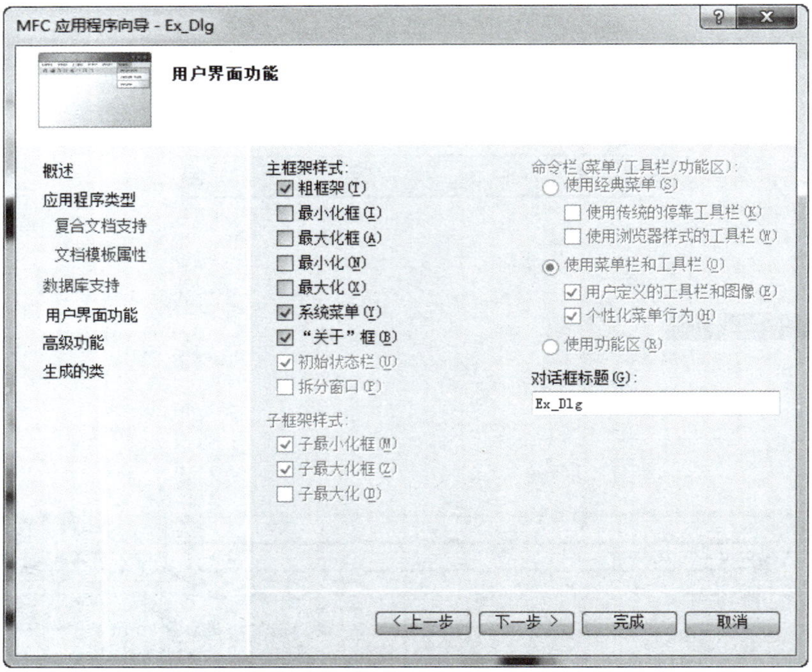

Visual C++ 教程（第 4 版）

图 2.3 "用户界面功能"页面

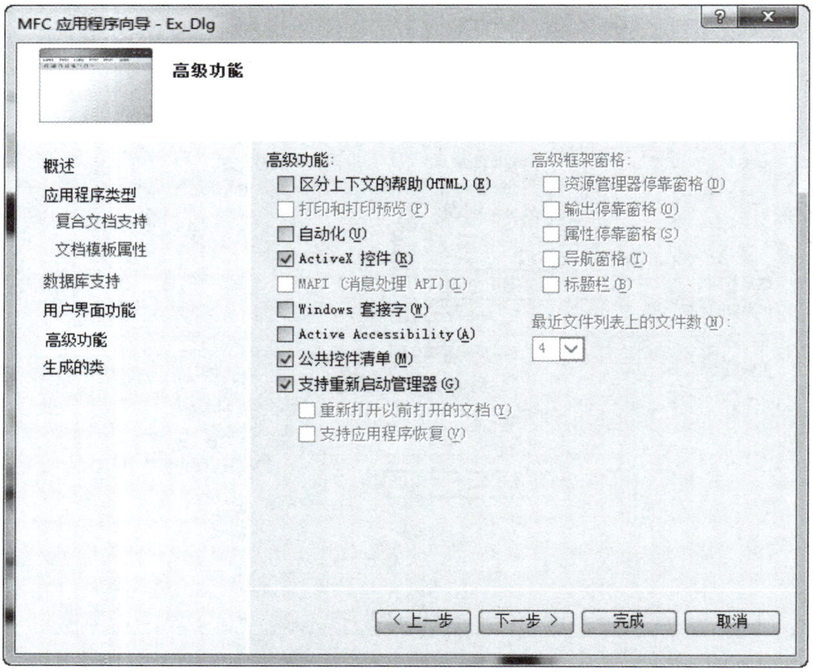

图 2.4 "高级功能"页面

（6）保留默认选项，单击 下一步> 按钮，出现如图 2.5 所示的"生成的类"页面。在这里，可以对向导提供的默认类名、基类名、各个源文件名进行修改。

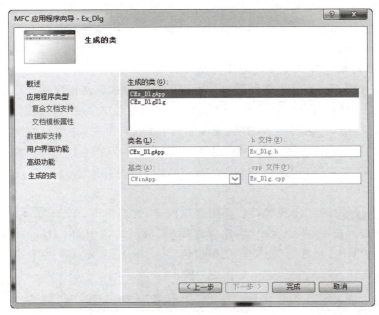

图 2.5 "生成的类"页面

（7）保留默认选项，单击 完成 按钮，系统开始创建，并又回到了 Visual C++ 主界面，同时还自动打开对话框资源（模板）编辑器以及控件工具栏、控件布局工具栏等。将项目工作区窗口切换到"解决方案管理器"页面，双击头文件结点 stdafx.h ，打开 stdafx.h 文档，滚动到最后代码行，将"#ifdef _UNICODE"和最后一行的"#endif"注释掉。

（8）按快捷键 Ctrl+F5，系统开始编连并运行生成的对话框应用程序可执行文件 Ex_Dlg.exe，运行结果如图 2.6 所示。

图 2.6 Ex_Dlg 运行结果

2.1.2 添加并创建对话框

在实际应用中,常常需要在一个应用程序中添加并使用一个对话框。这里以一个单文档应用程序为例,来说明添加并创建对话框的过程。其他应用程序与之相类似,主要包括添加对话框资源和创建对话框类这两个步骤。

1. 创建标准的视觉样式单文档应用程序

在添加对话框资源之前,先来创建一个标准的视觉样式单文档应用程序 Ex_SDT。

(1) 启动 Visual C++,选择"文件"→"新建"→"项目"菜单命令、按快捷键 Ctrl+Shift+N 或单击标准工具栏中的 按钮,弹出"新建项目"对话框。在左侧"项目类型"中选中 MFC,在右侧的"模板"栏中选 MFC应用程序 类型,检查并将项目工作文件夹定位到"D:\Visual C++ 程序\第 2 章",在"名称"栏中输入项目名"Ex_SDT",检查并取消勾选"为解决方案创建目录"复选框。

(2) 单击 确定 按钮,出现"MFC 应用程序向导"欢迎页面,单击 下一步> 按钮,出现"应用程序类型"页面。选中"单个文档"应用程序类型,取消勾选"使用 Unicode 库"复选框,将"项目类型"选为"MFC 标准","视觉样式和颜色"选为 Visual Studio 2008 或 Office 2003,取消勾选"启用视觉样式切换"复选框,如图 2.7 所示。

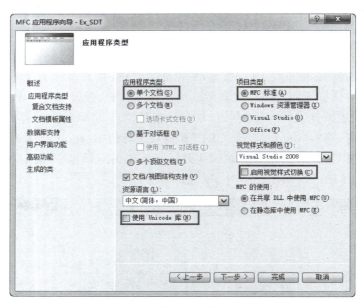

图 2.7 "应用程序类型"页面

(3) 单击向导对话框左侧的"用户界面功能",将其切换到"用户界面功能"页面,取消勾选"用户定义的工具栏和图像"及"个性化菜单行为"复选框,如图 2.8 所示。保留其他默认选项,单击 完成 按钮。

(4) 打开 stdafx.h 文档,滚动到最后代码行,将"#ifdef _UNICODE"和最后一行的"#endif"注释掉。

说明:若无特别说明,以后凡遇到"创建一个标准的视觉样式单文档应用程序 Ex_

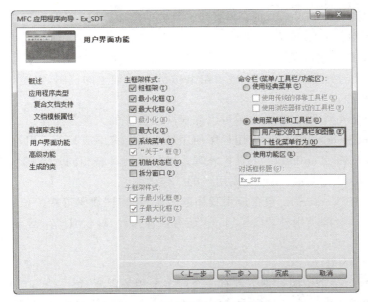

图 2.8 "用户界面功能"页面

XXXX"就是指上述步骤(Ex_XXXX 为创建的应用程序名),本书做此约定。

2. 资源和资源标识

Visual C++ 将 Windows 应用程序中经常用到的菜单、工具栏、对话框、图标等都视为"资源",并将其单独存放在一个资源文件中。每个资源都有相应的标识符来进行区分,并且可以像变量一样进行赋值。

1) 资源类别

选择"视图"→"资源视图"菜单命令或按快捷键 Ctrl+Shift+E,将在项目工作区中添加并打开"资源视图"页面,展开所有结点,如图 2.9 所示。可以看出,Visual C++ 使用的资源可分为下列几类。

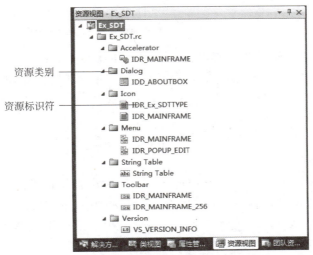

图 2.9 单文档程序的资源视图

(1) 快捷键列表(Accelerator)：一系列组合键的集合，被应用程序用来引发一个动作。该列表一般与菜单命令相关联，用来代替鼠标操作。

(2) 对话框(Dialog)：含有按钮、列表框、编辑框等各种控件的窗口。

(3) 图标(Icon)：代表应用程序显示在 Windows 桌面上的位图，它同时有 32×32px 和 16×16px 两种规格。

(4) 菜单(Menu)：用户通过菜单可以完成应用程序的大部分操作。

(5) 字串表(String Table)：应用程序使用的全局字符串或其他标识符。

(6) 工具栏按钮(Toolbar)：工具栏外观是以一系列具有相同尺寸的位图组成的，它通常与一些菜单命令项相对应，用以提高用户的工作效率。

(7) 版本信息(Version)：包含应用程序的版本、用户注册码等相关信息。

除了上述常用资源类别外，Visual C++ 还有鼠标指针、HTML 等，甚至可以自己添加新的资源类别。

2) 资源标识符(ID)

在图 2.9 中，每一个资源类别下都有一个或多个相关资源，每一个资源均是由标识符来定义的。当添加或创建一个新的资源或资源对象时，系统会为其提供默认的名称，如 IDR_MAINFRAME 等。当然，也可重新命名。一般地，标识符命名规则与变量名基本相同，只是不区分大小写。除此之外，出于习惯，Visual C++ 还定义了一些常用的标识符前缀供用户使用和参考，见表 2.1。

表 2.1 常用的标识符前缀的含义

标识符前缀	含 义	标识符前缀	含 义
IDR_	表示快捷键或菜单相关资源	IDM_	表示菜单项
IDD_	表示对话框资源	ID_	表示命令项
IDC_	表示光标资源或控件	IDS_	表示字符表中的字符串
IDI_	表示图标资源	IDP_	表示消息框中使用的字符串
IDB_	表示位图资源		

事实上，每一个定义的标识符都保存在应用程序项目的 Resource.h 文件中，它的取值范围为 0～32 767。在同一个项目中，资源标识符名称不能相同，不同的标识符的值也不能一样。

3. 添加对话框资源

在一个 MFC 应用程序中添加一个对话框资源，通常按下列步骤进行(这里以单文档应用程序 Ex_SDT 为例)。

(1) 在工作区窗口当前页面中，选中根结点 Ex_SDI，然后选择"项目"→"添加资源"菜单命令，弹出"添加资源"对话框，从中可以看到资源列表中存在 Dialog 项，若单击 Dialog 项左边的"+"号，将展开对话框资源的不同类型选项，如图 2.10 所示，表 2.2 列出各种类型的对话框资源的不同用途。

在图 2.10 中，新建(N) 按钮用来创建一个由"资源类型"列表中指定类型的新资源，

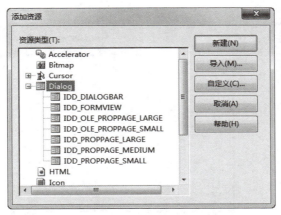

图 2.10 "添加资源"对话框

![自定义(C)...]按钮用来创建"资源类型"列表中没有的新类型的资源,![导入(M)...]按钮用于将外部已有的位图、图标、光标或其他定制的资源添加到当前应用程序中。

表 2.2 对话框资源类型

类 型	说 明
IDD_DIALOGBAR	对话条,往往和工具条放一起
IDD_FORMVIEW	一个表单(一种样式的对话框),用于表单视图类的资源模板
IDD_OLE_PROPPAGE_LARGE	一个大的 OLE 属性页
IDD_OLE_PROPPAGE_SMALL	一个小的 OLE 属性页
IDD_ PROPPAGE_LARGE	一个大的属性页,用于属性对话框
IDD_ PROPPAGE_MEDIUM	一个中等大小的属性页,用于属性对话框
IDD_ PROPPAGE_SMALL	一个小的属性页,用于属性对话框

(2) 对展开的不同类型的对话框资源不做任何选择,选中 Dialog,单击![新建(N)]按钮,系统就会自动为当前应用程序添加一个对话框资源,并出现如图 2.11 所示的开发环境界面(这个界面和前面创建一个对话框应用程序后出现的界面是基本一样的,不过这里将"团队资源管理器"页面隐藏了)。

从图 2.11 中可以看出:

① 系统为对话框资源自动赋予一个默认的标识符名称(第一次为 IDD_DIALOG1,以后依次为 IDD_DIALOG2、IDD_DIALOG3、…)。

② 使用通用的对话框模板创建新的对话框资源。对话框的默认标题为 Dialog,有"确定"和"取消"两个按钮,这两个按钮的标识符分别为 IDOK 和 IDCANCEL。

③ 对话框模板资源所在的窗口连同相应的工具栏总称为对话框资源编辑器,在这里可进行对话框的设计,并可对对话框的属性进行设置。

4. 创建对话框类

在应用程序中使用添加的对话框必须先要为该对话框模板(资源)创建一个用户对话框

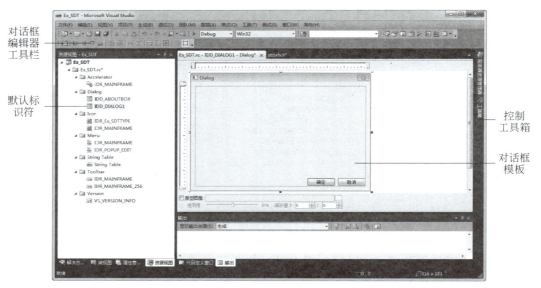

图 2.11 添加对话框资源后的开发环境

类,其步骤如下。

(1) 在对话框资源模板的空白区域(没有其他元素或控件)内双击,或选择"项目"→"添加类"菜单命令,弹出"MFC 添加类向导"对话框。

(2) 将"基类"选为 CDialog,在"类名"框中输入类名"COneDlg"(注意要以"C"字母开头,以保持与 Visual C++ 标识符命名规则一致),如图 2.12 所示,保留默认选项,单击 完成 按钮。

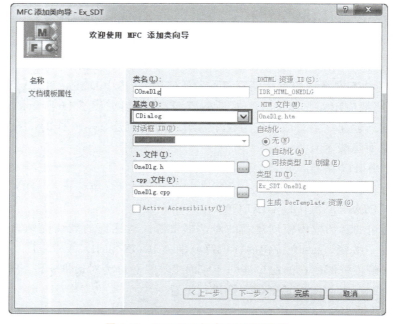

图 2.12 "MFC 添加类向导"对话框

这样，就为应用程序添加了一个新对话框资源 IDD_DIALOG1，并为之生成了一个对话框类 COneDlg。需要说明的是，在前面创建的对话框应用程序 Ex_Dlg 中，创建的对话框资源模板 ID 为 IDD_EX_DLG_DIALOG，为之生成的对话框类是 CEx_DlgDlg。

2.2 设计对话框

作为一种常见的窗口界面，对话框应重在其设计及属性设置方面。

2.2.1 设置对话框属性

在对话框模板空白处右击，从弹出的快捷菜单中选择"属性"命令，就会在开发环境右侧出现如图 2.13 所示的对话框属性窗口。从中可以看出，对话框具有这几类属性：外观、位置、行为、杂项和字体。

 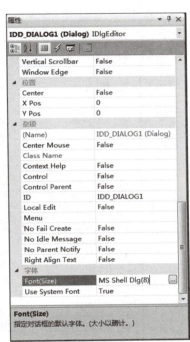

图 2.13 对话框属性窗口

说明：

（1）在图 2.13 中属性窗口的右上角，有一个"自动隐藏"图标，当单击此图标后，属性窗口隐藏，并在最右侧显示标签"属性"，一旦鼠标移动到该标签时，属性窗口自动滑出，同时"自动隐藏"图标变成。再次单击"自动隐藏"图标，则窗口又变成最初的"停靠"状态。

（2）在属性窗口中，单击 按钮将使属性按"字母从 A 到 Z"排序，单击 按钮将使属性按"类别"排序。

（3）在属性窗口"杂项"下的 ID 属性值框中，可修改对话框默认的标识符 IDD_DIALOG1；在"外观"下的 Caption 属性值框中，可设置对话框的默认标题，如改为"我的第一个对话框"(双引号不输入,输入后按 Enter 键)。

(4)单击"字体"下的 Font(Size)属性值框,激活该属性,单击右侧的按钮,弹出"字体"对话框,从中将对话框资源模板内的文本设置成"宋体,常规,9"或"微软雅黑,常规,9",以使自己设计的对话框和 Windows 中的对话框保持外观上的一致(这是界面设计的"一致性"原则)。

2.2.2 添加和布局控件

一旦对话框资源(模板)被打开或被创建,就会出现对话框编辑器,通过它及控件工具箱可以在对话框中进行控件的添加和布局等操作。

1. 控件的添加

将鼠标移动到开发环境最右边的"工具箱"标签,稍等片刻后,工具箱自动滑出,通过工具箱的各个工具按钮可以进行控件的添加。需要说明的是,当鼠标指针移开工具箱后,工具箱就会自动隐藏。单击"工具箱"顶部的按钮可使工具箱窗口一直停靠在开发环境的右侧,如图 2.14 所示。

图 2.14 工具箱中的控件

向对话框资源(模板)添加一个控件的方法有下列几种。

(1)在工具箱中单击要添加的控件,然后将鼠标指针移至对话框资源(模板)中,此时的鼠标箭头在对话框资源(模板)内变成"十"字和控件标记的组合形状。此时,在对话框资源(模板)指定位置处单击,即可在该位置处添加此控件。

(2)在工具箱中单击要添加的控件,然后将鼠标指针移至对话框资源(模板)中,此时的鼠标箭头在对话框资源(模板)内变成"十"字和控件标记的组合形状。此时,在需要添加的位置处单击并按住鼠标,然后向右下方拖动光标直到对控件的大小满意为止,松开鼠标。

(3) 在工具箱中单击要添加的控件并按住鼠标,移动鼠标并在需要添加的位置处释放鼠标,控件被添加到当前鼠标位置的对话框资源(模板)中。

(4) 在工具箱中双击要添加的控件,相应的控件添加在对话框资源(模板)中,拖动它可以改变其位置。

2. 控件的选取

控件的删除、复制和布局操作一般都要先选取控件。选取单个控件时,可有下列方法。

(1) 用鼠标直接选取。首先保证在控件工具箱中的 按钮是被选中的,然后移动鼠标指针至指定的控件上,单击即可。

(2) 用 Tab 键选取。在对话框编辑器中,系统会根据控件的添加次序自动设置相应的"Tab 键顺序"。利用 Tab 键,可在对话框内的控件中进行选择。每按一次 Tab 键依次选取对话框中的下一个控件,若按住 Shift 键,再按 Tab 键则选取上一个控件。

对于多个控件的选取,可采用下列方法。

(1) 先在对话框内按住鼠标左键,拖出一个大的虚框,然后释放鼠标,则被该虚框所包围的控件都将被选取。这种选择方式称为"框选"。

(2) 先按住 Shift 键,然后用鼠标选取控件,直到所需要的多个控件选取之后再释放 Shift 键。若在选取时对已选取的控件再选取一下,则取消对该控件的选取。

注意:

(1) 一旦单个控件被选取后,其四周由选择框包围着,选择框上还有几个(通常是八个)深蓝色实心小方块,称为"尺寸柄",选中并拖动这些尺寸柄可以改变控件的大小,如图 2.15(a) 所示。

(2) 多个控件被选取后,其中只有一个控件的选择框有几个蓝色实心小方块,这个控件称为主导控件,而其他控件的选择框的小方块是空心的,如图 2.15(b) 所示。

图 2.15 单个控件和多个控件的选择框

重新指定主导控件时,可有下列方法。

(1) 多个控件被选取后,按住 Ctrl 键,然后单击要指定的主导控件即可。

(2) 单击当前选定控件的外部以清除当前的选定,重新按住 Shift 键,首个选定的控件即为主导控件。

3. 控件的删除、复制和布局

当单个控件或多个控件被选取后,按方向键或用鼠标拖动控件的选择框可移动控件。若在鼠标拖动过程中还按住 Ctrl 键则复制控件。若按 Delete 键可将选取的控件删除。当然还有其他编辑操作,但这些操作方法和一般文档编辑器基本相同,这里不再赘述。

对于控件的布局,对话框编辑器中提供了用于控件位置、大小调整相关的工具栏,如图 2.16 所示,它可以自动布排对话框内的控件,并能按一定方式改变控件的大小。

说明:

(1) 随着对话框编辑器的打开,Visual C++ 开发环境的菜单栏中还出现了"格式"菜单,它的命令与对话框编辑器工具栏中的按钮基本相对应,而且大部分命令名后面还显示出相

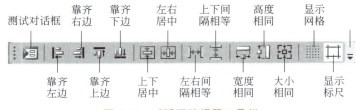

图 2.16 对话框编辑器工具栏

应的快捷键,由于它们都是中文的,故这里不再列出。

(2)大多数控件"格式"命令使用前,都需要选取多个控件,且"主导控件"起到了关键作用。例如,选取多个控件后,使用"大小相同"命令则将控件的大小改变成"主导控件"的尺寸。因此,在多个控件的布排过程中,常需要按前述方法重新指定"主导控件"。

(3)为了便于在对话框内精确定位各个控件,系统还提供了网格、标尺等辅助工具。在图 2.16 的对话框编辑器工具栏的最后两个按钮分别用来进行网格和标尺的切换。一旦网格显示,添加或移动控件时都将自动定位在网格线上。

4. 测试对话框

"格式"菜单下的"测试对话框"命令或对话框编辑器工具栏中的 按钮是用来模拟所编辑的对话框的运行情况,帮助用户检验对话框是否符合用户的设计要求以及控件功能是否有效等。

5. 操作示例

下面向对话框资源(模板)添加三个静态文本控件(一个静态文本控件就是一个文本标签)。

(1)单击布局工具栏中的 按钮,打开对话框资源(模板)的网格。

(2)滑出工具箱,单击工具箱中的 **Aa Static Text** 按钮,然后在对话框模板左上角按住鼠标左键,拖动鼠标至满意位置,释放鼠标左键。这样,第一个静态文本控件添加到对话框模板中。

(3)滑出工具箱,将工具箱中的 **Aa Static Text** 按钮拖放到对话框模板中的左中部。这样,第二个静态文本控件添加到对话框模板中了。同样的操作,将第三个静态文本控件拖放到对话框模板中的左下部。

(4)按住 Shift 键,依次单击刚才添加的三个静态文本控件,结果如图 2.17(a)所示。

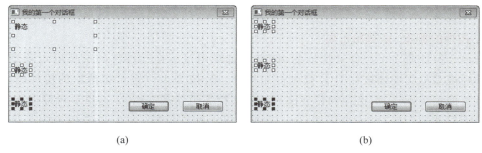

图 2.17 布排静态文本控件

(5)在布局工具栏上,依次单击"大小相同"按钮 、"靠左对齐"按钮 、"上下间隔相等"按钮 ,结果如图 2.17(b)所示。

2.2.3 组框和蚀刻线

在对话框中,常常需要将同一类别的控件组用"框线"来分隔,这时就需要用到"组框"(Group Box)和静态图片控件(Picture Control)。

1. 组框

"组框"(Group Box)是一种静态控件,它使用具有蚀刻效果的矩形框线来细分对话框界面,其属性窗口如图 2.18 所示。在对话框模板的"网格"方式下,多个组框重叠后可构成形式多样的单元格。

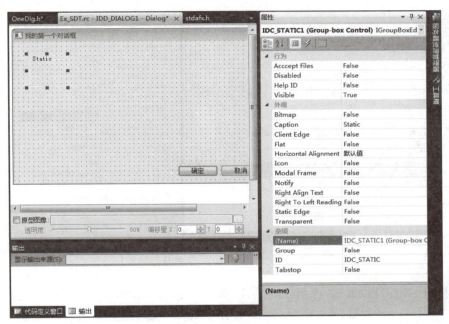

图 2.18 组框及其属性窗口

"组框"属性通常有:

(1) Group(组)用来指定控件组中的第一个控件,如果该属性值为 False,则此控件后的所有控件均被看成同一组。成组的目的之一就是可以让用户用键盘方向键在同一组控件中进行切换。

(2) ID 是控件的标识符。添加控件时,总会有一个默认的 ID。不过,所有的静态控件的标识符均默认为 IDC_STATIC。

(3) TabStop(制表站),又为"制表位、制表停止位",用来指定是否允许用户使用 Tab 键来选择控件。

(4) Caption(标题)用来指示控件的标题内容或说明等,默认为 Static。当作为矩形框线时,常将此控件的标题属性内容清空。

(5) Disabled(已禁用)指定控件初始化时是否禁用。

(6) Help ID(帮助 ID)用来指定是否为该控件建立一个上下文相关的帮助标识符。

（7）Visible(可见)用来指定创建的控件是否可见。

2. 蚀刻线

当对话框界面无须太多的细分时,常使用一条水平和竖直的蚀刻线来分隔。此时,就需要使用"图片"(![Picture Control])控件来构成。与"组框"控件相似,"图片"控件也属于静态控件,其属性窗口如图 2.19 所示。

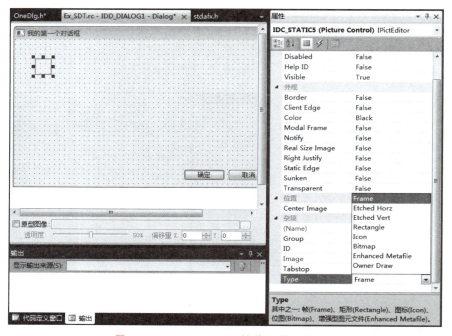

图 2.19 Picture Control 控件及其属性窗口

将静态图片控件设置成"蚀刻(Etched)"效果可有下列两种方法。

（1）保留 Type(类型)属性的默认值 Frame(框架),将 Color(颜色)属性选择为 Etched(蚀刻)。此时,静态图片控件变成一个蚀刻的矩形框。改变控件的大小可使其变成一条水平线或竖直线。这就是静态图片控件的妙用。

（2）直接将 Type(类型)属性选定为 Etched Horz(水平蚀刻)。此时,静态图片控件变成一条小的水平蚀刻线。若将 Type(类型)属性选定为 Etched Vert(竖直蚀刻),则静态图片控件变成一条小的竖直蚀刻线。

说明：凡以后在对话框中有这样的水平蚀刻线或垂直蚀刻线,指的都是上述两种制作方法,不再专门讲述其制作过程。本书做此约定。

2.2.4 WM_INITDIALOG 消息

WM_INITDIALOG 是在对话框显示之前向父窗口发送的消息。CDialog 类中包含此消息的映射虚函数 OnInitDialog()。一旦建立了它们的关联,系统在对话框显示之前就会调用此函数,因此常将对话框的一些初始化代码添加到这个函数中。

在前面创建的 Ex_Dlg 应用程序项目中,Visual C++ 自动为其添加了 WM_INITDIALOG 消息的映射虚函数 OnInitDialog(),并添加了一系列的初始化代码。但在应用程序中添加的对话框资源,创建的对话框类并不会自动添加该消息映射的虚函数,需要手动操作。

下面以单文档应用程序 Ex_SDT 添加的 COneDlg 对话框为例说明用"MFC 类向导"进行该映射虚函数的重写(重载)过程。

(1) 选择"项目"→"类向导"菜单命令或按快捷键 Ctrl+Shift+X,弹出"MFC 类向导"对话框。

(2) 在"类名"组合框中,将类名选定为 COneDlg(图 2.20 中的标记 1),切换到"虚函数"页面,拖动列表框右侧的滚动块,直到出现要重写的虚函数 OnInitDialog(图 2.20 中的标记 3),结果如图 2.20 所示。

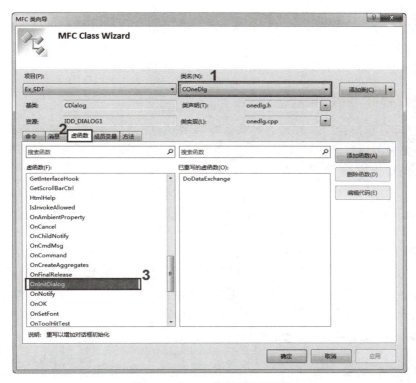

图 2.20 "MFC 类向导"对话框

(3) 双击左侧列表中的虚函数 OnInitDialog 或选定该虚函数单击 添加函数(A) 按钮,都会在 COneDlg 类中添加重写虚函数 OnInitDialog(),同时在右侧列表中的"已重写的虚函数"中显示出现这个 OnInitDialog。

(4) 在"已重写的虚函数"列表中,双击 OnInitDialog 或单击 编辑代码(E) 按钮,"MFC 类向导"对话框退出,并转向文档窗口,定位到 COneDlg::OnInitDialog 函数实现的源代码处。

(5) 添加下列一些初始化代码。

```
BOOL COneDlg::OnInitDialog()
{
    CDialog::OnInitDialog();
    SetWindowText("修改标题");
```

```
        return TRUE; //return TRUE unless you set the focus to a control
        //异常：OCX 属性页应返回 FALSE
}
```

代码中，SetWindowText 是 CWnd 的一个成员函数，用来设置窗口的文本内容。对于对话框来说，它设置的是对话框标题。

2.3 使用对话框

当在应用程序中添加对话框资源并创建对话框类后，便可在该应用程序中使用该对话框。使用时，通常是先添加该对话框类的包含头文件，然后定义该类的对象，通过对象来调用类的成员函数 DoModal()来模式显示，或通过对象指针来创建对话框。

2.3.1 在程序中使用

在程序中调用对话框，一般是通过映射事件的消息（如命令消息、鼠标消息、键盘消息等），在映射函数中进行调用。这样，相应事件产生后，就会调用其消息映射函数，从而对话框的调用代码被执行。

由于单文档应用程序包含菜单的用户界面，因而通常将代码添加到菜单命令消息的映射函数中，例如下面的过程（仍以上面的 Ex_SDT 项目为例）：

(1) 将项目工作区窗口切换到"资源视图"页面（若没有此页面，则选择"视图"→"资源视图"菜单命令显示），展开所有结点，双击资源 Menu 项中的 IDR_MAINFRAME，将打开菜单编辑器，相应的 Ex_SDT 项目的菜单资源被显示出来，在菜单的最后一项，留出了一个菜单项的空位置，用来输入新的菜单项，如图 2.21 所示。

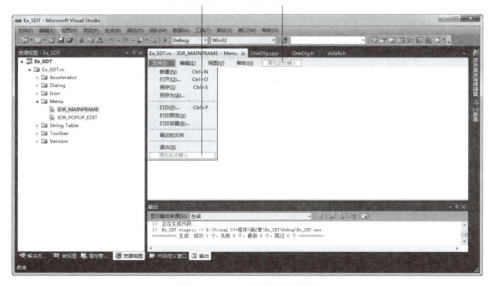

图 2.21 Ex_SDT 菜单资源

需要说明的是,文档应用程序中的菜单通常是多级联动的,即最上面的水平菜单为顶层菜单,而每项顶层菜单项都可有一个下拉子菜单,而每项下拉子菜单项还可有下一级的子菜单。

(2) 在顶层菜单右边的空位置上单击,进入选中状态,再次单击,进入菜单项编辑状态,输入菜单项标题"对话框(&D)"(双引号不输入),其中,符号 & 用来将其后面的字符 D 作为该菜单项的助记符,这样当按住 Alt 键,再按助记符键 D 时,对应的菜单项就会被选中,或在菜单打开时,直接按相应的助记符键 D,对应的菜单项也会被选中。

(3) 在"对话框(&D)"菜单下的空位置处单击,进入选中状态,再次单击空位置处进入菜单项编辑状态,输入菜单项标题"第一个对话框"(双引号不输入),在菜单项最前面单击完成该子菜单的标题输入。

(4) 双击子菜单项"第一个对话框"(或右击该菜单项,从弹出的快捷菜单中选择"属性"命令),打开菜单编辑器的"属性"窗口,将"杂项"中的 ID 属性值 ID_32771 改为 ID_DLG_FIRST,如图 2.22 所示。表 2.3 列出了菜单属性窗口中常见属性的含义。

图 2.22 菜单项及其属性窗口

表 2.3 菜单项常见属性的含义

项　目	含　义
ID	菜单的资源 ID
Prompt(提示)	用来指明光标移至该菜单项时在状态栏上显示的提示信息
Separator(分隔符)	为 True 时,菜单项是一个分隔符或是一条水平线
Caption(标题)	用来标识菜单项显示文本。助记符字母的前面须有一个 & 符号,这个字母与 Alt 构成组合键

续表

项　目	含　义
Checked(已勾选)	为 True 时,菜单项文本前显示一个勾选标记
Grayed(已变灰)	为 True 时,菜单项显示是灰色的,用户不能选用
Popup(下拉)	为 True 时,菜单项是其下拉子菜单的顶层(上级)菜单项
Break(中断)	当为 Column 时,对于顶层菜单上的菜单项来说,被放置在另外一行上,而对于下拉子菜单的菜单项来说,则被放置在另外一列上;当为 Bar 时,与 Column 相同,只不过对于下拉子菜单来说,它还在新列与原来的列之间增加一条竖直线;注意这些效果只能在程序运行后才能看到
Help(帮助)	为 True 时,菜单项在程序运行时被放在顶层菜单的最右端

（5）关闭"属性"窗口,用鼠标将新添加的菜单项拖放到"视图"和"帮助"菜单项之间,如图 2.23 所示。

图 2.23　菜单项"对话框"拖放后的位置

（6）右击"第一个对话框"菜单项,从弹出的快捷菜单中选择"添加事件处理程序"命令,弹出"事件处理程序向导"对话框,如图 2.24 所示。在"类列表"中选中事件处理程序(函数)添加的类,这里是 CEx_SDTView。

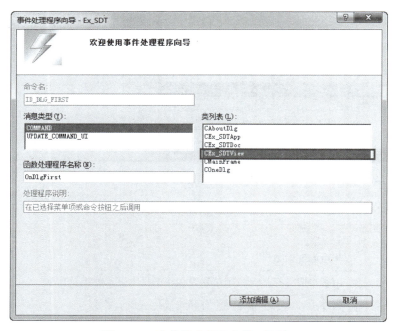

图 2.24　"事件处理程序向导"对话框

（7）保留其他默认值，单击 添加编辑(A) 按钮。"事件处理程序向导"对话框退出，并转向文档窗口，定位到 CEx_SDTView::OnDlgFirst 函数实现的源代码处，添加下列代码。

```
void CEx_SDTView::OnDlgFirst()
{
    COneDlg dlg;
    dlg.DoModal();
}
```

代码中，DoModal()是 CDialog 基类成员函数，它用来显示和终止模式对话框。

（8）在 CEx_SDTView 类的实现文件 Ex_SDTView.cpp 的前面，即将刚才添加代码的文档窗口滚动到最前面，添加 COneDlg 类的头文件包含语句，即：

```
#include "stdafx.h"
//…
#include "Ex_SDTView.h"
#include "OneDlg.h"
```

（9）编译并运行。在应用程序菜单上，选择"对话框"→"第一个对话框"菜单项，将出现如图 2.25 所示的对话框，这就是前面添加并创建的对话框。

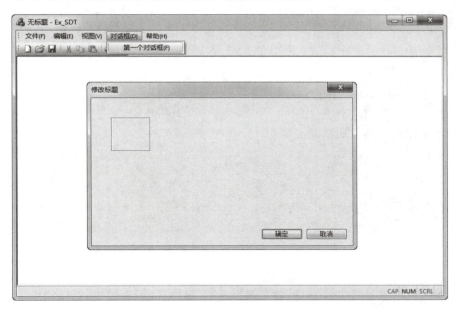

图 2.25　运行测试的结果

2.3.2　DoModal()和模式对话框

上述通过 DoModal()成员函数来显示的对话框称为模式对话框。所谓"模式对话框"，是指当对话框被弹出时，用户必须在对话框中做出相应的操作，在退出对话框之前，对话框所在应用程序的其他操作不能继续执行。

模式对话框的应用范围较广，一般情况下，模式对话框会有 [确定]（OK）和 [取消]（Cancel）按钮。单击 [确定] 按钮，系统认定用户在对话框中的选择或输入有效，对话框退出；单击 [取消] 按钮，对话框中的选择或输入无效，对话框退出，程序恢复原有状态。

在程序中，将对话框以模式方式来显示，是通过 CDialog::DoModal() 函数来实现的。该函数没有形参，但有返回值。若单击 [确定]（OK）按钮，则 DoModal() 结束并返回默认的 IDOK 值；若单击 [取消]（Cancel）按钮，DoModal() 结束并返回默认的 IDCANCEL 值；若有错误，则返回 -1。这就是说，要求获取对话框中用户操作的内容，则还应判断 DoModal() 的返回值，即如下面的代码。

```
int nRet = dlg.DoModal();
switch (nRet)
{
  case -1:                              //有错误
     AfxMessageBox("Dialog box could not be created!");
     break;
  case IDOK:                            //确定
     //Do something
     break;
  case IDCANCEL:                        //取消
     //Do something
     break;
  default:
     //Do something
     break;
};
```

或简单地使用下列代码框架。

```
If(IDOK = dlg.DoModal())                //确定
{
    //Do something
}
```

2.3.3 通用对话框

从上面的过程可以看出，使用对话框编辑器和"MFC 添加类向导"可以创建自己的对话框类。但事实上，MFC 还提供了一些通用对话框供用户在程序中直接调用。

这些对话框都是 Windows 标准用户界面对话框，MFC 为它们提供了相应的类。或许读者早已熟悉了全部或大部分的这些对话框，因为在许多基于 Windows 的应用程序中其实早已使用过它们，这其中就包括 Visual C++。

MFC 对这些通用对话框所构造的类都是从一个公共的基类 CCommonDialog 派生而来的。表 2.4 列出了这些通用对话框类。

表 2.4 MFC 的通用对话框类

对话框	用途
CColorDialog	"颜色"对话框,用来选择或创建颜色
CFileDialog	"文件"对话框,用来打开或保存一个文件
CFindReplaceDialog	"查找和替换"对话框,用来查找或替换指定字符串
CPageSetupDialog	"页面设置"对话框,用来设置页面参数
CFontDialog	"字体"对话框,用来从列出的可用字体中选择一种字体
CPrintDialog	"打印"对话框,用来设置打印机的参数及打印文档

这些对话框都有一个共同特点:它们都只是获取信息,但并不对信息做处理。例如,"文件"对话框可用来选择一个用于打开的文件,但它实际上只是给程序提供了一个文件路径名,用户的程序必须调用相应的成员函数才能打开文件。类似地,"字体"对话框只是填充一个描述字体的逻辑结构,但它并不创建字体。

在程序中可直接使用这些通用对话框。使用时先定义通用对话框类对象,然后通过类对象调用成员函数 DoModal(),当 DoModal()返回 IDOK 后,对话框类的属性获取才会有效。例如,将下面的代码添加在前面 Ex_SDT 项目 CEx_SDTView::OnDlgFirst()中,运行后在应用程序的菜单上,选择"对话框"→"第一个对话框"菜单命令,将弹出如图 2.26 所示的对话框。选定一个文件后,单击 打开(O) 按钮,就会弹出一个消息对话框,显示该文件的全路径名称。

图 2.26 "打开"对话框

```
void CEx_SDTView::OnDlgFirst()
{
    CString filter;
    filter = "文本文件(*.txt)|*.txt|C++文件(*.h,*.cpp)|*.h;*.cpp||";
    CFileDialog dlg(TRUE, NULL, NULL, OFN_HIDEREADONLY, filter);
```

```
    if(dlg.DoModal() == IDOK){
        CString str;
        str = dlg.GetPathName();
        AfxMessageBox(str);
    }
}
```

上述代码中，CString 是经常使用的一个 MFC 类，用来操作字符串。通用文件对话框类 CFileDialog 的构造函数的原型如下。

```
CFileDialog(BOOL bOpenFileDialog, LPCTSTR lpszDefExt = NULL,
            LPCTSTR lpszFileName = NULL,
            DWORD dwFlags = OFN_HIDEREADONLY | OFN_OVERWRITEPROMPT,
            LPCTSTR lpszFilter = NULL, CWnd* pParentWnd = NULL);
```

参数中，当 bOpenFileDialog 为 TRUE 时表示文件"打开"对话框，为 FALSE 时表示文件"保存"对话框。lpszDefExt 用来指定文件扩展名，这样当在文件名编辑框中没有指定扩展名时，则对话框将在文件名后自动添加 lpszDefExt 指定的扩展名。lpszFileName 用来在文件名编辑框中指定开始出现的文件名，若为 NULL 时，则不出现。dwFlags 用来指定对话框的界面标志，当为 OFN_HIDEREADONLY 时表示隐藏对话框中的"只读"复选框，当为 OFN_OVERWRITEPROMPT 时表示文件保存时，若有指定的文件重名，则出现提示对话框。pParentWnd 用来指定对话框的父窗口指针。

特别地，过滤器 lpszFilter 参数用来确定出现在文件列表框中的文件类型。它由一对或多对字符串组成，每对字符串中第一个字符串表示过滤器名称，第二个字符串表示文件扩展名，若指定多个扩展名则用";"分隔，字符串最后用两个"|"结尾。

注意：过滤器 lpszFilter 字符串最好写在一行，若一行写不下则用"\"连接。

函数原型中，LPCTSTR 类型用来表示一个常值字符指针，这里可以将其理解成一个常值字符串类型。

前述代码中，AfxMessageBox()用来弹出一个消息对话框（后面还会讨论）。GetPathName()是 CFileDialog 类成员函数，用来获取文件的全路径名。CFileDialog 中类似这样的成员函数还有很多，例如：

```
CString GetFileName() const;
```

该函数返回在对话框中确定的文件名。若确定的文件是 C:\FILES\TEXT.DAT，则返回 TEXT.DAT。

```
CString GetFileExt() const;
```

该函数返回在对话框中确定的文件扩展名。若确定的文件是 DATA.TXT，则返回 TXT。

值得再次强调的是，只有当调用对话框类的成员函数 DoModal()并返回 IDOK 后，该对话框类的其他属性成员函数才会有效。

关于其他通用对话框的具体用法在以后的章节中将陆续介绍。

2.3.4 消息对话框

消息对话框是最简单的一类对话框，它只是用来显示信息。在 Visual C++ 的 MFC 类库中就提供相应的函数实现这样的功能。使用时，直接在程序中调用它们即可，它们的函数原型如下。

```
int AfxMessageBox(LPCTSTR lpszText, UINT nType = MB_OK, UINT nIDHelp = 0);
int MessageBox(LPCTSTR lpszText, LPCTSTR lpszCaption = NULL,
               UINT nType = MB_OK);
```

这两个函数都是用来创建和显示消息对话框的，它们和前面示例 HelloMsg.cpp 中使用到的 Win32 API 函数 MessageBox() 是不同的，这里是 MFC 类库中的函数。AfxMessageBox() 是全程函数，可以用在任何地方。而 MessageBox() 只能在控件、对话框、窗口等一些窗口类中使用。

这两个函数都是返回用户按钮选择的结果，其中，当为 IDOK 时表示用户单击"确定"按钮。参数 lpszText 表示在消息对话框中显示的字符串文本，lpszCaption 表示消息对话框的标题，为 NULL 时使用默认标题，nIDHelp 表示消息的上下文帮助 ID 标识符，nType 表示消息对话框的图标类型以及所包含的按钮类型，这些类型是用 MFC 预先定义的一些标识符来指定的，例如 MB_ICONSTOP、MB_YESNOCANCEL 等，具体见表 2.5 和表 2.6。

表 2.5　消息对话框常用图标类型

图 标 类 型	含　义
MB_ICONHAND、MB_ICONSTOP、MB_ICONERROR	用来表示 ✖
MB_ICONQUESTION	用来表示 ❓
MB_ICONEXCLAMATION、MB_ICONWARNING	用来表示 ⚠
MB_ICONASTERISK、MB_ICONINFORMATION	用来表示 ℹ

表 2.6　消息对话框常用按钮类型

按 钮 类 型	含　义
MB_ABOUTRETRYIGNORE	表示含有"关于""重试""忽略"按钮
MB_OK	表示含有"确定"按钮
MB_OKCANCEL	表示含有"确定""取消"按钮
MB_RETRYCACEL	表示含有"重试""取消"按钮
MB_YESNO	表示含有"是""否"按钮
MB_YESNOCANCEL	表示含有"是""否""取消"按钮

在使用消息对话框时，图标类型和按钮类型的标识可使用按位或运算符"|"来组合。例如，下面的代码框架中，MessageBox() 将产生如图 2.27 所示的结果。

```
int nChoice = MessageBox("你喜欢 Visual C++吗?",
                    "提问", MB_OKCANCEL|MB_ICONQUESTION);
if(nChoice == IDOK)
{
    //…
}
```

图 2.27　消息对话框

2.4　总 结 提 高

对话框是一种常见的用户界面窗口,在应用程序中使用时既可创建一个基于对话框的应用程序,也可在项目中添加对话框资源,然后创建相应的对话框类。

事实上,在 MFC 程序框架中,除消息对话框外(它的显示是通过调用 CWnd 类的成员函数 MessageBox()或全局函数 AfxMessageBox()来实现的),对话框的使用都是基于"类"的概念,用户创建的对话框类是从基类 CDialog(CDialogEx)派生而来的,而通用对话框则是从基类 CCommonDialog 派生而来的。使用时,用这些派生类定义对象,然后调用 DoModal()函数模式显示。当 DoModal()返回 IDOK 时,便可用对象来引用相应的数据。

对话框类常常需要添加定制代码以便另作他用。例如,与模式对话框相应的还有"无模式对话框",它的使用与模式对话框有着本质区别。所谓"无模式对话框",是指当对话框被弹出后,一直保留在屏幕上,用户可继续在对话框所在的应用程序中进行其他操作;当需要使用对话框时,只需像激活一般窗口一样单击对话框所在的区域即可。

需要说明的是:模式对话框和无模式对话框在用编辑器设计和使用"MFC 添加类向导"创建用户对话框类时的方法是一致的,但在对话框的创建和退出的方式上是不同的。在创建时,模式对话框由系统自动分配内存空间,因此在对话框退出时,对话框对象自动删除;而无模式对话框则需要用户来指定内存以及创建的代码,退出时还需用户自己添加代码来删除对话框对象。

总之,基于"类"概念的 MFC 编程方式要求对"类"的构造、析构、继承和派生以及成员(包含消息映射函数、虚函数等)的添加等都要熟悉才行。不过,在 Visual C++ 中,对界面的设计均提供了"所见即所得"的编辑器,这使得操作变得非常简单。第 3 章将讨论构成对话框界面的必备元素——"控件"。

第 3 章 常用控件

控件是在系统内部定义的用于和用户交互的基本单元。在所有的控件中，根据它们的使用及 Visual C++ 对其支持的情况，可以把控件分为 Windows 一般控件（即早期的如编辑框、列表框、组合框和按钮等）、通用控件（如列表视图、树视图等控件）、MFC 扩展控件和 ActiveX 控件。ActiveX 控件可以理解成一个 OLE（Object Linking and Embedding，对象连接与嵌入）组件，它既可用于 Windows 应用程序中，也可用于 Web 页面中。

本章重点介绍在 Windows 应用程序中经常使用的控件，主要有静态控件、按钮、编辑框、列表框、组合框、滚动条、进展条、旋转按钮控件、滑动条、日期时间控件（包括计时器）、列表控件和树控件。

3.1 创建和使用控件

在 MFC 应用程序中使用控件不仅可简化编程，还能完成常用的各种功能。为了更好地发挥控件作用，还必须理解和掌握控件的属性、消息、变量以及创建和使用的方法。

3.1.1 控件的创建方式

控件的创建方式有以下两种。

一种是可视化方式，即在对话框模板中用编辑器指定控件，也就是说，将对话框看作控件的父窗口。这样做的好处是显而易见的，因为当应用程序启动该对话框时，系统就会为对话框创建控件，而当对话框消失时，控件也随之清除。

另一种是编程方式，即调用 MFC 相应控件类的成员函数 Create( ) 来创建，并在 Create( ) 函数中指定控件的父窗口指针。例如，下面的示例过程是使用编程方式来创建一个按钮。

【例 Ex_Create】

(1) 在"D:\Visual C++ 程序"文件夹中，创建本章应用程序工作文件夹"第 3 章"。

(2) 启动 Visual C++，选择"文件"→"新建"→"项目"菜单命令，按快捷键 Ctrl+Shift+N 或单击标准工具栏中的 按钮，弹出"新建项目"对话框。在左侧"项目类型"中选中 MFC，在右侧的"模板"栏中选中 MFC 应用程序 类型，检查并将项目工作文件夹定位到"D:\Visual C++ 程序\第 3 章"，在"名称"栏中输入项目名"Ex_Create"，检查并取消勾选"为解决方案创建目录"复选框。

(3) 单击 `确定` 按钮，出现"MFC 应用程序向导"欢迎页面，单击 `下一步>` 按钮，出现"应用程序类型"页面。选中"基于对话框"应用程序类型，此时右侧的"项目类型"自动选定为"MFC 标准"，取消勾选"使用 Unicode 库"复选框。

(4) 保留其他默认选项，单击 `完成` 按钮，系统开始创建，并又回到了 Visual C++ 主界面，同时还自动打开对话框资源（模板）编辑器以及控件工具栏、控件布局工具栏等。将项目工作区窗口切换到"解决方案管理器"页面，双击头文件结点 `stdafx.h`，打开 stdafx.h 文档，滚动到最后代码行，将"#ifdef _UNICODE"和最后一行的"#endif"注释掉。

说明：为叙述方便，以后"创建一个默认的对话框应用程序"就是指上述过程，本书做此约定。

(5) 将工作区窗口切换到"类视图"页面，展开 Ex_Create 所有的类结点，右击 CEx_CreateDlg 类名，弹出如图 3.1 所示的快捷菜单。从弹出的快捷菜单中选择"添加"→"添加变量"命令，弹出"添加成员变量向导"对话框，如图 3.2 所示。在"变量类型"框中输入"CButton"（MFC 按钮类），在"变量名"框中输入要定义的 CButton 类对象名"m_btnWnd"。保留其他默认选项，单击 `完成` 按钮，向导开始添加。

图 3.1　弹出的快捷菜单

注意：对象名通常以"m_"作为开头，表示"成员"（member）的意思。

需要说明的是，在 MFC 中，每一种类型的控件都用相应的类来封装。如编辑框控件的类是 CEdit，按钮控件的类是 CButton，通过这些类创建的对象来访问其成员，从而实现控件的相关操作。

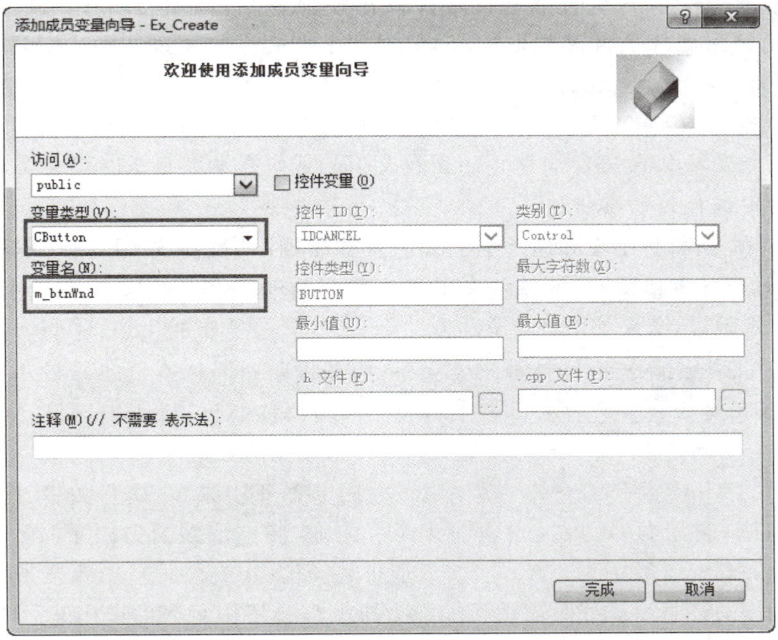

图 3.2 添加控件类对象成员

（6）在项目工作区窗口的"类视图"页面中，双击 CEx_CreateDlg 类"成员"区域中的 OnInitDialog 函数名结点，在打开的函数定义中添加下列代码（在 return TRUE 语句前添加）。

```
BOOL CEx_CreateDlg::OnInitDialog()
{
    CDialogEx::OnInitDialog();
    …
    m_btnWnd.Create("你好", WS_CHILD | WS_VISIBLE
                    | BS_PUSHBUTTON | WS_TABSTOP,
                    CRect(20, 20, 120, 44), this, 201);      //创建
    CFont * font = this->GetFont();      //获取对话框的字体
    m_btnWnd.SetFont(font);              //设置控件字体
    return TRUE;                         //除非将焦点设置到控件,否则返回 TRUE
}
```

说明：

① 前面曾说过，由于 OnInitDialog() 函数在对话框初始化时被调用，因此将对话框中的一些初始化代码都添加在此函数中。

② 由于 Windows 操作系统使用的是图形界面，因此在 MFC 中，对于每种界面元素的几何大小和位置常使用 CPoint（点）类、CSize（大小）类和 CRect（矩形）类来描述（以后还会讨论）。

③ 代码中，CButton 类成员函数 Create() 用来创建按钮控件。该函数第一个参数用来

指定按钮的标题。第二个参数用来指定按钮控件的样式,其中,BS_PUSHBUTTON(以BS_开头的)是按钮类封装的预定义样式,表示创建的是按键按钮。WS_CHILD(子窗口)、WS_VISIBLE(可见)、WS_TABSTOP(可用 Tab 键选择)等都是 CWnd 类封装的预定义窗口样式,它们都可以直接引用。当多个样式指定时,需要使用按位或运算符"|"来连接。第三个参数用来指定按钮在父窗口中的位置和大小。第四个参数用来指定父窗口指针。最后一个参数是指定该控件的标识值。

④ 由于按钮是作为对话框的一个子窗口来创建的,因此 WS_CHILD 样式是必不可少的,且还要使用 WS_VISIBLE 使控件在创建后显示出来。

(7) 编译并运行,结果如图 3.3 所示。

图 3.3　Ex_Create 运行结果

由以上可以看出,控件编程创建方法是使用各自封装的类的 Create 成员来创建的,它最大的优点就是能动态创建,但它涉及的编程代码比较复杂,且不能发挥对话框编辑器可视化的优点,故在一般情况下都采用第一种方法,即在对话框模板中用编辑器指定控件。

3.1.2　控件的消息及消息映射

应用程序创建一般控件或公共控件之后,当控件的状态发生改变(例如,用户利用控件进行输入)时,控件就会向其父窗口发送消息,这个消息称为"通知消息"。对于每条消息,系统都会用一个 MSG 结构来记录,MSG 具有下列原型。

```
typedef struct tagMSG {          //msg
    HWND      hwnd;              //接收到消息的窗口句柄
    UINT      message;           //消息
    WPARAM    wParam;            //消息的附加信息,它的含义取决于 message
    LPARAM    lParam;            //消息的附加信息,它的含义取决于 message
    DWORD     time;              //消息传送时的时间
    POINT     pt;                //消息传送时,光标所在的屏幕坐标
} MSG;
```

对于一般控件来说,其通知消息通常是一条 WM_COMMAND 消息,这条消息的

wParam 参数的低位字中含有控件标识符，wParam 参数的高位字则为通知代码，lParam 参数则是指向控件的句柄。

而对于有些控件，其通知消息通常是一条 WM_NOTIFY 消息，这条消息的 wParam 参数是发送通知消息的控件的标识符，而 lParam 参数则是指向一个特殊结构的指针。

1. 映射控件消息

不管是什么控件消息，一般都可以用"属性"窗口的"事件"页面、"MFC 类向导"以及控件的快捷方式（后面会说明）对它们加以映射。例如，下面的示例过程。

（1）将项目工作区窗口切换到"资源视图"页面，展开所有资源结点，双击 Dialog 资源类别下的标识 IDD_EX_CREATE_DIALOG，打开 Ex_Create 项目的对话框资源（模板）。

（2）选中"TODO：在此放置对话框控件。"控件，按 Delete 键删除。从控件工具箱中拖放添加一个按钮控件，保留其默认属性。

（3）在对话框资源（模板）空白处右击，从弹出的快捷菜单中选择"属性"命令，弹出其"属性"窗口，在窗口上部单击"事件"按钮，将其切换到"事件"页面，找到并展开 IDC_BUTTON1 结点，可以看到该结点下可映射的事件所产生的消息列表。

（4）在 BN_CLICKED 消息右侧栏单击，然后单击右侧的下拉按钮，从弹出的下拉项中选择"添加 OnBnClickedButton1"（默认处理函数名称），如图 3.4 所示。

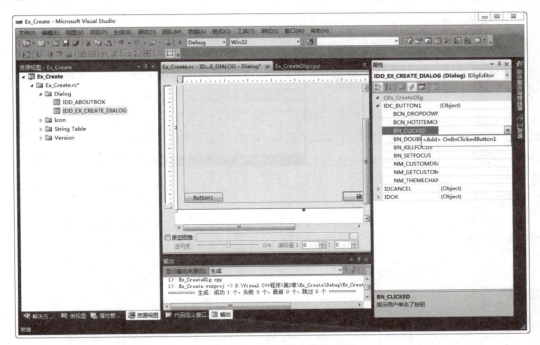

图 3.4 添加按钮消息映射函数

（5）此时自动转向文档窗口，并定位到 CEx_CreateDlg::OnBnClickedButton1() 函数实现的源代码处。关闭对话框资源（模板）的"属性"窗口，添加下列代码。

```
void CEx_CreateDlg::OnBnClickedButton1()
{
    MessageBox("你按下了\"Button1\"按钮!");
}
```

(6) 编译并运行,当单击 Button1 按钮时,就会执行 OnBnClickedButton1()函数,弹出一个消息对话框,显示"**你按下了"Button1"按钮!**"内容。

说明:

① 不同资源对象(控件、菜单项等)所产生的消息是不相同的。例如,按钮控件 IDC_BUTTON1 的通知消息最常用的有两个:BN_DOUBLECLICKED 和 BN_CLICKED,分别表示当用户双击或单击该按钮时事件所产生的通知消息。

② 一般不需要对对话框中的"确定"与"取消"按钮进行消息映射处理,因为系统已自动设置了这两个按钮的动作,当用户单击这两个按钮时都将自动关闭对话框,且"确定"按钮动作还使得对话框数据有效。

③ 控件的消息映射处理也可通过在控件上右击,从弹出的快捷菜单中选择"添加事件处理程序"命令,通过弹出的"事件处理程序向导"对话框进行。

这就是一个按钮的 BN_CLICKED 消息的映射处理过程,其他控件的消息映射处理也可类似进行。

2. 映射控件通用消息

上述过程是映射一个控件的某一条消息,事实上,也可以通过 WM_COMMAND 消息处理虚函数 OnCommand()的重写(重载)来处理一个或多个控件的通用消息,如下面的过程。

(1) 将项目工作区窗口切换到"类视图"页面,右击 CEx_CreateDlg 类结点,从弹出的快捷菜单中选择"属性"命令,弹出其"属性"窗口,在窗口上部单击"重写"按钮,将其切换到"重写"页面,找到 OnCommand,在其右侧栏单击,然后单击右侧的下拉按钮,从弹出的下拉项中选择"添加 OnCommand",如图 3.5 所示,这样 OnCommand()虚函数重写(重载)函数就添加好了。

(2) 此时自动转向文档窗口,并定位到 CEx_CreateDlg::OnCommand()函数实现的源代码处。关闭"属性"窗口,添加下列代码。

```
BOOL CEx_CreateDlg::OnCommand(WPARAM wParam, LPARAM lParam)
{
    WORD nCode = HIWORD(wParam);              //控件的通知消息
    WORD nID   = LOWORD(wParam);              //控件的ID
    if((nID == 201)&&(nCode == BN_CLICKED))
        MessageBox("你按下了\"你好\"按钮!");
    if((nID == IDC_BUTTON1)&&(nCode == BN_CLICKED))
        MessageBox("这是在 OnCommand 处理的结果!");
    return CDialogEx::OnCommand(wParam, lParam);
}
```

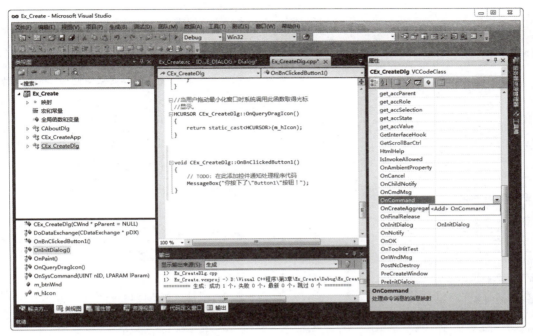

图 3.5 添加 OnCommand( )虚函数的重写(重载)

(3) 编译并运行。当单击如图 3.3 所示的对话框中的 你好 按钮时,弹出消息对话框,显示"你按下了"你好"按钮!"内容。

说明:

① 在 MFC 中,资源都是用其 ID 来标识的,而各资源的 ID 本身就是数值,因此上述代码中,201 和 IDC_BUTTON1 都是程序中用来标识按钮控件的 ID,201 是前面创建控件时指定的 ID 值。

② 在上述编写的代码中, Button1 按钮的 BN_CLICKED 消息用不同的方式处理了两次,即同时存在两种函数 OnBnClickedButton1()和 OnCommand(),因此若单击 Button1 按钮,系统会先执行哪一个函数呢?测试的结果表明,系统首先执行 OnCommand()函数,然后执行 OnBnClickedButton1()代码。之所以还能执行 OnBnClickedButton1()()函数代码,是因为 OnCommand()函数的最后一句代码"return CDialogEx∷OnCommand(wParam,lParam);",它将控件的消息交由对话框其他函数处理。

③ 由于用 Create 创建的控件无法用"属性"窗口的"事件"页面、"MFC 类向导"等直接映射其消息,因此上述 OnCommand()方法弥补了控件事件处理的不足,使用时要特别留意。

3.1.3 控件类和控件对象

一旦创建控件后,有时就需要使用控件进行深入编程。控件在使用时先要获得该控件的类对象指针或引用或绑定的类对象,然后通过该指针或引用或类对象来调用其成员函数进行操作。表 3.1 列出了 MFC 封装的常用控件类。

表 3.1　常用控件类

控件名称（工具箱中的名称）	MFC 类	功 能 描 述
静态控件（多个）	CStatic	用来显示一些几乎固定不变的文字或图形
按钮（Button）	CButton	用来产生某些命令或改变某些选项，包括单选按钮、复选框和组框
编辑框（Edit Control）	CEdit	用于完成文本和数字的输入和编辑
列表框（List Box）	CListBox	显示一个列表，让用户从中选取一个或多个项
组合框（Combo Box）	CComboBox	是一个列表框和编辑框组合的控件
滚动条（2 个）	CScrollBar	通过滚动块在滚动条上的移动和滚动按钮来改变某些量
进展条（Progress Control）	CProgressCtrl	用来表示一个操作的进度
滑动条（Slider Control）	CSliderCtrl	通过滑动块的移动来改变某些量，并带有刻度指示
旋转按钮（Spin Control）	CSpinButtonCtrl	带有一对反向箭头的按钮，单击这对按钮可增加或减少某个值
日期时间选择器（Date Time Picker）	CDateTimeCtrl	用于选择指定的日期和时间
图像列表（无）	CImageList	一个具有相同大小的图标或位图的集合
列表控件（List Control）	CListCtrl	可以用"大图标""小图标""列表视图"或"报表视图"等多种列表方式来显示一组信息
树控件（Tree Control）	CTreeCtrl	以根、父、子结点构成的树来显示一组信息
标签控件（Tab Control）	CTabCtrl	类似于一个笔记本的分隔器或一个文件柜上的标签，使用它可以将一个窗口或对话框的相同区域定义为多个页面

在 MFC 中，获取一个控件的类对象指针是通过 CWnd 类的成员函数 GetDlgItem() 来实现的，它具有下列原型。

```
CWnd* GetDlgItem(int nID) const;
void GetDlgItem(int nID, HWND* phWnd) const;
```

C++ 允许同一个类中出现同名的成员函数，只是这些同名函数的形参类型或形参个数必定各不相同（为叙述方便，这些同名函数从上到下依次称为第 1 版本、第 2 版本、……）。其中，nID 用来指定控件或子窗口的 ID 值，第 1 版本是直接通过函数来返回 CWnd 类指针，而第 2 版本是通过函数形参 phWnd 来返回其句柄指针。

特别地，由于 CWnd 类是通用的窗口基类，因此想要调用实际的控件类及其基类成员，还必须对其进行类型的强制转换。例如：

```
CButton* pBtn = (CButton*)GetDlgItem(IDC_BUTTON1);
```

由于 GetDlgItem() 获取的是类对象指针,因而它可以用到程序的任何地方,且可多次使用,并可对同一个控件定义不同的对象指针,均可对指向的控件操作有效。

与控件关联的变量可通称为控件变量,在 MFC 中,控件变量分为两个类别,一是用于操作的控件类对象,二是用于存取的数据变量。它们都与控件或子窗口进行绑定,但 MFC 只允许每个类别绑定一次。下面就来看一个示例。

【例 Ex_Member】

(1) 创建一个默认的对话框应用程序 Ex_Member。其中要将 stdafx.h 文件最后面内容中的 #ifdef _UNICODE 行和最后一个 #endif 行删除(注释掉)。

(2) 在打开的对话框资源模板中,删除"TODO:在此放置对话框控件。"静态文本控件,将 [确定] 和 [取消] 按钮向对话框左边移动一段位置,然后将鼠标移至对话框资源模板右下角的实心深蓝色方块处,拖动鼠标,将对话框资源模板的大小缩小一些(大小调到 230×120px)。

(3) 在对话框资源(模板)的左边添加一个编辑框控件和一个按钮控件,保留其默认属性,并将其布局得整齐一些,如图 3.6 所示。

图 3.6 添加编辑框和按钮

(4) 选择"项目"→"类向导"菜单命令或按快捷键 Ctrl+Shift+X,弹出"MFC 类向导"对话框。查看"类名"组合框中是否已选择了 CEx_MemberDlg,切换到"成员变量"页面,在"控件变量"列表中双击按钮控件标识符 IDC_BUTTON1,或选定后单击 [添加变量(A)...] 按钮,弹出"添加成员变量"对话框,如图 3.7 所示。

(5) 在"成员变量名称"框中填好与控件相关联的成员变量"m_btnWnd",且使"类别"项为 Control,单击 [确定] 按钮,又回到 MFC 类向导"成员变量"页面中,在"成员变量"列表中出现刚才添加的 CButton 控件对象 m_btnWnd。这样,按钮控件 IDC_BUTTON1 的编程操作就可用与之绑定的对象 m_btnWnd 来操作。

(6) 将 MFC 类向导切换到"命令"页面,为 CEx_MemberDlg 添加 IDC_BUTTON1 的 BN_CLICKED 事件处理程序函数 OnClickedButton1()。单击 [确定] 按钮,退出"MFC 类向导"对话框,添加下列代码。

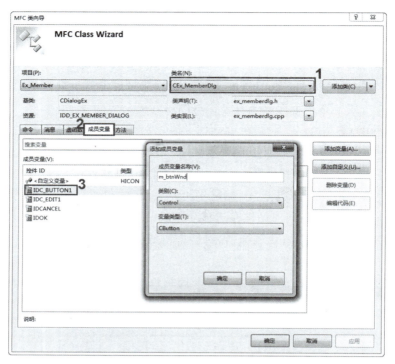

图 3.7　添加成员变量

```
void CEx_MemberDlg::OnClickedButton1()
{
    CString strEdit;                            //定义一个字符串
    CEdit   * pEdit = (CEdit * )GetDlgItem(IDC_EDIT1);
    pEdit->GetWindowText(strEdit);              //获取编辑框中的内容

    strEdit.TrimLeft();
    strEdit.TrimRight();

    if(strEdit.IsEmpty())
        m_btnWnd.SetWindowText("Button1");
    else
        m_btnWnd.SetWindowText(strEdit);
}
```

由于 strEdit 是 CString 类对象，因而可以调用 CString 类的公有成员函数。其中，TrimLeft()和 TrimRight()函数不带参数时分别用来去除字符串最左边或最右边一些白字符(空格符、换行符、Tab 字符等)，IsEmpty()用来判断字符串是否为空。

这样，当编辑框内容有除白字符之外的实际字符的字符串时，SetWindowText()便将其内容设定为按钮控件的标题。否则，按钮控件的标题为 Button1。

（7）编译并运行。当在编辑框中输入"Hello"后，单击 Button1 按钮，按钮的名称就变成了编辑框控件中的内容 Hello。

3.1.4 DDX 和 DDV

对于控件的数据变量，MFC 还提供了独特的 DDX 和 DDV 技术。DDX 将数据成员变量同对话框模板内的控件相连接，这样就使得数据在控件之间很容易传输。而 DDV 用于数据的校验，例如，它能自动校验数据成员变量数值的范围，并发出相应的警告。

一旦某控件与一个数据变量绑定后，就可以使用 CWnd::UpdateData() 函数实现控件数据的输入和读取。UpdateData() 函数只有一个参数，它为 TRUE 或 FALSE。当在程序中调用 UpdateData() 指定参数为 FALSE 时，数据由控件绑定的成员变量向控件传输，而当指定 TRUE 或不带参数时，数据从控件向绑定的成员变量复制。

需要说明的是，数据变量的类型由被绑定的控件类型而定，例如，对于编辑框来说，数值类型可以有 CString、int、UINT、long、DWORD、float、double、BYTE、short、BOOL 等。不过，任何时候传递的数据类型只能是一种。这就是说，一旦指定了数据类型，则在控件与变量传递交换的数据就不能是其他类型，否则无效。

下面来看一个示例，它是在 Ex_Member 项目基础上进行的。

(1) 选择"项目"→"类向导"菜单命令或按快捷键 Ctrl+Shift+X，弹出"MFC 类向导"对话框。查看"类名"组合框中是否已选择了 CEx_MemberDlg，切换到"成员变量"页面。

(2) 在"控件变量"列表中双击编辑框控件标识符 IDC_EDIT1，或选定后单击 添加变量(A)... 按钮，弹出"添加成员变量"对话框，将"类别"项选为 Value(值)，再将"变量类型"选为默认的 CString，指定"最大字符数"为 10，在"成员变量名称"框中填好与控件相关联的成员变量 m_strEdit，如图 3.8 所示。

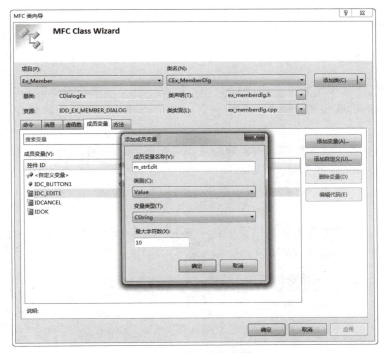

图 3.8 添加控件变量

(3) 单击 确定 按钮,又回到 MFC 类向导"成员变量"页面中。单击 确定 按钮,退出"MFC 类向导"对话框。

(4) 将文档窗口切换到 Ex_MemberDlg.cpp 页面,定位到 CEx_MemberDlg::OnClickedButton1()函数实现代码处,将代码修改如下。

```
void CEx_MemberDlg::OnClickedButton1()
{
    UpdateData();                //将控件的内容存放到变量中
    //不指定参数,表示使用的是默认参数值 TRUE
    m_strEdit.TrimLeft();
    m_strEdit.TrimRight();
    if(m_strEdit.IsEmpty())
        m_btnWnd.SetWindowText("Button1");
    else
        m_btnWnd.SetWindowText(m_strEdit);
}
```

(5) 编译并运行。当在编辑框中输入"Hello"后,单击 Button1 按钮,OnClickedButton1()函数中的 UpdateData()将编辑框内容保存到 m_strEdit 变量中,从而执行下一条语句后按钮的名称就变成了编辑框控件中的内容 Hello。若输入"Hello DDX/DDV",则当输入第 10 个字符后,再也输入不进去了,这就是 DDV 的作用。

3.2　静态控件和按钮

静态控件和按钮是 Windows 最基本的控件之一。

3.2.1　静态控件

一个静态控件是用来显示一个字符串、框、矩形、图标、位图或增强的图元文件。它可以被用来作为标签、框或用来分隔其他的控件。一个静态控件一般不接收用户输入,也不产生通知消息。

在工具箱中,属于静态控件的有:静态文本(Aa Static Text)、组框(Group Box)和静态图片(Picture Control)3 种。

3.2.2　按钮

在 Windows 中所用的按钮是用来实现一种开与关的输入,常见的按钮有 3 种类型:按钮、单选按钮、复选框,如图 3.9 所示。

图 3.9　按钮的不同类型

1. 不同按钮的作用

"按钮"通常可以立即产生某个动作,执行某个命令,因此也常称为命令按钮。按钮有两种样式:标准按键按钮(标准按钮)和默认按键按钮(默认按钮)。从外观上来说,默认按键按钮是在标准按键按钮的周围加上一个青色边框(见图3.9),这个青色边框表示该按钮已接收到键盘的输入焦点,这样一来,用户只须按Enter键就能按下该按钮。一般来说,只把最常用的按键按钮设定为默认按键按钮,具体设定的方法是在按键按钮"属性"窗口中将Default Button(默认按钮)属性设定为True。

"单选按钮"(或称"单选框")的外形是在文本前有一个圆圈,当它被选中时,圆圈中就标上一个青色实心圆点,它可分为一般和自动两种类型。在自动类型中,用户若选中同组按钮中的某个单选按钮,则其余的单选按钮的选中状态就会清除,保证了多个选项始终只有一个被选中。

"复选框"的外形是在文本前有一个空心方框。当它被选中时,方框中就加上一个"✓"标记。通常复选框只有选中和未选中两种状态,若方框中是青色实心方块,则这样的复选框是三态复选框,如图3.9所示的Check2,它表示复选框的选择状态是"不确定"。设定成三态复选框的方法是在复选框"属性"窗口中将Tri-State(三态)属性设定为True。

2. 按钮的消息

按钮消息常见的只有两个:BN_CLICKED(单击按钮)和BN_DOUBLE_CLICKED(双击按钮)。

3. 按钮操作

最常用的按钮操作是设置或获取一个按钮或多个按钮的选中状态。封装按钮的CButton类中的成员函数SetCheck()和GetCheck()分别用来设置或获取指定按钮的选中状态,其原型如下。

```
void SetCheck(int nCheck);
int GetCheck() const;
```

其中,nCheck()和GetCheck()函数返回的值可以是:0(不选中)、1(选中)和2(不确定,仅用于三态按钮)。

若对于同组多个单选按钮的选中状态的设置或获取,则需要使用通用窗口类CWnd的成员函数CheckRadioButton()和GetCheckedRadioButton(),它们的原型如下。

```
void CheckRadioButton(int nIDFirstButton, int nIDLastButton,
                      int nIDCheckButton);
int GetCheckedRadioButton(int nIDFirstButton, int nIDLastButton);
```

其中,nIDFirstButton和nIDLastButton分别指定同组单选按钮的第一个和最后一个按钮ID值,nIDCheckButton用来指定要设置选中状态的按钮ID值,函数GetCheckedRadioButton()返回被选中的按钮ID值。

3.2.3 制作问卷调查对话框示例

问卷调查是日常生活中经常遇到的调查方式。例如,图3.10就是一个问卷调查对话框,它针对"上网"话题提出了三个问题,每个问题都有 4 个选项,除最后一个问题外,其余都是单项选择。本例用到了组框、静态文本、单选按钮、复选框等控件。实现时,需要通过 CheckRadioButton()函数来设置同组单选按钮的最初选中状态,通过 SetCheck()来设置指定复选框的选中状态,然后利用 GetCheckedRadioButton()和 GetCheck()来判断被选中的单选按钮和复选框,并通过 GetDlgItemText()或 GetWindowText()获取选中控件的窗口文本。

图 3.10 "上网问卷调查"对话框

1. 创建并设计对话框

(1) 创建一个默认的基于对话框的应用程序 Ex_Research。系统会自动打开对话框编辑器并显示对话框资源模板。将 stdafx.h 文件最后面内容中的#ifdef _UNICODE 行和最后一个#endif 行删除(注释掉)。

(2) 将文档窗口切换到对话框资源模板页面,单击对话框编辑器工具栏中的"网格切换"按钮,显示对话框资源网格。打开对话框模板的"属性"窗口,将 Caption(标题)属性改为"上网问卷调查"。调整对话框的大小(大小调为 227×179px),删除"TODO:在此放置对话框控件。"静态文本控件,将 确定 和 取消 按钮移至正下方。

(3) 从工具箱中选定并向对话框模板中添加组框(Group Box)控件,然后调整其大小和位置(大小调为 216×30px)。右击添加的组框控件,从弹出的快捷菜单中选择"属性"命令,出现其"属性"窗口,将 Caption(标题)属性内容由 Static 改成"你的年龄"(双引号不输入,以下同)。需要说明的是,组框的 Horizontal Alignment(水平排列)属性用来指定 Caption(标题)文本在顶部的对齐方式:默认值、Left(左)、Center(居中)还是 Right(右),当为"默认值"时表示"左"(Left)对齐。

(4) 在组框内添加 4 个单选按钮,默认的 ID 依次为 IDC_RADIO1、IDC_RADIO2、IDC_RADIO3 和 IDC_RADIO4,依次选中这 4 个控件,单击对话框编辑器工具栏中的 按钮平均它们的水平间距。在其属性窗口中将 ID 属性内容分别改成 IDC_AGE_L18、IDC_AGE_18T27、IDC_AGE_28T38 和 IDC_AGE_M38,然后将其 Caption(标题)属性内容分别改成"<18""18 - 27""28 - 38"和">38"。结果如图 3.11 所示。

图 3.11　添加的组框和单选按钮

（5）在组框下添加一个静态文本（Aa Static Text），其 Caption（标题）属性设为"你使用的接入方式："，然后在其下再添加 4 个单选按钮，依次选中这 4 个控件，单击"对话框编辑器"工具栏的 ⊢⊣ 按钮平均它们的水平间距，然后将 Caption（标题）属性分别指定为"FTTL 或 ADSL""单位 LAN""拨号 56K"和"其他"，并将相应的 ID 属性依次改成 IDC_CM_FTTL、IDC_CM_LAN、IDC_CM_56K 和 IDC_CM_OTHER。结果如图 3.12 所示。

（6）在对话框模板下方，再添加一个组框控件（大小仍为 216×30px），其 Caption（标题）属性设为"你上网主要是"。然后添加 4 个复选框，依次选中这 4 个控件，单击"对话框编辑器"工具栏的 ⊢⊣ 按钮平均它们的水平间距，然后将其 Caption（标题）属性分别设为"收发邮件""浏览资料""聊天游戏"和"其他"，ID 属性依次分别为 IDC_DO_POP、IDC_DO_READ、IDC_DO_GAME 和 IDC_DO_OTHER。结果如图 3.13 所示。

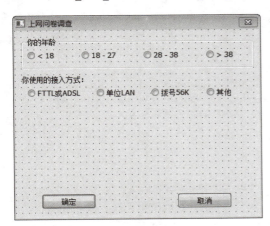

图 3.12　再次添加的单选框

图 3.13　三个问题全部添加后的对话框

（7）单击工具栏中的"测试对话框"按钮 ▶。测试后可以发现：顺序添加的这 8 个单选按钮全部变成一组，也就是说，在这组中只有一个单选按钮被选中，这不符合本意。为此，需要分别将上面两个问题中的每一组单选按钮中的第一个单选按钮的 Group（组）属性选定为

True。这样,整个问卷调查的对话框就设计好了,单击工具栏中的 按钮测试对话框。如有必要,还可单击对话框编辑器工具栏中的"切换辅助线"按钮 ,然后将对话框中的控件调整到辅助线以内,并适当对其他控件进行调整。

2. 完善代码

(1) 将项目工作区窗口切换到"类视图"页面,单击 CEx_ResearchDlg 类结点,在"成员"区域中双击 OnInitDialog()函数结点,将会在文档窗口中自动定位到该函数的实现代码处,在此函数中添加下列初始化代码。

```
BOOL CEx_ResearchDlg::OnInitDialog()
{
    CDialog::OnInitDialog();
    //…
    CheckRadioButton(IDC_AGE_L18, IDC_AGE_M38, IDC_AGE_18T27);
    CheckRadioButton(IDC_CM_FTTL, IDC_CM_OTHER, IDC_CM_FTTL);
    CButton * pBtn = (CButton *)GetDlgItem(IDC_DO_POP);
    pBtn->SetCheck(1);              //使"收发邮件"复选框选中
    return TRUE;                    //除非将焦点设置到控件,否则返回 TRUE
}
```

(2) 将文档窗口切换到对话框资源模板页面,在对话框模板中,右击 按钮,从弹出的快捷菜单中选择"添加事件处理程序"命令,弹出"事件处理程序向导"对话框,保留默认选项,单击 添加编辑(A) 按钮,在打开的文档窗口中的 CEx_ResearchDlg∷OnBnClickedOk()函数中添加下列代码。

```
void CEx_ResearchDlg::OnBnClickedOk()
{
    //定义两个字符串变量,CString是操作字符串的 MFC 类
    CString str, strCtrl;
    //获取第一个问题的用户选择
    str = "你的年龄: ";
    UINT nID = GetCheckedRadioButton(IDC_AGE_L18, IDC_AGE_M38);
    GetDlgItemText(nID, strCtrl);      //获取指定控件的标题文本
    str = str + strCtrl;
    //获取第二个问题的用户选择
    str = str + "\n 你使用的接入方式: ";
    nID = GetCheckedRadioButton(IDC_CM_FTTL, IDC_CM_OTHER);
    GetDlgItemText(nID, strCtrl);      //获取指定控件的标题文本
    str = str + strCtrl;
    //获取第三个问题的用户选择
    str = str + "\n 你上网主要是: \n    ";
    UINT nCheckIDs[4]={IDC_DO_POP,IDC_DO_READ,IDC_DO_GAME,IDC_DO_OTHER};
    CButton * pBtn;
```

```
        for (int i=0; i<4; i++)    {
            pBtn = (CButton*)GetDlgItem(nCheckIDs[i]);
            if(pBtn->GetCheck())
            {
                pBtn->GetWindowText(strCtrl);
                str = str + strCtrl;        str = str + " ";
            }
        }
        MessageBox(str);
        CDialogEx::OnOK();
    }
```

代码中，GetDlgItemText()是CWnd类成员函数，用来获得对话框（或其他窗口）中指定控件的窗口文本。在单选按钮和复选框中，控件的窗口文本就是它们的标题属性内容。该函数有两个参数，第一个参数用来指定控件的标识，第二个参数是返回的窗口文本。后面的函数GetWindowText()的作用与GetDlgItemText()相同，也是获取窗口文本。不过，GetWindowText()使用更加广泛，要注意这两个函数在使用上的不同。

（3）编译并运行，出现"上网问卷调查"对话框，当回答问题后，单击 确定 按钮，出现如图3.14所示的消息对话框，显示选择的结果内容。

图 3.14　显示选择的内容

3.3　编辑框和旋转按钮控件

编辑框（ab| Edit Control）是一个让用户从键盘输入和编辑文本的矩形窗口，用户可以通过它很方便地输入各种文本、数字或者口令，也可使用它来编辑和修改简单的文本内容。

当编辑框被激活且具有输入焦点时，就会出现一个闪动的插入符（又可称为文本光标），表明当前插入点的位置。

3.3.1　编辑框的属性和通知消息

在编辑框控件"属性"窗口中，可以方便地设置编辑框的属性。常见的属性含义如表3.2所示。

注意：多行编辑框具有简单文本编辑器的常用功能，例如，它可以有滚动条，用户按Enter键另起一行以及文本的选定、复制、粘贴等常见操作。而单行编辑框功能较简单，它仅用于单行文本的显示和操作。

当编辑框的文本被修改或者被滚动时，会向其父窗口发送一些消息，如表3.3所示。

表 3.2 编辑框常见属性

项 目	说 明
AlignText(排列文本)	文本对齐方式：Left(靠左，默认)、Center(居中)、Right(靠右)
Multiline(多行)	为 True 时，为多行编辑框，否则为单行编辑框
Number(数字)	为 True 时，控件只能输入数字
HorizontalScroll(水平滚动)	水平滚动，仅对多行编辑框有效
Auto HScroll(自动水平滚动)	默认为 True，当用户在行尾输入一个字符时，文本自动向右滚动
VerticalScroll(垂直滚动)	垂直滚动，仅对多行编辑框有效
Auto VScroll(自动垂直滚动)	为 True 时，当在最后一行按 Enter 键时，文本自动向上滚动一行，仅对多行编辑框有效
NoHide Selection(无隐藏选择)	为 True 时，即使编辑框失去焦点，被选择的文本仍然反色显示
OEMConvert(OEM 转换)	为 True 时，实现对特定字符集的字符转换成 OEM 字符集
Password(密码)	为 True 时，输入的字符都将显示为"＊"，仅对单行编辑框有效
WantReturn(需要返回)	为 True 时，用户按下 Enter 键，编辑框中就会插入一个回车符
Border(边框)	为 True 时，在控件的周围存在边框
Uppercase(大写)	为 True 时，输入在编辑框中的字符全部转换成大写形式
Lowercase(小写)	为 True 时，输入在编辑框中的字符全部转换成小写形式
Read-Only(只读)	为 True 时，防止用户输入或编辑文本

表 3.3 编辑框通知消息

通 知 消 息	说 明
EN_CHANGE	当编辑框中的文本已被修改，在新的文本显示之后发送此消息
EN_HSCROLL	当编辑框的水平滚动条被使用，在更新显示之前发送此消息
EN_KILLFOCUS	编辑框失去键盘输入焦点时发送此消息
EN_MAXTEXT	文本数目到达了限定值时发送此消息
EN_SETFOCUS	编辑框得到键盘输入焦点时发送此消息
EN_UPDATE	编辑框中的文本已被修改，新的文本显示之前发送此消息
EN_VSCROLL	当编辑框的垂直滚动条被使用，在更新显示之前发送此消息

3.3.2 编辑框的基本操作

由于编辑框的形式多样，用途各异，因此下面针对编辑框的不同用途，分别介绍一些常用操作，以实现一些基本功能。

1. 口令设置

口令设置在编辑框中不同于一般的文本编辑框，用户输入的每个字符都被一个特殊的字符代替显示,这个特殊的字符称为口令字符。默认的口令字符是"＊",应用程序可以用成员函数 CEdit::SetPasswordChar()来定义自己的口令字符,其函数原型如下。

```
void SetPasswordChar(TCHAR ch);
```

其中,参数 ch 表示设定的口令字符;当 ch＝0 时,编辑框内将显示实际字符。

2. 选择文本

当在编辑框中编辑文本时,往往需要选定文本作为整体进行各种编辑操作。除了使用鼠标或键盘来选择文本外,还可通过编程方式来选择文本,这时需要通过调用成员函数 CEdit::SetSel()来实现。与该函数相对应的还有 CEdit::GetSel()和 CEdit::ReplaceSel(),它们分别用来获取编辑框中已选择文本的开始和结束的位置以及替换被选择的文本。

3. 设置编辑框的页面边距

设置编辑框的页面边距可以使文本在编辑框中的显示更具满意效果,这在多行编辑框中尤为重要,应用程序可通过调用成员函数 CEdit::SetMargins()来实现,这个函数的原型如下。

```
void SetMargins(UINT nLeft, UINT nRight);
```

其中,参数 nLeft 和 nRight 分别用来指定左、右边距的像素大小。

4. 剪贴板操作

编辑框不仅可以通过 CEdit 类的 Copy()、Paste()和 Cut()成员函数来实现文本的复制、粘贴、剪切等操作,而且还自动支持键盘的快捷操作,其对应的快捷键分别为 Ctrl＋C、Ctrl＋V 和 Ctrl＋X。若调用 CEdit::Undo()函数,则还可撤销最近一次编辑框的操作,再调用一次该函数,则恢复刚才的撤销操作。例如,下面的代码。

```
if(m_Edit.CanUndo())    m_Edit.Undo();
```

5. 获取多行编辑框文本

获取多行编辑框控件的文本可以有以下两种方法。

一种是使用 DDX/DDV,当将编辑框控件所关联的变量类型选定为 CString 后,则不管多行编辑框的文本有多少都可用此变量来保存,从而能简单地解决多行文本的读取。但这种方法不能单独获得多行编辑框中的某一行文本。

另一种方法是使用编辑框 CEdit 类的相关成员函数来获取文本。例如,下面的代码将显示编辑框中第二行的文本内容。

```
char str[100];
if(m_Edit.GetLineCount()>=2)         //判断多行编辑框的文本是否有两行以上
{
    int nChars;
    nChars = m_Edit.LineLength(m_Edit.LineIndex(1));
    //获取第二行文本的字符个数。0 表示第一行,1 表示第二行,以此类推
    //LineIndex 用于将文本行转换成能被 LineLength()识别的索引
```

```
    m_Edit.GetLine(1,str,nChars);          //获取第二行文本
    str[nChars] = '\0';
    MessageBox(str);                       //使用读取的文本
}
```

代码中,由于调用GetLine()获得某行文本内容时,并不能自动在文本后添加文本的结束符'\0',因此需要首先获得某行文本的字符数,然后设置文本的结束符。

3.3.3 旋转按钮控件

"旋转按钮控件"(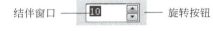 Spin Control,也称为上下控件)是一对箭头按钮,可通过单击它们来增加或减小某个值,比如一个滚动位置或显示在相应控件中的一个数字。

一个旋转按钮控件通常是与一个相伴的控件一起使用的,这个控件称为"结伴窗口"。若结伴的控件的"Tab 键顺序"刚好在旋转按钮控件的前面,则这时的旋转按钮控件可以自动定位在它的结伴窗口的旁边,看起来就像一个单一的控件。通常,将一个旋转按钮控件与一个编辑框一起使用,以提示用户进行数字输入。单击向上箭头使当前位置向最大值方向移动,而单击向下箭头使当前位置向最小值的方向移动,如图 3.15 所示。

图 3.15 旋转按钮控件及其结伴窗口

默认时,旋转按钮控件的最小值是 100,最大值是 0。单击向上箭头可减少数值,而单击向下箭头则增加它,这看起来就像颠倒一样,因此还需使用 CSpinButtonCtrl::SetRange() 成员函数来改变其最大值和最小值。但在使用时不要忘记在旋转按钮控件"属性"窗口中将 Alignment(排列)属性选定为 Left(靠左)或 Right Align(靠右)(默认值为 Unattached,独立)、同时须将 Auto Buddy(自动结伴)属性设为 True。需要说明的是,若将 Set Buddy Integer(设置结伴整数)属性设为 True,则结伴窗口的数值按整数自动改变。

1. 旋转按钮控件常用的风格

旋转按钮控件有许多属性,它们都可以通过旋转按钮控件"属性"窗口进行设置,如图 3.16 所示,其中常见属性的含义如表 3.4 所示。

2. 旋转按钮控件的基本操作

MFC 的 CSpinButtonCtrl 类提供了旋转按钮控件的各种操作函数,使用它们可以进行基数、范围、位置设置和获取等基本操作。

成员函数 SetBase() 是用来设置其基数的,这个基数值决定了伙伴窗口显示的数字是十进制还是十六进制。如果成功,则返回先前的基数值;如果给出的是一个无效的基数,则返回一个非零值。函数的原型如下:

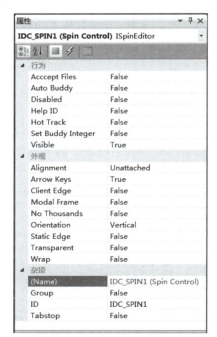

图 3.16 旋转按钮控件"属性"窗口

表 3.4 旋转按钮常见属性

项　目	说　明
Alignment（排列）	在结伴窗口位置：Unattached（独立）、Right Align（靠右）、Left（靠左）
Orientation（方向）	放置方向：Vertical（垂直）、Horizontal（水平）
AutoBuddy（自动结伴）	为 True 时，自动选择一个 Z-order 中的前一个窗口作为控件的结伴窗口
SetBuddy Integer（设置结伴整数）	为 True 时，指定设置结伴窗口整数值，这个值可以是十进制或十六进制
NoThousands（无千分位符）	为 True 时，不在每隔三个十进制数字的地方加上千分位符
Wrap（回绕）	为 True 时，当增加或减小的数值超出范围，则从最小值或最大值开始回绕
ArrowKeys（方向键）	为 True 时，当按下向上和向下方向键时，也能增加或减小
Hot Track（热轨迹）	为 True 时，当光标移过控件时，突出显示控件的上下按钮

```
int SetBase(int nBase);
```

其中，参数 nBase 表示控件的新的基数，如 10 表示十进制，16 表示十六进制等。与此函数相对应的成员函数 GetBase() 用于获取旋转按钮控件当前的基数。

成员函数 SetPos() 和 SetRange() 分别用来设置旋转按钮控件的当前位置和范围，它们的函数原型如下。

```
int SetPos(int nPos);
void SetRange(int nLower, int nUpper);
```

其中，参数 nPos 表示控件的新位置，它必须在控件的上限和下限指定的范围之内。nLower 和 nUpper 表示控件的上限和下限。任何一个界限值都不能大于 0x7fff 或小于 -0x7fff。与这两个函数相对应的成员函数 GetPos() 和 GetRange() 分别用来获取旋转按钮控件的当前位置和范围。

3. 旋转按钮控件的通知消息

旋转按钮控件的通知消息只有一个：UDN_DELTAPOS，它是在控件的当前数值将要改变时向其父窗口发送。

3.3.4 输入学生成绩对话框示例

在一个简单的学生成绩结构中，常常有学生的姓名、学号以及三门成绩等内容。为了能够输入这些数据，需要设计这样一个对话框，如图 3.17 所示。本例将用到静态文本、编辑框、旋转按钮控件等控件。实现时，最关键的是如何将编辑框设置成旋转按钮控件的结伴窗口。

1. 添加并设计对话框

（1）创建一个标准的视觉样式单文档应用程序 Ex_Ctrl1SDT，将 stdafx.h 文件最后面

内容中的 #ifdef _UNICODE 行和最后一个 #endif 行删除(注释掉)。

(2) 添加一个新的对话框资源,在"属性"窗口中将 ID 改为 IDD_INPUT,Caption(标题)设为"学生成绩输入"。

(3) 单击对话框编辑器工具栏中的"网格切换"按钮,显示对话框资源网格。调整对话框的大小(大小调为 148×165px),将 确定 和 取消 按钮移至对话框的下方。向对话框添加如表 3.5 所示的控件,调整控件的位置(按网格点布局后,选中所有静态文本控件,然后按两次向下方向键进行微调),结果如图 3.18 所示。

表 3.5 "学生成绩输入"对话框添加的控件

添加的控件	ID	标题	其 他 属 性
编辑框	IDC_EDIT_NAME	—	默认
编辑框	IDC_EDIT_NO	—	默认
编辑框	IDC_EDIT_S1	—	默认
旋转按钮控件	IDC_SPIN_S1	—	AutoBuddy,Alignment(Right Align)
编辑框	IDC_EDIT_S2	—	默认
旋转按钮控件	IDC_SPIN_S2	—	AutoBuddy,Set Buddy Integer,Alignment(Right Align)
编辑框	IDC_EDIT_S3	—	默认
旋转按钮控件	IDC_SPIN_S3	—	AutoBuddy,Set Buddy Integer,Alignment(Right Align)

图 3.17 "学生成绩输入"对话框

图 3.18 设计的"学生成绩输入"对话框

说明:

① 由于控件的添加、布局和设置属性的方法以前已详细阐述过,为了节约篇幅,这里用表格形式列出所要添加的控件,并且因默认 ID 的静态文本控件的 Caption(标题)属性内容可从对话框直接看出,因此一般不在表中列出,本书做此约定。

② 表格中 ID、标题和其他属性均是通过控件的"属性"窗口进行设置,凡是"默认"属性均为保留"属性"窗口中的默认设置。

③ 凡所列其他属性,括号里的值为此属性值,若未指定属性值则为 True。

(4) 选择"格式"→"Tab 键顺序"菜单命令或按快捷键 Ctrl+D,此时每个控件的左上方都有一个数字,表明了当前 Tab 键顺序,这个顺序就是在对话框显示时按 Tab 键所选择控件的顺序。

（5）单击对话框模板中的控件，重新设置控件的 Tab 键顺序，以保证旋转按钮控件的 Tab 键顺序在相对应的编辑框（结伴窗口）之后，结果如图 3.19 所示，单击对话框模板空白处（外面）或按 Enter 键结束"Tab 键顺序"方式。

（6）单击工具栏中的"测试对话框"按钮 。若测试满足要求（尤其是结伴效果），则双击对话框模板空白处，弹出"MFC 添加类向导"对话框，在这里为该对话框资源创建一个从 CDialog 类派生的子类 CInputDlg。

图 3.19　改变控件的 Tab 键顺序

2. 完善 CInputDlg 类代码

（1）选择"项目"→"类向导"菜单命令或按快捷键 Ctrl+Shift+X，弹出"MFC 类向导"对话框。查看"类名"组合框中是否已选择了 CInputDlg，切换到"成员变量"页面。在"控件变量"列表中，选中所需的控件 ID，双击鼠标或单击 按钮。依次为表 3.6 所示控件增加成员变量。单击 按钮，退出"MFC 类向导"对话框。

表 3.6　控件变量

控件 ID	变量类别	变量类型	变 量 名	范围和大小
IDC_EDIT_NAME	Value	CString	m_strName	20
IDC_EDIT_NO	Value	CString	m_strNO	20
IDC_EDIT_S1	Value	float	m_fScore1	0.0～100.0
IDC_EDIT_S2	Value	float	m_fScore2	0.0～100.0
IDC_EDIT_S3	Value	float	m_fScore3	0.0～100.0
IDC_SPIN_S1	Control	CSpinButtonCtrl	m_spinScore1	—
IDC_SPIN_S2	Control	CSpinButtonCtrl	m_spinScore2	—
IDC_SPIN_S3	Control	CSpinButtonCtrl	m_spinScore3	—

（2）打开 CInputDlg 类"属性"窗口，切换到"重写"页面，为其添加 WM_INITDIALOG 消息处理的虚函数 OnInitDialog()重写，并添加下列代码。

```
BOOL CInputDlg::OnInitDialog()
{
    CDialog::OnInitDialog();
    m_spinScore1.SetRange(0, 100);         //设置旋转按钮控件范围
    m_spinScore2.SetRange(0, 100);
    m_spinScore3.SetRange(0, 100);
    return TRUE;                            //除非将焦点设置到控件,否则返回 TRUE
}
```

（3）将窗口切换到对话框资源页面，右击 IDC_SPIN_S1 控件，从弹出的快捷菜单中选

择"添加事件处理程序"命令,弹出"事件处理程序向导"对话框,保留默认的选项,单击 添加编辑(A) 按钮,退出该对话框。这样,就为 CInputDlg 类添加了 IDC_SPIN_S1 控件的 UDN_DELTAPOS 消息映射函数 OnDeltaposSpinS1(),在该函数中添加下列代码。

```
void CInputDlg::OnDeltaposSpinS1(NMHDR * pNMHDR, LRESULT * pResult)
{
    LPNMUPDOWN pNMUpDown = reinterpret_cast<LPNMUPDOWN>(pNMHDR);
    UpdateData(TRUE);                    //将控件的内容保存到变量中
    m_fScore1 += (float)pNMUpDown->iDelta * 0.5f;
    if(m_fScore1<0.0)
        m_fScore1 = 0.0f;
    if(m_fScore1>100.0)
        m_fScore1 = 100.0f;
    UpdateData(FALSE);                   //将变量的内容显示在控件中
    * pResult = 0;
}
```

在上述代码中,首先将 pNMHDR 强制转换成 NM_UPDOWN 结构体指针类型 LPNMUPDOWN,其中的 reinterpret_cast 是 C++ 标准运算符,用于进行各种不同类型的指针之间、不同类型的引用之间以及指针和能容纳指针的整数类型之间的强制转换。NM_UPDOWN 结构体类型用于反映旋转控件的当前位置(由成员 iPos 指定)和增量大小(由成员 iDelta 指定)。

3. 调用对话框

(1) 打开 Ex_Ctrl1SDT 单文档应用程序的菜单资源,添加顶层菜单项"测试(&T)"并移至菜单项"视图(&V)"和"帮助(&H)"之间,在其下添加一个菜单项"学生成绩输入(&I)",指定 ID 属性为 ID_TEST_INPUT。

(2) 右击菜单项"学生成绩输入(&I)",从弹出的快捷菜单中选择"添加事件处理程序"命令,弹出"事件处理程序向导"对话框,在"类列表"中选定 CMainFrame 类,保留其他默认选项,单击 添加编辑(A) 按钮,退出该对话框。这样,就为 CMainFrame 类添加了菜单项 ID_TEST_INPUT 的 COMMAND 消息的默认映射函数 OnTestInput(),添加下列代码。

```
void CMainFrame::OnTestInput()
{
    CInputDlg dlg;
    if(IDOK == dlg.DoModal())    {        //获取对话框数据
        CString str;
        str.Format("%s, %s, %4.1f, %4.1f, %4.1f",
            dlg.m_strName, dlg.m_strNO,
            dlg.m_fScore1, dlg.m_fScore2, dlg.m_fScore3);
        AfxMessageBox(str);
    }
}
```

在上述代码中,if 语句是判断用户是否单击对话框的 确定 按钮。Format 是 CString 类的一个经常使用的成员函数,它通过格式操作使任意类型的数据转换成一个字符串。该函数的第一个参数是带格式的字符串,其中的"％s"就是一个格式符,每一个格式符依次对应于该函数后面参数表中的参数项。例如,格式字符串中第一个％s 对应于 dlg.m_strName。

(3) 在文件 MainFrm.cpp 的前面添加 CInputDlg 类的头文件包含语句。

```
#include "Ex_Ctrl1SDT.h"
#include "MainFrm.h"
#include "InputDlg.h"
```

(4) 编译并运行,在应用程序的菜单上,选择"测试"→"学生成绩输入"菜单项,将弹出如图 3.17 所示的对话框。单击成绩 1 的旋转按钮控件将以 0.5 的增量来改变它的结伴窗口的数值。而成绩 2 和成绩 3 的旋转按钮控件由于指定了 Set buddy integer 属性为 True,因此它按默认增量 1 自动改变结伴窗口的数值。

3.4 列 表 框

列表框(List Box)是一个列表有许多项目让用户选择的控件。它与单选按钮组或复选框组一样,都可让用户在其中选择一个或多个项。但不同的是,列表框中项的数目是可灵活变化的,程序运行时可在列表框中添加或删除某些项。并且,当列表框中项的数目较多、不能一次全部显示时,还可以自动提供滚动条来让用户浏览其余的列表项。

3.4.1 列表框的属性和消息

按性质来分,列表框有单选、多选、扩展多选以及非选 4 种类型,如图 3.20 所示。默认样式下的单选列表框一次只能选择一个项,多选列表框一次选择几个项,而扩展多选列表框允许用鼠标拖动或其他特殊组合键进行选择,非选列表框则不提供选择功能。

图 3.20　不同类型的列表框

列表框还有一系列属性用来定义列表框的外观及操作方式,表 3.7 列出常见属性的含义。当列表框中发生了某个动作,如双击选择了列表框中某一项时,列表框就会向其父窗口发送一条通知消息。常用的通知消息如表 3.8 所示。

表 3.7 列表框常见属性

项 目	说 明
Selection(选择)	指定列表框选择方式(类型)：Single(单选)、Multiple(多选)、Extended(扩展多选)、None(非选)
Has Strings(有字符串)	为 True 时,在列表框中的列表项中含有字符串文本
Border(边框)	为 True 时,使列表框含有边框
Sort(排序)	为 True 时,列表框的列表项按字母顺序排列
Notify(通知)	为 True 时,当用户对列表框操作时,就会向父窗口发送通知消息
MultiColumn(多列)	为 True 时,指定一个具有水平滚动的多列列表框
Horizontal Scroll(水平滚动)	为 True 时,在列表框中创建一个水平滚动条
Vertical Scroll(垂直滚动)	为 True 时,在列表框中创建一个垂直滚动条
No Redraw(不刷新屏幕)	为 True 时,列表框发生变化后不会自动重画
Use Tabstops(使用制表位)	为 True 时,允许使用制表位来调整列表项的水平位置
Want Key Input(需要键输入)	为 True 时,当用户按键且列表框有输入焦点时,就会向列表框的父窗口发送相应消息
Disable No Scroll(禁止不滚动)	为 True 时,列表项即便能全部显示,垂直滚动条也会显示,但此时是禁用的(灰显)
No Integral Height(没有完整高度)	为 True 时,在创建列表框过程中,系统会把用户指定的尺寸完全作为列表框的尺寸,而不管是否会有列表项在列表框中不能完全显示出来

表 3.8 列表框常用通知消息

通 知 消 息	说 明
LBN_DBLCLK	用户双击列表框的某项字符串时发送此消息
LBN_KILLFOCUS	列表框失去键盘输入焦点时发送此消息
LBN_SELCANCEL	当前选择项被取消时发送此消息
LBN_SELCHANGE	列表框中的当前选择项将要改变时发送此消息
LBN_SETFOCUS	列表框获得键盘输入焦点时发送此消息

3.4.2 列表框的基本操作

当列表框创建之后,往往要添加、删除、改变或获取列表框中的列表项,这些操作都可以调用 MFC 封装的 CListBox 类的成员函数来实现。需要强调的是：列表框的项除了用字符串来标识外,还常常通过索引来确定。索引表明项目在列表框中排列的位置,它是以 0 开始的,即列表框中第一项的索引是 0,第二项的索引是 1,以此类推。

1. 添加列表项

列表框创建时是一个空的列表,需要用户添加或插入一些列表项。CListBox 类成员函数 AddString()和 InsertString()分别用来向列表框增加列表项,其函数原型如下。

```
int AddString(LPCTSTR lpszItem);
int InsertString(int nIndex, LPCTSTR lpszItem);
```

其中,列表项的字符串文本由参数 pszItem 来指定。虽然两个函数成功调用时都将返回列表项在列表框中的索引,错误时返回 LB_ERR,空间不够时返回 LB_ERRSPACE。但 InsertString()函数不会对列表项进行排序,不管列表框控件中的 Sort(排序)属性是否为 True,只是将列表项插在指定索引的列表项之前,若 nIndex 等于 -1,则列表项添加在列表框末尾。而 AddString()函数当列表框控件中的 Sort(排序)属性为 True 时会自动将添加的列表项进行排序。

上述两个函数只能将字符串增加到列表框中,但有时用户还会需要根据列表项使用其他数据。这时,就需要调用 CListBox 的 SetItemData()和 SetItemDataPtr(),它们能使用户数据和某个列表项关联起来。

```
int SetItemData(int nIndex, DWORD dwItemData);
int SetItemDataPtr(int nIndex, void* pData);
```

其中,SetItemData()是将一个 32 位数与某列表项(由 nIndex 指定)关联起来,而 SetItemDataPtr()可以将用户的数组、结构体等大型数据与列表项关联。若有错误产生时,两个函数都将返回 LB_ERR。

与上述函数相对应的两个函数 GetItemData()和 GetItemDataPtr()分别用来获取相关联的用户数据。

2. 删除列表项

CListBox 类成员函数 DeleteString()和 ResetContent()分别用来删除指定的列表项和清除列表框所有项目,它们的函数原型如下。

```
int DeleteString(UINT nIndex);        //nIndex 指定要删除的列表项的索引
void ResetContent();
```

需要注意的是,若在添加列表项时使用 SetItemDataPtr()函数,不要忘记在进行删除操作时及时将关联数据所占的内存空间释放出来。

3. 查找列表项

为了保证列表项不会重复地添加在列表框中,有时还需要对列表项进行查找。CListBox 类成员函数 FindString()和 FindStringExact()分别用来在列表框中查找所匹配的列表项。其中,FindStringExact()的查找精度较高。

```
int FindString(int nStartAfter, LPCTSTR lpszItem) const;
int FindStringExact(int nIndexStart, LPCTSTR lpszFind) const;
```

其中,lpszFind 和 lpszItem 指定要查找的列表项文本,nStartAfter 和 nIndexStart 指定查找的开始位置,若为 -1,则从头至尾查找。查到后,这两个函数都将返回所匹配列表项的索引,否则返回 LB_ERR。

4. 列表框的单项选择

当选中列表框中某个列表项时,用户可以使用 CListBox∷GetCurSel()来获取这个结果,与该函数相对应的 CListBox∷SetCurSel()函数是用来设定某个列表项呈选中状态(高亮显示)。

```
int GetCurSel() const;              //返回当前选择项的索引
int SetCurSel(int nSelect);
```

其中,nSelect 指定要设置的列表项索引,错误时这两个函数都将返回 LB_ERR。

若要获取某个列表项的字符串,可使用下列函数。

```
int GetText(int nIndex, LPTSTR lpszBuffer) const;
void GetText(int nIndex, CString& rString) const;
```

其中,nIndex 指定列表项索引,lpszBuffer 和 rString 用来存放列表项文本。

5. 列表框的多项选择

当在列表框属性窗口中指定 Selection(选择)的属性值为 Multiple(多选)或 Extended (扩展多选)类型后,就可以在列表框中进行多项选择。要想获得选中的多个选项,需要用映射列表框控件的 LBN_SELCHANGE 消息,并添加类似下面的一些代码。

```
void CListBoxDlg::OnSelchangeList1()
{
    int nCount = m_list.GetSelCount();      //获取用户选中的项数
    if(nCount == LB_ERR) return;
    int * buffer = new int[nCount];         //开辟缓冲区
    m_list.GetSelItems(nCount,buffer);
    //将各个选项的索引号内容存放在缓冲区中
    CString allStr = NULL, str;
    for (int i=0; i<nCount; i++)
    {
        m_list.GetText(buffer[i], str);     //获得各个索引的项目文本
        allStr = allStr + "[" + str + "]";  //处理项目文本
    }
    delete []buffer;                        //释放内存
    //MessageBox(allStr);                   //使用获得的文本
}
```

3.4.3 城市邮政编码对话框示例

在一组城市邮政编码中,城市名和邮政编码是一一对应的。为了能添加和删除城市邮政编码列表项,需要设计一个这样的对话框,如图 3.21 所示。单击 添加 按钮,将城市名和邮政编码添加到列表框中,为了使添加不重复,还要进行一些判断操作,单击列表框的城

市名,将在编辑框中显示出城市名和邮政编码;单击 删除 按钮,删除当前的列表项。实现本例有两个要点:一是在添加时需要通过 FindString()或 FindStringExact()来判断添加的列表项是否重复,然后通过 SetItemData()将邮政编码(将它视为一个 32 位整数)与列表项关联起来;二是由于删除操作是针对当前选中的列表项的,如果当前没有选中的列表项则应通过 EnableWindow(FLASE)使 删除 按钮灰显(禁用),即不能单击它。

图 3.21 城市邮政编码

1. 添加并设计对话框

(1) 创建一个标准的视觉样式单文档应用程序 Ex_Ctrl2SDT,将 stdafx.h 文件最后面内容中的 #ifdef _UNICODE 行和最后一个 #endif 行删除(注释掉)。

(2) 添加一个新的对话框资源,在"属性"窗口中将 ID 改为 IDD_CITYZIP,Caption(标题)设为"城市邮政编码"。双击对话框模板空白处,弹出"MFC 添加类向导"对话框,在这里为该对话框资源创建一个从 CDialog 类派生的子类 CCityDlg。

(3) 将文档窗口切换到对话框资源页面,单击对话框编辑器工具栏中的"网格切换"按钮 ,显示对话框资源网格。调整对话框的大小(大小调为 268×111px),删除原来的 取消 按钮,将 确定 按钮标题改为"退出"。参看图 3.21 的控件布局,向对话框中添加如表 3.9 所示的一些控件(其中的列表框大小为 90×96px)。

表 3.9 "城市邮政编码"对话框添加的控件

添加的控件	ID	标题	其他属性
列表框	IDC_LIST1	—	默认
编辑框(城市名)	IDC_EDIT_CITY	—	默认
编辑框(邮政编码)	IDC_EDIT_ZIP	—	默认
按钮(添加)	IDC_BUTTON_ADD	添加	默认
按钮(删除)	IDC_BUTTON_DEL	删除	默认

2. 完善 CCityDlg 类代码

(1) 选择"项目"→"类向导"菜单命令或按快捷键 Ctrl+Shift+X,弹出"MFC 类向导"对话框。查看"类名"组合框中是否已选择了 CCityDlg,切换到"成员变量"页面。在"控件变量"列表中,选中所需的控件 ID,双击鼠标或单击 添加变量(A)... 按钮。依次为表 3.10 所示控件增加成员变量。单击 确定 按钮,退出"MFC 类向导"对话框。

表 3.10 控件变量

控件 ID	变量类别	变量类型	变量名	范围和大小
IDC_LIST1	Control	CListBox	m_ListBox	—
IDC_EDIT_CITY	Value	CString	m_strCity	40
IDC_EDIT_ZIP	Value	DWORD	m_dwZipCode	100 000～999 999

（2）将项目工作区窗口切换到"类视图"页面，右击 CCityDlg 类名，从弹出的快捷菜单中选择"添加"→"添加函数"命令，弹出如图 3.22 所示的"添加成员函数向导"对话框，将"返回类型"选为 bool，在"函数名"框中输入"IsValidate"，单击 完成 按钮。

图 3.22 添加成员函数

（3）在 CCityDlg::IsValidate()函数中输入下列代码。

```
BOOL CCityDlg::IsValidate()
{
    UpdateData();
    m_strCity.TrimLeft();
    if(m_strCity.IsEmpty()) {
        MessageBox("城市名输入无效!");    return FALSE;
    }
    return TRUE;
}
```

IsValidate()函数的功能是判断城市名编辑框中的内容是否为有效的字符串。代码中，TrimLeft()是 CString 类的一个成员函数，用来去除字符串左边的白字符(空格等)。

（4）打开 CCityDlg 类"属性"窗口，切换到"重写"页面，为其添加 WM_INITDIALOG 消息处理的虚函数 OnInitDialog()重写，并添加下列代码。

```
BOOL CCityDlg::OnInitDialog()
{
    CDialog::OnInitDialog();
    m_dwZipCode = 100000;                    //设置初始的邮政编码
    UpdateData(FALSE);                       //将邮政编码显示在控件中
    GetDlgItem(IDC_BUTTON_DEL)->EnableWindow(FALSE);
    //使"删除"按钮灰显
    return TRUE; //return TRUE unless you set the focus to a control
}
```

（5）将 CCityDlg 类"属性"窗口切换到"事件"页面，为按钮 IDC_BUTTON_ADD 添加 BN_CLICKED 的默认消息映射函数 OnBnClickedButtonAdd()，如图 3.23 所示，并添加下列代码。

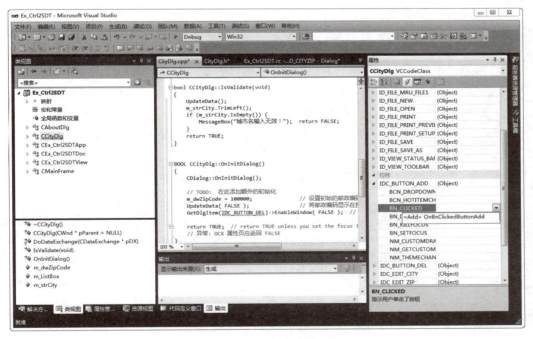

图 3.23　添加事件映射函数

```
void CCityDlg::OnBnClickedButtonAdd()
{
    if(!IsValidate()) return;
    int nIndex = m_ListBox.FindStringExact(-1, m_strCity);
```

```cpp
    if(nIndex != LB_ERR){
        MessageBox("该城市已添加!");
        return;
    }
    nIndex = m_ListBox.AddString(m_strCity);
    m_ListBox.SetItemData(nIndex, m_dwZipCode);
}
```

（6）类似地，在 CCityDlg 类"属性"窗口的"事件"页面中，为按钮 IDC_BUTTON_DEL 添加 BN_CLICKED 的默认消息映射函数 OnBnClickedButtonDel()，并添加下列代码。

```cpp
void CCityDlg::OnBnClickedButtonDel()
{
    int nIndex = m_ListBox.GetCurSel();
    if(nIndex != LB_ERR){
        m_ListBox.DeleteString(nIndex);
    } else
        GetDlgItem(IDC_BUTTON_DEL)->EnableWindow(FALSE);
}
```

（7）同样，在 CCityDlg 类"属性"窗口的"事件"页面中，为列表框 IDC_LIST1 添加 LBN_SELCHANGE（当前选择项发生改变时发出的消息）的默认消息映射函数，并添加下列代码。这样，当单击列表框的城市名时，将会在编辑框中显示出城市名和邮政编码。

```cpp
void CCityDlg::OnLbnSelchangeList1()
{
    int nIndex = m_ListBox.GetCurSel();
    if(nIndex != LB_ERR){
        m_ListBox.GetText(nIndex, m_strCity);
        m_dwZipCode = m_ListBox.GetItemData(nIndex);
        UpdateData(FALSE);
        //使用当前列表项所关联的内容显示在控件上
        GetDlgItem(IDC_BUTTON_DEL)->EnableWindow(TRUE);
    }
}
```

3. 调用对话框

（1）打开 Ex_Ctrl2SDT 单文档应用程序的菜单资源，添加顶层菜单项"测试(&T)"并移至菜单项"视图(&V)"和"帮助(&H)"之间，在其下添加一个菜单项"城市邮政编码(&C)"，指定 ID 属性为 ID_TEST_CITY。

（2）右击菜单项"城市邮政编码(&C)"，从弹出的快捷菜单中选择"添加事件处理程序"命令，弹出"事件处理程序向导"对话框，在"类列表"中选定 CMainFrame 类，保留其他默认选项，单击 添加编辑(A) 按钮，退出该对话框。这样，就为 CMainFrame 类添加了菜单项 ID_TEST_CITY(的 COMMAND 消息的默认映射函数 OnTestCity()，添加下列代码。

```
void CMainFrame::OnTestCity()
{
    CCityDlg dlg;
    dlg.DoModal();
}
```

（3）在文件 MainFrm.cpp 的前面添加 CCityDlg 类的头文件包含语句。

```
#include "MainFrm.h"
#include "CityDlg.h"
```

（4）编译运行后，在应用程序的菜单上，选择"测试"→"城市邮政编码"菜单命令，将弹出如图 3.21 所示的对话框（测试后的结果）。

3.5 组 合 框

作为用户输入的接口，前面的列表框和编辑框各有其优点。例如，列表框中可列出用户所需的各种可能的选项，这样一来，用户不需要记住这些项，只需进行选择操作即可，但用户却不能输入列表框中列表项之外的内容。虽然编辑框能够允许用户输入内容，但却没有列表框的选择操作。于是很自然地产生这样的想法：把常用的项列在列表框中以供选择，而同时提供编辑框，允许用户输入列表框中所没有的新项。组合框正是这样的一种控件，它结合列表框和编辑框的特点，取二者之长，从而完成较为复杂的输入功能。

3.5.1 组合框的属性和消息

按照组合框的主要样式特征，可把组合框分为三类：简单组合框（Simple）、下拉式组合框（Dropdown）、下拉式列表框（Drop List），如图 3.24 所示，这些类型可在其"属性"窗口中通过 Type(类型)属性来指定。

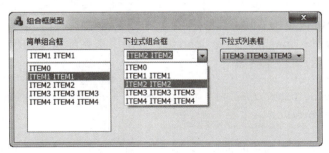

图 3.24 组合框的类型

简单组合框和下拉式组合框都包含列表框和编辑框，但是简单组合框中的列表框不需要下拉，是直接显示出来的，而当用户单击下拉式组合框中的下拉按钮时，下拉的列表框才被显示出来。下拉式列表框虽然具有下拉式的列表，却没有文字编辑功能。

组合框的属性与列表框基本相似，这里不再一一列出。需要说明的是，在组合框"属性"

窗口中,有一个 Data(数据)属性,可以用来直接输入组合框的数据项,多个数据项之间用分号隔开。

在组合框的通知消息中,有的是列表框发出的,有的是编辑框发出的,如表 3.11 所示。

表 3.11 组合框通知消息

通知消息	说明
CBN_DBLCLK	用户双击组合框的某项字符串时发送此消息
CBN_DROPDOWN	当组合框的列表打开时发送此消息
CBN_EDITCHANGE	同编辑框的 EN_CHANGE 消息
CBN_EDITUPDATE	同编辑框的 EN_UPDATE 消息
CBN_SELENDCANCEL	当前选择项被取消时发送此消息
CBN_SELENDOK	当用户选择一个项并按下 Enter 键或单击下拉箭头(▼)隐藏列表框时发送此消息
CBN_SELCHANGE	组合框中的当前选择项将要改变时发送此消息
CBN_SETFOCUS	组合框获得键盘输入焦点时发送此消息

3.5.2 组合框常见操作

组合框的操作大致分为两类:一类是对组合框中的列表框进行操作,另一类是对组合框中的编辑框进行操作。这些操作都可以调用 MFC 封装的 CComboBox 成员函数来实现。

成员函数 AddString() 和 InsertString() 分别用来向组合框添加字符串项。

```
int AddString(LPCTSTR lpszString);
int InsertString(int nIndex, LPCTSTR lpszString);
```

其中,项的字符串文本由参数 lpszString 来指定。这两个函数成功调用时都将返回添加的项在组合框中的索引,错误时返回 CB_ERR,空间不够时,返回 CB_ERRSPACE。若 nIndex 等于-1,则项在组合框末尾添加。

成员函数 DeleteString() 和 ResetContent() 分别用来删除指定的项和清除组合框所有项和编辑文本,它们的函数原型如下。

```
int DeleteString(UINT nIndex);        //nIndex 指定要删除的项的索引
void ResetContent();
```

需要注意的是,若在添加项时使用 SetItemDataPtr() 函数,不要忘记在进行删除操作时及时将关联数据所占的内存空间释放出来。

成员函数 FindString() 和 FindStringExact() 分别用来在列表框中查找所匹配的列表项。其中,FindStringExact() 的查找精度最高。

```
int FindString(int nStartAfter, LPCTSTR lpszString) const;
int FindStringExact(int nIndexStart, LPCTSTR lpszFind) const;
```

其中,lpszFind 和 lpszItem 指定要查找的列表项文本,nStartAfter 和 nIndexStart 指定查找的开始位置,若为-1,则从头至尾查找。查到后,这两个函数都将返回所匹配列表项的索引,否则返回 CB_ERR。

成员函数 SetItemData()和 SetItemDataPtr()用来使用户数据和某个项关联起来。

```
int SetItemData(int nIndex, DWORD dwItemData);
int SetItemDataPtr(int nIndex, void* pData);
```

其中,SetItemData()是将一个32位数与某列表项(由 nIndex 指定)关联起来,而 SetItemDataPtr()可以将用户的数组、结构体等大型数据与列表项关联。若有错误产生时,两个函数都将返回 CB_ERR。与之相对应的两个函数 GetItemData()和 GetItemDataPtr()分别用来获取相关联的用户数据。

当选中组合框中某个项时,用户可以使用 GetCurSel()来获取这个结果,与该函数相对应的 SetCurSel()函数是用来设定当前选择的项。

```
int GetCurSel() const;          //返回当前选择项的索引
int SetCurSel(int nSelect);
```

其中,nSelect 指定要设置的项的索引,错误时这两个函数都将返回 CB_ERR。

组合框的项数可用 GetCount()函数来获取。若要获取某个项的字符串及其长度(字符数),可使用下列函数。

```
int GetText(int nIndex, LPTSTR lpszText) const;
void GetText(int nIndex, CString& rString) const;
int GetLBTextLen(int nIndex) const;
```

其中,nIndex 指定项的索引,lpszText 和 rString 是用来存放项的文本。

成员函数 SetDroppedWidth()用来设置组合框下拉的最小像素宽度。

```
int SetDroppedWidth(UINT nWidth);
```

成功时,返回新的组合框下拉宽度,否则返回 CB_ERR。

由于组合框的一些编辑操作与编辑框 CEdit 的成员函数相似,如 GetEditSet()、SetEditSel()等,因此这里不再赘述。

3.5.3 城市邮政编码和区号对话框示例

前面的示例中,只是简单地涉及城市名和邮政编码的对应关系。实际上,城市名还和区号一一对应,为此本例需要设计这样的对话框,如图 3.25 所示。

单击 添加 按钮将城市名、邮政编码和区号添加到组合框中,在添加前同样需要进行重复性的判断。选择组合框中的城市名,将在编辑框中显示出邮政编码和区号,单击 修改 按钮,将以城市名作为组合框的查找关键字,找到后修改其邮政编码和区号内容。

实现本例最关键的技巧是如何使组合框中的项关联邮政编码和区号内容,这里先将邮

图 3.25 "城市邮政编码和区号"对话框

政编码和区号变成一个字符串,中间用逗号分隔,然后通过 SetItemDataPtr()来将字符串和组合框中的项相关联。由于 SetItemDataPtr()关联的是一个数据指针,因此需要用 new 运算符为要关联的数据分配内存,同时在对话框即将关闭时,需要用 delete 运算符来释放组合框中的项所关联所有数据的内存空间。

1. 添加并设计对话框

(1)创建一个标准的视觉样式单文档应用程序 Ex_Ctrl3SDT,将 stdafx.h 文件最后面内容中的 #ifdef _UNICODE 行和最后一个 #endif 行删除(注释掉)。

(2)添加一个新的对话框资源,在"属性"窗口中将 ID 改为 IDD_CITYZONE,Caption(标题)设为"城市邮政编码和区号"。双击对话框模板空白处,弹出"MFC 添加类向导"对话框,在这里为该对话框资源创建一个从 CDialog 类派生的子类 CCityZoneDlg。

(3)将文档窗口切换到对话框资源页面,单击对话框编辑器工具栏中的"网格切换"按钮,显示对话框资源网格。调整对话框的大小(大小调为 280×111px),删除原来的 取消 按钮,将 确定 按钮标题改为"退出"。参看图 3.25 的控件布局,向对话框中添加如表 3.12 所示的一些控件(组合框和编辑框宽度均调为 90px)。

表 3.12 城市邮政编码和区号对话框添加的控件

添加的控件	ID	标 题	其他属性
组合框	IDC_COMBO1	—	默认
编辑框(邮政编码)	IDC_EDIT_ZIP	—	默认
编辑框(区号)	IDC_EDIT_ZONE	—	默认
按钮(添加)	IDC_BUTTON_ADD	添加	默认
按钮(修改)	IDC_BUTTON_CHG	修改	默认

需要说明的是,在组合框添加到对话框模板后,应单击组合框的下拉按钮(▼),然后调整出现的下拉框大小,如图 3.26 所示,否则组合框可能因为下拉框太小而无法显示更多的下拉项,甚至无法显示。

2. 完善 CCityZoneDlg 类代码

(1)选择"项目"→"类向导"菜单命令或按快捷键 Ctrl+Shift+X,弹出"MFC 类向导"对话框。查看"类名"组合框中是否已选择了 CCityZoneDlg,切换到"成员变量"页面。在"控件变量"列表中,选中所需的控件 ID,双击鼠标或单击 添加变量(A)... 按钮。依次为表 3.13 中

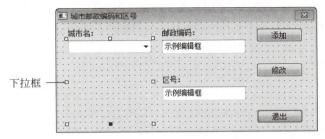

图 3.26　调整下拉框大小

控件增加成员变量。单击 确定 按钮,退出"MFC 类向导"对话框。

表 3.13　控件变量

控件 ID	变量类别	变量类型	变量名	范围和大小
IDC_COMBO1	Control	CComboBox	m_ComboBox	—
IDC_COMBO1	Value	CString	m_strCity	40
IDC_EDIT_ZONE	Value	CString	m_strZone	10
IDC_EDIT_ZIP	Value	CString	m_strZip	6

（2）将项目工作区窗口切换到"类视图"页面,右击 CCityZoneDlg 类名,从弹出的快捷菜单中选择"添加"→"添加函数"命令,弹出"添加成员函数向导"对话框,将"返回类型"选为 bool,在"函数名"框中输入"IsValidate",单击 完成 按钮。

（3）在 CCityZoneDlg::IsValidate()函数中输入下列代码。

```
bool CCityZoneDlg::IsValidate(void)
{
    UpdateData();
    m_strCity.TrimLeft();
    if(m_strCity.IsEmpty()){
        MessageBox("城市名输入无效!");    return FALSE;
    }
    m_strZip.TrimLeft();
    if(m_strZip.IsEmpty())    {
        MessageBox("邮政编码输入无效!");    return FALSE;
    }
    m_strZone.TrimLeft();
    if(m_strZone.IsEmpty())    {
        MessageBox("区号输入无效!");    return FALSE;
    }
    return TRUE;
}
```

（4）将文档窗口切换到对话框资源页面,右击"添加"按钮控件,从弹出的快捷菜单中选择"添加事件处理程序"命令,弹出"事件处理程序向导"对话框,保留默认选项,单击

[添加编辑(A)]按钮,退出向导对话框。这样,就为 CCityZoneDlg 类添加了 IDC_BUTTON_ADD 按钮控件的 BN_CLICKED 消息的默认映射函数,添加下列代码。

```cpp
void CCityZoneDlg::OnBnClickedButtonAdd()
{
    if(!IsValidate()) return;
    int nIndex = m_ComboBox.FindStringExact(-1, m_strCity);
    if(nIndex != CB_ERR){
        MessageBox("该城市已添加!");           return;
    }
    nIndex    = m_ComboBox.AddString(m_strCity);
    CString strData;
    strData.Format("%s,%s", m_strZip, m_strZone);
    //将邮政编码和区号合并为一个字符串,中间用逗号分隔
    m_ComboBox.SetItemDataPtr(nIndex, new CString(strData));
}
```

(5) 类似地,为"修改"按钮 IDC_BUTTON_CHG 添加 BN_CLICKED 的默认消息映射函数,并添加下列代码。

```cpp
void CCityZoneDlg::OnBnClickedButtonChg()
{
    if(!IsValidate()) return;
    int nIndex = m_ComboBox.FindStringExact(-1, m_strCity);
    if(nIndex != CB_ERR){
        delete(CString*)m_ComboBox.GetItemDataPtr(nIndex);
        CString strData;
        strData.Format("%s,%s", m_strZip, m_strZone);
        m_ComboBox.SetItemDataPtr(nIndex, new CString(strData));
    }
}
```

(6) 同样的方法为组合框 IDC_COMBO1 添加 CBN_SELCHANGE(当前选择项发生改变时发出的消息)的默认消息映射函数,并添加下列代码。

```cpp
void CCityZoneDlg::OnCbnSelchangeCombo1()
{
    int nIndex = m_ComboBox.GetCurSel();
    if(nIndex != CB_ERR){
        m_ComboBox.GetLBText(nIndex, m_strCity);
        CString strData;
        strData = *(CString*)m_ComboBox.GetItemDataPtr(nIndex);
        //分解字符串
        int n = strData.Find(',');
```

```
            m_strZip  = strData.Left(n);       //前面的 n 个字符
            m_strZone = strData.Mid(n+1);     //从中间第 n+1 字符到末尾的字符串
            UpdateData(FALSE);
        }
    }
```

(7) 在 CCityZoneDlg 类"属性"窗口的"消息"页面中,为 CCityZoneDlg 类添加 WM_DESTROY 消息的默认映射函数,并添加下列代码。

```
void CCityZoneDlg::OnDestroy()
{
    CDialog::OnDestroy();
    for (int nIndex = m_ComboBox.GetCount()-1; nIndex>=0; nIndex--){
        //删除所有与列表项相关联的 CString 数据,并释放内存
        delete(CString *)m_ComboBox.GetItemDataPtr(nIndex);
    }
}
```

需要说明的是,当对话框消失后,对话框被清除时发送 WM_DESTROY 消息。在此消息的映射函数中添加一些对象删除代码,以便在对话框清除时有效地释放内存空间。

3. 调用对话框

(1) 打开 Ex_Ctrl3SDT 单文档应用程序的菜单资源,添加顶层菜单项"测试(&T)"并移至菜单项"视图(&V)"和"帮助(&H)"之间,在其下添加一个菜单项"城市邮政编码和区号(&Z)",指定 ID 属性为 ID_TEST_CITYZONE。

(2) 右击菜单项"城市邮政编码和区号(&Z)",从弹出的快捷菜单中选择"添加事件处理程序"命令,弹出"事件处理程序向导"对话框,在"类列表"中选定 CMainFrame 类,保留其他默认选项,单击 添加编辑(A) 按钮,退出向导对话框。这样,就为 CMainFrame 类添加了菜单项 ID_TEST_CITYZONE 的 COMMAND 消息的默认映射函数 OnTestCityzone(),添加下列代码。

```
void CMainFrame::OnTestCityzone()
{
    CCityZoneDlg dlg;
    dlg.DoModal();
}
```

(3) 在文件 MainFrm.cpp 的前面添加 CCityZoneDlg 类的头文件包含。

```
#include "MainFrm.h"
#include "CityZoneDlg.h"
```

(4) 编译运行并测试。

3.6 进展条、滚动条和滑动条

进展条常用来说明一个操作的进度,并在操作完成时从左到右填充进展条,这个过程可以让用户看到任务还有多少要完成。而滚动条和滑动条可以完成诸如定位之类的操作。

3.6.1 进展条

进展条(进程条)()是一个如图 3.27 所示的控件。除了能表示一个过程的进展情况外,使用进展条还可表明温度、水平面或类似的测量值。

图 3.27 进展条

1. 进展条的风格

进展条"属性"窗口中的属性不是很多。其中,Border(边框)用来指定进展条是否有边框,Vertical(垂直)用来指定进展条是水平的还是垂直的,当为 False 时,表示进展条从左到右水平显示。Smooth(平滑)表示平滑地填充进展条,当为 False 时,表示将用块来填充(Windows 7 下仍然为平滑填充)。

2. 进展条的基本操作

进展条的基本操作有:设置其范围、当前位置、设置增量等。这些操作都是通过 CProgressCtrl 类的相关成员函数来实现的。

```
int SetPos(int nPos);
int GetPos();
```

这两个函数分别用来设置和获取进展条的当前位置。需要说明的是,这个当前位置是指在 SetRange()中的上限和下限范围之间的位置。

```
void SetRange(short nLower, short nUpper);
void SetRange32(int nLower, int nUpper);
void GetRange(int& nLower, int& nUpper);
```

它们分别用来设置和获取进展条范围的上限和下限值。一旦设置后,还会重画此进展条来反映新的范围。成员函数 SetRange32()为进展条设置 32 位的范围。参数 nLower 和 nUpper 分别表示范围的下限(默认值为 0)和上限(默认值为 100)。

```
int SetStep(int nStep);
```

该函数用来设置进展条的步长并返回原来的步长,默认步长为 10。

```
int StepIt();
```

该函数将当前位置向前移动一个步长并重画进展条以反映新的位置。函数返回进展条上一次的位置。

3. 使用进展条示例

本示例是一个基于对话框的应用程序，对话框中有一个进展条、一个静态文本和两个按钮。如图 3.28 所示，单击 继续 按钮，进展条向前进，单击 后退 按钮，进展条向后退，静态文本中还显示出进展条的百分比。实现本例最主要的是进展条的百分比显示，这里通过 CProgressCtrl 类的 GetPos() 和 GetRange() 来获取进展条当前位置和范围，并根据范围计算当前位置所处的百分比，然后将百分比转换成字符串，显示在文本控件中。

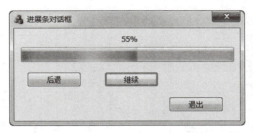

图 3.28　进展条示例

（1）创建一个默认的基于对话框的应用程序 Ex_Progress，将 stdafx.h 文件最后面内容中的 #ifdef _UNICODE 行和最后一个 #endif 行删除（注释掉）。

（2）将文档窗口切换到对话框资源页面，单击对话框编辑器工具栏中的"网格切换"按钮 ，显示对话框资源网格。调整对话框的大小（大小调为 210×89px），将 Caption（标题）设为"进展条对话框"。删除原来的 取消 按钮和"TODO：在此放置对话框控件。"静态文本控件，将 确定 按钮标题改为"退出"。参看图 3.28 的控件布局，向对话框中添加如表 3.14 所示的一些控件。

表 3.14　进展条对话框添加的控件

添加的控件	ID	标题	其 他 属 性
静态文本	IDC_STATIC_TEXT	默认	Align Text(Center)，其余默认
进展条	IDC_PROGRESS1	—	默认
按钮（后退）	IDC_BUTTON_BACK	后退	默认
按钮（继续）	IDC_BUTTON_GOON	继续	默认

（3）在文档窗口的对话框资源页面中，右击进展条 IDC_PROGRESS1，从弹出的快捷菜单中选择"添加变量"命令，弹出"添加成员变量向导"对话框，在"变量名"框中输入"m_Progress"，如图 3.29 所示，保留其他默认选项，单击 完成 按钮。类似地，为静态文本 IDC_STATIC_TEXT 添加 Value 类别的 CString 变量 m_strPercent。

（4）将项目工作区窗口切换到"类视图"页面，为 CProgressDlg 类添加一个成员函数 UpdatePercentText()，用来当进展条位置变化后更新静态文本控件显示的百分比。代码如下。

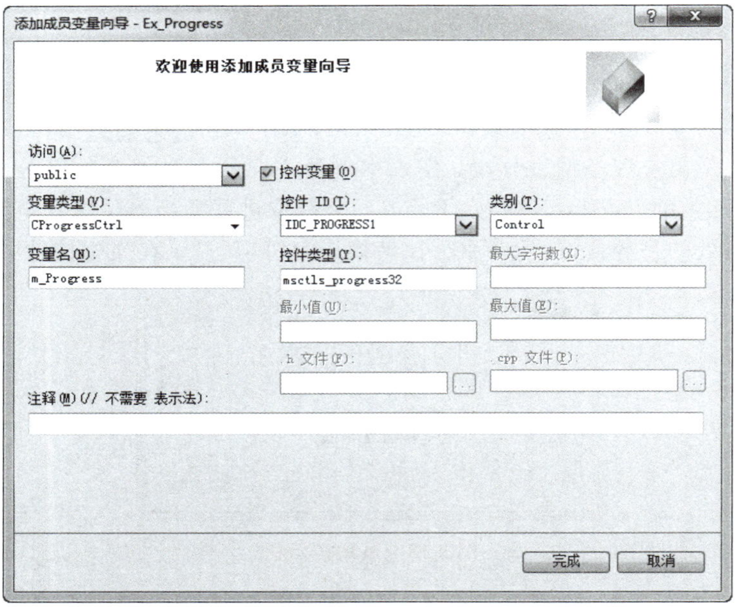

图 3.29 添加控件变量

```
void CProgressDlg::UpdatePercentText(void)
{
    int nPos = m_Progress.GetPos();        //获取进展条当前位置
    int nLow, nUp;
    m_Progress.GetRange(nLow, nUp);        //获取进展条范围
    m_strPercent.Format("%4.0f%%", (float)nPos/(float)(nUp-nLow) * 100.0);
    UpdateData(FALSE);
}
```

(5) 在 CProgressDlg 类虚函数 OnInitDialog()中添加下列初始化代码。

```
BOOL CEx_ProgressDlg::OnInitDialog()
{
    CDialogEx::OnInitDialog();
    //...
    m_Progress.SetRange(0, 100);           //设置进展条范围
    m_Progress.SetStep(5);                 //设置进展条步长
    m_Progress.SetPos(30);
    UpdatePercentText();
    return TRUE;                           //除非将焦点设置到控件,否则返回 TRUE
}
```

(6) 为按钮 IDC_BUTTON_BACK 添加 BN_CLICKED 消息的默认映射函数,并添加下列代码。

```
void CEx_ProgressDlg::OnBnClickedButtonBack()
{
    int nPos = m_Progress.GetPos();           //获取进展条当前位置
    int nLow, nUp;
    m_Progress.GetRange(nLow, nUp);           //获取进展条范围
    nPos = nPos-5;
    if(nPos<nLow)
        nPos = nLow;
    m_Progress.SetPos(nPos);
    UpdatePercentText();
}
```

（7）为按钮 IDC_BUTTON_GOON 添加 BN_CLICKED 消息的默认映射函数，并添加下列代码。

```
void CEx_ProgressDlg::OnBnClickedButtonGoon()
{
    m_Progress.StepIt();
    UpdatePercentText();
}
```

（8）编译运行并测试。

3.6.2 滚动条

滚动条是一个独立的窗口，虽然它有直接的输入焦点，但却不能自动地滚动窗口内容，因此，它的使用受到一定的限制。

根据滚动条的走向，可分为垂直滚动条（ Vertical Scroll Bar ）和水平滚动条（ Horizontal Scroll Bar ）两种类型。这两种类型滚动条的组成部分都是一样的，两端都有两个箭头按钮，中间有一个可沿滚动条方向移动的滚动块（如图 3.30 所示）。

1. 滚动条的基本操作

滚动条的基本操作一般包括设置和获取滚动条的范围及滚动块的相应位置。

由于滚动条控件的默认滚动范围是 0~0，因此如果使用滚动条之前不设定其滚动范围，那么滚动条中的滚动块就滚动不起来。在 MFC 的 CScrollBar 类中，函数 SetScrollRange()是用来设置滚动条的滚动范围的，其原型如下。

```
SetScrollRange(int nMinPos, int nMaxPos, BOOL bRedraw = TRUE);
```

其中，nMinPos 和 nMaxPos 表示滚动位置的最小值和最大值。bRedraw 为重画标志，当为 TRUE 时，滚动条被重画。

在 CScrollBar 类中，设置滚动块位置操作是由 SetScrollPos()函数来完成的，其原型如下。

```
int SetScrollPos(int nPos, BOOL bRedraw = TRUE);
```

其中，nPos 表示滚动块的新位置，它必须是在滚动范围之内。

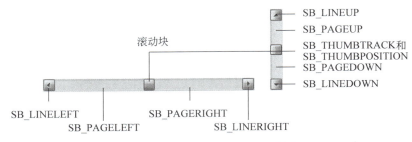

图 3.30 滚动条通知代码与位置的关系

与 SetScrollRange()和 SetScrollPos()相对应的两个函数是分别用来获取滚动条的当前范围以及当前滚动位置。

```
void GetScrollRange(LPINT lpMinPos, LPINT lpMaxPos);
int GetScrollPos();
```

其中，LPINT 是整型指针类型，lpMinPos 和 lpMaxPos 分别用来返回滚动块最小和最大滚动位置。

2. WM_HSCROLL 或 WM_VSCROLL 消息

当对滚动条进行操作时，滚动条就会向父窗口发送 WM_HSCROLL 或 WM_VSCROLL 消息（分别对应于水平滚动条和垂直滚动条）。这些消息是通过对话框（滚动条的父窗口）"属性"窗口的"消息"页面进行映射的，并产生相应的消息映射函数 OnHScroll() 和 OnVScroll()，其原型如下。

```
afx_msg void OnHScroll(UINT nSBCode, UINT nPos, CScrollBar* pScrollBar);
afx_msg void OnVScroll(UINT nSBCode, UINT nPos, CScrollBar* pScrollBar);
```

其中，nPos 表示滚动块的当前位置，pScrollBar 表示滚动条控件的指针，nSBCode 表示滚动条的通知消息。图 3.30 表示当鼠标单击滚动条的不同部位时，所产生的不同通知消息。表 3.15 列出了各通知消息的含义。

表 3.15 滚动条通知消息

通 知 消 息	说　　明
SB_LEFT、SB_RIGHT	滚动到最左端或最右端时发送此消息
SB_TOP、SB_BOTTOM	滚动到最上端或最下端时发送此消息
SB_LINELEFT、SB_LINERIGHT	向左或右滚动一行（或一个单位）时发送此消息
SB_LINEUP、SB_LINEDOWN	向上或下滚动一行（或一个单位）时发送此消息
SB_PAGELEFT、SB_PAGERIGHT	向左或右滚动一页时发送此消息
SB_PAGEUP、SB_PAGEDOWN	向上或下滚动一页时发送此消息
SB_THUMBPOSITION	滚动到某绝对位置时发送此消息
SB_THUMBTRACK	拖动滚动块时发送此消息
SB_ENDSCROLL	滚动结束时发送此消息

3.6.3 滑动条

滑动条控件(Slider Control)是由滑动块和可选的刻度线组成的。当用鼠标或方向键移动滑动块时,该控件发送通知消息来表明这些改变。

滑动条按照应用程序中指定的增量来移动。例如,如果指定此滑动条的范围为 5,则滑动块只能有 6 个位置:在滑动条控件最左边的 1 个位置和另外 5 个在此范围内每隔一个增量的位置。通常,这些位置都是由相应的刻度线来标识的,如图 3.31 所示。

1. 滑动条的属性和消息

滑动条控件的外观和操作方式均可在滑动条控件的"属性"窗口中进行设置,如图 3.32 所示。表 3.16 列出其常见属性的含义。

图 3.31　带刻度线的滑动条　　　　图 3.32　滑动条属性窗口

表 3.16　滑动条控件常见属性

项　　目	说　　明
Orientation(方向)	控件放置方向:Vertical(垂直)、水平(Horizontal,默认)
Point(刻度点)	刻度线在滑动条控件中放置的位置:Both(两边都有)、Top/Left(顶部/左侧,水平滑动条的上边或垂直滑动条的左边,同时滑动块的尖头指向有刻度线的那一边)、Bottom/Right(底部/右侧,水平滑动条的下边或垂直滑动条的右边,同时滑动块的尖头指向有刻度线的那一边)

续表

项 目	说 明
TickMarks(刻度线标记)	为 True 时,在滑动条控件上显示刻度线
AutoTicks(自动刻度线)	为 True 时,滑动条控件上的每个增量位置处都有刻度线,并且增量大小自动根据其范围来确定
Border(边框)	为 True 时,控件周围有边框
EnableSelection Rangle(启用选择范围)	为 True 时,控件中供用户选择的数值范围高亮显示

滑动条的通知消息代码常见的有:TB_BOTTOM、TB_ENDTRACK、TB_LINEUP、TB_LINEDOWN、TB_PAGEDOWN、TB_PAGEUP、TB_THUMBPOSITION、TB_TOP 和 TB_THUMBTRACK 等。这些消息代码都来自于 WM_HSCROLL 或 WM_VSCROLL 消息,其具体含义同滚动条。

2. 滑动条的基本操作

MFC 的 CSliderCtrl 类提供了滑动条控件的各种操作函数,这其中包括范围、位置设置和获取等。成员函数 SetPos()和 SetRange()分别用来设置滑动条的位置和范围,其函数原型如下。

```
void SetPos(int nPos);
void SetRange(int nMin, int nMax, BOOL bRedraw = FALSE);
```

其中,参数 nPos 表示新的滑动条位置。bMin 和 nMax 表示滑动条的最小和最大位置,bRedraw 表示重画标志,为 TRUE 时,滑动条被重画。与这两个函数相对应的成员函数 GetPos()和 GetRange()是分别用来获取滑动条的位置和范围的。

成员函数 SetTic()用来设置滑动条控件中的一个刻度线的位置。函数成功调用后返回非零值;否则返回 0,其函数原型如下。

```
BOOL SetTic(int nTic);
```

其中,参数 nTic 表示刻度线的位置。

成员函数 SetTicFreq()用来设置显示在滑动条中的刻度线的疏密程度,其函数原型如下。

```
void SetTicFreq(int nFreq);
```

其中,参数 nFreq 表示刻度线的疏密程度。例如,如果参数被设置为 2,则在滑动条的范围中每两个增量显示一个刻度线。要使这个函数有效,必须在其"属性"窗口中将 Auto Ticks 设置为 True。

成员函数 ClearTics()用来从滑动条控件中删除当前的刻度线,其函数原型如下。

```
void ClearTics(BOOL bRedraw = FALSE);
```

其中,参数 bRedraw 表示重画标志。若该参数为 TRUE,则在选择被清除后重画滑动条。

成员函数 SetSelection()用来设置一个滑动条控件中当前选择的开始和结束位置,其函数原型如下。

```
void SetSelection(int nMin, int nMax);
```

其中,参数 nMin、nMax 表示滑动条的开始和结束位置。

3.6.4 调整对话框背景颜色示例

设置对话框背景颜色有许多方法,这里采用最简单的也是最直接的方法,即通过映射 WM_CTLCOLOR(当子窗口将要绘制时发送的消息,以便能使用指定的颜色绘制控件)来达到改变背景颜色的目的。本例通过滚动条和两个滑动条来调整 Visual C++ 所使用的 RGB 颜色的三个分量:R(红色分量)、G(绿色分量)和 B(蓝色分量),如图 3.33 所示。

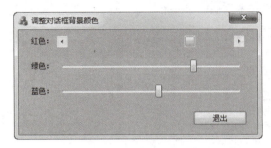

图 3.33 调整对话框背景颜色

(1) 创建一个默认的基于对话框的应用程序 Ex_BkColor,将 stdafx.h 文件最后面内容中的 #ifdef _UNICODE 行和最后一个 #endif 行删除(注释掉)。

(2) 将文档窗口切换到对话框资源页面,单击对话框编辑器工具栏中的"网格切换"按钮,显示对话框资源网格。调整对话框的大小(大小调为 222×101px),将 Caption(标题)设为"调整对话框背景颜色"。删除原来的 取消 按钮和"TODO:在此放置对话框控件。"静态文本控件,将 确定 按钮标题改为"退出"。参看图 3.33 的控件布局,向对话框中添加如表 3.17 所示的一些控件(选中两个滑动条,按两次向上方向键微调)。

表 3.17 对话框添加的控件

添加的控件	ID	标 题	其他属性
水平滚动条(红色)	IDC_SCROLLBAR_RED	—	默认
滑动条(绿色)	IDC_SLIDER_GREEN	—	默认
滑动条(蓝色)	IDC_SLIDER_BLUE	—	默认

(3) 选择"项目"→"类向导"菜单命令或按快捷键 Ctrl+Shift+X,弹出"MFC 类向导"对话框。查看"类名"组合框中是否已选择了 CEx_BkColorDlg,切换到"成员变量"页面。在"控件变量"列表中,选中所需的控件 ID,双击鼠标或单击 添加变量(A)... 按钮。依次为表 3.18 控件增加成员变量。单击 确定 按钮,退出"MFC 类向导"对话框。

表 3.18 控件变量

控件 ID	变量类别	变量类型	变量名	范围和大小
IDC_SCROLLBAR_RED	Control	CScrollBar	m_scrollRed	—
IDC_SLIDER_GREEN	Control	CSliderCtrl	m_sliderGreen	—
IDC_SLIDER_GREEN	Value	int	m_nGreen	0～255
IDC_SLIDER_BLUE	Control	CSliderCtrl	m_sliderBlue	—
IDC_SLIDER_BLUE	Value	int	m_nBlue	0～255

（4）为 CEx_BkColorDlg 类添加两个成员变量，一个是 int 型 m_nRedValue，用来设置颜色 RGB 中的红色分量，另一个是画刷 CBrush 类对象 m_Brush，用来设置对话框背景所需要的画刷。同时，在函数 OnInitDialog()中添加下列初始化代码。

```cpp
BOOL CEx_BkColorDlg::OnInitDialog()
{
    CDialogEx::OnInitDialog();
    //...
    m_scrollRed.SetScrollRange(0, 255);
    m_sliderBlue.SetRange(0, 255);
    m_sliderGreen.SetRange(0, 255);
    m_nBlue = m_nGreen = m_nRedValue = 192;
    UpdateData(FALSE);
    m_scrollRed.SetScrollPos(m_nRedValue);
    return TRUE;        //除非将焦点设置到控件,否则返回 TRUE
}
```

（5）打开 CEx_BkColorDlg 类"属性"窗口，在"消息"页面中为其添加 WM_HSCROLL 消息的默认映射函数，并添加下列代码。

```cpp
void CEx_BkColorDlg::OnHScroll(UINT nSBCode, UINT nPos,
                    CScrollBar * pScrollBar)
{
    int nID = pScrollBar->GetDlgCtrlID();     //获取对话框中控件 ID 值
    if(nID == IDC_SCROLLBAR_RED)    {         //若是滚动条产生的水平滚动消息
        switch(nSBCode){
            case SB_LINELEFT:      m_nRedValue--;        break;
            case SB_LINERIGHT:     m_nRedValue++;        break;
            case SB_PAGELEFT:      m_nRedValue -= 10;    break;
            case SB_PAGERIGHT:     m_nRedValue += 10;    break;
            case SB_THUMBTRACK:    m_nRedValue = nPos;   break;
        }
        if(m_nRedValue<0)      m_nRedValue = 0;
        if(m_nRedValue>255)    m_nRedValue = 255;
```

```
        m_scrollRed.SetScrollPos(m_nRedValue);
    }
    Invalidate();                           //使对话框无效,强迫系统重绘对话框
    CDialogEx::OnHScroll(nSBCode, nPos, pScrollBar);
}
```

（6）打开 CEx_BkColorDlg 类"属性"窗口,在"消息"页面中为其添加 WM_CTLCOLOR 消息的默认映射函数,并添加下列代码。

```
HBRUSH CEx_BkColorDlg::OnCtlColor(CDC* pDC, CWnd* pWnd, UINT nCtlColor)
{
    HBRUSH hbr = CDialogEx::OnCtlColor(pDC, pWnd, nCtlColor);
    UpdateData(TRUE);
    COLORREF color = RGB(m_nRedValue, m_nGreen, m_nBlue);
    m_Brush.Detach();                       //使画刷和对象分离
    m_Brush.CreateSolidBrush(color);        //创建颜色画刷
    pDC->SetBkColor(color);                 //设置背景颜色
    hbr = (HBRUSH)m_Brush;                  //返回自己的画刷句柄
    return hbr;
}
```

其中,COLORREF 是用来表示 RGB 颜色的一个 32 位的数据类型,它是 Visual C++ 中一种专门用来定义颜色的数据类型。代码中的 RGB 是一个颜色宏,用来得到由颜色红(Red)、绿(Green)、蓝(Blue)各分量值(0～255)所构成的颜色。

（7）编译运行并测试。

说明：

① 由于滚动条和滑动条等多个控件都能产生 WM_HSCROLL 或 WM_VSCROLL 消息,因此当它们是处在同一方向(水平或垂直)时,就需要添加相应代码判断消息是谁产生的。

② 由于滚动条中间的滚动块在默认时是不会停止在用户操作的位置处的,因此需要调用 SetScrollPos()函数来进行相应位置的设定。

3.7 日期时间拾取器

日期时间拾取器(Date Time Picker ,DTP)是一个组合控件,它由编辑框和一个下拉按钮组成,单击控件右边的下拉按钮,即可弹出日(月)历控件(Month Calendar Control)可供用户选择日期,如图 3.34 所示。

1. 日期时间控件的属性和操作

DTP 控件有一些属性用来定义日期外观及操作方式。例如,Format(格式)属性值可以有：短日期(默认,Short Date)、带有世纪信息的短日期(目前与 Short Date 相同)、长日期(Long Date)和时间(Time)。若将 Use Spin Control(使用旋转控件)设为 True,则在控件

的右边出现一个旋转按钮用来调整日期。

在 MFC 中，CDateTimeCtrl 类还封装了 DTP 控件的操作，一般来说，用户最关心的是如何设置和获取日期时间控件的日期或时间。CDateTimeCtrl 类的成员函数 SetTime() 和 GetTime() 可以满足这样的要求，它们最常用的函数原型如下。

```
BOOL SetTime(const CTime* pTimeNew);
BOOL SetTime(const COleDateTime& timeNew);
DWORD GetTime(CTime& timeDest) const;
BOOL GetTime(COleDateTime& timeDest) const;
```

其中，COleDateTime 和 CTime 都是 Visual C++ 用于时间操作的类。COleDateTime 类封装了在 OLE 自动化中使用的 DATE 数据类型，它是 OLE 自动化的 VARIANT 数据类型转换成 MFC 日期时间的一种最有效的类型，使用时要再加上头文件 afxdisp.h 包含。而 CTime 类是对 ANSI time_t 数据类型的一种封装。这两个类都可用同名的静态函数 GetCurrentTime() 来获取当前的时间和日期。

2. 学生基本信息对话框示例

在学生信息管理系统中，往往需要设计一个学生基本信息对话框来添加和修改学生基本信息，如图 3.35 所示。下面就来看看这个对话框的设计与使用。

图 3.34　日期时间控件

图 3.35　"学生基本信息"对话框

(1) 添加并设计对话框。

① 创建一个标准的视觉样式单文档应用程序 Ex_Ctrl4SDT，将 stdafx.h 文件最后面内容中的 #ifdef _UNICODE 行和最后一个 #endif 行删除（注释掉）。

② 添加一个新的对话框资源，在"属性"窗口中将 ID 改为 IDD_STUINFO，Caption（标题）设为"学生基本信息"。双击对话框模板空白处，弹出"MFC 添加类向导"对话框，在这里为该对话框资源创建一个从 CDialog 类派生的子类 CStuInfoDlg。

③ 将文档窗口切换到对话框资源页面，单击对话框编辑器工具栏中的"网格切换"按钮，显示对话框资源网格。调整对话框的大小（大小调为 190×159px），参看图 3.35 的控件布局，向对话框添加如表 3.19 所示的一些控件。

表 3.19 学生基本信息对话框添加的控件

添加的控件	ID	标题	其他属性
编辑框(姓名)	IDC_EDIT_NAME	—	默认
编辑框(学号)	IDC_EDIT_NO	—	默认
单选按钮(男)	IDC_RADIO_MALE	男	默认
单选按钮(女)	IDC_RADIO_FEMALE	女	默认
日期时间拾取器(出生年月)	IDC_DATETIMEPICKER1	—	默认
组合框(专业)	IDC_COMBO_SPECIAL	—	默认

(2) 完善 CStuInfoDlg 类代码。

① 选择"项目"→"类向导"菜单命令或按快捷键 Ctrl+Shift+X，弹出"MFC 类向导"对话框。查看"类名"组合框中是否已选择了 CStuInfoDlg，切换到"成员变量"页面。在"控件变量"列表中，选中所需的控件 ID，双击鼠标或单击 添加变量(A)... 按钮。依次为表 3.20 控件增加成员变量。单击 确定 按钮，退出"MFC 类向导"对话框。

表 3.20 控件变量

控件 ID	变量类别	变量类型	变 量 名	范围和大小
IDC_EDIT_NAME	Value	CString	m_strName	20
IDC_EDIT_NO	Value	CString	m_strNo	20
IDC_DATETIMEPICKER1	Value	CTime	m_tBirth	—
IDC_COMBO_SPECIAL	Control	CComboBox	m_comboSpecial	—
IDC_COMBO_SPECIAL	Value	CString	m_strSpecial	60

② 为 CStuInfoDlg 类添加一个 bool 型成员变量 m_bMale(会自动在 CStuInfoDlg 构造添加其初始值)。

③ 打开 CStuInfoDlg 类"属性"窗口，在"重写"页面中为其添加 WM_INITDIALOG 消息的虚函数重写 OnInitDialog()，并添加下列代码。

```
BOOL CStuInfoDlg::OnInitDialog()
{
    CDialog::OnInitDialog();
    m_strName     = "李明";
    m_strNo       = "20210501";
    //设置单选按钮初始选中状态
    m_bMale       = true;
    CheckRadioButton(IDC_RADIO_MALE, IDC_RADIO_FEMALE, IDC_RADIO_MALE);
    //这里对专业组合框进行初始化
    m_comboSpecial.AddString("机械工程及其自动化");
    m_comboSpecial.AddString("电气工程及其自动化");
```

```
    m_comboSpecial.AddString("计算机科学");
    m_strSpecial    = "计算机科学";
    m_tBirth        = CTime(2003, 1, 1, 0, 0, 0);
    //对出生年月初始化
    UpdateData(FALSE);
    return TRUE; //return TRUE unless you set the focus to a control
}
```

④ 将文档窗口切换到对话框资源页面,右击"添加"按钮控件,从弹出的快捷菜单中选择"添加事件处理程序"命令,弹出"事件处理程序向导"对话框,保留默认选项,单击 添加编辑(A) 按钮,退出向导对话框。这样,就为 CStuInfoDlg 类添加 IDC_RADIO_MALE 单选按钮的 BN_CLICKED 消息的默认映射函数,添加下列代码。

```
void CStuInfoDlg::OnBnClickedRadioMale()
{
    m_bMale = TRUE;
}
```

⑤ 类似地,为单选按钮 IDC_RADIO_FEMALE 添加 BN_CLICKED 的默认消息映射函数,并添加下列代码。

```
void CStuInfoDlg::OnBnClickedRadioFemale()
{
    m_bMale = FALSE;
}
```

⑥ 同样的方法为按钮 IDOK 添加 BN_CLICKED 的默认消息映射函数,并增加下列代码。

```
void CStuInfoDlg::OnBnClickedOk()
{
    UpdateData();
    m_strName.TrimLeft();
    m_strNo.TrimLeft();
    if(m_strName.IsEmpty())
        MessageBox("必须要有姓名!");
    else if(m_strNo.IsEmpty())
        MessageBox("必须要有学号!");
    else
        CDialog::OnOK();
}
```

(3) 调用对话框。

① 打开 Ex_Ctrl4SDT 单文档应用程序的菜单资源,添加顶层菜单项"测试(&T)"并移

至菜单项"视图(&V)"和"帮助(&H)"之间,在其下添加一个菜单项"学生基本信息(&U)",指定 ID 属性为 ID_TEST_STUINFO。

② 右击菜单项"学生基本信息(&U)",从弹出的快捷菜单中选择"添加事件处理程序"命令,弹出"事件处理程序向导"对话框,在"类列表"中选定 CMainFrame 类,保留其他默认选项,单击 添加编辑(A) 按钮,退出向导对话框。这样,就为 CMainFrame 类添加了菜单项 ID_TEST_STUINFO 的 COMMAND 消息默认映射函数 OnTestStuinfo(),添加下列代码。

```
void CMainFrame::OnTestStuinfo()
{
    CStuInfoDlg dlg;
    if(IDOK == dlg.DoModal())    {
        CString strRes, strSex("女");
        if(dlg.m_bMale) strSex = "男";
        strRes.Format("姓名: %s, 学号: %s, 性别: %s, 出生年月: %s, 专业: %s",
            dlg.m_strName, dlg.m_strNo, strSex,
            dlg.m_tBirth.Format("%Y-%m-%d"), dlg.m_strSpecial);
        AfxMessageBox(strRes);
    }
}
```

其中,m_tBirth.Format 中的 Format 是 CTime 类的成员函数,用来将时间按指定格式转换成字符串。%Y 表示四位数"年",%m 表示两位数月份,%d 表示两位数日期。

③ 在文件 MainFrm.cpp 的前面添加 CStuInfoDlg 类的头文件包含:

```
#include "MainFrm.h"
#include "StuInfoDlg.h"
```

④ 编译运行并测试。

3.8 列表控件和树控件

当每项内容包含多组信息时,就需要用列表控件来呈现。若项目之间还存在层次关系,则用树控件来表现最为合适。无论是列表控件还是树控件,它们还可与"图像列表"相关联,为各项目指定不同的图标或位图。

3.8.1 图像列表控件

图像列表控件常常用来有效地管理多个位图和图标,它是一系列相同大小的图像的集合,每一个图像均提供一个以 0 为基数的索引号。在 MFC 中,图像列表控件是使用 CImageList 类来创建、显示或管理图像的。

1. 图像列表的创建

图像列表的创建不像其他控件,它不能通过对话框编辑器来创建。因此,创建一个图像列表首先要声明一个 CImageList 对象,然后调用 Create() 函数。由于 Create() 函数的重载很多,故这里给出最常用的一个原型。

> **BOOL Create(int** *cx*, **int** *cy*, **UINT** *nFlags*, **int** *nInitial*, **int** *nGrow*);

其中,cx 和 cy 用来指定图像的像素大小;nFlags 表示要创建的图像类型,一般取其 ILC_COLOR 和 ILC_MASK(指定透明屏蔽图像)的组合,默认的 ILC_COLOR 为 ILC_COLOR4(16 色),当然也可以是 ILC_COLOR8(256 色)、ILC_COLOR16(16 位色)等;nInitial 用来指定图像列表中最初的图像数目;nGrow 表示当图像列表的大小发生改变时图像可以增加的数目。

2. 图像列表的基本操作

常见的图像列表的基本操作有:增加、删除和绘制等,其相关成员函数如下。

> **int Add(CBitmap** * *pbmImage*, **CBitmap** * *pbmMask*);
> **int Add(CBitmap** * *pbmImage*, **COLORREF** *crMask*);
> **int Add(HICON** *hIcon*);

此函数用来向一个图像列表添加一个图标或多个位图。成功时返回第一个新图像的索引号,否则返回-1。参数 pbmImage 表示包含图像的位图指针,pbmMask 表示包含透明屏蔽的位图指针,crMask 表示透明屏蔽色,hIcon 表示图标句柄。

> **BOOL Remove(int** *nImage*);

该函数用来从图像列表中删除一个由 nImage 指定的图像,成功时返回非 0,否则返回 0。

> **BOOL Draw(CDC** * *pdc*, **int** *nImage*, **POINT** *pt*, **UINT** *nStyle*);

该函数用来在由 pt 指定的位置处绘制一个图像。参数 pdc 表示绘制的设备环境指针,nImage 表示要绘制的图像的索引号。nStyle 用来指定绘制图像时采用的方式,它常有 ILD_MASK(绘制屏蔽图像)及 ILD_NORMAL(使用背景色绘制图像)等。

> **HICON ExtractIcon(int** *nImage*);

该函数用来将 nImage 指定的图像扩展为图标。

> **COLORREF SetBkColor(COLORREF** *cr*);

该函数用来设置图像列表的背景色,它可以是 CLR_NONE(此时由屏蔽图像或屏蔽色决定其图像透明)。成功时返回先前的背景色,否则为 CLR_NONE。

3.8.2 列表控件

列表控件是一种极为有用的控件之一,它可以用"大图标""小图标""列表视图"或"报表视图"四种不同的方式来显示一组信息,如图 3.36 所示。

所谓大图标方式,是指列表中的所有项的上方均以大图标(32×32px)形式出现,用户

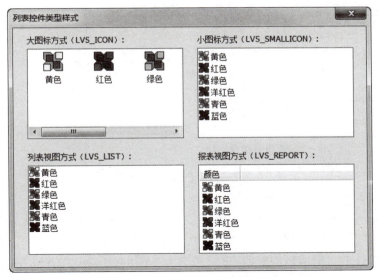

图 3.36　列表控件类型样式

可将其拖动到列表视图窗口的任意位置。小图标方式是指列表中的所有项的左方均以小图标(16×16px)形式出现,用户可将其拖动到列表视图窗口的任意位置。列表视图方式与图标方式不同,列表项被安排在某一列中,用户不能拖动它们。报表视图方式是指列表项出现在各自的行上,而相关的信息出现在右边,最左边的列可以是标签或图标,接下来的列则是程序指定的列表项内容。报表视图方式中最引人注目的是它可以有标题头。

1. 列表控件的样式及其修改

列表控件的样式有两类,一类是一般样式,如表 3.21 所示;另一类是 Visual C++ 在原有的基础上添加的扩展样式,如 LVS_EX_FULLROWSELECT,表示整行选择,但它仅用于"报表视图"显示方式中。类似的常用的还有:

```
LVS_EX_BORDERSELECT    //用边框选择方式代替高亮显示列表项
LVS_EX_GRIDLINES       //列表项各行显示线条(仅用于"报表视图")
```

表 3.21　列表控件常用一般样式

样　　式	含　　义
LVS_ALIGNLEFT	在"大图标"或"小图标"显示方式中,所有列表项左对齐
LVS_ALIGNTOP	在"大图标"或"小图标"显示方式中,所有列表项被安排在控件的顶部
LVS_AUTOARRANGE	在"大图标"或"小图标"显示方式中,图标自动排列
LVS_ICON	"大图标"显示方式
LVS_SMALLICON	"小图标"显示方式
LVS_LIST	"列表"视图显示方式
LVS_REPORT	"报表"视图显示方式

续表

样　式	含　义
LVS_SHOWSELALWAYS	一直显示被选择的部分
LVS_SINGLESEL	只允许单项选择，默认时是多项选择
LVS_NOCOLUMNHEADER	在"报表视图"显示方式中，不显示其标题头
LVS_NOLABELWRAP	在"大图标"显示方式中，项目文本占满一行
LVS_NOSCROLL	禁用滚动条
LVS_NOSORTHEADER	当用户单击标题头时，不产生任何操作
LVS_SORTASCENDING	按升序排列
LVS_SORTDESCENDING	按降序排列

对于列表控件的一般风格的修改，可先调用 GetWindowLong() 来获取当前风格，然后调用 SetWindowLong() 重新设置新的风格。对于列表控件的扩展风格，可直接调用成员函数 CListCtrl::SetExtendedStyle() 加以设置。

当然，上述大部分样式也可通过列表控件"属性"窗口中的属性直接设定。例如，View 属性用来指定列表控件类型样式，它可以有 Icon(大图标)、Small Icon(小图标)、List(列表) 和 Report(报表)。

2. 列表项的基本操作

列表控件类 CListCtrl 提供了许多用于列表项操作的成员函数，如列表项与列的添加和删除等，下面分别介绍。

(1) 函数 SetImageList() 用来为列表控件设置一个关联的图像列表，其原型如下。

```
CImageList* SetImageList(CImageList* pImageList, int nImageList);
```

其中，nImageList 用来指定图像列表的类型，它可以是 LVSIL_NORMAL(大图标)、LVSIL_SMALL(小图标)和 LVSIL_STATE(表示状态的图像列表)。

(2) 函数 InsertItem() 用来向列表控件中插入一个列表项。该函数成功时返回新列表项的索引号，否则返回-1，函数原型如下。

```
int InsertItem(const LVITEM* pItem);
int InsertItem(int nItem, LPCTSTR lpszItem);
int InsertItem(int nItem, LPCTSTR lpszItem, int nImage);
```

其中，nItem 用来指定要插入的列表项的索引号，lpszItem 表示列表项的文本标签，nImage 表示列表项图标在图像列表中的索引号；而 pItem 用来指定一个指向 LVITEM 结构的指针，其结构描述如下。

```
typedef struct _LVITEM
{
```

```
    UINT    mask;              //指明哪些参数有效
    int     iItem;             //列表项索引
    int     iSubItem;          //子项索引
    UINT    state;             //列表项状态
    UINT    stateMask;         //指明state哪些位是有效的,-1表示全部有效
    LPTSTR  pszText;           //列表项文本标签
    int     cchTextMax;        //文本大小
    int     iImage;            //在图像列表中列表项图标的索引号
    LPARAM  lParam;            //32位值
    int     iIndent;           //项目缩进数量,1个数量等于1个图标的像素宽度
} LVITEM, FAR * LPLVITEM;
```

其中,mask 最常用的值可以是:

```
LVIF_TEXT                  //pszText 有效或必须赋值
LVIF_IMAGE                 //iImage 有效或必须赋值
LVIF_INDENT                //iIndent 有效或必须赋值
```

(3) 函数 DeleteItem()和 DeleteAllItems()分别用来删除指定的列表项和全部列表项,函数原型如下。

```
BOOL DeleteItem(int nItem);
BOOL DeleteAllItems();
```

(4) 函数 FindItem()用来查寻列表项,函数成功查找时返回列表项的索引号,否则返回-1,其原型如下。

```
int FindItem(LVFINDINFO* pFindInfo, int nStart = -1) const;
```

其中,nStart 表示开始查找的索引号,-1 表示从头开始。pFindInfo 表示要查找的信息,其结构描述如下。

```
typedef struct tagLVFINDINFO
{
    UINT     flags;            //查找方式
    LPCTSTR  psz;              //匹配的文本
    LPARAM   lParam;           //匹配的值
    POINT    pt;               //查找开始的位置坐标
    UINT     vkDirection;      //查找方向,用虚拟方向键值表示
} LVFINDINFO, FAR * LPFINDINFO;
```

其中,flags 可以是下列值之一或组合。

```
LVFI_PARAM              //查找内容由 lParam 指定
LVFI_PARTIAL            //查找内容由 psz 指定,不精确查找
LVFI_STRING             //查找内容由 psz 指定,精确查找
LVFI_WRAP               //若没有匹配,再从头开始
LVFI_NEARESTXY          //靠近 pt 位置查找,查找方向由 vkDirection 确定
```

(5) 函数 Arrange()用来按指定方式重新排列列表项,其原型如下。

```
BOOL Arrange(UINT nCode);
```

其中,nCode 用来指定排列方式,它可以是下列值之一。

```
LVA_ALIGNLEFT           //左对齐
LVA_ALIGNTOP            //上对齐
LVA_DEFAULT             //默认方式
LVA_SNAPTOGRID          //使所有的图标安排在最接近的网格位置处
```

(6) 函数 InsertColumn()用来向列表控件插入新的一列,函数成功调用后返回新的列的索引,否则返回-1,其原型如下。

```
int InsertColumn(int nCol, const LVCOLUMN* pColumn);
int InsertColumn(int nCol, LPCTSTR lpszColumnHeading,
                 int nFormat = LVCFMT_LEFT,
                 int nWidth = -1, int nSubItem = -1);
```

其中,nCol 用来指定新列的索引,lpszColumnHeading 用来指定列的标题文本,nFormat 用来指定列排列的方式,它可以是 LVCFMT_LEFT(左对齐)、LVCFMT_RIGHT(右对齐)和 LVCFMT_CENTER(居中对齐);nWidth 用来指定列的像素宽度,-1 时表示宽度没有设置;nSubItem 表示与列相关的子项索引,-1 时表示没有子项。pColumn 表示包含新列信息的 LVCOLUMN 结构地址,其结构描述如下。

```
typedef struct _LVCOLUMN {
    UINT    mask;           //指明哪些参数有效
    int     fmt;            //列的标题或子项文本格式
    int     cx;             //列的像素宽度
    LPTSTR  pszText;        //列的标题文本
    int     cchTextMax;     //列的标题文本大小
    int     iSubItem;       //和列相关的子项索引
    int     iImage;         //图像列表中的图像索引
    int     iOrder;         //列的序号,最左边的列为 0
} LVCOLUMN, FAR * LPLVCOLUMN;
```

其中,mask 可以是 0 或下列值之一或组合。

```
LVCF_FMT              //fmt 参数有效
LVCF_IMAGE            //iImage 参数有效
LVCF_ORDER            //iOrder 参数有效
LVCF_SUBITEM          //iSubItem 参数有效
LVCF_TEXT             //pszText 参数有效
LVCF_WIDTH            //cx 参数有效
```

fmt 可以是下列值之一。

```
LVCFMT_BITMAP_ON_RIGHT    //位图出现在文本的右边,对于从图像列表中选取的图像无效
LVCFMT_CENTER             //文本居中
LVCFMT_COL_HAS_IMAGES     //列表头的图像是在图像列表中
LVCFMT_IMAGE              //从图像列表中显示一个图像
LVCFMT_LEFT               //文本左对齐
LVCFMT_RIGHT              //文本右对齐
```

(7) 函数 DeleteColumn()用来从列表控件中删除一个指定的列,其原型如下。

```
BOOL DeleteColumn(intBOOL DeleteColumn(int nCol); nCol);
```

除了上述操作外,还有一些函数是用来设置或获取列表控件的相关属性的。例如,SetColumnWidth()用来设置指定列的像素宽度,GetItemCount()用来返回列表控件中的列表项个数等,它们的原型如下。

```
BOOL SetColumnWidth(int nCol, int cx);
int GetItemCount();
```

其中,nCol 用来指定要设置的列的索引号,cx 用来指定列的像素宽度,它可以是 LVSCW_AUTOSIZE,表示自动调整宽度。

3. 列表控件的消息

在列表视图中,可在其"属性"窗口的"消息"页面中或用"MFC 类向导"可映射的控件消息有公共控件消息(NM_开头)、标题头控件消息(HDN_开头)以及列表控件消息(LVN_开头)。常用的列表控件消息有:

```
LVN_BEGINDRAG             //用户按住左键拖动列表列表项
LVN_BEGINLABELEDIT        //用户对某列表项标签进行编辑
LVN_COLUMNCLICK           //某列被单击
LVN_ENDLABELEDIT          //用户对某列表项标签结束编辑
LVN_ITEMACTIVATE          //用户激活某列表项
LVN_ITEMCHANGED           //当前列表项已被改变
LVN_ITEMCHANGING          //当前列表项即将改变
LVN_KEYDOWN               //某键被按下
```

需要说明的是,在上述消息处理函数参数中往往会出现 NM_LISTVIEW 结构,其定义如下。

```
typedef struct tagNMLISTVIEW
{
    NMHDR      hdr;            //包含通知消息的结构
    int        iItem;          //列表项索引,没有为-1
    int        iSubItem;       //子项索引,没有为 0
    UINT       uNewState;      //新的项目状态
    UINT       uOldState;      //原来的项目状态
    UINT       uChanged;       //项目属性更改标志
    POINT      ptAction;       //事件发生的地点
    LPARAM     lParam;         //用户定义的 32 位值
} NMLISTVIEW, FAR * LPNMLISTVIEW;
```

但对于 LVN_ITEMACTIVATE 来说,上述结构变成了 NMITEMACTIVATE,它在结构 NM_LISTVIEW 基础上增加了一个成员 UINT uKeyFlags,用来表示 Alt、Ctrl 和 Shift 键的按下状态,它的值可以是 0 或 LVKF_ALT、LVKF_CONTROL 和 LVKF_SHIFT 之一或组合。

4. 学生基本信息管理示例

本例是在 Ex_Ctrl4SDT 基础上添加并创建一个对话框 CListDlg,对话框中添加一个列表控件,用来显示学生基本信息,如图 3.37 所示。单击 添加 按钮,将弹出前面示例中创建的"学生基本信息"对话框,添加的信息出现在列表控件中,在添加之前须进行重复性判断,单击最上面的一组单选按钮,可将列表控件按不同方式显示列表信息。

图 3.37　列表控件示例运行结果

(1) 添加并设计对话框。

① 打开单文档应用程序项目 Ex_Ctrl4SDT。

② 添加一个新的对话框资源,在"属性"窗口中将 ID 改为 IDD_LIST,Caption(标题)设为"学生基本信息管理",Font(Size)属性设为"微软雅黑,常规,9(小五)"。双击对话框模板空白处,弹出"MFC 添加类向导"对话框,为该对话框资源创建一个从 CDialog 类派生的子类 CListDlg。

③ 将文档窗口切换到对话框资源页面,单击对话框编辑器工具栏中的"网格切换"按钮,显示对话框资源网格。调整对话框的大小(大小调为 371×128px),删除原来的

[取消]按钮,将[确定]按钮标题改为"退出"。参看图 3.37 的控件布局,向对话框添加如表 3.22 所示的一些控件。

表 3.22 学生基本信息管理对话框添加的控件

添加的控件	ID	标　　题	其 他 属 性
单选按钮(大图标)	IDC_RADIO_ICON	大图标	默认
单选按钮(小图标)	IDC_RADIO_SMALL	小图标	默认
单选按钮(列表)	IDC_RADIO_LIST	列表	默认
单选按钮(报表)	IDC_RADIO_REPORT	报表	默认
列表控件	IDC_LIST1	—	默认
按钮(添加)	IDC_BUTTON_ADD	添加	默认

(2) 完善 CListDlg 类代码。

① 在文档窗口的对话框资源页面中,右击列表控件 IDC_LIST1,从弹出的快捷菜单中选择"添加变量"命令,弹出"添加成员变量向导"对话框,在"变量名"框中输入"m_ListCtrl",保留其他默认选项,单击[完成]按钮。

② 将项目工作区窗口切换到"类视图"页面,右击 CListDlg 类名,从弹出的快捷菜单中选择"添加"→"添加函数"命令,弹出"添加成员函数向导"对话框,将"返回类型"选为 bool,在"函数名"框中输入"SetCtrlStyle";输入"参数类型"为 HWND,指定"参数名"为 hWnd,单击[添加(A)]按钮;再次输入"参数类型"为 DWORD,指定"参数名"为 dwNewStyle,如图 3.38 所示,单击[添加(A)]按钮,单击[完成]按钮。

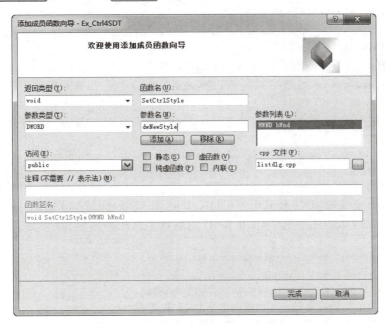

图 3.38 添加带多个参数的成员函数

③ CListDlg::SetCtrlStyle()用来设置列表控件的不同显示方式,其代码如下。

```
void CListDlg::SetCtrlStyle(HWND hWnd, DWORD dwNewStyle)
{
    DWORD     dwOldStyle;
    dwOldStyle = GetWindowLong(hWnd, GWL_STYLE);            //获取当前风格
    if((dwOldStyle&LVS_TYPEMASK) != dwNewStyle) {
        dwOldStyle &= ~LVS_TYPEMASK;
        dwNewStyle |= dwOldStyle;
        SetWindowLong(hWnd, GWL_STYLE, dwNewStyle);         //设置新风格
    }
}
```

代码中,HWND 是窗口句柄类型,LVS_TYPEMASK 用来表示指定风格是列表视图类型风格,即只有 LVS_ICON、LVS_LIST、LVS_REPORT 或 LVS_SMALLICON 风格有效。

④ 打开 CListDlg 类"属性"窗口,切换到"重写"页面,为其添加 WM_INITDIALOG 消息处理的虚函数 OnInitDialog()重写,并添加下列代码。

```
BOOL CListDlg::OnInitDialog()
{
    CDialog::OnInitDialog();
    int nIDs[4]    = { IDC_RADIO_ICON, IDC_RADIO_SMALL,
                       IDC_RADIO_LIST, IDC_RADIO_REPORT };
    //设置单选按钮组初始选中状态
    CheckRadioButton(nIDs[0], nIDs[3], nIDs[3]);
    //将列表控件设置为"报表"显示方式
    SetCtrlStyle(m_ListCtrl.m_hWnd, LVS_REPORT);
    //创建列表控件的标题头
    CString strHeader[5]={ "学号", "姓名", "性别", "出生年月", "专业"};
    int nWidth[5]    = {80, 100, 60, 100, 200};
    for (int nCol=0; nCol<5; nCol++)
        m_ListCtrl.InsertColumn(nCol, strHeader[nCol], LVCFMT_LEFT,
                                nWidth[nCol]);
    return TRUE; //return TRUE unless you set the focus to a control
}
```

⑤ 依次为单选按钮 IDC_RADIO_ICON、IDC_RADIO_SMALL、IDC_RADIO_LIST、IDC_RADIO_REPORT 添加 BN_CLICKED 的默认消息映射函数,并添加下列代码。

```
void CListDlg::OnBnClickedRadioIcon()
{
    SetCtrlStyle(m_ListCtrl.m_hWnd, LVS_ICON);
}
void CListDlg::OnBnClickedRadioSmall()
{
```

```
    SetCtrlStyle(m_ListCtrl.m_hWnd, LVS_SMALLICON);
}
void CListDlg::OnBnClickedRadioList()
{
    SetCtrlStyle(m_ListCtrl.m_hWnd, LVS_LIST);
}
void CListDlg::OnBnClickedRadioReport()
{
    SetCtrlStyle(m_ListCtrl.m_hWnd, LVS_REPORT);
}
```

⑥ 为按钮 IDC_BUTTON_ADD 添加 BN_CLICKED 的默认消息映射函数，并添加下列代码。

```
void CListDlg::OnBnClickedButtonAdd()
{
    CStuInfoDlg dlg;
    if(IDOK != dlg.DoModal()) return;
    //根据学号来判断学生基本信息是不是已经添加过
    LVFINDINFO info;
    info.flags    = LVFI_PARTIAL | LVFI_STRING;
    info.psz      = dlg.m_strNo;
    if(m_ListCtrl.FindItem(&info) != -1)      //若找到
    {
        CString str;
        str.Format("学号为%s 的学生基本信息已添加过!", dlg.m_strNo);
        MessageBox(str);           return;
    }
    //添加学生基本信息
    int nIndex = m_ListCtrl.InsertItem(m_ListCtrl.GetItemCount(),
                                      dlg.m_strNo);
    m_ListCtrl.SetItemText(nIndex, 1, dlg.m_strName);
    if(dlg.m_bMale)
        m_ListCtrl.SetItemText(nIndex, 2, "男");
    else
        m_ListCtrl.SetItemText(nIndex, 2, "女");
    m_ListCtrl.SetItemText(nIndex, 3, dlg.m_tBirth.Format("%Y-%m-%d"));
    m_ListCtrl.SetItemText(nIndex, 4, dlg.m_strSpecial);
}
```

⑦ 在文件 ListDlg.cpp 的前面添加 CStuInfoDlg 类的头文件包含。

```
#include "Ex_Ctrl4SDT.h"
#include "ListDlg.h"
#include "afxdialogex.h"
#include "StuInfoDlg.h"
```

（3）调用对话框。

① 打开 Ex_Ctrl4SDT 单文档应用程序的菜单资源，在顶层菜单项"测试(&T)"中再添加一个菜单项"列表控件(&L)"，ID 为 ID_TEST_LIST。

② 为 CMainFrame 类添加菜单项 ID_TEST_LIST 的 COMMAND 消息映射，取默认的映射函数名，并添加下列代码。

```
void CMainFrame::OnTestList()
{
    CListDlg dlg;
    dlg.DoModal();
}
```

③ 在文件 MainFrm.cpp 的前面添加 CListDlg 类的头文件包含。

```
#include "MainFrm.h"
#include "StuInfoDlg.h"
#include "ListDlg.h"
```

④ 编译运行并测试。

3.8.3 树控件

与列表控件不同的是，在树控件的初始状态下只显示少量的顶层信息，这样有利于用户决定树的哪一部分需要展开，且可看到结点之间的层次关系。每一个结点都可由一个文本和一个可选的位图图像组成，单击结点可展开或收缩该结点下的子结点。

树控件由父结点和子结点组成。位于某一结点之下的结点称为子结点，位于子结点之上的结点称为该结点的父结点。位于树的顶层或根部的结点称为根结点。

1. 树控件样式

常见的树控件样式如表 3.23 所示，其修改方法除在树控件"属性"窗口中设置相关联的属性外，其他与列表控件的一般样式修改方法相同。

表 3.23 树控件一般样式与属性

样　式	含　义	关联属性
TVS_HASLINES	子结点与其父结点之间用线连接	Has Lines
TVS_LINESATROOT	用线连接子结点和根结点	Lines At Root
TVS_HASBUTTONS	每个父结点左边有按钮"＋"和"－"	Has Buttons
TVS_EDITLABELS	允许用户编辑结点的标签文本内容	Edit Labels
TVS_SHOWSELALWAYS	选择的结点失去焦点后仍然保持被选择	Always Show Selection
TVS_NOTOOLTIPS	控件禁用工具提示	ToolTips
TVS_SINGLEEXPAND	当使用这个样式时，结点可展开收缩	Single Expand
TVS_CHECKBOXES	在每一结点的最左边有一个复选框	Check Boxes

续表

样　式	含　义	关联属性
TVS_FULLROWSELECT	整行选择,不能与 TVS_HASLINES 同用	Full Row Select
TVS_INFOTIP	得到提示时发送 TVN_GETINFOTIP 消息	Info Tip
TVS_NONEVENHEIGHT	允许通过设定奇数值结点高度	Non Even Height
TVS_NOHSCROLL	不使用水平滚动条	Horizontal Scroll
TVS_NOSCROLL	不使用滚动条	Scroll
TVS_TRACKSELECT	使用热点跟踪	Track Select

2. 树控件的常用操作

MFC 树控件类 CTreeCtrl 提供了许多关于树控件操作的成员函数,如结点的添加和删除等。下面分别说明:

(1) 函数 InsertItem()用来向树控件插入一个新结点,操作成功后,函数返回新结点的句柄,否则返回 NULL,函数原型如下。

```
HTREEITEM InsertItem(UINT nMask, LPCTSTR lpszItem, int nImage,
                int nSelectedImage, UINT nState, UINT nStateMask,
                LPARAM lParam, HTREEITEM hParent,
                HTREEITEM hInsertAfter);
HTREEITEM InsertItem(LPCTSTR lpszItem, HTREEITEM hParent = TVI_ROOT,
                HTREEITEM hInsertAfter = TVI_LAST);
HTREEITEM InsertItem(LPCTSTR lpszItem, int nImage, int nSelectedImage,
                HTREEITEM hParent = TVI_ROOT,
                HTREEITEM hInsertAfter = TVI_LAST);
```

其中,nMask 用来指定要设置的属性,lpszItem 用来指定结点的文本标签内容,nImage 用来指定该结点图标在图像列表中的索引号,nSelectedImage 表示该结点被选定时,其图标图像列表中的索引号,nState 表示该结点的当前状态,它可以是 TVIS_EXPANDED(展开)、TVIS_BOLD(加粗)和 TVIS_SELECTED(选中)等,nStateMask 用来指定哪些状态参数有效或必须设置,lParam 表示与该结点关联的一个 32 位值,hParent 用来指定要插入结点的父结点的句柄,hInsertAfter 用来指定新结点添加的位置,它可以是:

```
TVI_FIRST         //插到开始位置
TVI_LAST          //插到最后
TVI_SORT          //插入后按字母重新排序
```

(2) 函数 DeleteItem()和 DeleteAllItems()分别用来删除指定的结点和全部的结点,它们的原型如下。

```
BOOL DeleteAllItems();
BOOL DeleteItem(HTREEITEM hItem);
```

其中，hItem 用来指定要删除的结点的句柄。如果 hItem 的值是 TVI_ROOT，则所有的结点都被从此控件中删除。

（3）函数 Expand() 用来展开或收缩指定父结点的所有子结点，其原型如下。

```
BOOL Expand(HTREEITEM hItem, UINT nCode);
```

其中，hItem 指定要被展开或收缩的结点的句柄，nCode 用来指定动作标志，它可以是：

```
TVE_COLLAPSE            //收缩所有子结点
TVE_COLLAPSERESET       //收缩并删除所有子结点
TVE_EXPAND              //展开所有子结点
TVE_TOGGLE              //如果当前是展开的则收缩，反之则展开
```

（4）函数 GetNextItem() 和 GetNextSiblingItem() 用来获取下一个关系结点和兄弟结点的句柄，它们的原型如下。

```
HTREEITEM GetNextItem(HTREEITEM hItem, UINT nCode);
HTREEITEM GetNextSiblingItem(HTREEITEM hItem) const;
```

其中，hItem 指定参考结点的句柄，nCode 用来指定与 hItem 的关系标志，常见的标志有：

```
TVGN_CARET              //返回当前选择结点的句柄
TVGN_CHILD              //返回第一个子结点句柄,hItem 必须为 NULL
TVGN_NEXT               //返回下一个兄弟结点(同一个分支上的结点)句柄
TVGN_PARENT             //返回指定结点的父结点句柄
TVGN_PREVIOUS           //返回上一个兄弟结点句柄
TVGN_ROOT               //返回 hItem 父结点的第一个子结点句柄
```

（5）函数 HitTest() 用来测试鼠标当前操作的位置位于哪一个结点中，并返回该结点句柄，它的原型如下。

```
HTREEITEM HitTest(CPoint pt, UINT * pFlags);
```

其中，pFlags 包含当前鼠标所在的位置标志，如下列常用定义。

```
TVHT_ONITEM             //在结点上
TVHT_ONITEMBUTTON       //在结点前面的按钮上
TVHT_ONITEMICON         //在结点文本前面的图标上
TVHT_ONITEMLABEL        //在结点文本上
```

除了上述操作外，还有其他常见操作。

```
UINT GetCount();                            //获取树中结点的数目,若没有返回-1
BOOL ItemHasChildren(HTREEITEM hItem);
//判断一个结点是否有子结点
```

```
HTREEITEM GetChildItem(HTREEITEM hItem);
//获取由 hItem 指定的结点的子结点句柄
HTREEITEM GetParentItem(HTREEITEM hItem);
//获取由 hItem 指定的结点的父结点句柄
HTREEITEM GetSelectedItem();       //获取当前被选择的结点
HTREEITEM GetRootItem();           //获取根结点句柄
CString GetItemText(HTREEITEM hItem) const;
//返回由 hItem 指定的结点的文本
BOOL SetItemText(HTREEITEM hItem, LPCTSTR lpszItem);
//设置由 hItem 指定的结点的文本
DWORD GetItemData(HTREEITEM hItem) const;
//返回与指定结点关联的 32 位值
BOOL SetItemData(HTREEITEM hItem, DWORD dwData);
//设置与指定结点关联的 32 位值
COLORREF SetBkColor(COLORREF clr);
//设置控件的背景颜色
COLORREF SetTextColor (COLORREF clr);
//设置控件的文本颜色
BOOL SelectItem(HTREEITEM hItem);
//选中指定结点
BOOL SortChildren(HTREEITEM hItem);
//用来将指定结点的所有子结点排序
```

3. 树控件的消息

同列表控件相类似,在树控件"属性"窗口的"消息"页面中可映射其公共控件消息和树控件消息(TVN_开头)。其中,常用的树控件消息有:

```
TVN_BEGINDRAG              //开始拖放操作
TVN_BEGINLABELEDIT         //开始编辑文本
TVN_BEGINRDRAG             //鼠标右键开始拖放操作
TVN_ENDLABELEDIT           //文本编辑结束
TVN_ITEMEXPANDED           //含有子结点的父结点已展开或收缩
TVN_ITEMEXPANDING          //含有子结点的父结点将要展开或收缩
TVN_SELCHANGED             //当前选择结点发生改变
TVN_SELCHANGING            //当前选择结点将要发生改变
```

需要说明的是,在上述消息处理函数中,其参数往往会出现 NM_TREEVIEW 结构,其定义如下。

```
typedef struct tagNMTREEVIEW
{
    NMHDR       hdr;          //含有通知代码的信息结构
    UINT        action;       //通知方式标志
    TVITEM      itemOld;      //原有结点的信息
    TVITEM      itemNew;      //现在结点的信息
    POINT       ptDrag;       //事件产生时,鼠标的位置
} NMTREEVIEW, FAR * LPNMTREEVIEW;
```

4. 院系专业班级信息管理示例

本例是在 Ex_Ctrl4SDT 基础上添加并创建一个对话框 CTreeDlg，对话框中添加一个树控件，用来显示院系、专业和班级信息，如图 3.39 所示。单击 添加 按钮，将弹出前面示例中创建的"学生基本信息"对话框，添加的信息出现在树控件中，在添加之前须进行所属专业与班级以及重复性判断。右击结点，将弹出一个消息对话框显示出该结点文本。

图 3.39　树控件示例结果

(1) 添加并设计对话框。

① 打开单文档应用程序项目 Ex_Ctrl4SDT。

② 添加一个新的对话框资源，在"属性"窗口中将 ID 改为 IDD_TREE，Caption(标题) 设为"院系专业班级信息管理"，Font(Size)属性设为"微软雅黑，常规，9(小五)"。双击对话框模板空白处，弹出"MFC 添加类向导"对话框，为该对话框资源创建一个从 CDialog 类派生的子类 CTreeDlg。

③ 将文档窗口切换到对话框资源页面，单击对话框编辑器工具栏中的"网格切换"按钮，显示对话框资源网格。调整对话框的大小（大小调为 294×122px），删除原来的 取消 按钮，将 确定 按钮标题改为"退出"。参看图 3.39 的控件布局，向对话框添加如表 3.24 所示的一些控件，其中树控件添加的大小位置与属性如图 3.40 所示。

表 3.24　院系专业班级信息管理对话框添加的控件

添加的控件	ID	标　　题	其 他 属 性
树控件	IDC_TREE1	—	如图 3.40 框标记所示，其他默认
按钮（添加）	IDC_BUTTON_ADD	添加	默认

(2) 完善 CListDlg 类代码。

① 在文档窗口的对话框资源页面中，右击列表控件 IDC_TREE1，从弹出的快捷菜单中选择"添加变量"命令，弹出"添加成员变量向导"对话框，在"变量名"框中输入"m_TreeCtrl"，保留其他默认选项，单击 完成 按钮。

② 为 CTreeDlg 类添加一个图像列表类 CImageList 对象 m_ImageList。

③ 为 CTreeDlg 类添加成员函数 ToFindSiblingItem()，用来查找由 hItem 指定的同一层的且包含 strData 内容的兄弟结点，其代码如下。

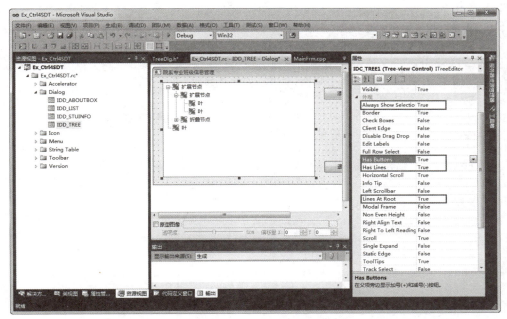

图 3.40　添加的树控件及其属性设定

```
HTREEITEM CTreeDlg::ToFindSiblingItem(HTREEITEM hItem, CString strData)
{
    HTREEITEM   hResItem    = hItem;
    CString     strFind     = strData.Trim();
    if(!(strFind.IsEmpty()))
    {
        while(hResItem != NULL)
        {
            CString    strItem    = m_TreeCtrl.GetItemText(hResItem);
            if(strItem.Find(strFind) >= 0)
                break;
            hResItem    = m_TreeCtrl.GetNextSiblingItem(hResItem);
        }
    }
    return hResItem;
}
```

④ 打开 CTreeDlg 类"属性"窗口，切换到"重写"页面，为其添加 WM_INITDIALOG 消息处理的虚函数 OnInitDialog()重写，并添加下列代码。

```
BOOL CTreeDlg::OnInitDialog()
{
    CDialog::OnInitDialog();
    m_ImageList.Create(16, 16, ILC_COLOR8 | ILC_MASK, 4, 1);
```

```cpp
    m_ImageList.SetBkColor(RGB(255, 255, 255));
    //消除图标黑色背景
    m_TreeCtrl.SetImageList(&m_ImageList, TVSIL_NORMAL);

    //获取 Windows 文件夹路径以便获取其文件夹图标
    CString strPath;
    GetWindowsDirectory((LPTSTR)(LPCTSTR)strPath, MAX_PATH+1);
    //获取文件夹及其打开时的图标,并添加到图像列表中
    SHFILEINFO fi;
    SHGetFileInfo(strPath, 0, &fi, sizeof(SHFILEINFO),
                SHGFI_ICON | SHGFI_SMALLICON);
    m_ImageList.Add(fi.hIcon);
    SHGetFileInfo(strPath, 0, &fi, sizeof(SHFILEINFO),
                SHGFI_ICON | SHGFI_SMALLICON | SHGFI_OPENICON);
    m_ImageList.Add(fi.hIcon);
    SHGetFileInfo("C:\\Windows\\notepad.exe", 0, &fi, sizeof(SHFILEINFO),
                SHGFI_ICON | SHGFI_TYPENAME);
    m_ImageList.Add(fi.hIcon);
    //初始化院系、专业结点
    HTREEITEM hRoot;
    hRoot    = m_TreeCtrl.InsertItem("电气与电子工程学院", 0, 1);
    m_TreeCtrl.InsertItem("电气工程及其自动化", 0, 1, hRoot);
    m_TreeCtrl.InsertItem("机械工程及其自动化", 0, 1, hRoot);
    hRoot = m_TreeCtrl.InsertItem("数学与计算机科学学院", 0, 1);
    m_TreeCtrl.InsertItem("计算机科学", 0, 1, hRoot);
    return TRUE; //return TRUE unless you set the focus to a control
}
```

其中,SHGetFileInfo()是一个全局函数,通过它可以获取文件或文件夹的图标。

⑤ 为按钮 IDC_BUTTON_ADD 添加 BN_CLICKED 的默认消息映射函数,并添加下列代码。

```cpp
void CTreeDlg::OnBnClickedButtonAdd()
{
    CStuInfoDlg dlg;
    if(IDOK != dlg.DoModal()) return;

    CString strSpec    = dlg.m_strSpecial.Trim();
    CString strInfo    = dlg.m_strNo.Trim() + " " + dlg.m_strName.Trim();
    CString strClass   = strInfo.Left(6);      //班级是学号的前 6 位

    //先查找专业,若找不到,则建立"其他"院根结点,然后在其下建立专业结点
    bool         bIsDone    = false;
    HTREEITEM    hRootItem  = m_TreeCtrl.GetRootItem();
    while(hRootItem != NULL)
```

```cpp
{
    //专业结点在第二层
    HTREEITEM hSpecItem   = m_TreeCtrl.GetChildItem(hRootItem);
    HTREEITEM hFindItem   = ToFindSiblingItem(hSpecItem, strSpec);
    if(hFindItem) {
        //班级结点在第三层
        HTREEITEM hClassItem = m_TreeCtrl.GetChildItem(hFindItem);
        HTREEITEM hInfoItem = ToFindSiblingItem(hClassItem,
                            strClass);
        if(hInfoItem){
            //找到班级,查找是否有相同学生信息的结点
            if(ToFindSiblingItem(
                m_TreeCtrl.GetChildItem(hInfoItem), strInfo) )
              MessageBox("添加的学生基本信息有重复!");
            else
            {
                HTREEITEM    hCur   = m_TreeCtrl.InsertItem(strInfo,
                                2, 2, hClassItem);
                m_TreeCtrl.SelectItem(hCur);
            }
            bIsDone   = true;        break;
        }
        else
        {
            //未找到班级
            HTREEITEM   hClass  = m_TreeCtrl.InsertItem(strClass, 0,
                            1, hFindItem);
            HTREEITEM   hCur    = m_TreeCtrl.InsertItem(strInfo, 2,
                            2, hClass);
            m_TreeCtrl.SelectItem(hCur);
            bIsDone   = true;        break;
        }
    }
    hRootItem    = m_TreeCtrl.GetNextItem(hRootItem, TVGN_NEXT);
}

if(!bIsDone)    {
    hRootItem    = m_TreeCtrl.InsertItem("其他", 0, 1);
    HTREEITEM   hSpec    = m_TreeCtrl.InsertItem(strSpec, 0,
                    1, hRootItem);
    HTREEITEM   hClass   = m_TreeCtrl.InsertItem(strClass, 0,
                    1, hSpec);
    HTREEITEM    hCur    = m_TreeCtrl.InsertItem(strInfo, 2,
                    2, hClass);
    m_TreeCtrl.SelectItem(hCur);
}
}
```

⑥ 打开 CTreeDlg 类"属性"窗口，切换到"事件"页面，为树控件 IDC_TREE1 添加 NM_RCLICK（右击）的默认事件处理的映射函数，并添加下列代码。

```
void CTreeDlg::OnNMRClickTree1(NMHDR * pNMHDR, LRESULT * pResult)
{
    CPoint point;
    UINT uFlags;
    ::GetCursorPos(&point);        //获取当前鼠标所在的屏幕坐标
    m_TreeCtrl.ScreenToClient(&point);
    //将屏幕坐标转换成树控件中的客户坐标
    HTREEITEM hSel = m_TreeCtrl.HitTest(point, &uFlags);
    //测试鼠标点是否在一个结点项上，若是，选中该结点
    if((hSel != NULL) && (TVHT_ONITEM & uFlags))    {
        m_TreeCtrl.SelectItem(hSel);
        CString strItem = m_TreeCtrl.GetItemText(hSel);
        MessageBox(strItem);
    }
    * pResult = 0;
}
```

⑦ 在文件 TreeDlg.cpp 的前面添加 CStuInfoDlg 类的头文件包含。

```
#include "Ex_Ctrl4SDT.h"
#include "TreeDlg.h"
#include "afxdialogex.h"
#include "StuInfoDlg.h"
```

（3）调用对话框。

① 打开 Ex_Ctrl4SDT 单文档应用程序的菜单资源，在顶层菜单项"测试(&T)"中再添加一个菜单项"树控件(&T)"，ID 为 ID_TEST_TREE。

② 为 CMainFrame 类添加菜单项 ID_TEST_TREE 的 COMMAND 消息映射，取默认的映射函数名，并添加下列代码。

```
void CMainFrame::OnTestTree()
{
    CTreeDlg dlg;
    dlg.DoModal();
}
```

③ 在文件 MainFrm.cpp 的前面添加 CTreeDlg 类的头文件包含。

```
#include "MainFrm.h"
#include "StuInfoDlg.h"
#include "TreeDlg.h"
```

④ 编译运行并测试。

3.9 总结提高

由于 Windows 常规的窗口都是方方正正的矩形,因而给了人们进行 Windows 界面设计的动力,控件也不除外,许多程序员开发并定制了许许多多形状各异、功能独特的控件。不过,若能熟练使用 MFC 中的控件并能设计出优秀的界面来,就足以满足本课程所要达到的教学目标了。

在 MFC 中,控件是具有独立功能的人机交互的小窗口,这些小窗口除了可以使用自身成员外,还可使用其基类 CWnd 的公有成员,因为几乎所有的控件类都是从 CWnd 类派生而来。也正因为如此,当用控件类的 Create() 创建控件时,除了自身的样式预定义标识外,还有窗口通用的样式预定义标识。

将对话框资源作为控件的界面模板(容器),控件的"创建"(添加)就变得"所见即所得"了,通过控件的"属性"窗口可简单方便地设置控件的样式。不过,当对话框资源模板创建对话框类后,这些控件则只能以成员的形式出现在对话框类中。

用"添加成员变量向导"或 MFC 类向导的"成员变量"页面可为控件在对话框类中创建两种类别的成员变量:一是控制类,即创建的是控件类对象;二是数据类,即创建的是控件数据变量。这两种类别的成员在对话框类中只能各有一个。控件类对象可以引用控件类及其基类的公有成员,从而实现控件的操作;而数据类变量则是与控件绑定在一起,当使用 UpdateData(TRUE) 或 UpdateData() 时将控件上的数据存储到绑定的数据变量中,而当使用 UpdateData(FALSE) 时,则是将绑定的数据变量的数值回填到控件中。

控件除了在对话框类中使用控件变量操作外,还可通过控件的事件处理程序(消息映射)来实现代码功能。不同控件的"通知消息"有所不同,但总可分为三类:一是与界面相关的单击、选择与取消或展开与收缩等的命令消息;二是与输入焦点(Focus)相关的失去、得到等消息;三是与数据相关的更新、改变等消息。对于这些消息,系统都会用一个称为 MSG 结构的系统变量来记录,并可用"事件处理程序向导"、类"属性"窗口的"事件"页面、MFC 类向导的"命令"页面等对其进行添加或删除其映射函数。

需要说明的是,MFC 的控件不同于 VB(Visual Basic)中的控件。MFC 的控件更注重于控件的程序控制,而 VB 中的控件更注重于控件的界面设计。简单来说,VB 中的控件更"傻瓜"一些,这就使许多学习 MFC 的人似乎更欣赏 VB 的做法。事实上,MFC 的控件也可进行更深入的界面设计,它提供了两种层次不同的方法:一是使用"自画"(Owner Draw,所有者绘制)体系,二是跟踪消息。

"自画"体系是 MFC 中层次较高的定制控件功能和外观的方法,外观上可以通过重载 DrawItem() 函数达到自画的目的。由于这种方法需要更多的代码,因而这里暂不做讨论,留得学透之后再来深究。

跟踪消息的方法倒是比较简单,在前面的"调整对话框背景颜色"示例中,用到了 WM_CTLCOLOR 消息。这个消息是当对话框及控件等在显示之前向父窗口发生的消息,通过跟踪这个消息,在 WM_CTLCOLOR 消息函数 OnCtlColor() 返回之前,指定返回一个 HBRUSH,系统就会用它绘制控件,从而改变控件的背景颜色。当然,也可在此函数中添加设置控件文本的颜色、格式等代码,从而改变控件的外观。

可见在界面设计中,对话框是一种常用的模板,它包含许多控件等界面元素。实际上,在文档应用程序中,除了对话框外还可有菜单栏、工具栏和状态栏等界面模板,第 4 章将来讨论。

CHAPTER 第 4 章
菜单、工具栏和状态栏

菜单、工具栏和状态栏是 Windows 文档应用程序中不可缺少的界面元素，其风格和外观有时直接影响着用户对软件的评价。许多优秀的软件(如 Microsoft Office)为增加对用户的吸引力，不惜资源将它们做得多姿多彩，甚至达到真三维的效果。正因为如此，Microsoft Visual Studio 2010 对 MFC 文档应用程序界面做了全面美化，提供了"视觉管理器和样式"功能。本章将从它们最简单的用法开始入手，逐步深入，直到对其进行编程控制。

4.1 菜　　单

像对话框一样，菜单也是一种资源模板(容器)，其上可包含多级的菜单项(顶层、下拉)。通过对菜单项的选择可产生相应的命令消息，通过命令事件处理的映射函数实现要执行的相应任务。

4.1.1 菜单一般规则

为了使应用程序更容易操作，对于菜单系统的设计还遵循下列一些规则(见图 4.1)。

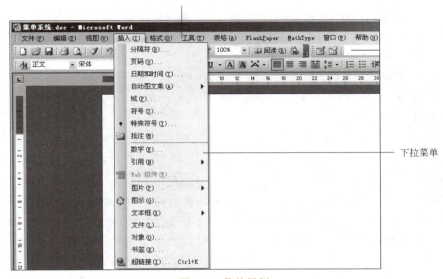

图 4.1　菜单样例

(1) 若单击某菜单项后,将弹出一个对话框,那么在该菜单项文本后有"…"。
(2) 若某项菜单有子菜单,那么在该菜单项文本后有"▶"。
(3) 若菜单项需要助记符,则用括号将带下画线的字母括起来。助记符与 Alt 键构成一个组合键,当按住 Alt 键,再按该字母键时,对应的菜单项就会被选中。
(4) 若某项菜单需要快捷键的支持,则一般将其列在相应菜单项文本之后。所谓"快捷键"是一个组合键,如 Ctrl+N,使用时先按住 Ctrl 键,然后再按 N 键。任何时候按下快捷键,相应的菜单命令都会被执行。

图 4.1 是一个菜单样例,注意它们的规则含义。需要强调的是,在常见的菜单系统中,最上面的一层水平排列的菜单称为顶层菜单,每一个顶层菜单项可以是一个简单的菜单命令,也可以是下拉(Popup)菜单,在下拉菜单中的每一个菜单项也可以是菜单命令或下拉菜单,这样一级一级下去可以构造出复杂的菜单系统。

4.1.2 更改应用程序菜单

前面的章节多处说明了用菜单编辑器添加和修改菜单项的过程和方法,这里进一步地说明,并为应用程序重新指定一个菜单,然后切换。

1. 创建单文档应用程序

(1) 在"D:\Visual C++ 程序"文件夹中,创建本章应用程序工作文件夹"第 4 章"。

(2) 启动 Visual C++,选择"文件"→"新建"→"项目"菜单命令、按快捷键 Ctrl+Shift+N 或单击标准工具栏中的 按钮,弹出"新建项目"对话框。在左侧"项目类型"中选中 MFC,在右侧的"模板"栏中选中 MFC应用程序 类型,检查并将项目工作文件夹定位到"D:\Visual C++ 程序\第 4 章",在"名称"栏中输入项目名"Ex_MenuSDT",检查并取消勾选"为解决方案创建目录"复选框。

(3) 单击 确定 按钮,出现"MFC 应用程序向导"欢迎页面,单击 下一步> 按钮,出现"应用程序类型"页面。选定"单个文档"、取消勾选"使用 Unicode 库"复选框,选择"MFC 标准"、Visual Studio 2008 或 Office 2003,取消勾选"启用视觉样式切换"复选框。

(4) 在"用户界面功能"页面中,取消勾选"用户定义的工具栏和图像"及"个性化菜单行为"复选框。保留其他默认选项,单击 完成 按钮,系统开始创建,并又回到了 Visual C++ 主界面。这样,一个标准的视觉样式单文档应用程序 Ex_MenuSDT 就创建好了。

(5) 打开 stdafx.h 文档,滚动到最后代码行,将"#ifdef _UNICODE"和最后一行的"#endif"注释掉。

2. 添加并设计菜单

(1) 将项目工作区窗口切换到"资源视图"页面(若没有此页面,则选择"视图"→"资源视图"菜单命令显示)。单击根结点 Ex_MenuSDT,选择"项目"→"添加资源"菜单命令,弹出"添加资源"对话框,在资源类型中选中 Menu,单击 新建(N) 按钮,系统就会为应用程序添加一个新的菜单资源,并自动赋给它一个默认的标识符名称(第一次为 IDR_MENU1,以后依次为 IDR_MENU2、IDR_MENU3、…),同时自动打开这个新的菜单资源,如图 4.2 所示。

(2) 在菜单当前的空位置上单击鼠标左键,进入菜单项编辑状态,输入菜单项标题"测试(&T)",在"测试(&T)"菜单下的空位置处单击鼠标,选定此菜单项空位置,再次单击该空位置处进入菜单项编辑状态,输入菜单项标题"返回(&R)",在菜单项其他位置单击鼠标完成

图 4.2 添加菜单资源并设计菜单项

该子菜单的标题输入。需要再次强调的是，符号 & 用来指定后面的字符是一个助记符。

（3）右击"返回(&R)"菜单项，从弹出的快捷菜单中选择"属性"命令，出现其属性窗口，如图 4.2 所示，在 ID 属性值框中输入"ID_TEST_RETURN"（输入后随即按 Enter 键确认）。

（4）打开 IDR_MAINFRAME 菜单资源，添加顶层菜单项"测试(&T)"并移至菜单项"视图(&V)"和"帮助(&H)"之间，在其下添加一个菜单项"显示测试菜单(&M)"，指定 ID 属性为 ID_VIEW_TEST。

3. 完善代码

（1）将项目工作区窗口切换到"类视图"页面，展开类结点，右击 CMainFrame 类名，从弹出的快捷菜单中选择"添加"→"添加变量"命令，弹出"添加成员变量向导"对话框。在这里，为 CMainFrame 类添加一个 CMenu 类型的成员变量 m_NewMenu（CMenu 类是用来处理菜单的一个 MFC 类）。单击 完成 按钮，指定的成员变量被添加，同时对话框关闭。

（2）右击菜单项"显示测试菜单(&M)"，从弹出的快捷菜单中选择"添加事件处理程序"命令，弹出"事件处理程序向导"对话框，在"类列表"中选定 CMainFrame 类，其他默认，单击 添加编辑(A) 按钮，退出向导对话框。这样，就为 CMainFrame 类添加了菜单项 ID_VIEW_TEST 的 COMMAND"事件"的默认处理函数 OnViewTest()，并添加下列代码。

```
void CMainFrame::OnViewTest()
{
    m_NewMenu.Detach();                    //使菜单对象和菜单句柄分离
    m_NewMenu.LoadMenu(IDR_MENU1);         //装载菜单资源
    m_wndMenuBar.CreateFromMenu(m_NewMenu.GetSafeHmenu(), TRUE, TRUE);
}
```

说明:

① 在带视觉样式的文档应用程序中,菜单资源是通过 CMainFrame 定义的 CMFCMenuBar 类对象 m_wndMenuBar 来装载的,用来使菜单栏具备与工具栏一样的操作和视觉样式。

② LoadMenu()和 Detach()都是 CMenu 类成员函数,LoadMenu()用来装载菜单资源,而 Detach()用来使菜单对象与菜单句柄分离。在调用 LoadMenu()后,菜单对象 m_NewMenu 就拥有一个菜单句柄,当再次调用 LoadMenu()时,由于菜单对象的句柄已经创建,因而会发生运行时错误,但当菜单对象与菜单句柄分离后,就可以再次创建菜单了。SetMenu()是 CWnd 类的一个成员函数,用来设置应用程序菜单。

③ CMFCMenuBar::CreateFromMenu()函数用来将指定的菜单资源句柄装载到菜单栏模板中,后面的两个参数分别指定是否为默认菜单、是否强制更新。

(3) 类似地,为新添菜单资源 IDR_MENU1 中菜单项"返回(&R)"(ID_TEST_RETURN)在 CMainFrame 类中添加其 COMMAND"事件"处理,使用默认的映射处理函数名 OnTestReturn,并添加下列代码。

```
void CMainFrame::OnTestReturn()
{
    m_NewMenu.Detach();
    m_NewMenu.LoadMenu(IDR_MAINFRAME);
    m_wndMenuBar.CreateFromMenu(m_NewMenu.GetSafeHmenu(), TRUE, TRUE);
}
```

(4) 编译运行并测试。选择"测试"→"显示测试菜单"菜单命令,菜单栏变成了新添加的 IDR_MENU1,选择"测试"→"返回"菜单命令,程序又变回到了原来默认的菜单。

4.1.3 使用键盘快捷键

通过上述菜单系统,用户可以选择几乎所有可用的命令和选项,它保证了菜单命令系统的完整性,但是菜单系统也有某些美中不足之处,如操作效率不高等。尤其对于那些反复使用的命令,很有必要进一步提高效率,于是加速键应运而生。

加速键也往往被称为键盘快捷键,一个加速键就是一个按键或几个按键的组合,用于激活特定的命令。加速键也是一种资源,它的显示和编辑比较简单,如图 4.3 所示。单击空行生成新的默认加速键项、单击 ID 属性进入编辑(修改后按 Enter 键完成)、右击后从弹出的快捷菜单中选择"键入的下一个键"以及"删除"等命令。例如,下面的示例过程是为前面的两个菜单项 ID_VIEW_TEST 和 ID_TEST_RETURN 定义键盘快捷键。

(1) 在 Ex_MenuSDT 中,将项目工作区窗口切换到"资源视图"页面,展开所有资源结点,双击 Accelerator 结点下的 IDR_MAINFRAME 项,出现如图 4.3 所示的加速键资源列表。

(2) 单击加速键列表最下端的空行(或者右击加速键列表,从弹出的快捷菜单中选择"新建快捷键"命令),一个新的默认的加速键资源添加完成。单击默认 ID,进入其编辑状态,单击右侧的下拉按钮,从中找到并选定 ID_VIEW_TEST。

(3) 右击 ID_VIEW_TEST 加速键资源,从弹出的快捷菜单中选择"键入的下一个键"

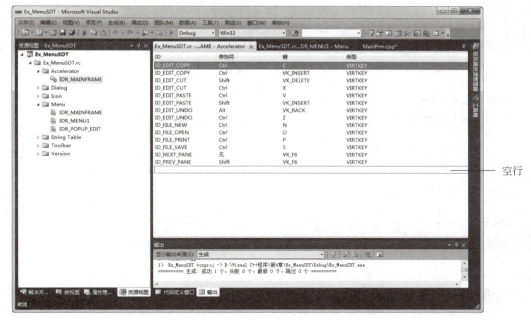

图 4.3　Ex_MenuSDT 的加速键资源

命令或直接按快捷键 Ctrl+W，弹出"捕获下一个键"对话框，按 Ctrl+1 快捷键，对话框退出。这样，菜单项 ID_VIEW_TEST 的键盘快捷键就定义好了。

（4）按同样的方法，为菜单项 ID_TEST_RETURN 添加加速键 Ctrl+2。

（5）编译运行并测试。当程序运行后，按加速键 Ctrl+1 和 Ctrl+2 将执行相应的菜单命令。

注意：

① 为了用户能查看并使用该加速键，还需在相应的菜单项文本后面添加加速键内容。用菜单编辑器修改时，直接在菜单项文本中添加即可，也可在菜单项"属性"窗口中修改其 Caption（标题）属性。例如，可将 ID_VIEW_TEST 菜单项文本改成"显示测试菜单(&M)\tCtrl+1"，其中，"\t"是将后面的"Ctrl+1"定位到下一个水平制表位。

② 若快捷键不起作用，则可能因为该程序已经在注册表中注册过了。为此，应运行 regedit 命令，进入注册表编辑区，找到 HKEY_CURRENT_USER\Software\ 应用程序向导生成的本地应用程序，删除里面的整个 Ex_MenuSDT 项，然后重新编译程序。

4.1.4　菜单的编程控制

在交互式软件的设计中，菜单有时会随着用户操作的改变而改变，这时的菜单就需要在程序中进行控制。前面已简单地讨论了 MFC 菜单类 CMenu 的成员函数 LoadMenu() 的使用，事实上，CMenu 类的功能还不止这些，它可在程序运行时处理有关菜单的操作，如创建菜单、装入菜单、删除菜单项、获取或设置菜单项的状态等。

注意：在视觉样式文档应用程序中，CMFCMenuBar 构造了另一个层面上的菜单栏模板，除从菜单资源定制的菜单可直接装载到该模板而不受影响外，菜单项的动态编程往往依靠 CMFCToolBarMenuButton 类功能来实现，为简化起见，最好关闭该菜单栏模板。

1. 创建菜单

CMenu 类的 CreateMenu()和 CreatePopupMenu()分别用来创建一个菜单或子菜单框架，它们的原型如下。

```
BOOL CreateMenu();              //产生一个空菜单
BOOL CreatePopupMenu();         //产生一个空的弹出式子菜单
```

2. 装入菜单资源

将菜单资源装入应用程序中，需调用 CMenu 成员函数 LoadMenu()，然后用 SetMenu()对应用程序菜单进行重新设置。

```
BOOL LoadMenu(LPCTSTR lpszResourceName);
BOOL LoadMenu(UINT nIDResource);
```

其中，lpszResourceName 为菜单资源名称，nIDResource 为菜单资源 ID。

3. 添加菜单项

当菜单创建后，可以调用 AppendMenu()或 InsertMenu()函数来添加一些菜单项。但每次添加时，AppendMenu()是将菜单项添加在菜单的末尾处，而 InsertMenu()在菜单的指定位置处插入菜单项，并将后面的菜单项依次下移。

```
BOOL AppendMenu(UINT nFlags, UINT nIDNewItem = 0,
                LPCTSTR lpszNewItem = NULL);
BOOL AppendMenu(UINT nFlags, UINT nIDNewItem, const CBitmap* pBmp);
BOOL InsertMenu(UINT nPosition, UINT nFlags, UINT nIDNewItem = 0,
                LPCTSTR lpszNewItem = NULL);
BOOL InsertMenu(UINT nPosition, UINT nFlags, UINT nIDNewItem,
                const CBitmap* pBmp);
```

其中，nIDNewItem 表示新菜单项的资源 ID，lpszNewItem 表示新菜单项的内容，pBmp 用于菜单项的位图指针，nPosition 表示新菜单项要插入的菜单项位置。nFlags 表示要增加的新菜单项的状态信息，它的值影响其他参数的含义，如表 4.1 所示。

注意：

（1）当 nFlags 为 MF_BYPOSITION 时，nPosition 表示新菜单项要插入的具体位置，为 0 时表示第一个菜单项，为 −1 时，将菜单项添加菜单的末尾处。

（2）nFlags 的标志中，可以用"|"（按位或）来组合，例如 MF_CHECKED|MF_STRING 等。但有些组合是不允许的，例如 MF_DISABLED、MF_ENABLED 和 MF_GRAYED、MF_STRING、MF_OWNERDRAW、MF_SEPARATOR 和位图，MF_CHECKED 和 MF_UNCHECKED 都不能组合在一起。

（3）当菜单项增加后，不管菜单依附的窗口是否改变，都应调用 CWnd::DrawMenuBar()来更新菜单。

表 4.1　nFlags 的值及其对其他参数的影响

nFlags 值	含　　义	nPosition 值	nIDNewItem 值	lpszNewItem 值
MF_BYCOMMAND	菜单项以 ID 来标识	菜单项资源 ID		
MF_BYPOSITION	菜单项以位置来标识	菜单项的位置		
MF_POPUP	菜单项有弹出式子菜单		弹出式菜单句柄	
MF_SEPARATOR	分隔线		忽略	忽略
MF_OWNERDRAW	自画菜单项			自画所需的数据
MF_STRING	字符串标志			字符串指针
MF_CHECKED	设置菜单项的选中标记			
MF_UNCHECKED	取消菜单项的选中标记			
MF_DISABLED	禁用菜单项			
MF_ENABLED	允许使用菜单项			
MF_GRAYED	菜单项灰显			

4. 删除菜单项

调用 DeleteMenu() 函数可将指定的菜单项删除,其原型如下。

BOOL DeleteMenu(UINT *nPosition*, **UINT** *nFlags***);**

其中,参数 nPosition 表示要删除的菜单项位置,它由 nFlags 进行说明。若当 nFlags 为 MF_BYCOMMAND 时,nPosition 表示菜单项的 ID,而当 nFlags 为 MF_BYPOSITION 时,nPosition 表示菜单项的位置(第一个菜单项位置为 0)。

注意:调用该函数后,不管菜单依附的窗口是否改变,都应调用 CWnd∷DrawMenuBar() 使菜单更新。

5. 获取菜单项

下面的四个 CMenu 成员函数分别获得菜单的项数、菜单项的 ID、菜单项的文本内容以及弹出式子菜单的句柄。

UINT GetMenuItemCount() const;

该函数用来获得菜单的菜单项数,调用失败后返回 −1。

UINT GetMenuItemID(int *nPos***) const;**

该函数用来获得由 nPos 指定菜单项位置(以 0 为基数)的菜单项的标识号,若 nPos 是 SEPARATOR,则返回 −1。

int GetMenuString(UINT *nIDItem*, **CString&** *rString*, **UINT** *nFlags***) const;**

该函数用来获得由 nIDItem 指定菜单项位置（以 0 为基数）的菜单项的文本内容（字符串），并由 rString 参数返回，当 nFlags 为 MF_BYPOSITION 时，nPosition 表示菜单项的位置（第一个菜单项位置为 0）。

CMenu* GetSubMenu(int *nPos*) const;

该函数用来获得指定菜单的弹出式菜单的菜单句柄。该弹出式菜单位置由参数 nPos 指定，开始的位置为 0。若菜单不存在，则创建一个临时的菜单指针。

6. 添加并处理菜单项示例

下面的示例过程是利用 CMenu 成员函数向应用程序菜单中添加并处理一个菜单项。

（1）创建一个标准的视觉样式单文档应用程序 Ex_MenuT，将 stdafx.h 文件最后面内容中的 #ifdef _UNICODE 行和最后一个 #endif 行删除（注释掉）。

（2）将项目工作区窗口切换到"资源视图"页面，展开结点，右击 Ex_MenuT.rc，从弹出的快捷菜单中选择"资源符号"命令，弹出如图 4.4 所示的"资源符号"对话框，它能对应用程序中的资源标识符进行管理。由于程序中要添加的菜单项需要一个标识值，因此最好用一个标识符来代替这个值，这是一个好的习惯。因此这里通过"资源符号"对话框来创建一个新的标识符。

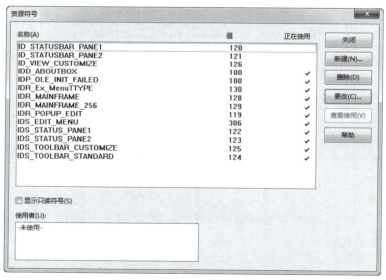

图 4.4 "资源符号"对话框

（3）单击 新建(N)... 按钮，弹出如图 4.5 所示的"新建符号"对话框。在"名称"（Name）框中输入一个新的标识符"ID_NEW_MENUITEM"。在"值"（Value）框中，输入该 ID 的值，系统要求自定义的 ID 值应大于 15（0X000F）而小于 61440（0XF000）。保留默认的 ID 值 310，单击 确定 按钮。关闭"资源符号"对话框。

图 4.5 "新建符号"对话框

（4）为 CMainFrame 类添加一个 CMenu 类型的成员变量 m_MainMenu。同时，在 CMainFrame::OnCreate()函数的最后（return 语句之前）添加下列代码，该函数在框架窗口创建时自动调用。

```
int CMainFrame::OnCreate(LPCREATESTRUCT lpCreateStruct)
{    //...
    m_wndMenuBar.ShowPane(FALSE, FALSE, FALSE);      //关闭菜单栏模板
    m_MainMenu.Detach();
    m_MainMenu.LoadMenu(IDR_MAINFRAME);
    SetMenu(NULL);
    SetMenu(&m_MainMenu);                             //使用早期传统的菜单系统
    CMenu * pSubMenu = m_MainMenu.GetSubMenu(1);      //获得第二个子菜单的指针
    CString StrMenuItem("新的菜单项");
    pSubMenu->AppendMenu(MF_SEPARATOR);               //增加一个水平分隔线
    pSubMenu->AppendMenu(MF_STRING, ID_NEW_MENUITEM, StrMenuItem);
    m_bAutoMenuEnable = FALSE;
        //关闭系统自动更新菜单状态
    m_MainMenu.EnableMenuItem(ID_NEW_MENUITEM, MF_BYCOMMAND|MF_ENABLED);
    //激活菜单项
    DrawMenuBar();                                    //更新菜单
    return 0;
}
```

其中，ShowPane()函数是基类 CBasePane 的一个成员函数，用来指定带视觉样式的工具栏、菜单栏、状态栏等的显示和隐藏。它有三个参数，分别为是否显示、是否延迟、是否激活。

（5）打开并将 CMainFrame 类"属性"窗口切换至"重写"页面，重载虚函数 OnCommand()，添加下列代码。

```
BOOL CMainFrame::OnCommand(WPARAM wParam, LPARAM lParam)
{
    //wParam 的低字节表示菜单、控件、加速键的命令 ID
    if(LOWORD(wParam) == ID_NEW_MENUITEM)
        MessageBox("你选中了新的菜单项");
    return CFrameWndEx::OnCommand(wParam, lParam);
}
```

（6）编译运行并测试。当选择"编辑"→"新的菜单项"菜单命令后，就会弹一个对话框，显示"你选中了新的菜单项"消息。

4.1.5 使用快捷菜单

快捷菜单是一种浮动的弹出式菜单，它是一种常见的用户界面设计风格。当单击鼠标右键时，就会相应地弹出一个浮动菜单，其中提供了与当前选择内容相关的几个选项。

1. 快捷菜单实现函数

用资源编辑器和 MFC 库的 CMenu::TrackPopupMenu()函数可以很容易地创建这样

的菜单，CMenu::TrackPopupMenu()函数原型如下。

BOOL TrackPopupMenu(UINT *nFlags*, **int** *x*, **int** *y*,
                      CWnd* *pWnd*, **LPCRECT** *lpRect* = **NULL)**;

该函数用来显示一个浮动的弹出式菜单，其位置由各参数决定。其中，nFlags 表示菜单在屏幕显示的位置以及鼠标按键标志，如表 4.2 所示。x 和 y 表示菜单的水平坐标和菜单的顶端的垂直坐标。pWnd 表示弹出菜单的窗口，此窗口将收到菜单全部的 WM_COMMAND 消息。lpRect 是一个 RECT 结构或 CRect 对象指针，它表示一个矩形区域，用户单击这个区域时，弹出菜单不消失。而当 lpRect 为 NULL 时，若用户在菜单外面单击鼠标，菜单立刻消失。

表 4.2　nFlags 的值及其对其他参数的影响

nFlags 值	含　义
TPM_CENTERALIGN	屏幕位置标志，表示菜单的水平中心位置由 x 坐标确定
TPM_LEFTALIGN	屏幕位置标志，表示菜单的左边位置由 x 坐标确定
TPM_RIGHTALIGN	屏幕位置标志，表示菜单的右边位置由 x 坐标确定
TPM_LEFTBUTTON	鼠标按键标志，表示当单击鼠标左键时弹出菜单
TPM_RIGHTBUTTON	鼠标按键标志，表示当单击鼠标右键时弹出菜单

2. 使用快捷菜单示例

本示例是在 4.1.2 节中 Ex_MenuSDT 的基础上进行，当显示主菜单 IDR_MAINFRAME 时，右击鼠标弹出"查看"菜单的子菜单，当显示菜单 IDR_MENU1 时，右击鼠标弹出"测试"菜单的子菜单。由于右击鼠标时会向系统发送 WM_CONTEXTMENU 通知消息，因此快捷菜单是通过映射该函数来实现的。

（1）打开前面标准的视觉样式单文档应用程序 Ex_MenuSDT。

（2）打开并将 CMainFrame 类"属性"窗口切换至"消息"页面，找到并添加 WM_CONTEXTMENU 消息映射处理，使用默认的处理函数名，添加下列代码。

```
void CMainFrame::OnContextMenu(CWnd* pWnd, CPoint point)
{
    CMenu* pSysMenu = CMenu::FromHandle(m_wndMenuBar.GetDefaultMenu());
    //获得菜单栏模板中的菜单指针
    int nCount = pSysMenu->GetMenuItemCount();      //获得顶层菜单个数
    int nSubMenuPos = -1;
    for(int i=0; i<nCount; i++)    {                //查找菜单
        CString str;
        pSysMenu->GetMenuString(i, str, MF_BYPOSITION);
        CString strLeft = str.Left(4);
        if((strLeft == "查看") || (strLeft == "测试"))    {
            nSubMenuPos = i;          break;
```

```
        }
    }
    if(nSubMenuPos<0) return;                    //没有找到,返回
    pSysMenu->GetSubMenu(nSubMenuPos)
        ->TrackPopupMenu(TPM_LEFTALIGN | TPM_RIGHTBUTTON,
                         point.x, point.y, this);
}
```

（3）编译运行并测试。此时发现右击窗口客户区时执行的不是上述代码，这是因为在 CEx_MenuSDTView 类中也有一个 WM_CONTEXTMENU 消息映射函数 OnContextMenu()，它执行的代码是通过 CContextMenuManager 类来实现的。故这里需要将其消息映射函数取消掉。

（4）打开并将 CEx_MenuSDTView 类"属性"窗口切换至"消息"页面，找到 WM_CONTEXTMENU 消息，单击此消息栏右侧的下拉按钮，从弹出的下拉项中选择"＜Delete OnContextMenu＞"命令，则此消息的映射处理全部自动删除（注释掉）。

（5）再次编译运行并测试。

4.2 工　具　栏

工具栏是一系列工具按钮的组合，借助它们可以提高工作效率。Visual C++ 系统保存了每个工具栏相应的位图，其中包括所有按钮的图像，而所有的按钮图像具有相同的尺寸（16px 宽,15px 高），它们在位图中的排列次序与在工具栏上的次序相同。

4.2.1 使用工具栏编辑器

将前面标准的视觉样式单文档应用程序项目 Ex_MenuSDT 调入。将项目工作区窗口切换到"资源视图"页面，展开所有结点，可以看到 Toolbar 结点下有两个工具栏资源：一个是 16 色的 IDR_MAINFRAME，另一个是 256 色的 IDR_MAINFRAME_256。在现今的应用程序设计中，工具栏图标应是 256 色，故这里双击 IDR_MAINFRAME_256，则工具栏编辑器出现在主界面的右边，如图 4.6 所示。

现在，可以用工具栏编辑器对工具栏进行操作了。默认情况下，工具栏在最初创建时，其右端有一个空的图标按钮，在进行编辑之前，该图标按钮可以拖放移动到工具栏中其他位置。当创建一个新的图标按钮后，在工具栏右端又会自动出现一个新的空图标按钮（有时，新的图标空按钮会紧挨着刚创建的按钮出现）。当保存此工具栏资源时，空图标按钮不会被保存。下面就其一般操作进行说明。

1. 创建一个新的图标按钮

在新建的工具栏中，最右端总有一个空图标按钮，双击该图标按钮弹出其"属性"窗口，在 ID 属性框中输入其标识符名称，则在其右端又出现一个新的空图标按钮。单击该图标按钮，在资源编辑器的图标按钮设计窗口内进行编辑，这个编辑就是绘制一个图标按钮的位图，它同一般图像编辑器操作相同（如 Windows 系统中的"画图"附件）。

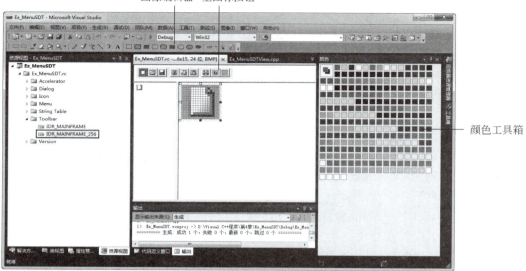

图 4.6 工具栏编辑器窗口

2. 移动一个图标按钮

在工具栏中移动一个图标按钮，单击它并拖动至相应位置即可。如果拖动它离开工具栏位置，则此图标按钮从工具栏中消失。若在移动一个图标按钮的同时，按住 Ctrl 键，则在新位置复制该图标按钮，新位置可以是同一个工具栏中的其他位置，也可以在不同的工具栏中。

3. 删除一个图标按钮

前面已提到过，将选中的图标按钮拖离工具栏，则该按钮就消失了。但若选中图标按钮后，按 Delete 键并不能删除一个图标按钮，只是将图标按钮中的图像全部以背景色填充。

4. 在工具栏中插入空格

在工具栏中插入空格有以下几种情况。

（1）如果图标按钮前没有任何空格，拖动该图标按钮向右移动并当覆盖相邻图标按钮的一半以上时，释放鼠标键，则此图标按钮前出现空格。

（2）如果图标按钮只有前面有空格而后面没有，则拖动该图标按钮向左移动，并当图标按钮的左边界接触到前面的图标按钮时，释放鼠标键，则此图标按钮后将出现空格。

（3）如果图标按钮前后均有空格，拖动该图标按钮向右移动并当接触到相邻图标按钮时，则此图标按钮前的空格保留，而其后的空格消失。相反，拖动该图标按钮向左移动并当接触到前一个相邻图标按钮时，则此按钮前面的空格消失，后面的空格保留。

5. 工具栏图标按钮属性的设置

右击图标按钮，从弹出的快捷菜单中选择"属性"命令或双击图标按钮都将显示其"属性"窗口，如图 4.7 所示。其中，Prompt 属性用来指定其提示文本。例如，当"新建"图标按钮的 Prompt 属性值为"建立新文档\n新建"时，对于早期规范来说，它表示将鼠标指向该按钮时，在状态栏中显示"建立新文档"，稍等片刻，还在按钮旁弹出一个小的信息提示窗口，显示"新建"字样。可见,状态栏和提示窗口显示的文本在 Prompt 属性文本中是通过"\n"来分隔的。不过,新视觉样式的工具栏提示是将"\n"前面的内容及其关联的菜单项内容一同显示的。

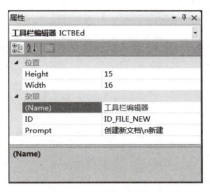

图 4.7 图标按钮"属性"窗口

4.2.2 工具图标按钮和菜单项相结合

工具图标按钮和菜单项相结合是指当选择工具图标按钮或菜单命令时,操作结果是一样的。使它们结合的具体方法是在工具图标按钮的属性窗口中将图标按钮的 ID 设置为相关联的菜单项 ID。例如,下面的过程是在前面 Ex_MenuSDT 基础上进行的,通过两个工具图标按钮分别显示主菜单 IDR_MAINFRAME 和菜单 IDR_MENU1。

(1) 打开前面标准的视觉样式单文档应用程序项目 Ex_MenuSDT,将项目工作区窗口切换到"资源视图"页面,展开资源结点,双击 Toolbar 结点中的 IDR_MAINFRAME_256。

(2) 用工具栏编辑器添加并设计两个工具图标按钮,其位置和内容如图 4.8 所示。

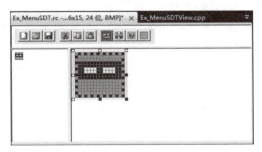 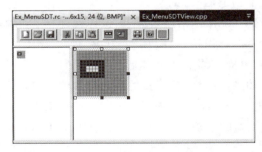

图 4.8 设计的两个工具图标按钮

(3) 打开设计的第一个工具图标按钮的"属性"窗口,将其 ID 选定为 ID_TEST_RETURN,在提示框内键入"返回应用程序主菜单\n 返回主菜单"(输完后随即按 Enter 键)。

(4) 单击设计的第二个工具图标按钮,在其"属性"窗口将 ID 选定为 ID_VIEW_TEST,在提示框内输入"显示测试菜单\n 显示测试菜单"。

(5) 编译运行并测试。当程序运行后,将鼠标移至设计的第一个工具按钮处,这时在状态栏上显示出"返回应用程序主菜单"信息,若稍等片刻,还会弹出提示小窗口,如图 4.9 所示。单击新添加的这两个图标按钮,会执行相应的菜单命令。

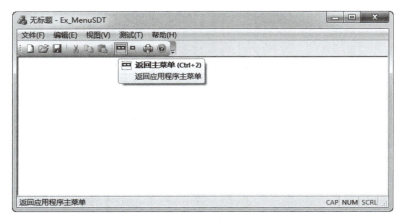

图 4.9　工具按钮提示

需要说明的是，对于工具按钮命令"事件"的处理方法跟菜单命令是一样的。

4.2.3　多个工具栏的使用

在用"MFC 应用程序向导"创建的标准的视觉样式文档应用程序中往往只有一个工具栏，但在实际应用中，常常需要多个工具栏。这里以一个实例的形式来讨论多个工具栏的创建、显示和隐藏等操作。

1. 创建并添加工具栏资源

（1）创建一个标准的视觉样式单文档应用程序 Ex_Bar，将 stdafx.h 文件最后面内容中的 #ifdef _UNICODE 行和最后一个 #endif 行删除（注释掉）。

（2）将项目工作区窗口切换到"资源视图"页面，展开结点，用鼠标左键按住 Toolbar 结点下的 IDR_MAINFRAME_256，然后按住 Ctrl 键，移动鼠标将 IDR_MAINFRAME_256 拖到 Toolbar 结点名称上，这样就复制了工具栏默认资源 IDR_MAINFRAME_256，复制后的资源标识系统自动设为 IDR_MAINFRAME_257。

（3）双击工具栏资源 IDR_MAINFRAME_257，打开工具栏资源，删除几个与"编辑"相关的工具图标按钮（目的是让添加的工具栏与 IDR_MAINFRAME_256 有明显区别）。

（4）右击工具栏资源 IDR_MAINFRAME_257，从弹出的快捷菜单中选择"属性"命令，弹出"属性"窗口，将其 ID 设为 IDR_TOOLBAR1。

需要强调的是，通过选择"项目"→"添加资源"菜单命令，在弹出的"添加资源"对话框中新建添加的 Toolbar 资源是 16 色的。

2. 构造工具栏对象

在 Microsoft Visual Studio 2010 中，MFC 将带有视觉样式界面的元素采用了全新的类结构体系。如图 4.10 所示，封装工具栏的是 CMFCToolBar，它是从基类 CPane 派生而来，而 CPane 又继承了 CBasePane 类，这不像早期传统 MFC 封装工具栏的是 CToolBar，它是从基类 CControlBar 派生而来。

由于 CMainFrame 类中已有一个工具栏 m_wndToolBar 的创建过程，故步骤类似。

（1）将项目工作区窗口切换到"解决方案资源管理器"页面，展开"头文件"所有结点，双

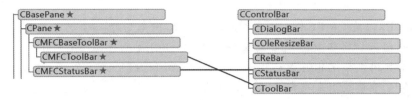

图 4.10　MFC 控制条类的变化

击 MainFrm.h 文件，在 CMainFrame 类中添加一个成员变量 m_wndTestBar，变量类型为 CMFCToolBar。

```
protected: //控件条嵌入成员
    CMFCMenuBar         m_wndMenuBar;
    CMFCToolBar         m_wndToolBar;
    CMFCToolBar         m_wndTestBar;
    CMFCStatusBar       m_wndStatusBar;
```

（2）在 CMainFrame∷OnCreate()函数中添加下面的工具栏创建代码。

```
int CMainFrame::OnCreate(LPCREATESTRUCT lpCreateStruct)
{
    ...
    {
        TRACE0("未能创建工具栏\n");
        return -1;      //未能创建
    }
    if(!m_wndTestBar.CreateEx(this, TBSTYLE_FLAT, WS_CHILD | WS_VISIBLE
                        | CBRS_TOP | CBRS_GRIPPER | CBRS_TOOLTIPS
                        | CBRS_FLYBY | CBRS_SIZE_DYNAMIC) ||
        !m_wndTestBar.LoadToolBar(IDR_TOOLBAR1))
    {
        TRACE0("未能创建工具栏\n");
        return -1;      //未能创建
    }
    m_wndTestBar.SetWindowText("测试");      //设置工具栏标题
    ...
    m_wndToolBar.EnableDocking(CBRS_ALIGN_ANY);
    m_wndTestBar.EnableDocking(CBRS_ALIGN_ANY);
    EnableDocking(CBRS_ALIGN_ANY);
    DockPane(&m_wndMenuBar);
    DockPane(&m_wndToolBar);
    DockPane(&m_wndTestBar);
    ...
    return 0;
}
```

说明:

① CreateEx()是 CMFCToolBar 类的成员函数,用来创建一个工具栏对象。该函数的第 1 个参数是用来指定工具栏所在的父窗口指针,this 表示当前的 CMainFrame 类窗口指针。第 2 个参数用来指定工具图标按钮的风格,当为 TBSTYLE_FLAT 时表示工具按钮是"平面"的。第 3 个参数用来指定工具栏的风格。由于这里的工具栏是 CMainFrame 的子窗口,因此需要指定 WS_CHILD | WS_VISIBLE。CBRS_TOP 表示工具栏放置在父窗口的顶部,CBRS_GRIPPER 表示工具栏前面有一个"把手",CBRS_TOOLTIPS 表示允许有工具提示,CBRS_FLYBY 表示在状态栏显示工具提示文本,CBRS_SIZE_DYNAMIC 表示工具栏在浮动时,其大小是可以动态改变的。第 4 个参数是用来指定工具栏四周的边框大小,默认为 CRect(1,1,1,1)。最后一个参数是用来指定工具栏这个子窗口的标识 ID(与工具栏资源标识不同)。

② if 语句中的 LoadToolBar()函数是用来装载工具栏资源。若 CreateEx()或 LoadToolBar()的返回值为 0,即调用不成功,则显示诊断信息"未能创建工具栏"。TRACE0 是一个用于程序调试的跟踪宏。OnCreate 函数返回-1 时,主框架窗口被清除。

③ 应用程序中的工具栏一般具有停靠或浮动特性,m_wndTestBar.EnableDocking 使得 m_wndTestBar 对象可以停靠,CBRS_ALIGN_ANY 表示可以停靠在窗口的任一边。EnableDocking(CBRS_ALIGN_ANY)是调用的是 CFrameWndEx 类的成员函数,用来让工具栏或其他控制条在主框架窗口可以进行停靠操作。DockPane()也是 CFrameWndEx 类的成员函数,用来将指定的工具栏或其他控制条进行停靠。

(3) 编译运行并测试,结果如图 4.11 所示。

图 4.11　多个工具栏运行测试的结果

注意:若 Ex_Bar 程序的结果与预想的不一样,建议先运行 regedit 命令,进入注册表编辑区,找到 HKEY_CURRENT_USER\Software\应用程序向导生成的本地应用程序,删除里面的整个 Ex_Bar 项。

3. 控制工具栏的显示或隐藏

(1) 打开菜单资源,在顶层菜单项"视图(&V)"的下拉子菜单项的最后添加一个"新的工具栏(&N)"菜单项,将其 ID 属性设为 ID_VIEW_NEWBAR。在 CMainFrame 类添加 ID_VIEW_NEWBAR 的 COMMAND"事件"映射,使用默认的处理函数名,并添加下列代码。

```
void CMainFrame::OnViewNewbar()
{
    int bShow = m_wndTestBar.IsVisible();
    m_wndTestBar.ShowPane(!bShow, false, true);
}
```

其中，IsVisible()函数用来判断窗口(对象)是否可见。若为可见，则下句的 ShowPane()函数调用就使其隐藏，反之就显示。

(2) 编译运行并测试。

事实上，当 ID_VIEW_NEWBAR 工具栏显示时，还应使菜单"新的工具栏(&N)"文本前面能有一个显示✓，此时需跟踪交互对象的更新消息方可实现，后面会讨论这个问题。

4.3 状 态 栏

应用程序往往需要把当前的状态信息或提示信息告诉用户，虽然其他窗口(如窗口的标题栏上、提示窗口等)也可显示文本，但它们的功能比较有限，而状态栏能很好地满足应用程序显示信息或状态的需求。

4.3.1 状态栏的定义

状态栏是一条水平长条，位于应用程序主窗口的底部。它可以分割成几个窗格，用来显示多组信息或状态。在用"MFC 应用程序向导"创建的文档应用程序框架中，有一个静态的 indicators 数组，它是在 MainFrm.cpp 文件中定义的，被 MFC 用作状态栏窗格的定义。

这个数组中的元素是一些标识常量或字符串资源的 ID。默认的 indicator 数组包含 4 个元素，它们是 ID_SEPARATOR、ID_INDICATOR_CAPS、ID_INDICATOR_NUM 和 ID_INDICATOR_SCRL。其中，ID_SEPARATOR 用来标识信息行窗格，菜单项或工具按钮的许多信息都在这个信息行窗格中显示，而其余三个元素用来标识指示器窗格，分别显示出 Caps Lock、Num Lock 和 Scroll Lock 这三个键的状态。图 4.12 列出了 indicators 数组元素与标准状态栏窗格的关系。

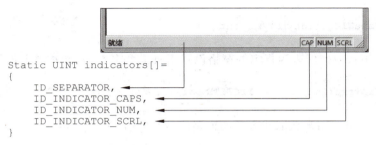

图 4.12 indicators 数组的定义

4.3.2 状态栏的常用操作

Microsoft Visual Studio 2010(Visual C++)可以方便地对状态栏进行操作,如增减窗格、在状态栏中显示图标、进度条、图形动画、更改文本颜色和背景色等,并且 CMFCStatusBar 类封装了状态栏的大部分操作。

1. 增加和减少窗格

状态栏中的窗格可以分为信息行窗格和指示器窗格两类。若在状态栏中增加一个信息行窗格,则只需在 indicators 数组中的适当位置中增加一个 ID_SEPARATOR 标识即可;若在状态栏中增加一个用户指示器窗格,则在 indicators 数组中的适当位置增加一个在字符串表中定义过的资源 ID,其字符串的长度表示用户指示器窗格的大小。若状态栏减少一个窗格,其操作与增加相类似,只需减少 indicators 数组元素即可。

2. 常用 CMFCStatusBar 类成员函数

最新状态栏类 CMFCStatusBar 中 SetPaneText()函数可以更新任何窗格(包括信息行 ID_SEPARATOR 窗格)中的文本,此函数原型描述如下。

```
BOOL SetPaneText(int nIndex, LPCTSTR lpszNewText, BOOL bUpdate = TRUE);
```

其中,lpszNewText 表示要显示的字符串。nIndex 是表示设置的窗格索引(第一个窗格的索引为 0)。若 bUpdate 为 TRUE,则系统自动更新显示的结果。

函数 SetPaneTextColor()用来指定窗格的文本颜色,其函数原型如下。

```
void SetPaneTextColor(int nIndex, COLORREF clrText = (COLORREF)(-1),
                      BOOL bUpdate = TRUE);
```

其中,clrText 用来指定文本的 COLORREF 颜色,当为-1 时表示不指定。

函数 SetPaneBackgroundColor()用来指定窗格的背景颜色,其函数原型如下。

```
void SetPaneBackgroundColor(int nIndex,
                            COLORREF clrBackground = (COLORREF)(-1),
                            BOOL bUpdate = TRUE);
```

函数 SetPaneWidth()用来设定窗格的宽度(以 px 为单位),其函数原型如下。

```
void SetPaneWidth(int nIndex, int cx);
```

函数 SetTipText()用来为指定的窗格设置工具提示文本,其函数原型如下。

```
void SetTipText(int nIndex, LPCTSTR pszTipText);
```

函数 GetCount()用来获取状态栏的窗格的数目,其函数原型如下。

```
int GetCount() const;
```

函数 GetItemID()和 GetItemRec()分别用来获得窗格 ID 值及其矩形大小,它们的原型如下。

```
UINT GetItemID(int nIndex) const;
void GetItemRect(int nIndex, LPRECT lpRect) const;
```

3. 显示鼠标当前位置示例

下面来看一个示例 Ex_Mouse，它是将鼠标在客户区窗口的位置显示在状态栏上。需要说明的是，状态栏对象 m_wndStatusBar 是在 CMainFrame 类定义的保护成员变量，而鼠标等客户消息不能被主框架类 CMainFrame 接收，因而鼠标移动的消息 WM_MOUSEMOVE 只能映射到 CEx_MouseView 类，即客户区窗口类中。但这样一来，就需要更多的代码，不仅要在 CEx_MouseView 中访问 CMainFrame 类对象指针，而且还要将 m_wndStatusBar 成员属性由 protected 改为 public。

（1）创建一个标准的视觉样式单文档应用程序 Ex_Mouse，将 stdafx.h 文件最后面内容中的 #ifdef _UNICODE 行和最后一个 #endif 行删除（注释掉）。

（2）将工作区窗口切换到"类视图"页面，展开类结点，单击 CMainFrame 类结点，在下方"成员"区域中双击 CMainFrame()构造函数，此时将在文档窗口中出现该函数的定义，在它的前面就是状态栏数组的定义。

（3）将状态栏 indicators 数组的定义改为下列代码。

```
static UINT indicators[] =
{
    ID_SEPARATOR,
    ID_SEPARATOR,
    ID_SEPARATOR,
};
```

（4）在 CEx_MouseView 类"属性"窗口的"消息"页面中，添加 WM_MOUSEMOVE 消息的默认映射处理函数，并增加下列代码。

```
void CEx_MouseView::OnMouseMove(UINT nFlags, CPoint point)
{
    CString str;
    CMainFrame *      pFrame  =(CMainFrame * )AfxGetApp()->m_pMainWnd;
    //获得主窗口指针
    CMFCStatusBar *   pStatus =&pFrame->m_wndStatusBar;
    //获得主窗口中的状态栏指针
    if(pStatus) {
        str.Format("X=%d, Y=%d",point.x, point.y);
        pStatus->SetPaneText(1,str);            //更新第二个窗格的文本
    }
    CView::OnMouseMove(nFlags, point);
}
```

（5）在 CMainFrame 类"成员"窗格中双击 m_wndStatusBar 结点，将其访问类型由 protected(保护)改为 public(公有)，即：

```
public:
    CMFCStatusBar      m_wndStatusBar;
protected: //控件条嵌入成员
    …
    //  CMFCStatusBar     m_wndStatusBar;    //注释掉
```

(6) 将文档窗口切换到 Ex_SDIMouseView.cpp，在其开始处添加下列头文件包含。

```
#include "Ex_MouseView.h"
#include "MainFrm.h"
```

(7) 在 CMainFrame::OnCreate 中添加下列设置状态栏中第二个窗格像素宽度和背景色的代码。

```
int CMainFrame::OnCreate(LPCREATESTRUCT lpCreateStruct)
{   …
    m_wndStatusBar.SetIndicators(indicators,
                        sizeof(indicators)/sizeof(UINT));
    m_wndStatusBar.SetPaneWidth(1, 120);
    m_wndStatusBar.SetPaneBackgroundColor(1, RGB(255,255,255));
    …
    return 0;
}
```

(8) 编译运行并测试，结果如图 4.13 所示。

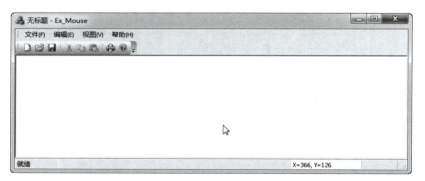

图 4.13　在状态栏上显示鼠标位置

4.3.3　改变状态栏的风格

在 MFC 的 CMFCStatusBar 类中，有两个成员函数可以改变状态栏风格，它们是：

```
void SetPaneInfo(int nIndex, UINT nID, UINT nStyle, int cxWidth);
void SetPaneStyle(int nIndex, UINT nStyle);
```

其中，参数 nIndex 表示要设置的状态栏窗格的索引，nID 用来为状态栏窗格指定新的 ID，

cxWidth 表示窗格的像素宽度，nStyle 表示窗格的风格类型，用来指定窗格的外观，例如，SBPS_POPOUT 表示窗格是凸起来的，具体如表 4.3 所示。

表 4.3 状态栏窗格的风格类型

风格类型	含义
SBPS_NOBORDERS	窗格周围没有 3D 边框
SBPS_POPOUT	反显边界以使文字"凸出来"
SBPS_DISABLED	禁用窗格，显示灰色文本
SBPS_STRETCH	拉伸窗格，并填充窗格不用的空白空间。但只能有一个窗格具有这种风格
SBPS_NORMAL	普通风格，它没有"拉伸""3D 边框"或"凸出来"等特性

需要说明的是，Microsoft Visual Studio 2010 使用 CMFCVisualManager 来管理应用程序界面的视觉样式，通过 SetDefaultManager()指定如图 4.14 所示（部分）的派生类而自定义应用程序的外观。在不同的可视化管理器类中，状态栏窗格的样式各不相同。

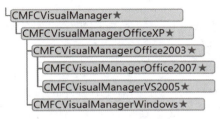

图 4.14 可视化管理器类结构体系

下面在 Ex_Mouse 应用程序中，将 CMainFrame::OnCreate()函数做两处修改：一是将 CMFCVisualManager::SetDefaultManager()语句删除，二是在 m_wndStatusBar.SetPaneWidth()语句之前添加指定窗格样式的语句。修改后的代码如下。

```
int CMainFrame::OnCreate(LPCREATESTRUCT lpCreateStruct)
{
    if(CFrameWndEx::OnCreate(lpCreateStruct) == -1)
        return -1;
    //设置用于绘制所有用户界面元素的视觉管理器
    //CMFCVisualManager::SetDefaultManager(RUNTIME_CLASS(…));    //注释掉
    …
    m_wndStatusBar.SetIndicators(indicators,
                    sizeof(indicators)/sizeof(UINT));
    m_wndStatusBar.SetPaneStyle(1, SBPS_POPOUT);
    m_wndStatusBar.SetPaneWidth(1, 120);
    …
    return 0;
}
```

编译运行并测试,结果如图 4.15 所示。

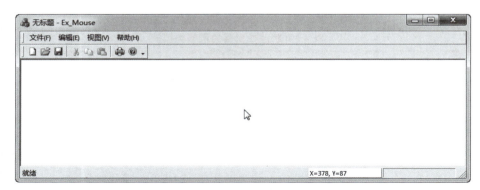

图 4.15　设置状态栏窗格样式

4.4　总　结　提　高

　　菜单、工具栏和状态栏是 Windows 文档应用程序框架的界面元素,是框架窗口的组成部分。在 MFC 中,由于框架窗口类 CMainFrame 用来控制这些框架界面元素,因此,菜单、工具栏和状态栏的基本操作都是在 CMainFrame 类中进行的。

　　菜单、工具栏和快捷键均是 MFC 文档应用程序中的资源,这些资源在 Visual C++ 中都可用相应的编辑器来进行添加、删除和修改等编辑设计操作。菜单项、工具栏中的工具图标按钮以及快捷键可联动在一起,只要它们的 ID(值)相同(相等)即可。

　　菜单项、工具栏中的工具图标按钮以及快捷键所产生的命令消息均可在应用程序的视图类、框架类以及文档类通过其"属性"窗口或"MFC 类向导"进行添加事件处理程序、消息映射或虚函数重写。但鼠标本身所产生的一般消息,则只能在视图类中进行映射,这是因为大多数鼠标的消息均用于界面元素的动作,而一般的鼠标消息则被认为只与窗口客户区交互,故文档应用程序中的框架类和文档类不予理睬。

　　需要说明的是,既然论及菜单项、工具图标按钮等界面元素,则不得不考虑它们的状态更新问题。要知道,一个菜单项、图标按钮都可以有禁用、选中和未选中等几种状态。

　　那么,当状态改变时是谁来更新这些项的状态呢？从逻辑上来说,如果某菜单项产生的命令由主框架窗口来处理,那么可以有理由说是由主框架窗口来更新该菜单项。但事实上,一个命令可以有多个用户交互对象(如某菜单项和相应的工具栏按钮),且它们有相似的处理函数,因此更新项目状态的对象可能不止一个。为了使这些用户交互对象能动态地更新,MFC 专门为它们提供了"更新命令宏"ON_UPDATE_COMMAND_UI,并可通过在类"属性"窗口(或 MFC 类向导)的"事件"页面中添加其处理函数。

　　例如,调入应用程序项目 Ex_Bar,打开并将 CMainFrame 类"属性"窗口切换到"事件"页面,找到并展开菜单项 ID_VIEW_NEWBAR 结点,添加 UPDATE_COMMAND_UI 消息映射处理,使用默认的处理函数名,并添加下列代码。

```cpp
void CMainFrame::OnUpdateViewNewbar(CCmdUI * pCmdUI)
{
    int bShow = m_wndTestBar.IsVisible();
    pCmdUI->SetCheck(bShow);
}
```

代码中,映射处理函数只有一个参数,它是指向 CCmdUI 对象的指针。CCmdUI 类仅用于 ON_UPDATE_COMMAND_UI 映射处理函数,它的成员函数将对菜单项、工具按钮等用户交互对象起作用,具体如表 4.4 所示。

表 4.4 CCmdUI 类的成员函数对用户交互对象的作用

用户交互对象	Enable	SetCheck	SetRadio	SetText
菜单项	允许或禁用	选中(✓)或未选	选中用点(·)	设置菜单文本
工具栏按钮	允许或禁用	选定、未选或不确定	同 SetCheck	无效
状态栏窗格(PANE)	文本正常或灰显	边框外凸或正常	同 SetCheck	设置窗格文本
CDialogBar 中的按钮	允许或禁用	选中或未选中	同 SetCheck	设置按钮文本
CDialogBar 中的控件	允许或禁用	无效	无效	设置窗口文本

编译运行后,打开"查看"菜单,可以看到"新的工具栏"菜单前面有一个"✓",再次选择"新的工具栏"菜单,则新创建的工具栏不见,"新的工具栏"菜单前面没有任何标记。若将代码中的 SetCheck 改为 SetRadio,则"✓"变成了"·",这就是交互对象的更新效果。

当然,框架窗口、文档和视图这三者是密不可分的,并还可构成不同的文档应用程序类型,第 5 章将讨论。

CHAPTER 第 5 章
框架窗口、文档和视图

在文档应用程序框架中,框架窗口、文档和视图占有非常重要的地位。框架窗口用作文档和视图的容器。文档代表一个数据单元,用户可使用"文件"菜单的"打开"和"保存"命令进行文档数据操作。视图是框架窗口的子窗口,它与文档紧密相联,是用户与文档之间的交互接口。本章将详细讨论框架窗口、文档和视图的使用方法和技巧。

5.1 框架窗口

框架窗口可分为两类:一类是应用程序主框架窗口,另一类是文档窗口。

5.1.1 主框架窗口和文档窗口

主框架窗口是应用程序直接放置在桌面(DeskTop)上的那个窗口,每个应用程序只能有一个主框架窗口,主框架窗口的标题栏上往往显示应用程序的名称。主框架窗口负责管理各个用户交互对象(包括菜单、工具栏、状态栏以及加速键)并根据用户操作相应地创建或更新文档窗口及其视图。

文档窗口对于单文档应用程序来说,它和主框架窗口是一致的,即主框架窗口就是文档窗口;而对于多文档应用程序来说,文档窗口是主框架窗口的子窗口,如图 5.1 所示。

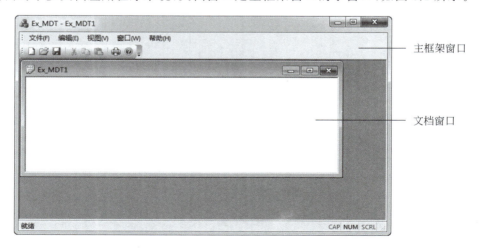

图 5.1 多文档应用程序的框架窗口

文档窗口一般都有相应的可见边框，它的客户区（除了窗口标题栏、边框外的区域）是由相应的视图来构成的，因此可以说视图是文档窗口内的子窗口。文档窗口时刻跟踪当前处于活动状态的视图的变化，并将用户或系统产生的消息传递给当前活动视图。

5.1.2 框架窗口初始状态的改变

"MFC 应用程序向导"为每一个文档应用程序的框架窗口设置了相应的大小和位置，但默认的窗口状态有时并不那么令人满意，这时就需要对窗口状态进行适当的改变。

当文档应用程序运行时，Windows 会自动调用应用程序框架内部的 WinMain() 函数，并自动查找该应用程序类的全局变量 theApp，然后自动调用用户应用程序类的虚函数 InitInstance()，该函数会进一步调用相应的函数来完成主窗口的构造和显示工作，如下面的代码（以标准的视觉样式单文档应用程序 Ex_SDT 为例）。

```
BOOL CEx_SDTApp::InitInstance()
{...
    m_pMainWnd->ShowWindow(SW_SHOW);        //显示窗口
    m_pMainWnd->UpdateWindow();             //更新窗口
    return TRUE;
}
```

其中，m_pMainWnd 是主框架窗口指针变量，ShowWindow() 是 CWnd 类的成员函数，用来按指定的参数显示窗口，该参数的值如表 5.1 所示。

表 5.1 ShowWindow() 函数的参数值

参　数　值	含　　义
SW_HIDE	隐藏此窗口并将激活状态移交给其他窗口
SW_MINIMIZE	将窗口最小化并激活系统中的顶层窗口
SW_RESTORE	激活并显示窗口，且恢复到原来的大小和位置
SW_SHOW、SW_SHOWNORMAL	用当前的大小和位置激活并显示窗口
SW_SHOWMAXIMIZED、SW_MAXIMIZE	激活窗口并使之最大化
SW_SHOWMINIMIZED	激活窗口并使之最小化
SW_SHOWMINNOACTIVE	窗口显示成为一个图标并保留其激活状态
SW_SHOWNA	用当前状态显示窗口
SW_SHOWNOACTIVATE	用最近的大小和位置状态显示窗口并保留其激活状态

通过指定 ShowWindow() 函数的参数值可以改变窗口显示状态。例如，下面的代码是将窗口的初始状态设置为"最大化"。

```
BOOL CEx_SDTApp::InitInstance()
{...
    m_pMainWnd->ShowWindow(SW_MAXIMIZE);    //最大化
    m_pMainWnd->UpdateWindow();             //更新窗口
```

```
        return TRUE;
}
```

5.1.3 窗口样式

在 Visual C++ 中,窗口样式决定了窗口的外观及功能,通过样式设置可以增加或减少窗口中所包含的功能,这些功能一般都是由系统内部定义的,不需要用户再去编程实现。

窗口样式通常有一般(以 WS_为前缀)和扩展(以 WS_EX_为前缀)两种形式。这两种形式的窗口样式可在函数 CWnd::Create()或 CWnd::CreateEx()参数中指定,其中,CWnd::CreateEx()函数可同时支持以上两种样式,而 CWnd::Create()只能指定窗口的一般样式。需要说明的是,对于控件和对话框这样的窗口来说,它们的窗口样式可直接通过其属性对话框来设置。常见的一般窗口样式如表 5.2 所示。

表 5.2 窗口的一般样式

样 式	含 义
WS_BORDER	窗口含有边框
WS_CAPTION	窗口含有标题栏(含边框),但它不能和 WS_DLGFRAME 组合
WS_CHILD	创建子窗口,它不能和 WS_POPUP 组合
WS_DISABLED	窗口最初时是禁用的
WS_DLGFRAME	窗口含有双边框,但没有标题
WS_GROUP	此样式被控件组中第一个控件窗口指定
WS_HSCROLL	窗口含有水平滚动条
WS_MAXIMIZE	窗口最初时处于最大化
WS_MAXIMIZEBOX	在窗口的标题栏上含有"最大化"按钮
WS_MINIMIZE	窗口最初时处于最小化,它只和 WS_OVERLAPPED 组合
WS_MINIMIZEBOX	在窗口的标题栏上含有"最小化"按钮
WS_OVERLAPPED	创建可覆盖窗口,一个覆盖窗口通常有一个标题和边框
WS_OVERLAPPEDWINDOW	创建覆盖窗口,包含 WS_OVERLAPPED、标题、系统菜单、可调粗框架、"最小化"按钮和"最大化"按钮
WS_POPUP	创建弹出子窗口,不能和 WS_CHILD 组合。仅用于 CreateEx()函数
WS_POPUPWINDOW	创建弹出窗口,包含 WS_POPUP、边框。当 WS_CAPTION 和 WS_POPUPWINDOW 样式组合时才能使系统菜单可见
WS_SYSMENU	窗口的标题栏上含有"系统菜单",它仅用于含有标题栏的窗口
WS_TABSTOP	用户可以用 Tab 键选择控件组中的下一个控件
WS_THICKFRAME	窗口含有边框,并可调整窗口的大小(可调粗框架)
WS_VISIBLE	窗口最初是可见的
WS_VSCROLL	窗口含有垂直滚动条

需要说明的是,除了上述样式外,框架窗口还有以下 3 个自己的样式。它们都可以在

PreCreateWindow()重载函数中指定(后面有应用示例)。

(1) FWS_ADDTOTITLE：该样式指定一个文档名添加到框架窗口标题中，例如，在 Ex_MDT-Ex_MDT1 中，Ex_MDT1 是文档名。对于单文档应用程序来说，默认的文档名是"无标题"。

(2) FWS_PREFIXTITLE：该样式使得框架窗口标题中的文档名显示在应用程序名之前。例如，若未指定该样式时的窗口标题为 Ex_MDT-Ex_MDT1，当指定该样式后就变成了 Ex_MDT1-Ex_MDT。

(3) FWS_SNAPTOBARS：该样式用来调整窗口的大小，使它刚好包含框架窗口中的控制栏(如工具栏)。

5.1.4 窗口样式设置

窗口样式既可以通过"MFC 应用程序向导"在创建时设置，也可以在主框架窗口或文档窗口类的 PreCreateWindow()函数中修改 CREATESTRUCT 结构，或是可以调用 CWnd 类的成员函数 ModifyStyle()和 ModifyStyleEx()来更改。

1. 在"MFC 应用程序向导"创建时设置

在用"MFC 应用程序向导"创建单文档或多文档应用程序过程中，其"用户界面功能"页面有一个"主框架样式"栏，如图 5.2 所示。其中，"初始化状态栏"选项用来向应用程序添加状态栏，并对状态栏窗格数组进行初始化，状态栏上最右边的窗格分别显示出 Caps Lock、Num Lock 和 Scroll Lock 键的状态。"主框架样式"栏其他各选项的选中含义所对应的样式可从表 5.2 中找到，但在"用户界面功能"页面中，只能设定少数几个窗口样式。

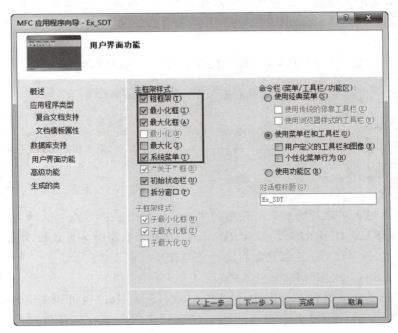

图 5.2 "用户界面功能"页面

2. 修改 CREATESTRUCT 结构

当创建窗口之前，将自动调用 PreCreateWindow() 虚函数。在用"MFC 应用程序向导"创建文档应用程序框架时，MFC 已为主框架窗口或文档窗口类自动重载了该虚函数。可以在此函数中通过修改 CREATESTRUCT 结构来设置窗口的绝大多数样式。

例如，在单文档应用程序中，框架窗口默认的样式是 WS_OVERLAPPEDWINDOW 和 FWS_ADDTOTITLE 的组合，更改其样式可用下列的代码。

```cpp
BOOL CMainFrame::PreCreateWindow(CREATESTRUCT& cs)
{
    if(!CFrameWndEx::PreCreateWindow(cs))    return FALSE;
    //新窗口不带有"最大化"按钮，即禁用最大化
    cs.style &= ~WS_MAXIMIZEBOX;
    cs.style &= ~FWS_ADDTOTITLE;             //取消 FWS_ADDTOTITLE 样式
    //将窗口的大小设为 1/3 屏幕并居中
    cs.cy = ::GetSystemMetrics(SM_CYSCREEN) / 3;
    cs.cx = ::GetSystemMetrics(SM_CXSCREEN) / 3;
    cs.y = ((cs.cy * 3) -cs.cy) / 2;
    cs.x = ((cs.cx * 3) -cs.cx) / 2;
    return TRUE;
}
```

代码中，前面有"::"域作用符的函数是指全局函数，一般都是一些 API 函数。"cs.style &= ~WS_MAXIMIZEBOX;"中的"~"是按位取"反"运算符，它将 WS_MAXIMIZEBOX 的值按位取反后，再和 cs.style 值按位"与"，其结果是将 cs.style 值中的 WS_MAXIMIZEBOX 标志位清零。

再如，对于多文档应用程序，文档窗口的样式可用下列的代码更改。

```cpp
BOOL CChildFrame::PreCreateWindow(CREATESTRUCT& cs)
{
    if(!CMDIChildWndEx::PreCreateWindow(cs))    return FALSE;
    cs.style &= ~WS_MAXIMIZEBOX;             //创建不含有"最大化"按钮的子窗口
    return TRUE;
}
```

注意：若上述代码运行的结果与预想的不一样，建议先运行 regedit 命令，进入注册表编辑区，找到 HKEY_CURRENT_USER\Software\ 应用程序向导生成的本地应用程序，删除里面的整个"xxx"项（xxx 是创建时指定的应用程序项目名称）。

3. 使用 ModifyStyle 和 ModifyStyleEx

CWnd 类中的成员函数 ModifyStyle() 和 ModifyStyleEx() 也可用来更改窗口的样式，其中，ModifyStyleEx() 还可更改窗口的扩展样式。这两个函数具有相同的参数，其原型如下。

```cpp
BOOL ModifyXXXX(DWORD dwRemove, DWORD dwAdd, UINT nFlags = 0);
```

其中，参数 dwRemove 用来指定需要删除的样式，dwAdd 用来指定需要增加的样式，nFlags 表示 SetWindowPos 的标志，0（默认值）表示更改样式的同时不调用 SetWindowPos() 函数。

由于框架窗口在用"MFC 应用程序向导"创建时不能直接设定其扩展样式，因此只能通过调用 ModifyStyle() 函数来进行。例如，将 CChildFrame 类的"属性窗口"切换到"重写"页面，找到并添加虚函数 OnCreateClient() 的重写（重载），然后在函数中添加下列代码。

```
BOOL CChildFrame::OnCreateClient(LPCREATESTRUCT lpcs,
                                  CCreateContext* pContext)
{
    ModifyStyle(0, WS_VSCROLL, 0);
    return CMDIChildWndEx::OnCreateClient(lpcs, pContext);
}
```

这样，当文档子窗口创建客户区时就会调用虚函数 OnCreateClient()。编译运行，结果如图 5.3 所示。

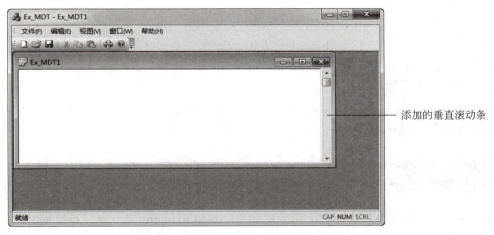

图 5.3　为文档子窗口添加垂直滚动条

5.1.5　改变窗口大小和位置

用 CWnd 类的成员函数 SetWindowPos() 或 MoveWindow() 可以改变窗口的大小和位置。

SetWindowPos() 是一个非常有用的函数，它不仅可以改变窗口的大小、位置，而且可以改变窗口在堆栈排列的次序（Z 次序），这个次序是根据它们在屏幕出现的先后来确定的。

```
BOOL SetWindowPos(const CWnd* pWndInsertAfter, int x, int y,
                  int cx, int cy, UINT nFlags);
```

其中，参数 pWndInsertAfter 用来指定窗口对象指针，它可以是下列预定义值。

```
wndBottom         //将窗口放置在 Z 次序中的底层
wndTop            //将窗口放置在 Z 次序中的顶层
wndTopMost        //设置最顶窗口
wndNoTopMost      //将窗口放置在所有最顶层的后面,若此窗口非最顶窗口,则无效
```

x 和 y 表示窗口新的左上角坐标,cx 和 cy 分别表示窗口新的宽度和高度,nFlags 表示窗口新的大小和位置方式,如表 5.3 所示。

表 5.3 常用 nFlags 值及其含义

nFlags 值	含 义
SWP_HIDEWINDOW	隐藏窗口
SWP_NOACTIVATE	不激活窗口。如该标志没有被指定,则依赖 pWndInsertAfter 参数
SWP_NOMOVE	不改变当前的窗口位置(忽略 x 和 y 参数)
SWP_NOOWNERZORDER	不改变父窗口的 Z 次序
SWP_NOREDRAW	不重新绘制窗口
SWP_NOSIZE	不改变当前的窗口大小(忽略 cx 和 cy 参数)
SWP_NOZORDER	不改变当前的窗口 Z 次序(忽略 pWndInsertAfter 参数)
SWP_SHOWWINDOW	显示窗口

函数 CWnd::MoveWindow() 也可用来改变窗口的大小和位置,与 SetWindowPos() 函数不同的是,使用 MoveWindow() 函数还须指定窗口的大小。

```
void MoveWindow(int x, int y, int nWidth, int nHeight, BOOL bRepaint = TRUE);
void MoveWindow(LPCRECT lpRect, BOOL bRepaint = TRUE);
```

其中,参数 x 和 y 表示窗口新的左上角坐标,nWidth 和 nHeight 表示窗口新的宽度和高度,bRepaint 用于指定窗口是否重绘,lpRect 表示窗口新的大小和位置。

作为示例,这里将使用上述两个函数把主窗口移动到屏幕的(100,100)处(代码添加在 InitInstance() 中 return TRUE 语句之前)。

```
//使用 SetWindowPos() 函数的示例
m_pMainWnd->SetWindowPos(NULL,100,100,0,0,SWP_NOSIZE|SWP_NOZORDER);
//使用 MoveWindow() 函数的示例
CRect rcWindow;
m_pMainWnd->GetWindowRect(rcWindow);
m_pMainWnd->MoveWindow(100,100,rcWindow.Width(),rcWindow.Height(),TRUE);
```

其中,CRect 是一个矩形类,GetWindowRect() 是一个 CWnd 类的成员函数,用来获取窗口在屏幕的位置和大小。当然,改变窗口的大小和位置的 CWnd 成员函数还不止以上两个。例如,CenterWindow() 函数是使窗口居于父窗口中央,就像下面的代码。

```
CenterWindow(CWnd::GetDesktopWindow());              //将窗口置于屏幕中央
AfxGetMainWnd()->CenterWindow();                     //将主框架窗口居中
```

5.2 文档模板

用"MFC 应用程序向导"创建的单文档(SDI)或多文档(MDI)应用程序项目均包含应用程序类、文档类、视图类和框架窗口类,这些类通过文档模板来有机地联系在一起。

5.2.1 文档模板类

文档应用程序框架是在程序运行时就开始构造的,在一个单文档应用程序(设项目名为 Ex_SDT)的应用程序类 InitInstance()函数中,可以看到这样的代码。

```
BOOL CEx_SDTApp::InitInstance()
{
    ...
    CSingleDocTemplate* pDocTemplate;
    pDocTemplate = new CSingleDocTemplate(
        IDR_MAINFRAME,                       //资源 ID
        RUNTIME_CLASS(CEx_SDTDoc),           //文档类
        RUNTIME_CLASS(CMainFrame),           //主框架窗口类
        RUNTIME_CLASS(CEx_SDTView));         //视图类
    if(!pDocTemplate)    return FALSE;
    AddDocTemplate(pDocTemplate);
    ...
    return TRUE;
}
```

代码中,pDocTemplate 是类 CSingleDocTemplate 的指针对象。CSingleDocTemplate 是一个单文档模板类,它的构造函数中有 4 个参数,分别表示菜单和加速键等的资源 ID 以及三个由宏 RUNTIME_CLASS 指定的运行时类对象。AddDocTemplate()是类 CWinApp 的一个成员函数,当调用了该函数后,就建立了应用程序类、文档类、视图类以及主框架类之间的相互联系。

类似地,多文档模板类 CMultiDocTemplate 的构造函数也有相同的定义,如下面的代码(设项目名为 Ex_MDT)。

```
BOOL CEx_MDTApp::InitInstance()
{
    ...
    CMultiDocTemplate* pDocTemplate;
    pDocTemplate = new CMultiDocTemplate(
        IDR_Ex_MDTTYPE,                      //资源 ID
        RUNTIME_CLASS(CEx_MDTDoc),           //文档类
        RUNTIME_CLASS(CChildFrame),          //子框架窗口类
        RUNTIME_CLASS(CEx_MDTView));         //视图类
```

```
    if(!pDocTemplate)
        return FALSE;
AddDocTemplate(pDocTemplate);
//创建主框架窗口
CMainFrame* pMainFrame = new CMainFrame;
if(!pMainFrame || !pMainFrame->LoadFrame(IDR_MAINFRAME))
{
    delete pMainFrame;
    return FALSE;
}
m_pMainWnd = pMainFrame;
...
return TRUE;
}
```

由于多文档模板只是用来建立资源、文档类、视图类和子框架窗口(文档窗口)类之间的关联，因而对于多文档主框架窗口的创建需要额外的代码。上述代码中，LoadFrame()是 CFrameWnd(CFrameWndEx)类成员函数，用来加载与主框架窗口相关的菜单、加速键、图标等资源。需要说明的是，多文档主框架窗口的创建应在多文档模板创建后进行，以便 MFC 程序框架将多文档模板和多文档主框架窗口建立联系。

5.2.2 文档模板字符串资源

在"MFC 应用程序向导"创建的文档应用程序资源中，许多资源标识符都是 IDR_MAINFRAME，这就意味着这些具有同名标识的资源将被框架自动加载到应用程序中。其中，String Table(字符串)资源列表中也有一个 IDR_MAINFRAME 项，它是用来标识文档类型、标题等内容的，称为"文档模板字符串资源"。其内容如下(设创建的单文档应用程序为 Ex_SDT)。

```
Ex_SDT\n\nEx_SDT\n\n\nExSDT.Document\nEx_SDT.Document
```

可以看出，IDR_MAINFRAME 所标识的字符串被"\n"分成了 7 段子串，每段都有特定的用途，其含义如表 5.4 所示。实际上，文档模板字符串资源内容既可直接通过字符串资源编辑器进行修改，也可以在文档应用程序创建向导的"文档模板属性"页面来指定，如图 5.4 所示，为单文档应用程序 Ex_SDT 中的情况，图中的数字表示该项的含义与表 5.4 中对应串号的含义相同。

表 5.4　文档模板属性的含义

IDR_MAINFRAME 子串	串号	用　　途
Ex_SDT\n	0	应用程序窗口标题
\n	1	文档根名。对 MDI 来说，若子窗口标题显示"Sheet1"，则其中的 Sheet 就是文档根名。若该子串为空，则文档名为默认的"无标题"

续表

IDR_MAINFRAME 子串	串号	用　　途
Ex_SDT\n	2	新建文档的类型名。若有多个文档类型，则这个名称将出现在"新建"对话框中
\n	3	通用对话框的文件过滤器正文
\n	4	通用对话框的文件扩展名
ExSDT.Document\n	5	在注册表中登记的文档类型标识
Ex_SDT.Document	6	在注册表中登记的文档类型名称（全称）

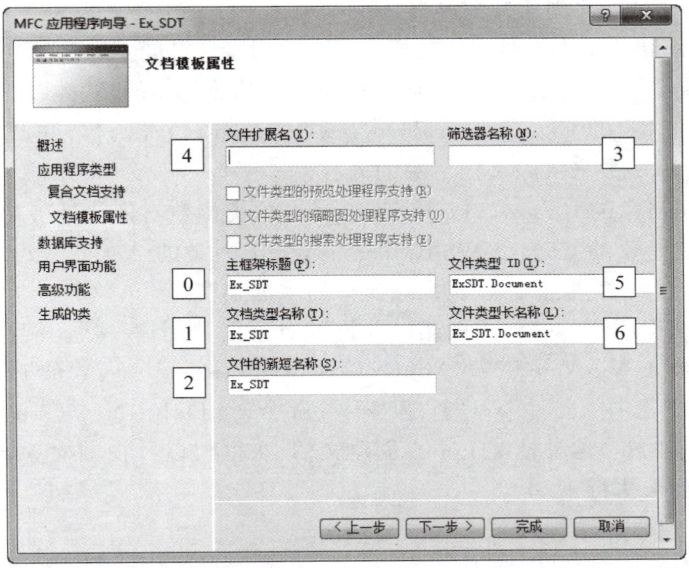

图 5.4　"文档模板属性"页面

但对于多文档应用程序（MDI）来说，上述字符串内容分别由 IDR_MAINFRAME 和 IDR_Ex_MDTTYPE（若项目名为 Ex_MDT）组成；其中，IDR_MAINFRAME 表示应用程序窗口标题，而 IDR_Ex_MDITYPE 表示后 6 项内容，它们的内容如下。

```
IDR_MAINFRAME: Ex_MDT
IDR_Ex_MDTTYPE: \nEx_MDT\nEx_MDT\n\n\nExMDT.Document\nEx_MDT.Document
```

5.3　文档序列化

用户处理的数据往往需要存盘作永久备份。将文档类中的数据成员变量的值保存在磁盘文件中，或者将存储的文档文件中的数据读取到相应的成员变量中。这个过程称为序列化（Serialize）。

5.3.1 文档序列化过程

MFC 文档序列化过程包括创建空文档、打开文档、保存文档和关闭文档这几个操作,下面阐述它们的具体运行过程。

1. 创建空文档

用户应用程序类的 InitInstance() 函数在调用了 AddDocTemplate() 函数之后,就会通过基类 CWinApp 的 ProcessShellCommand() 间接调用另一个非常有用的成员函数 OnFileNew(),并依次完成下列工作。

(1) 构造文档对象,但并不从磁盘中读数据。

(2) 构造主框架类 CMainFrame 的对象,并创建该主框架窗口,但不显示。

(3) 构造视图对象,并创建视图窗口,也不显示。

(4) 通过内部机制,使文档、主框架和视图"对象"之间"真正"建立联系。注意与 AddDocTemplate() 函数的区别,AddDocTemplate() 函数建立的是"类"之间的联系。

(5) 调用文档对象的 CDocument::OnNewDocument() 虚函数,并调用 CDocument::DeleteContents() 虚函数来清除文档对象的内容。

(6) 调用视图对象的 CView::OnInitialUpdate() 虚函数对视图进行初始化操作。

(7) 调用框架对象的 CFrameWnd(CFrameWndEx) 类的 ActiveFrame() 虚函数,以便显示出带有菜单、工具栏、状态栏以及视图窗口的主框架窗口。

在单文档应用程序中,文档、主框架以及视图对象仅被创建一次,并且这些对象在整个运行过程中都有效,CWinApp(CWinAppEx) 类的 OnFileNew() 函数被 InitInstance() 函数所调用。但当用户选择"文件"→"新建"菜单命令时,OnFileNew() 也会被调用,但与 InitInstance() 不同的是,这种情况下不再创建文档、主框架以及视图对象,但上述过程的最后 3 个步骤仍然会被执行。

2. 打开文档

当"MFC 应用程序向导"创建文档应用程序时,它会自动将"文件"菜单中的"打开"命令(ID 为 ID_FILE_OPEN)映射到 CWinApp(CWinAppEx) 的 OnFileOpen() 成员函数。这一结果可以从用户应用程序类(.cpp)的消息入口处得到验证。

```
BEGIN_MESSAGE_MAP(CEx_SDTApp, CWinAppEx)
    ON_COMMAND(ID_APP_ABOUT, &CEx_SDTApp::OnAppAbout)
    //基于文件的标准文档命令
    ON_COMMAND(ID_FILE_NEW, &CWinAppEx::OnFileNew)
    ON_COMMAND(ID_FILE_OPEN, &CWinAppEx::OnFileOpen)
    //标准打印设置命令
    ON_COMMAND(ID_FILE_PRINT_SETUP, &CWinAppEx::OnFilePrintSetup)
END_MESSAGE_MAP()
```

OnFileOpen() 函数还会进一步完成下列工作。

(1) 弹出通用文件"打开"对话框,供用户选择一个文档。

(2) 文档指定后,调用文档对象的 CDocument::OnOpenDocument() 虚函数。该函数将打开文档,并调用 DeleteContents() 清除文档对象的内容,然后创建一个 CArchive 对象用于数据的读取,接着又自动调用 Serialize()函数。

(3) 调用视图对象的 CView∷OnInitialUpdate()虚函数。

除了使用"文件"→"打开"菜单命令外,用户也可以选择最近使用过的文件列表来打开相应的文档。在应用程序的运行过程中,系统会记录下 4 个默认最近使用过的文件,并将文件名保存在 Windows 的注册表中。当每次启动应用程序时,应用程序都会将最近使用过的文件名称显示在"文件"菜单中。

3. 保存文档

当"MFC 应用程序向导"创建文档应用程序时,它会自动将"文件"菜单中的"保存"命令与文档类 CDocument 的 OnFileSave()函数在内部关联起来,在应用程序框架中是看不到相应代码的。OnFileSave()函数还会进一步完成下列工作。

(1) 弹出通用文件"保存"对话框,让用户提供一个文件名。

(2) 调用文档对象的 CDocument∷OnSaveDocument()虚函数,接着又自动调用Serialize()函数,将 CArchive 对象的内容保存在文档中。

说明:

① 只有在保存文档之前还没有存过盘(亦即没有文件名)或读取的文档是"只读"的,OnFileSave()函数才会弹出通用"保存"对话框。否则,只执行第 2 步。

② "文件"菜单中还有一个"另存为"命令,它是与文档类 CDocument 的 OnFileSaveAs()函数相关联。不管文档有没有保存过,OnFileSaveAs()都会执行上述两个步骤。

③ 上述文档存盘的必要操作都是由系统自动完成的。

4. 关闭文档

当用户试图关闭文档(或退出应用程序)时,应用程序会根据用户对文档的修改与否来进一步完成下列任务。

(1) 若文档内容已被修改,则弹出一个消息对话框,询问用户是否需要将文档保存。当用户选择"是",则应用程序执行 OnFileSave()过程。

(2) 调用 CDocument∷OnCloseDocument()虚函数,关闭所有与该文档相关联的文档窗口及相应的视图,调用文档类 CDocument 的 DeleteContents()清除文档数据。

需要说明的是,MFC 文档应用程序通过 CDocument 的 protected(保护)型成员变量 m_bModified 的逻辑值来判断用户是否对文档进行修改,若 m_bModified 为 TRUE("真"),则表示文档被修改。这样一来,就可在程序中通过 CDocument 的 SetModifiedFlag()成员函数来设置或通过 IsModified()成员函数来访问 m_bModified 的逻辑值。当文档创建、从磁盘中读出以及文档存盘时,文档的这个标记就被置为 FALSE(假);而当文档数据被修改时,则应使用 SetModifiedFlag()函数将该标记置为 TRUE(真)。这样,当关闭文档时,应用程序就会弹出消息对话框,询问是否保存已修改的文档。

由于多文档应用程序序列化过程基本上和单文档相似,因此这里不再重复。

5.3.2 CArchive 类和序列化操作

从上述单文档应用程序序列化过程可以看出:打开和保存文档时,系统都会自动调用Serialize()函数。事实上,"MFC 应用程序向导"在创建文档应用程序框架时就已在文档类中重载了 Serialize()函数,通过在该函数中添加代码可达到实现数据序列化的目的。例如,在 Ex_SDT 单文档应用程序的文档类中有这样的默认代码：

```
void CEx_SDTDoc::Serialize(CArchive& ar)
{
    if(ar.IsStoring())
    {   //TODO: 在此添加存储代码
    }
    else
    {   //TODO: 在此添加加载代码
    }
}
```

代码中，Serialize()函数的参数 ar 是一个 CArchive 类引用变量。通过判断 ar.IsStoring()的结果是 TRUE 还是 FALSE 就可决定向文档"写"还是"读"数据。

CArchive（归档）类不仅缓存文档数据，而且还保存一个内部标记，用来标识文档是存入（写）还是载入（读）。每次只能有一个活动的存档与 ar 相连。通过 CArchive 类可以简化文档操作，它提供"<<"和">>"运算符，用于向文档写入简单的数据类型以及从文档中读取它们，表 5.5 列出了 CArchive 所支持的常用数据类型。

表 5.5　ar 中可以使用<<和>>运算符的数据类型

类　型	描　　述	类　型	描　　述
BYTE	8 位无符号整型	WORD	16 位无符号整型
LONG	32 位带符号整型	DWORD	32 位无符号整型
float	单精度浮点	double	双精度浮点
int	带符号整型	short	带符号短整型
char	字符型	unsigned	无符号整型

除"<<"和">>"运算符外，CArchive 类还提供成员函数 ReadString()和 WriteString()用来从一个文档对象中读写一行文本，它们的原型如下：

```
Bool ReadString(CString& rString);
LPTSTR ReadString(LPTSTR lpsz, UINT nMax);
void WriteString(LPCTSTR lpsz);
```

其中，lpsz 用来指定读或写的文本内容，nMax 用来指定可以读出的最大字符个数。需要说明的是，当向一个文档写一行字符串时，字符'\0'（字符串结尾标志符）和'\n'（换行符）都不会写到文档中，在使用时要特别注意。

下面举一个简单的示例来说明 Serialize()函数和 CArchive 类的文档序列化操作方法。

（1）在"D:\Visual C++ 程序"文件夹中，创建本章应用程序工作文件夹"第 5 章"。用"MFC 应用程序向导"在该文件夹中创建一个标准的视觉样式单文档应用程序 Ex_SDI，将 stdafx.h 文件最后面内容中的 #ifdef _UNICODE 行和最后一个 #endif 行删除（注释掉）。

（2）打开 String Table 资源，将文档模板字符串资源 IDR_MAINFRAME 内容修改为：

文档序列化操作\n\n\n 自定义文件（*.my）\n.my\nExSDI.Document\nEx_SDI.Document

修改时，有两种方法：一是在 IDR_MAINFRAME 项选中状态中，单击其"标题"项内容，进入编辑状态，此时便可修改；二是右击 IDR_MAINFRAME，从弹出的快捷菜单中选择"属性"命令，在出现的"属性"窗口中修改其"标题"属性即可。

（3）在 CEx_SDIDoc 类的 Ex_SDIDoc.h 中添加下列成员变量。

```cpp
public:
    char         m_chArchive[100];      //读写数据时使用
    CString      m_strArchive;          //读写数据时使用
    BOOL         m_bIsMyDoc;            //用于判断文档
```

（4）在 CEx_SDIDoc 类构造函数中添加下列代码。

```cpp
CEx_SDIDoc::CEx_SDIDoc()
    :m_bIsMyDoc(FALSE)
{}
```

（5）在 CEx_SDIDoc∷OnNewDocument() 函数中添加下列代码。

```cpp
BOOL CEx_SDIDoc::OnNewDocument()
{
    if(!CDocument::OnNewDocument())     return FALSE;
    strcpy(m_chArchive, "& 这是一个用于测试文档的内容！");
    m_strArchive    = "这是一行文本！";
    m_bIsMyDoc      = TRUE;
    return TRUE;
}
```

（6）在 CEx_SDIDoc∷Serialize() 函数中添加下列代码。

```cpp
void CEx_SDIDoc::Serialize(CArchive& ar)
{
    if(ar.IsStoring())
    {
        if(m_bIsMyDoc)                        //是自己的文档
        {
            for(int i=0; i<sizeof(m_chArchive); i++)
                ar<<m_chArchive[i];
            ar.WriteString(m_strArchive);
        } else
            AfxMessageBox("数据无法保存！");
    }
    else
    {
```

```
            ar>>m_chArchive[0];                //读取文档首字符
            if(m_chArchive[0] == '&')          //是自己的文档
            {
                for(int i=1; i<sizeof(m_chArchive); i++)
                    ar>>m_chArchive[i];
                ar.ReadString(m_strArchive);
                CString str;
                str.Format("%s%s",m_chArchive,m_strArchive);
                AfxMessageBox(str);
                m_bIsMyDoc    = TRUE;
            }
            else                               //不是自己的文档
            {
                m_bIsMyDoc    = FALSE;
                AfxMessageBox("打开的文档无效!");
            }
        }
    }
```

（7）编译运行并测试。程序运行后，选择"文件"→"另存为"菜单，指定一个文档名 1.my，然后选择"文件"→"新建"菜单命令，再打开该文档，结果就会弹出对话框，显示该文档的内容，如图 5.5 所示。

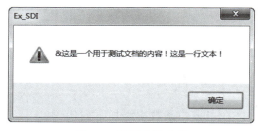

图 5.5　显示文档内容

需要说明的是：Serialize()函数对操作的文档均有效，为了避免对其他文档误操作，这里在文档中加入"&"字符来作为自定义文档的标识，以与其他文档相区别。

5.3.3　使用简单数组集合类

上述文档的读写是通过变量来存取文档数据的，实际上还可以使用 MFC 提供的集合类来进行操作。这样不仅可以有利于优化数据结构，简化数据的序列化，而且保证数据类型的安全性。

集合类常用于装载一组对象，组织文档中的数据，也常用作数据的容器。从集合类的表现形式上看，MFC 提供的集合类可分为三类：链表集合类（List）、数组集合类（Array）和映射集合类（Map）。

限于篇幅，这里仅讨论简单数组集合类，它包括 CObArray（对象数组集合类）、

CByteArray（BYTE 数组集合类）、CDWordArray（DWORD 数组集合类）、CPtrArray（指针数组集合类）、CStringArray（字符串数组集合类）、CUIntArray（UINT 数组集合类）和 CWordArray（WORD 数组集合类）。

简单数组集合类是一个大小动态可变的数组，数组中的元素可用下标运算符"[ ]"来访问（从 0 开始）、设置或获取元素数据。若要设置超过数组当前个数的元素的值，可以指定是否使数组自动扩展。当数组不需扩展时，访问数组集合类的速度与访问标准 C++ 中的数组的速度同样快。以下的基本操作对所有的简单数组集合类都适用。

1. 简单数组集合类的构造及元素的添加

对简单数组集合类构造的方法都是一样的，均是使用各自的构造函数，它们的原型如下。

```
CByteArray          CByteArray();
CDWordArray         CDWordArray();
CObArray            CObArray();
CPtrArray           CPtrArray();
CStringArray        CStringArray();
CUIntArray          CUIntArray();
CWordArray          CWordArray();
```

下面的代码说明了简单数组集合类的两种构造方法。

```
CObArray array;                        //使用默认的内存块大小
CObArray* pArray = new CObArray;       //使用堆内存中的默认的内存块大小
```

为了有效使用内存，在使用简单数组集合类之前最好调用成员函数 SetSize() 设置此数组的大小，与其对应的函数是 GetSize()，用来返回数组的大小，它们的原型如下。

```
void SetSize(int nNewSize, int nGrowBy = -1);
int GetSize() const;
```

其中，参数 nNewSize 用来指定新的元素的数目（必须大小或等于 0）。nGrowBy 表示当数组需要扩展时允许添加的最少元素数目，默认时为自动扩展。

向简单数组集合类添加一个元素，可使用成员函数 Add() 和 Append()，它们的原型如下。

```
int Add(CObject* newElement);
int Append(const CObArray& src);
```

其中，Add() 函数是向数组的末尾添加一个新元素，且数组自动增 1。如果调用的函数 SetSize() 的参数 nGrowBy 的值大于 1，那么扩展内存将被分配。此函数返回被添加的元素序号，元素序号就是数组下标。参数 newElement 表示要添加的相应类型的数据元素。而 Append() 函数是向数组的末尾添加由 src 指定的另一个数组的内容。函数返回加入的第一个元素的序号。

2. 访问简单数组集合类的元素

在 MFC 中，一个简单数组集合类元素的访问既可以使用 GetAt() 函数，也可使用"[]"操作符，例如：

```
//CObArray::operator[]示例
CObArray array;
CAge* pa;                           //CAge 是一个用户类
array.Add(new CAge(21));            //添加一个元素
array.Add(new CAge(40));            //再添加一个元素
pa = (CAge*)array[0];               //获取元素 0
array[0] = new CAge(30);            //替换元素 0
//CObArray::GetAt 示例
CObArray array;
array.Add(new CAge(21));            //元素 0
array.Add(new CAge(40));            //元素 1
```

3. 删除简单数组集合类的元素

删除简单数组集合类中的元素一般需要以下几个步骤。

（1）使用函数 GetSize() 和整数下标值访问简单数组集合类中的元素。
（2）若对象元素是在堆内存中创建的，则使用 delete 操作符删除每一个对象元素。
（3）调用函数 RemoveAll() 删除简单数组集合类中的所有元素。

例如，下面的代码是一个 CObArray 的删除示例。

```
CObArray array;
CAge* pa1;
CAge* pa2;
array.Add(pa1 = new CAge(21));
array.Add(pa2 = new CAge(40));
ASSERT(array.GetSize() == 2);
for(int i=0;i<array.GetSize();i++)
    delete array.GetAt(i);
array.RemoveAll();
```

需要说明的是：函数 RemoveAll() 是删除数组中的所有元素，而函数 RemoveAt(int nIndex, int nCount=1) 则表示要删除数组中从序号为 nIndex 开始的，数目为 nCount 的元素。

4. 使用简单数组集合类示例

下面来看一个示例，用来读取打开的文档内容并显示在文档窗口（视图）中。

（1）用"MFC 应用程序向导"创建一个标准的视觉样式单文档应用程序 Ex_Array，将 stdafx.h 文件最后面内容中的 #ifdef _UNICODE 行和最后一个 #endif 行删除（注释掉）。

（2）为 CEx_ArrayDoc 类添加 CStringArray 类型的成员变量 m_strContents，用来读取文档内容。

（3）在 CEx_ArrayDoc::Serialize() 函数中添加读取文档内容的代码。

```
void CEx_ArrayDoc::Serialize(CArchive& ar)
{
    if(ar.IsStoring())     {}
    else    {
        CString str;
        m_strContents.RemoveAll();
        while(ar.ReadString(str)) {
            m_strContents.Add(str);
        }
    }
}
```

（4）在 CEx_ArrayView∷OnDraw()中添加下列代码。

```
void CEx_ArrayView::OnDraw(CDC * pDC)
{
    CEx_ArrayDoc * pDoc = GetDocument();
    ASSERT_VALID(pDoc);
    if(!pDoc)
        return;
    int y = 0;
    CString str;
    for(int i=0; i<pDoc->m_strContents.GetSize(); i++)
    {
        str = pDoc->m_strContents.GetAt(i);
        pDC->TextOut(0, y, str);
        y += 16;
    }
}
```

其中，宏 ASSERT_VALID 是用来调用 AssertValid()函数，AssertValid()的目的是启用"断言"机制来检验对象的正确性和合法性。通过 GetDocument()函数可以在视图类中访问文档类的成员，TextOut()是 CDC 类的一个成员函数，用于在视图指定位置处绘制文本内容。

（5）编译运行并测试，打开任意一个文本文件，结果如图 5.6 所示。

需要说明的是：该示例的功能还需要进一步添加，例如，显示的字体改变、行距的控制等，最主要的是还应在视图中通过滚动条来查看文档的全部内容，以后还会详细讨论这些功能的实现方法。

5.3.4 使用 CFile 类

在 MFC 中，CFile 类是一个文件 I/O 的基类。它直接支持非缓冲、二进制的磁盘文件的输入输出，也可以使用其派生类处理文本文件（CStdioFile）和内存文件（CMemFile）。CFile 类的读写功能类似于 C 语言中的 fread()和 fwrite()，而 CStdioFile 类的读写功能类

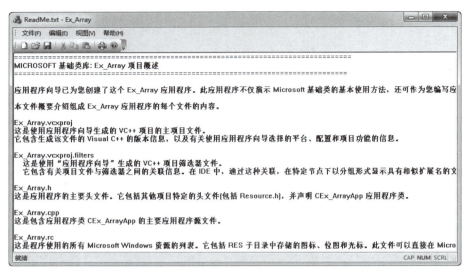

图 5.6　在视图上显示文档内容

似于 C 语言中的 fgets()和 fputs()。使用 CFile 类可以打开或关闭一个磁盘文件、向一个文件读或写数据等。下面分别说明。

1. 文件的打开和关闭

在 MFC 中,使用 CFile 打开一个文件通常使用下列两个步骤。

(1) 构造一个不带指定任何参数的 CFile 对象。

(2) 调用成员函数 Open()并指定文件路径以及文件标志。

CFile 类的 Open()函数原型如下。

```
BOOL Open(LPCTSTR lpszFileName, UINT nOpenFlags,
          CFileException* pError = NULL);
```

其中,lpszFileName 用来指定一个要打开的文件路径,该路径可以是相对的、绝对的或是一个网络 UNC 文件名(UNC,通用命名规范)。nOpenFlags 用来指定文件打开的标志,它的值见表 5.6。pError 用来表示操作失败产生的 CFileException 指针,CFileException 是一个与文件操作有关的异常处理类。函数 Open()操作成功时返回 TRUE,否则为 FALSE。

表 5.6　CFile 类的文件常用访问方式

方　　式	含　　义
CFile::modeCreate	表示创建一个新文件,若该文件已存在,则将文件原有内容清除
CFile::modeNoTruncate	与 CFile::modeCreate 组合。若文件已存在,不会将文件原有内容清除
CFile::modeRead	打开文件只读
CFile::modeReadWrite	打开文件读与写
CFile::modeWrite	打开文件只写
CFile::modeNoInherit	防止子线程继承该文件

例如，下面的代码将显示如何用读写方式创建一个新文件。

```
char*              pszFileName = "c:\\test\\myfile.dat";
CFile              myFile;
CFileException     fileException;
if(!myFile.Open(pszFileName, CFile::modeCreate | CFile::modeReadWrite),
                &fileException)
{
   TRACE("Can't open file %s, error = %u\n", pszFileName,
           fileException.m_cause);
}
```

其中，若文件创建打开有任何问题，Open( )函数将在它的最后一个参数中返回 CFileException(文件异常类)对象，TRACE 宏将显示出文件名和表示失败原因的代码。使用 AfxThrowFile Exception( )函数将获得更详细的有关错误的报告。

与文件"打开"相反的操作是"关闭"，可以使用 Close( )函数来关闭一个文件对象，若该对象是在堆内存中创建的，还需调用 delete( )来删除它(不是删除物理文件)。

2. 文件的读写和定位

CFile 类支持文件的读、写和定位操作，它们相关函数的原型如下。

UINT Read(void* *lpBuf*, **UINT** *nCount*);

此函数将文件中指定大小的数据读入指定的缓冲区，并返回向缓冲区传输的字节数。需要说明的是，这个返回值可能小于 nCount，这是因为可能到达了文件的结尾。

void Write(const void* *lpBuf*, **UINT** *nCount*);

此函数将缓冲区的数据写到文件中。参数 lpBuf 用来指定要写到文件中的数据缓冲区的指针，nCount 表示从数据缓冲区传送的字节数。对于文本文件，每行的换行符也被计算在内。

LONG Seek(LONG *lOff*, **UINT** *nFrom*);

此函数用来定位文件指针的位置。若要定位的位置是合法的，则此函数将返回从文件开始的偏移量。否则，返回值是不定的且引发一个 CFileException 对象。参数 lOff 用来指定文件指针移动的字节数，nFrom 表示指针移动方式，它可以是 CFile::begin(从文件的开始位置)、CFile::current(从文件的当前位置)或 CFile::end(从文件的最后位置，但 lOff 必须为负值才能在文件中定位，否则将超出文件)等。需要说明的是，文件刚打开时，默认的文件指针位置为 0，即文件的开始位置。

另外，函数 SeekToBegin( )和 SeekToEnd( )分别将文件指针移动到文件开始和结尾位置，对于后者还将返回文件的 DWORD 类型的大小。

3. 获取文件的有关信息

CFile 还支持获取文件状态，包括文件是否存在、创建与修改的日期和时间、逻辑大小和路径等。

> **BOOL GetStatus(CFileStatus&** *rStatus***) const;**
> **static BOOL PASCAL GetStatus(LPCTSTR** *lpszFileName*, **CFileStatus&** *rStatus***);**

若指定文件的状态信息成功获得，该函数返回 TRUE，否则返回 FALSE。其中，参数 lpszFileName 用来指定一个文件路径，这个路径可以是相对的或是绝对的，但不能是网络文件名。rStatus 用来存放文件状态信息，它是一个 CFileStatus 结构类型，该结构具有下列成员。

```
CTime m_ctime                        //文件创建日期和时间
CTime m_mtime                        //文件最后一次修改日期和时间
CTime m_atime                        //文件最后一次访问日期和时间
LONG m_size                          //文件的逻辑大小字节数
BYTE m_attribute                     //文件属性
char m_szFullName[_MAX_PATH]         //文件名
```

需要说明的是，static 形式的 GetStatus()函数将获得指定文件名的文件状态，并将文件名复制至 m_szFullName 中。该函数仅获取文件状态，并没有真正打开文件，这对于测试一个文件的存在性是非常有用的。例如下面的代码：

```
CFile           theFile;
char *          szFileName = "c:\\test\\myfile.dat";
BOOL            bOpenOK;
CFileStatus     status;
if(CFile::GetStatus(szFileName, status))        //该文件已存在,直接打开
{
    bOpenOK = theFile.Open(szFileName, CFile::modeWrite);
} else      //该文件不存在,需要使用 modeWrite 方式创建它
{
    bOpenOK = theFile.Open(szFileName,
                        CFile::modeCreate | CFile::modeWrite);
}
```

4. CFile 示例

下面来看一个示例，如图 5.7 所示，单击 打开 按钮，将弹出文件"打开"对话框，从中选择一个文件时，编辑框上方显示出该文件的路径名、创建时间和文件大小，并在编辑框中显示出该文件的内容。

(1) 创建一个默认的对话框应用程序 Ex_File。其中，要将 stdafx.h 文件最后面内容中的 #ifdef _UNICODE 行和最后一个 #endif 行删除(注释掉)。

(2) 将对话框资源模板切换成网格。打开对话框"属性"窗口，将 Caption(标题)属性改为"使用 CFile"。删除"TODO：在此放置对话框控件。"静态文本控件和"取消"按钮，将"确定"按钮 Caption(标题)属性改为"退出"。

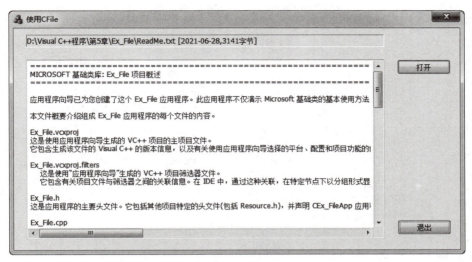

图 5.7 CFile 示例运行结果

(3) 调整对话框的大小(大小调到 419×215px),参看图 5.7 的控件布局,添加一个静态文件控件(属性 ID 指定为 IDC_STATIC_TITLE,Sunken、Center Image 指定为 True)、一个编辑框(属性 ID 默认为 IDC_EDIT1,Multiline、Horizontal Scroll、Vertical Scroll 以及 Auto VScroll 指定为 True,调整其大小和位置)和一个按钮(属性 ID 指定 IDC_BUTTON_OPEN,Caption 改为"打开")。

(4) 打开"MFC 类向导"对话框,在"成员变量"页面中,为 IDC_STATIC_TITLE 控件添加 Value 类型(CString)控件变量 m_strTitle,为 IDC_EDIT1 控件添加 Value 类型(CString)控件变量 m_strContent。在"命令"页面中,为按钮控件 IDC_BUTTON_OPEN 添加 BN_CLICKED 消息的默认映射函数,单击 编辑代码(E) 按钮,在打开的文档窗口中的 OnBnClickedButtonOpen()函数中添加下列代码。

```
void CEx_FileDlg:: OnBnClickedButtonOpen()
{
    CString filter;
    filter = "文本文件(*.txt)|*.txt|C++文件(*.h,*.cpp)|*.h;*.cpp||";
    CFileDialog dlg(TRUE, NULL, NULL, OFN_HIDEREADONLY, filter);
    if(dlg.DoModal() != IDOK) return;
    CString       strFileName = dlg.GetPathName();
    CFileStatus   status;
    if(!CFile::GetStatus(strFileName, status))
    {
        MessageBox("该文件不存在!");           return;
    }
    m_strTitle.Format("%s [%s,%ld字节]", strFileName,
        status.m_ctime.Format("%Y-%m-%d"), status.m_size);
    UpdateData(FALSE);
    //打开文件,并读取数据
```

```
    m_strContent.Empty();
    CFile theFile;
    if(!theFile.Open(strFileName, CFile::modeRead))
    {
        MessageBox("该文件无法打开!");          return;
    }
    char    szBuffer[80];
    UINT    nActual = 0;
    while(nActual = theFile.Read(szBuffer, sizeof(szBuffer)))
    {
        CString str(szBuffer, nActual);
        m_strContent = m_strContent + str;
    }
    theFile.Close();
    UpdateData(FALSE);
}
```

（5）编译运行并测试。

5.3.5　CFile 和 CArchive 类之间的关联

事实上，文档应用程序框架就是将一个外部磁盘文件和一个 CArchive 对象关联起来。当然，这种关联还可直接通过 CFile 来进行。例如：

```
CFile theFile;
theFile.Open(..., CFile::modeWrite);
CArchive archive(&theFile, CArchive::store);
```

其中，CArchive 构造函数的原型如下。

```
CArchive(CFile* pFile, UINT nMode, int nBufSize = 4096, void* lpBuf = NULL);
```

参数 pFile 用来指定与之关联的文件指针。nBufSize 表示内部文件的缓冲区大小，默认值为 4096B。lpBuf 表示自定义的缓冲区指针，若为 NULL，则表示缓冲区建立在堆内存中，当对象清除时，缓冲区内存也被释放；若指明用户缓冲区，对象消除时，缓冲区内存不会被释放。nMode 用来指定文档是用于存入还是读取，它可以是 CArchive::load（读取数据）、CArchive::store（存入数据）或 CArchive::bNoFlushOnDelete（当析构函数被调用时，避免文档自动调用 Flush。若设置这个标志，则必须在析构函数被调用之前调用 Close()，否则文件数据将被破坏）。

也可将一个 CArchive 对象（如 ar）与 CFile 类指针相关联，如下面的代码。

```
const CFile* fp = ar.GetFile();
```

5.4 视图应用框架

视图不仅可以响应各种类型的输入，例如，键盘输入、鼠标输入或拖放输入、菜单、工具条和滚动条产生的命令输入等，而且还与文档或控件一起构成了视图应用框架，如列表视图、树视图等。这里对常用的视图应用框架类型做介绍。

5.4.1 一般视图框架

MFC 中的 CView 类及其派生类封装了视图的各种不同的应用功能，它们为实现最新的 Windows 应用程序特性提供了极大的便利。这些视图类如表 5.7 所示。它们都可以作为文档应用程序中视图类的基类，其设置的方法是在"MFC 应用程序向导"创建单文档或多文档应用程序的"生成的类"页面中进行用户视图类的基类的选择。

表 5.7　CView 的派生类及其功能描述

类　名	功　能　描　述
CScrollView	提供自动滚动或缩放功能
CHtmlView	提供包含 WebBrowser 的视图应用框架，它用于访问网络或 HTML 文件
CFormView	提供可滚动的视图应用框架，它由对话框模板创建，并和对话框一样设计
CRecordView	提供表单视图直接与 ODBC 记录集对象关联；和所有的表单视图一样，CRecordView 也是基于对话框模板设计的
CDaoRecordView	提供表单视图直接与 DAO 记录集对象关联；其他同 CRecordView
CCtrlView	是 CEditView、CListView、CTreeView 和 CRichEditView 的基类，它们提供的文档视图结构也适用于 Windows 中的新控件
CEditView	提供包含编辑控件的视图应用框架；支持文本的编辑、查找、替换以及滚动功能
CRichEditView	提供包含复合编辑控件的视图应用框架；它除了 CEditView 功能外还支持字体、颜色、图表及 OLE 对象的嵌入等
CListView	提供包含列表控件的视图应用框架；它类似于 Windows 资源管理器的右侧窗口
CTreeView	提供包含树状控件的视图应用框架；它类似于 Windows 资源管理器的左侧窗口

1. CEditView 和 CRichEditView

CEditView 是一种像编辑框控件 CEdit 一样的视图框架，它也提供窗口编辑控制功能，可以用来执行简单文本操作，如打印、查找、替换、剪贴板的剪切、复制和粘贴等。由于 CEditView 类自动封装上述常用操作，因此只要在文档模板中使用 CEditView 类，那么应用程序的"编辑"菜单和"文件"菜单里的菜单项都可自动激活。

CRichEditView 类要比 CEditView 类功能强大得多，由于它使用了富文本编辑控件，因而它支持混合字体格式和更大数据量的文本。CRichEditView 类被设计成与 CRichEditDoc 和 CRichEditCntrItem 类一起使用，用以实现一个完整的 ActiveX 包容器应用程序。

下面来看一看使用 CEditView 视图应用框架的示例，它能像记事本那样自动进行文档的显示、修改、打开和保存等操作。

（1）用"MFC 应用程序向导"创建一个标准的视觉样式单文档应用程序 Ex_Edit。在向导"生成的类"页面中，将 CEx_EditView 的基类选为 CEditView，如图 5.8 所示。

图 5.8　更改 CEx_EditView 的基类

（2）单击 完成 按钮。将 stdafx.h 文件最后面内容中的 #ifdef _UNICODE 行和最后一个 #endif 行删除（注释掉）。编译运行，打开一个文档，结果如图 5.9 所示。

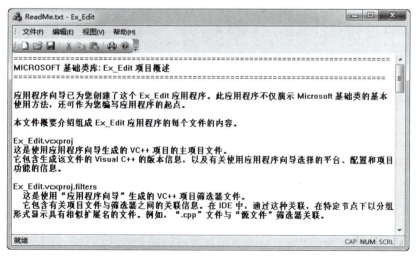

图 5.9　Ex_Edit 运行结果

说明：尽管 CEditView 类具有编辑框控件的功能，但它却不具有所见即所得编辑功能，而且只能将文本做单一字体的显示，不支持特殊格式的字符。

2. CFormView

CFormView 是一个非常有用的视图应用框架,它具有许多无模式对话框的特点。像 CDialog 的派生类一样,CFormView 的派生类也是和相应的对话框资源相绑定,并且也支持对话框数据交换和数据校验(DDX 和 DDV)机制。CFormView 还是所有表单视图类(如 CRecordView、CDaoRecordView、CHtmlView、CHtmlEditView 等)的基类。

创建表单应用程序的基本方法除了在"MFC 应用程序向导"创建文档应用程序的"生成的类"中选择 CFormView 作为视图类的基类外,还可在已创建的文档应用程序中自动插入一个表单。下面来看一个示例,它是在一个单文档应用程序 Ex_Form 中插入表单后,将文档内容显示在表单视图的编辑框控件中。

(1) 添加并设计表单。

① 用"MFC 应用程序向导"创建一个标准的视觉样式单文档应用程序 Ex_Form。将 stdafx.h 文件最后面内容中的 #ifdef _UNICODE 行和最后一个 #endif 行删除(注释掉)。

② 选择"项目"→"添加类"菜单命令,弹出"添加类"对话框,在"类别"中选定 MFC,在"模板"中选中 MFC类,单击 添加(A) 按钮,弹出"MFC 添加类向导"对话框,输入"类名"为"CTextView",选择"基类"为 CFormView,保留默认的对话框 ID,结果如图 5.10 所示,这里不要勾选"生成 DocTemplate 资源"复选框,否则会生成两种文档类型。

图 5.10 添加表单视图类

③ 保留其他默认选项,单击 完成 按钮。将工作区窗口切换到"资源视图"页面,展开结点,双击 Dialog 下的 IDD_TEXTVIEW 资源,这就是表单模板,打开的界面与对话框资源模板打开时是一样的,如图 5.11 所示。

④ 单击对话框编辑器工具栏中的"网格切换"按钮,显示对话框资源网格。删除原来的静态文本控件,添加一个编辑框(用于文档内容的显示),在其"属性"窗口中,保留默认的 ID 属性(IDC_EDIT1),将 Multiline、Horizontal Scroll、Vertical Scroll 以及 Auto VScroll 属

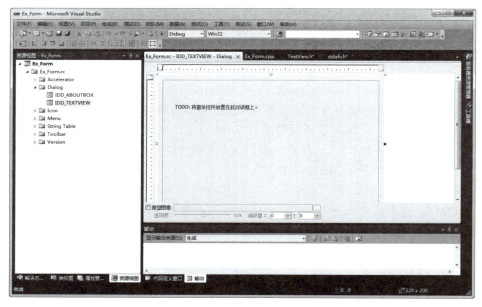

图 5.11 表单资源模板打开后的开发环境

性指定为 True,调整其大小和位置。

⑤ 为 IDC_EDIT1 控件添加 Value 类型(CString)控件变量 m_strText。

(2) 完善代码并测试。

① 为 CEx_FormDoc 类添加一个成员变量 CString m_strContent。

② 在 CEx_FormDoc::Serialize()函数中添加下列代码。

```
void CEx_FormDoc::Serialize(CArchive& ar)
{
    if(ar.IsStoring())     {}
    else    {
        CString str;
        m_strContent.Empty();                      //清空字符串变量内容
        while(ar.ReadString(str)) {
            m_strContent = m_strContent + str;
            m_strContent = m_strContent + "\r\n";  //行末添加回车换行符
        }
    }
}
```

③ 打开并将 CTextView 类"属性"窗口切换到"重写"页面,找到并添加 OnUpdate()虚函数的重载(重写),使用默认重载名,添加下列代码。

```
void CTextView::OnUpdate(CView* pSender, LPARAM lHint, CObject* pHint)
{
    CEx_FormDoc* pDoc = (CEx_FormDoc*)GetDocument();
    m_strText = pDoc->m_strContent;
```

```
    UpdateData(FALSE);
}
```

这样一来,当文档更新后,会自动通知由文档模板关联的视图类,从而自动调用这里的 OnUpdate() 函数。

④ 在 TextView.cpp 文件前面添加 CEx_FormDoc 类头文件包含。

```
#include "Ex_Form.h"
#include "TextView.h"
#include "Ex_FormDoc.h"
```

⑤ 在 Ex_Form.cpp 文件的前面添加 CTextView 类的包含指令,同时将文档模板关联的视图类修改为 CTextView 类。

```
#include "Ex_FormDoc.h"
#include "Ex_FormView.h"
#include "TextView.h"
...
BOOL CEx_FormApp::InitInstance()
{   ...
    pDocTemplate = new CSingleDocTemplate(
        IDR_MAINFRAME,
        RUNTIME_CLASS(CEx_FormDoc),
        RUNTIME_CLASS(CMainFrame),          //主 SDI 框架窗口
        RUNTIME_CLASS(CTextView));          //修改为添加的表单视图类
    AddDocTemplate(pDocTemplate);
    ...
    return TRUE;
}
```

⑥ 编译运行并测试,结果如图 5.12 所示。

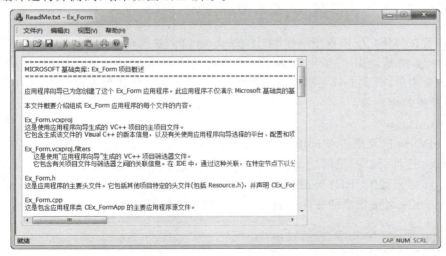

图 5.12　Ex_Form 第一次运行结果

⑦ 在实际应用中，图 5.12 结果是有缺陷的，因为总希望显示文档内容的编辑框控件大小能和表单视图大小一样大。为此需要为 CTextView 类添加 WM_SIZE（当窗口大小发生改变时产生）"消息"的默认映射处理函数，并添加下列代码。

```
void CTextView::OnSize(UINT nType, int cx, int cy)
{
    CFormView::OnSize(nType, cx, cy);
    CWnd* pWnd = GetDlgItem(IDC_EDIT1);           //获取编辑框窗口指针
    if(pWnd)                                       //若窗口指针有效
        pWnd->SetWindowPos(NULL,-2,-2,cx+4,cy+4,SWP_NOZORDER);
    //将编辑框 IDC_EDIT1 窗口大小扩大一些，以使整个文档窗口界面看上去更好一些
}
```

⑧ 再次编译运行并测试，结果如图 5.13 所示。

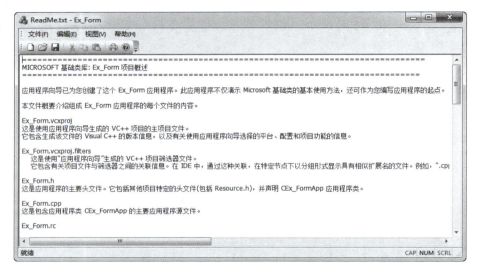

图 5.13　Ex_Form 运行结果

当然，若在"MFC 应用程序向导"创建 Ex_Form 的"生成的类"页面中，也可直接将 CEx_FormView 类的基础由 CView 改为 CFormView，则上述过程更为简单些。需要注意的是，添加一个表单，事实上就是添加一个视图框架，它包括新的文档模板资源、菜单栏以及新的单文档模板的创建等。

3. CHtmlView

CHtmlView 框架是将 WebBrowser 控件嵌入到文档视图结构中所形成的视图框架。WebBrowser 控件可以浏览网址，也可以作为本地文件和网络文件系统的窗口，它支持超级链接、统一资源定位（URL）导航器并维护历史列表等。其中，核心函数 CHtmlView::Navigate2()用来浏览指定的文件、网页或网址，其用法如下列代码。

```
void CEx_HtmlView::OnInitialUpdate()
{
```

```
    CHtmlView::OnInitialUpdate();
    Navigate2(_T("http://www.msdn.microsoft.com/vstudio/"),NULL,NULL);
}
```

4. CScrollView

CScrollView 框架不仅能直接支持视图的滚动操作,而且能管理视口的大小和映射模式,并能响应滚动条消息、键盘消息以及鼠标滚轮消息。

需要说明的是,当基于滚动视图的文档应用程序框架创建(即在"MFC 应用程序向导"的"生成的类"页面中将视图基类改为 CScrollView)后,应用程序框架中会自动重载 CView::OnInitialUpdate(),并在该函数中调用 CScrollView 成员函数 SetScrollSizes()来设置相关参数,如映射模式、滚动逻辑窗口的大小、水平或垂直方向的滚动量等。如果仅需要视图具有自动缩放功能(而不具有滚动特性),则调用 CScrollView::SetScaleToFitSize()函数代替"MFC 应用程序向导"添加的 SetScrollSizes()函数调用代码即可,它们的原型如下。

```
void SetScaleToFitSize(SIZE sizeTotal);
void SetScrollSizes(int nMapMode, SIZE sizeTotal,
                    const SIZE& sizePage = sizeDefault,
                    const SIZE& sizeLine = sizeDefault);
```

其中,sizeTotal 用来指定要显示的文档或图片等内容的大小(长和高),nMapMode 用来指定设备环境的坐标映射模式,默认为 MM_TEXT。sizePage 和 sizeLine 用来指定鼠标单击滚动条中的页面滚动(空白页面)和行滚动(箭头)时的水平滚动和垂直滚动大小。

若当前视图的大小不能全部显示由 SetScrollSizes 中指定的当前的文档或图片等内容的大小(sizeTotal)时,相应的滚动条将自动激活,通过滚动条浏览显示的内容。若当前视图的大小不能全部显示由 SetScaleToFitSize 指定的大小时,则会自动缩小显示以匹配全部的文档窗口(视图)大小,否则就放大到全部文档窗口大小。

5.4.2 列表视图框架

CListView 框架是将列表控件(CListCtrl)嵌入到文档视图结构中所形成的视图框架。由于它又是从 CCtrlView 中派生的,因此它既可以调用 CCtrlView 的基类 CView 类的成员函数,又可以使用 CListCtrl 功能。当使用 CListCtrl 功能时,必须先要得到 CListView 封装的内嵌可引用的 CListCtrl 对象,这时可调用 CListView 的成员函数 GetListCtrl(),如下面的代码。

```
CListCtrl& listCtrl = GetListCtrl();        //listCtrl 必须定义成引用
```

下面来看一个示例。这个示例用来将当前文件夹中的文件用"大图标""小图标""列表"以及"报表"4 种不同方式在列表视图中显示出来。当双击某个列表项时,还将该项的文本标签内容用消息对话框的形式显示出来。

实现这个示例有两个关键问题,一个是如何获取当前文件夹中的所有文件,另一个是如何获取各个文件的图标以便添加到与列表控件相关联的图像列表中。第 1 个问题可能通过

MFC 类 CFileFind 来解决,而对于第 2 问题,则需要使用 API 函数 SHGetFileInfo()。需要说明的是,为了使添加到图像列表中的图标不重复,本例还使用了一个字符串数组集合类对象来保存图标的类型,每次添加图标时都先来验证该图标是否已经添加过。

过程如下。

(1) 用"MFC 应用程序向导"创建一个标准的视觉样式单文档应用程序 Ex_List,在向导"生成的类"页面中,将 CEx_ListView 的基类选为 CListView。将 stdafx.h 文件最后面内容中的 ♯ifdef _UNICODE 行和最后一个 ♯endif 行删除(注释掉)。

(2) 为 CEx_ListView 类添加下列数据成员和成员函数。

```
class CEx_ListView : public CListView
{...
//操作
public:
    CImageList      m_ImageList;
    CImageList      m_ImageListSmall;
    CStringArray    m_strArray;
    int             m_nCurViewStyle;
    void SetCtrlStyle(HWND hWnd, DWORD dwNewStyle)
    {
        DWORD    dwOldStyle;
        dwOldStyle = GetWindowLong(hWnd, GWL_STYLE);        //获取当前样式
        if((dwOldStyle&LVS_TYPEMASK) != dwNewStyle){
            dwOldStyle &= ~LVS_TYPEMASK;
            dwNewStyle |= dwOldStyle;
            SetWindowLong(hWnd, GWL_STYLE, dwNewStyle);     //设置新样式
        }
    }
    ...
};
```

其中,成员函数 SetCtrlStyle()用来设置内嵌列表控件的一般样式。

(3) 打开 Accelerator 结点下的 IDR_MAINFRAME 资源,添加一个键盘加速键 Ctrl+G,其 ID 指定为 ID_VIEW_CHANGE。

(4) 为 CEx_ListView 类添加 ID_VIEW_CHANGE 的 COMMAND"事件"映射处理函数,并增加下列代码。

```
void CEx_ListView::OnViewChange()
{
    m_nCurViewStyle++;
    if(m_nCurViewStyle > 3) m_nCurViewStyle = 0;

    DWORD style[4] = {LVS_ICON, LVS_SMALLICON, LVS_LIST, LVS_REPORT};
    CListCtrl& m_ListCtrl = GetListCtrl();
```

```
    SetCtrlStyle(m_ListCtrl.GetSafeHwnd(), style[m_nCurViewStyle]);
}
```

这样,当程序运行后按下 Ctrl+G 快捷键就会切换列表控件的显示方式。
（5）为 CEx_ListView 类添加=NM_DBLCLK（双击列表项）的"消息"映射处理函数,并增加下列代码。

```
void CEx_ListView::OnNMDblclk(NMHDR *pNMHDR, LRESULT *pResult)
{
    LPNMITEMACTIVATE pNMItemActivate = reinterpret_cast
                                       <LPNMITEMACTIVATE>(pNMHDR);
    int nIndex = pNMItemActivate->iItem;
    if(nIndex >= 0) {
        CListCtrl& m_ListCtrl = GetListCtrl();
        CString str = m_ListCtrl.GetItemText(nIndex, 0);
        MessageBox(str);
    }
    *pResult = 0;
}
```

这样,当双击某个列表项时,就是弹出一个消息对话框,显示该列表项的文本内容。
（6）在 CEx_ListView::OnInitialUpdate() 中添加下列代码。

```
void CEx_ListView::OnInitialUpdate()
{
    CListView::OnInitialUpdate();
    m_ImageList.Create(32,32,ILC_COLOR8|ILC_MASK,1,1);
    m_ImageListSmall.Create(16,16,ILC_COLOR8|ILC_MASK,1,1);
    CListCtrl& m_ListCtrl = GetListCtrl();
    m_ListCtrl.SetImageList(&m_ImageList,LVSIL_NORMAL);
    m_ListCtrl.SetImageList(&m_ImageListSmall,LVSIL_SMALL);
    CString strCols[4]    = {"文件名","大小","类型","修改日期"};
    //添加列表头
    for(int nCol=0; nCol<4; nCol++)
    {
        if(nCol == 1)
            m_ListCtrl.InsertColumn(nCol, strCols[nCol], LVCFMT_RIGHT);
        else
            m_ListCtrl.InsertColumn(nCol, strCols[nCol]);
    }
    //查找当前目录下的文件
    CFileFind finder;
    BOOL bWorking = finder.FindFile("*.*");
    int nItem = 0, nIndex, nImage;
    CTime m_time;
    CString str, strTypeName;
```

```cpp
while(bWorking)
{
    bWorking = finder.FindNextFile();
    if(finder.IsArchived())
    {
        str = finder.GetFilePath();
        SHFILEINFO fi;
        //获取文件关联的图标和文件类型名
        SHGetFileInfo(str,0,&fi,sizeof(SHFILEINFO),
                    SHGFI_ICON|SHGFI_LARGEICON|SHGFI_TYPENAME);
        strTypeName = fi.szTypeName;
        nImage = -1;
        for(int i=0; i<m_strArray.GetSize(); i++)
        {
            if(m_strArray[i] == strTypeName)
            {
                nImage = i;           break;
            }
        }
        if(nImage<0)      {                          //添加图标
            nImage = m_ImageList.Add(fi.hIcon);
            SHGetFileInfo(str,0,&fi,sizeof(SHFILEINFO),
                    SHGFI_ICON|SHGFI_SMALLICON);
            m_ImageListSmall.Add(fi.hIcon);
            m_strArray.Add(strTypeName);
        }
        //添加列表项
        nIndex = m_ListCtrl.InsertItem(nItem,
                            finder.GetFileName(),nImage);
        ULONGLONG    dwSize = finder.GetLength();
        if(dwSize> 1024)
            str.Format("%dK", dwSize/1024);
        else
            str.Format("%d", dwSize);
        m_ListCtrl.SetItemText(nIndex, 1, str);
        m_ListCtrl.SetItemText(nIndex, 2, strTypeName);
        finder.GetLastWriteTime(m_time);
        m_ListCtrl.SetItemText(nIndex, 3, m_time.Format("%Y-%m-%d"));
        nItem++;
    }
}
SetCtrlStyle(m_ListCtrl.GetSafeHwnd(), LVS_REPORT);           //设置为报表方式
m_nCurViewStyle = 3;
//设置扩展样式,使得列表项一行全项选择且显示出网格线
```

```
    m_ListCtrl.SetExtendedStyle(LVS_EX_FULLROWSELECT|LVS_EX_GRIDLINES);
    m_ListCtrl.SetColumnWidth(0, LVSCW_AUTOSIZE);           //设置列宽
    m_ListCtrl.SetColumnWidth(1, 100);
    m_ListCtrl.SetColumnWidth(2, LVSCW_AUTOSIZE);
    m_ListCtrl.SetColumnWidth(3, 200);
}
```

代码中，CTime 的 Format()函数用来获取时间或日期字符串，其参数是一些以％开始的格式子串，常用的有 ％a(缩写星期名)、％A(星期全名)、％b(缩写月份名)、％B(月份全名)、％d(日，01～31)、％H(24 小时格式的点数)、％I(12 小时格式的点数)、％M(月，01～12)、％y(年号，后 2 位数)及％Y(年号，4 位数)等。

(7) 在"MFC 类向导"的"命令"页面中，依次为图标按钮 ID_VIEW_LARGEICON、ID_VIEW_SMALLICON、ID_VIEW_LIST 及 ID_VIEW_DETAILS 在 CEx_ListView 类中添加 COMMAND 和 UPDATE_COMMAND_UI 的默认"消息"映射处理函数，并添加下列代码。

```
void CEx_ListView::OnViewLargeicon()
{
    m_nCurViewStyle            = 0;
    CListCtrl& m_ListCtrl      = GetListCtrl();
    SetCtrlStyle(m_ListCtrl.GetSafeHwnd(), LVS_ICON);
}
void CEx_ListView::OnUpdateViewLargeicon(CCmdUI * pCmdUI)
{
    pCmdUI->SetCheck(m_nCurViewStyle == 0);
}
void CEx_ListView::OnViewSmallicon()
{
    m_nCurViewStyle            = 1;
    CListCtrl& m_ListCtrl      = GetListCtrl();
    SetCtrlStyle(m_ListCtrl.GetSafeHwnd(), LVS_SMALLICON);
}
void CEx_ListView::OnUpdateViewSmallicon(CCmdUI * pCmdUI)
{
    pCmdUI->SetCheck(m_nCurViewStyle == 1);
}
void CEx_ListView::OnViewList()
{
    m_nCurViewStyle            = 2;
    CListCtrl& m_ListCtrl      = GetListCtrl();
    SetCtrlStyle(m_ListCtrl.GetSafeHwnd(), LVS_LIST);
}
void CEx_ListView::OnUpdateViewList(CCmdUI * pCmdUI)
{
```

```
        pCmdUI->SetCheck(m_nCurViewStyle == 2);
    }
    void CEx_ListView::OnViewDetails()
    {
        m_nCurViewStyle              = 3;
        CListCtrl& m_ListCtrl    = GetListCtrl();
        SetCtrlStyle(m_ListCtrl.GetSafeHwnd(), LVS_REPORT);
    }
    void CEx_ListView::OnUpdateViewDetails(CCmdUI * pCmdUI)
    {
        pCmdUI->SetCheck(m_nCurViewStyle == 3);
    }
```

（8）编译并运行，结果如图 5.14 所示。

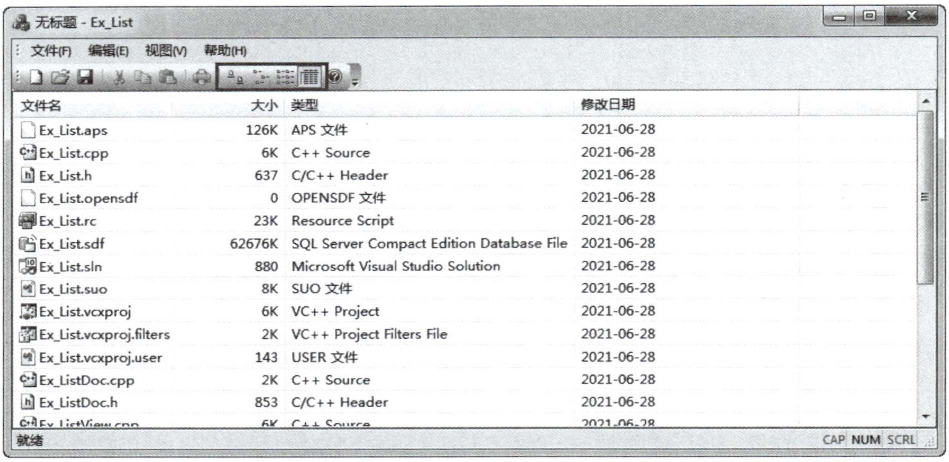

图 5.14　Ex_List 运行结果

5.4.3　树视图框架

同 CListView 相类似，CTreeView 按照 MFC 文档视图结构封装了树控件 CTreeCtrl 类的功能。使用时可用下面代码来获取 CTreeView 中内嵌的树控件。

```
CTreeCtrl& treeCtrl = GetTreeCtrl();            //treeCtrl 必须定义成引用
```

下面来看一个示例，这个示例用来遍历本地磁盘所有的文件夹。

说明：为了能获取本地机器中有效的驱动器，可使用 GetLogicalDrives()（获取逻辑驱动器）和 GetDriveType()（获取驱动器）函数。但本例是使用 SHGetFileInfo()来进行的。

（1）用"MFC 应用程序向导"创建一个标准的视觉样式单文档应用程序 Ex_Tree，在向导"生成的类"页面中，将 CEx_TreeView 的基类选为 CTreeView。将 stdafx.h 文件最后面内容中的 #ifdef _UNICODE 行和最后一个 #endif 行删除（注释掉）。

（2）为 CEx_TreeView 类添加下列成员变量。

```
class CEx_TreeView : public CTreeView
{...
//操作
public:
    CImageList      m_ImageList;
    CString         m_strPath;              //文件夹路径
```

(3) 为 CEx_TreeView 类添加成员函数 InsertFoldItem(),其代码如下。

```
void CEx_TreeView::InsertFoldItem(HTREEITEM hItem, CString strPath)
{
    CTreeCtrl& treeCtrl = GetTreeCtrl();
    if(treeCtrl.ItemHasChildren(hItem)) return;
    CFileFind finder;
    BOOL bWorking = finder.FindFile(strPath);
    while(bWorking){
        bWorking = finder.FindNextFile();
        if(finder.IsDirectory() && !finder.IsHidden() && !finder.IsDots())
            treeCtrl.InsertItem(finder.GetFileTitle(),
                                0, 1, hItem, TVI_SORT);
    }
}
```

(4) 为 CEx_TreeView 类添加成员函数 GetFoldItemPath(),其代码如下。

```
CString CEx_TreeView::GetFoldItemPath(HTREEITEM hItem)
{
    CString strPath, str;
    strPath.Empty();
    CTreeCtrl& treeCtrl = GetTreeCtrl();
    HTREEITEM folderItem = hItem;
    while(folderItem) {
        int data = (int)treeCtrl.GetItemData(folderItem);
        if(data == 0)
            str = treeCtrl.GetItemText(folderItem);
        else
            str.Format("%c:\\", data);
        strPath = str + "\\" + strPath;
        folderItem = treeCtrl.GetParentItem(folderItem);
    }
    strPath = strPath + "*.*";
    return strPath;
}
```

(5) 为 CEx_TreeView 类添加=TVN_SELCHANGED(当前选择的结点改变后)"消息"映射处理函数,并添加下列代码。

```cpp
void CEx_TreeView::OnTvnSelchanged(NMHDR * pNMHDR, LRESULT * pResult)
{
    LPNMTREEVIEW pNMTreeView = reinterpret_cast<LPNMTREEVIEW>(pNMHDR);
    //获取当前选择的结点
    HTREEITEM hSelItem = pNMTreeView->itemNew.hItem;
    CTreeCtrl& treeCtrl = GetTreeCtrl();
    CString strPath = GetFoldItemPath(hSelItem);
    if(!strPath.IsEmpty()){
        InsertFoldItem(hSelItem, strPath);
        treeCtrl.Expand(hSelItem,TVE_EXPAND);
    }
    * pResult = 0;
}
```

（6）在 CEx_TreeView::PreCreateWindow()函数中添加设置树控件样式代码。

```cpp
BOOL CEx_TreeView::PreCreateWindow(CREATESTRUCT& cs)
{
    cs.style |= TVS_HASLINES|TVS_LINESATROOT|TVS_HASBUTTONS;
    return CTreeView::PreCreateWindow(cs);
}
```

（7）在 CEx_TreeView::OnInitialUpdate()函数中添加下列代码。

```cpp
void CEx_TreeView::OnInitialUpdate()
{
    CTreeView::OnInitialUpdate();
    CTreeCtrl& treeCtrl = GetTreeCtrl();
    m_ImageList.Create(16, 16, ILC_COLOR8|ILC_MASK, 2, 1);
    m_ImageList.SetBkColor(RGB(255,255,255));       //消除图标黑色背景
    treeCtrl.SetImageList(&m_ImageList,TVSIL_NORMAL);
    //获取 Windows 文件夹路径以便获取其文件夹图标
    CString strPath;
    GetWindowsDirectory((LPTSTR)(LPCTSTR)strPath, MAX_PATH+1);
    //获取文件夹及其打开时的图标,并添加到图像列表中
    SHFILEINFO fi;
    SHGetFileInfo(strPath, 0, &fi, sizeof(SHFILEINFO),
                    SHGFI_ICON | SHGFI_SMALLICON);
    m_ImageList.Add(fi.hIcon);
    SHGetFileInfo(strPath, 0, &fi, sizeof(SHFILEINFO),
                    SHGFI_ICON | SHGFI_SMALLICON | SHGFI_OPENICON);
    m_ImageList.Add(fi.hIcon);
    //获取已有的驱动器图标和名称
    CString str;
    for(int i = 0; i < 32; i++){
```

```
            str.Format("%c:\\", 'A'+i);
            LRESULT lr = (LRESULT)SHGetFileInfo(str, 0, &fi,
                    sizeof(SHFILEINFO),
                    SHGFI_ICON | SHGFI_SMALLICON | SHGFI_DISPLAYNAME);
            if((fi.hIcon) && (lr > 0)){
                int nImage = m_ImageList.Add(fi.hIcon);
                HTREEITEM hItem = treeCtrl.InsertItem(fi.szDisplayName,
                                                      nImage, nImage);
                treeCtrl.SetItemData(hItem, (DWORD)('A'+i));
            }
        }
    }
```

(8) 编译并运行,结果如图 5.15 所示。

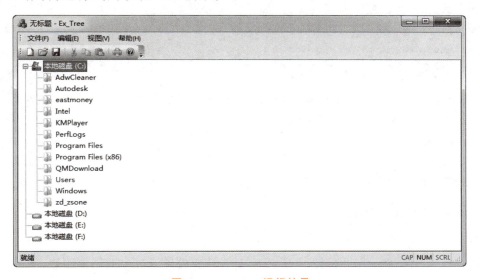

图 5.15 Ex_Tree 运行结果

5.5 文档视图结构

文档和视图是编程者(用户)最关心的,应用程序的大部分代码都会被添加到这两个类中。文档和视图紧密关联,是用户与文档之间的交互接口;用户通过文档视图结构可实现数据的传输、编辑、读取和保存等。但文档、视图以及和应用程序框架的相关部分之间还包含一系列非常复杂的相互作用。切分窗口和一档多视就是文档和视图相互作用的典型实例。

5.5.1 文档与视图的相互作用

正常情况下,MFC 应用程序用一种编程模式使程序中数据与它的显示形式和用户交互分离开来,这种模式就是"文档视图结构"。文档视图结构能方便地实现文档和视图的相互作用。一旦在用"MFC 应用程序向导"创建文档应用程序向导的"应用程序类型"页面中选中了"文档/视图结构支持"复选框，就可使用下列 5 个文档和视图相互作用的重要成员函数。

1. CView∷GetDocument()函数

视图对象只有一个与之相联系的文档对象，它所包含的 GetDocument()函数允许应用程序由视图得到与之相关联的文档。假设视图对象接收到了一条消息，表示用户输入了新的数据，此时，视图就必须通知文档对象对其内部数据进行相应的更新。GetDocument()函数返回的是指向文档的指针，利用它可以对文档类公有型成员函数及成员变量进行访问。

当"MFC 应用程序向导"产生 CView 的用户派生类时，它同时也创建一个安全类型的 GetDocument()函数，它返回的是指向用户派生文档类的指针。该函数是一个内联（inline）函数，类似于下面的代码形式。

```
CMyDoc* CMyView::GetDocument() //non-debug version is inline
{
    ASSERT(m_pDocument->IsKindOf(RUNTIME_CLASS(CMyDoc)));
    //"断言"m_pDocument 指针可以指向的 CMyDoc 类是一个 RUNTIME_CLASS 类型
    return (CMyDoc*)m_pDocument;
}
```

当编译器在视图类代码中遇到对 GetDocument()函数的调用时，它执行的实际上是派生类视图类中 GetDocument()函数的代码。

2. CDocument∷UpdateAllViews()函数

如果文档中的数据发生了改变，那么所有的视图都必须被通知到，以便它们能够对所显示的数据进行相应的更新。UpdateAllViews()函数就起到这样的作用，它的原型如下。

```
void UpdateAllViews(CView* pSender, LPARAM lHint = 0L,
                    CObject* pHint = NULL);
```

其中，参数 pSender 表示视图指针，若在派生文档类的成员函数中调用该函数，则此参数应为 NULL，若该函数被派生视图中的成员函数调用，则此参数应为 this。lHint 表示更新视图时发送的相关信息，pHint 表示存储信息的对象指针。

当 UpdateAllViews()函数被调用时，如果参数 pSender 指向某个特定的视图对象，那么除了该指定的视图之外，文档的所有其他视图的 OnUpdate()函数都会被调用。

3. CView∷OnUpdate()函数

这是一个虚函数。当应用程序调用了 CDocument∷UpdateAllViews()函数时，应用程序框架就会相应地调用各视图的 OnUpdate()函数，它的原型如下。

```
virtual void OnUpdate(CView* pSender, LPARAM lHint, CObject* pHint);
```

其中，参数 pSender 表示文档被更改的所关联的视图类指针，当为 NULL 时表示所有的视图都被更新。

默认的 OnUpdate()函数(lHint＝0，pHint＝NULL)使得整个窗口矩形无效。如果用户想要视图的某部分无效，那么用户就要定义相关的提示（Hint）参数给出准确的无效区域;其中,lHint 可用来表示任何内容,pHint 可用来传递从 CObject 派生的类指针;在具体实现时,用户还可用 CWnd::InvalidateRect()来代替上述方法。

事实上,Hint 机制主要用来传递更新视图时所需的一些相关数据或其他信息,例如,将文档的 CPoint 数据传给所有的视图类,则有下列语句。

```
GetDocument()->UpdateAllViews(NULL, 1, (CObject *)&m_ptDraw);
```

4. CView::OnInitialUpdate()函数

当应用程序被启动时,或当用户从"文件"菜单中选择了"新建"或"打开"时,该 CView 虚函数都会被自动调用。该函数除了调用无提示参数(lHint＝0,pHint＝NULL)的 OnUpdate()函数之外,没有其他任何操作。

但用户可以重载此函数对文档所需信息进行初始化操作。例如,如果用户应用程序中的文档大小是固定的,那么用户就可以在此重载函数中根据文档大小设置视图滚动范围;如果应用程序中的文档大小是动态的,那么用户就可在文档每次改变时调用 OnUpdate()来更新视图的滚动范围。

5. CDocument::OnNewDocument()函数

在文档应用程序中,当用户选择"文件"→"新建"菜单命令时,框架将首先构造一个文档对象,然后调用该虚函数。这里是设置文档数据成员初始值的好地方,当然文档数据成员初始化处理还有其他的一些方法。

5.5.2 应用程序对象指针的互调

在 MFC 中,文档视图机制使框架窗口、文档、视图和应用程序对象之间具有一定的联系,通过相应的函数可实现各对象指针的互相调用。

1. 从文档类中获取视图对象指针

在文档类中有一个与其关联的各视图对象的列表,并可通过 CDocument 类的成员函数 GetFirstViewPosition()和 GetNextView()来定位相应的视图对象。

GetFirstViewPosition()函数用来获得与文档类相关联的视图列表中第一个可见的视图的位置,GetNextView()函数用来获取指定视图位置的视图类指针,并将此视图位置移动到下一个位置。若没有下一个视图,则视图位置为 NULL,它们的原型如下:

```
virtual POSITION GetFirstViewPosition() const;
virtual CView* GetNextView(POSITION& rPosition) const;
```

例如,下面代码是使用 GetFirstViewPosition()和 GetNextView()重绘每个视图。

```
void CMyDoc::OnRepaintAllViews()
{
    POSITION pos = GetFirstViewPosition();
    while(pos != NULL)    {
        CView* pView = GetNextView(pos);
        pView->UpdateWindow();
```

```
        }
    }
//实现上述功能也可直接调用 UpdateAllViews(NULL);
```

2. 从视图类中获取文档对象和主框架对象指针

在应用程序视图类中获取文档对象指针是很容易的,只需调用视图类中的成员函数 GetDocument()即可。而函数 CWnd::GetParentFrame()可实现从视图类中获取主框架指针,其原型如下。

```
CFrameWnd* GetParentFrame() const;
```

该函数将获得父框架窗口指针,它在父窗口链中搜索,直到一个 CFrameWnd(或其派生类)被找到为止。成功时返回一个 CFrameWnd 指针,否则返回 NULL。

3. 在主框架类中获取视图对象指针

对于单文档应用程序来说,只需调用 CFrameWnd 类的 GetActiveView()成员函数即可,其原型如下。

```
CView* GetActiveView() const;
```

函数返回当前 CView 类指针,若没有当前视图,则返回 NULL。

需要注意的是,若将此函数应用在多文档应用程序的 CMDIFrameWnd 类中,并不能像所想象的那样获得当前活动子窗口的视图对象指针,而是返回 NULL。这是因为在一个多文档应用程序中,多文档应用程序主框架窗口(CMDIFrameWnd)没有任何相关联的视图对象。相反,每个文档子窗口(CMDIChildWnd)却有一个或多个与之相关联的视图对象。因此在多文档应用程序中获取活动视图对象指针的正确方法是:先获得多文档应用程序的活动文档窗口,然后再获得与该活动文档窗口相关联的活动视图,如下面的代码所示。

```
CMDIFrameWnd * pFrame = (CMDIFrameWnd *)AfxGetApp()->m_pMainWnd;
//获得 MDI 的活动子窗口
CMDIChildWnd * pChild = (CMDIChildWnd *)pFrame->GetActiveFrame();
//或 CMDIChildWnd * pChild = pFrame->MDIGetActive();
//获得与子窗口相关联的活动视图
CMyView * pView = (CMyView *)pChild->GetActiveView();
```

另外,在框架类中还可直接调用 CFrameWnd::GetActiveDocument()函数获得当前活动的文档对象指针。表 5.8 列出了各种对象指针的互调方法。

表 5.8 各种对象指针的互调方法

所在的类	获取的对象指针	调用的函数	说明
文档类	视图	GetFirstViewPosition()和 GetNextView()	获取第一个和下一个视图的位置
文档类	文档模板	GetDocTemplate()	获取文档模板对象指针

续表

所在的类	获取的对象指针	调用的函数	说明
视图类	文档	GetDocument()	获取文档对象指针
视图类	框架窗口	GetParentFrame()	获取框架窗口对象指针
框架窗口类	视图	GetActiveView()	获取当前活动的视图对象指针
框架窗口类	文档	GetActiveDocument()	获得当前活动的文档对象指针
MDI 主框架类	MDI 子窗口	MDIGetActive()	获得当前活动的 MDI 子窗口对象指针

说明：

（1）在同一个应用程序的任何对象中，可通过全局函数 AfxGetApp() 来获得指向应用程序对象的指针。

（2）若文档应用程序使用了"视觉管理器和样式"功能，则其类结构中相应的基类 CFrameWnd、CMDIFrameWnd、CMDIChildWnd 和 CWinApp 分别被更新为它们的派生类 CFrameWndEx、CMDIFrameWndEx、CMDIChildWndEx 和 CWinAppEx。

5.5.3 切分窗口

切分窗口是一种"特殊"的文档窗口，它可以有许多窗格（Pane），在窗格中又可包含若干个视图。

1. 静态切分和动态切分

切分视图可分为静态切分和动态切分两种类型。

对于"静态切分"窗口，当窗口第 1 次被创建时，窗格就已经被切分好了，窗格的次序和数目不能再被改变，但用户可以移动切分条来调整窗格的大小。每个窗格通常是不同的视图类对象。

对于"动态切分"窗口，它允许在任何时候对窗口进行切分，用户既可以通过选择菜单项来对窗口进行切分，也可以通过拖动滚动条中的切分块对窗口进行切分。动态切分窗口中的窗格通常使用的是同一个视图类。当切分窗口被创建时，左上窗格通常被初始化成一个特殊的视图。当视图沿着某个方向被切分时，另一个新添加的视图对象被动态创建；当视图沿着两个方向被切分时，新添加的三个视图对象则被动态创建。当用户取消切分时，所有新添加的视图对象被删除，但最先的视图仍被保留，直到切分窗口本身消失为止。

无论是静态切分还是动态切分，在创建时都要指定切分窗口中行和列的窗格最大数目。对于静态切分，窗格在初始时就按用户指定的最大数目划分好了；而对于动态切分窗口，当窗口构造时，第一个窗格就被自动创建。动态切分窗口允许的最大窗格数目是 2×2，而静态切分允许的最大窗格数目为 16×16。

2. 切分窗口的 CSplitterWnd 类操作

在 MFC 中，CSplitterWnd 类封装了窗口切分过程中所需的函数，其中，成员函数 Create() 和 CreateStatic() 分别用来创建"动态切分"和"静态切分"的文档窗口，函数原型如下。

```
BOOL Create(CWnd* pParentWnd, int nMaxRows, int nMaxCols, SIZE sizeMin,
            CCreateContext* pContext,
            DWORD    dwStyle = WS_CHILD | WS_VISIBLE | WS_HSCROLL |
                               WS_VSCROLL | SPLS_DYNAMIC_SPLIT,
            UINT     nID = AFX_IDW_PANE_FIRST);
BOOL CreateStatic(CWnd* pParentWnd, int nRows, int nCols,
            DWORD    dwStyle = WS_CHILD | WS_VISIBLE,
            UINT     nID = AFX_IDW_PANE_FIRST);
```

其中,参数 pParentWnd 表示切分窗口的父框架窗口。nMaxRows 表示窗口动态切分的最大行数(不能超过 2)。nMaxCols 表示窗口动态切分的最大列数(不能超过 2)。nRows 表示窗口静态切分的行数(不能超过 16)。nCols 表示窗口静态切分的列数(不能超过 16)。sizeMin 表示动态切分时允许的窗格最小尺寸。

CSplitterWnd 类成员函数 CreateView()用来为静态窗格指定一个视图类,并创建视图窗口,其函数原型如下。

```
BOOL CreateView(int row, int col, CRuntimeClass* pViewClass,
                SIZE sizeInit, CCreateContext* pContext);
```

其中,row 和 col 用来指定具体的静态窗格,pViewClass 用来指定与静态窗格相关联的视图类,sizeInit 表示视图窗口初始大小,pContext 用来指定一个"创建上下文"指针。"创建上下文"结构 CCreateContext 包含当前文档视图框架结构。

3. 静态切分窗口简单示例

利用 CSplitterWnd 成员函数,用户可以在文档应用程序的文档窗口(视图)中添加动态或静态切分功能。例如,下面的示例是将单文档应用程序中的文档窗口静态分成 3×2 个窗格。

(1) 用"MFC 应用程序向导"创建一个标准的视觉样式单文档应用程序 Ex_SplitSDI。将 stdafx.h 文件最后面内容中的 #ifdef _UNICODE 行和最后一个 #endif 行删除(注释掉)。

(2) 打开框架窗口类 MainFrm.h 头文件,为 CMainFrame 类添加一个保护型的切分窗口的数据成员,如下面的定义。

```
protected: //控件条嵌入成员
    CSplitterWnd         m_wndSplitter;
    CMFCMenuBar          m_wndMenuBar;
    ...
```

(3) 用"MFC 添加类向导"为项目添加并创建一个新的视图类 CDemoView(基类为 CView)用于与静态切分的窗格相关联。

(4) 在 CMainFrame 类中,添加 OnCreateClient()(当主框架窗口客户区创建的时候自动调用该函数)虚函数"重写"(重载),并添加下列代码。

```
BOOL CMainFrame::OnCreateClient(LPCREATESTRUCT lpcs,
                                CCreateContext* pContext)
```

```
{
    CRect rc;
    GetClientRect(rc);                                  //获取客户区大小
    CSize paneSize(rc.Width()/2-8,rc.Height()/3-16);
    //计算每个窗格的平均尺寸
    m_wndSplitter.CreateStatic(this,3,2);               //创建 3×2 个静态窗格
    m_wndSplitter.CreateView(0,0,RUNTIME_CLASS(CDemoView),
        paneSize,pContext);                             //为相应的窗格指定视图类
    m_wndSplitter.CreateView(0,1,RUNTIME_CLASS(CDemoView),
        paneSize,pContext);
    m_wndSplitter.CreateView(1,0,RUNTIME_CLASS(CDemoView),
        paneSize,pContext);
    m_wndSplitter.CreateView(1,1,RUNTIME_CLASS(CDemoView),
        paneSize,pContext);
    m_wndSplitter.CreateView(2,0,RUNTIME_CLASS(CDemoView),
        paneSize,pContext);
    m_wndSplitter.CreateView(2,1,RUNTIME_CLASS(CDemoView),
        paneSize,pContext);
    return TRUE;//return CFrameWndEx::OnCreateClient(lpcs, pContext);
}
```

（5）在 MainFrm.cpp 源文件的开始处，添加视图类 CDemoView 的包含文件。

```
#include "MainFrm.h"
#include "DemoView.h"
```

（6）编译并运行，结果如图 5.16 所示。

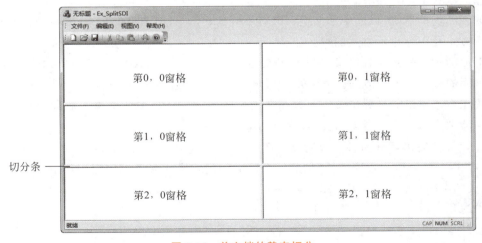

图 5.16　单文档的静态切分

说明:

① 在调用 CreateStatic() 函数创建静态切分窗口后,必须将每个窗格用 CreateView() 函数指定相关联的视图类。各窗格的视图类可以相同,也可以不同。

② 切分功能只应用于文档窗口,对于单文档应用程序切分的创建是在 CMainFrame 类中进行的,而对于多文档应用程序,添加切分功能时应在子框架窗口类 CChildFrame 中进行。

4. 动态切分窗口实现

动态切分功能的创建过程要比静态切分简单得多,它不需要重新为窗格指定其他视图类,因为动态切分窗口的所有窗格共享同一个视图。若在文档窗口中添加动态切分功能,除了上述方法外,还可在"MFC 应用程序向导"创建文档应用程序向导的"用户界面功能"页面中选中"拆分窗口"来创建。

5.5.4 一档多视

多数情况下,一个文档对应于一个视图,但有时一个文档可能对应于多个视图,这种情况称为"一档多视"。MFC 对于"一档多视"提供下列 3 个模式。

(1) 在各自 MDI 文档子窗口中包含同一个视图类的多个视图对象。

用户有时需要应用程序能为同一个文档打开另一个文档窗口,以便能同时使用两个文档窗口来查看文档的不同部分内容。用"MFC 应用程序向导"创建的多文档应用程序支持这种模式,当用户选择"窗口"→"新建窗口"菜单命令时,系统就会为这一个文档窗口创建一个副本。

(2) 在同一个文档窗口中包含同一个视图类的多个视图对象。

这种模式实际上是使用"切分窗口"机制使 SDI 应用程序具有多视的特征。

(3) 在单独一个文档窗口中包含不同视图类的多个视图对象。

在该模式下,多个视图共享同一个文档窗口。它有点儿像"切分窗口",但由于视图可由不同的视图类构造,所以同一个文档可以有不同的显示方法。例如,同一个文档可同时有文字显示方式及图形显示方式的视图。

下面的示例是用切分窗口在一个多文档应用程序 Ex_Rect 中为同一个文档数据提供两种不同的显示和编辑方式,如图 5.17 所示。在左边的窗格(表单视图)中,用户可以调整小方块在右边窗格的坐标位置。而若在右边窗格(一般视图)中任意单击鼠标,相应的小方块会移动到当前鼠标位置处,且左边窗格的编辑框内容也随之发生改变。

1. 设计并完善切分窗口左边的表单视图

(1) 用"MFC 应用程序向导"创建一个标准的视觉样式多文档应用程序 Ex_Rect,在向导"生成的类"页面中,将 CEx_RectView 的基类选为 CFormView。将 stdafx.h 文件最后面内容中的 #ifdef _UNICODE 行和最后一个 #endif 行删除(注释掉)。

(2) 将项目工作区窗口切换到"资源视图"页面,展开所有结点,双击 Dialog 下的 IDD_EX_RECT_FORM,打开表单模板资源。切换至网格,参看图 5.17,删除原来的静态文本控件,调整表单模板大小(153×111px),并依次添加如表 5.9 所示的控件(组框的 Transparent 属性要指定为 True,注意结伴控件的 Tab 键次序)。

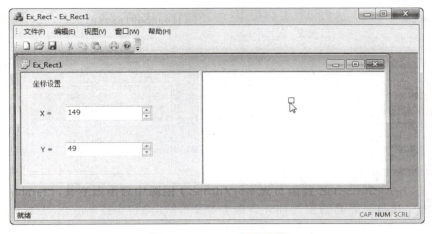

图 5.17 Ex_Rect 运行结果

表 5.9 在表单中添加的控件

添加的控件	ID	标题	其他属性
编辑框	IDC_EDIT_X	—	默认
旋转按钮控件	IDC_SPIN_X	—	AutoBuddy,Set Buddy Integer,Alignment(Right Align)
编辑框	IDC_EDIT_Y	—	默认
旋转按钮控件	IDC_SPIN_Y	—	AutoBuddy,Set Buddy Integer,Alignment(Right Align)

（3）打开"MFC 类向导"对话框，在其"成员变量"页面中依次为下列控件添加成员变量，如表 5.10 所示。

表 5.10 添加的控件变量

控件 ID	变量类别	变量类型	变量名	范围和大小
IDC_EDIT_X	Value	int	m_CoorX	
IDC_EDIT_Y	Value	int	m_CoorY	
IDC_SPIN_X	Control	CSpinButtonCtrl	m_SpinX	—
IDC_SPIN_Y	Control	CSpinButtonCtrl	m_SpinY	—

（4）用"添加成员变量向导"为 CEx_RectDoc 类添加一个公有型的 CPoint 数据成员 m_ptRect，用来记录小方块的位置。

（5）在 CEx_RectView 类"属性"窗口的"事件"页面中，添加编辑框 IDC_EDIT_X 的 EN_CHANGE"消息"映射处理函数 OnChangeEdit()（在属性栏中输入后按 Enter 键），并添加下列代码。

```
void CEx_RectView::OnChangeEdit()
{
    UpdateData(TRUE);
```

```
    CEx_RectDoc * pDoc = (CEx_RectDoc *)GetDocument();
    pDoc->m_ptRect.x = m_CoorX;
    pDoc->m_ptRect.y = m_CoorY;
    CPoint pt(m_CoorX, m_CoorY);
    pDoc->UpdateAllViews(NULL, 2, (CObject *)&pt);
}
```

（6）打开 Ex_RectView.cpp 文件，在消息映射宏段内添加下列代码。

```
BEGIN_MESSAGE_MAP(CEx_RectView, CFormView)
    ...
    ON_EN_CHANGE(IDC_EDIT_X, &CEx_RectView::OnChangeEdit)
    ON_EN_CHANGE(IDC_EDIT_Y, &CEx_RectView::OnChangeEdit)
END_MESSAGE_MAP()
```

这样就使得编辑框 IDC_EDIT_X 和 IDC_EDIT_Y 的 EN_CHANGE 消息处理共用一个映射函数。

（7）为 CEx_RectView 类添加 OnUpdate() 虚函数的"重写"（重载），并添加下列代码。

```
void CEx_RectView::OnUpdate(CView * pSender, LPARAM lHint, CObject * pHint)
{
    if(lHint == 1)    {
        CPoint * pPoint = (CPoint *)pHint;
        m_CoorX = pPoint->x;        m_CoorY = pPoint->y;
        UpdateData(FALSE);              //在控件中显示
        CEx_RectDoc * pDoc = (CEx_RectDoc *)GetDocument();
        pDoc->m_ptRect = *pPoint;       //保存在文档类中的 m_ptRect
    }
}
```

（8）在 CEx_RectView::OnInitialUpdate() 中添加一些初始化代码。

```
void CEx_RectView::OnInitialUpdate()
{
    CFormView::OnInitialUpdate();
    ResizeParentToFit();
    CEx_RectDoc * pDoc = (CEx_RectDoc *)GetDocument();
    m_CoorX     = pDoc->m_ptRect.x;
    m_CoorY     = pDoc->m_ptRect.y;
    m_SpinX.SetRange(0, 1024);
    m_SpinY.SetRange(0, 768);
    UpdateData(FALSE);
}
```

2. 运行错误处理

这时编译并运行程序,程序会出现一个运行错误。造成这个错误的原因是因为旋转按钮控件在设置范围时,会自动对其结伴窗口(编辑框控件)进行更新,而此时编辑框控件还没有完全创建好,处理的方法如下面的操作。

(1) 用"添加成员变量向导"为 CEx_RectView 添加一个 BOOL 型的成员变量 m_bEditOK。

(2) 在 CEx_RectView::OnInitialUpdate() 函数的最后将 m_bEditOK 置为 TRUE,如下面的代码。

```
void CEx_RectView::OnInitialUpdate()
{
    ...
    UpdateData(FALSE);
    m_bEditOK = TRUE;
}
```

(3) 在 CEx_RectView::OnChangeEdit() 函数的最前面添加下列语句。

```
void CEx_RectView::OnChangeEdit()
{
    if(!m_bEditOK) return;
    ...
}
```

3. 添加视图类并创建切分窗口

(1) 用"MFC 添加类向导"添加一个新的 CView 派生类 CDrawView。

(2) 为 CChildFrame 类添加 OnCreateClient() 虚函数的"重写"(重载),并添加下列代码。

```
BOOL CChildFrame::OnCreateClient(LPCREATESTRUCT lpcs,
                                 CCreateContext* pContext)
{
    BOOL bRes = m_wndSplitter.CreateStatic(this, 1, 2);
    //创建两个水平静态窗格
    m_wndSplitter.CreateView(0,0,RUNTIME_CLASS(CEx_RectView),
                        CSize(0,0), pContext);
    m_wndSplitter.CreateView(0,1,RUNTIME_CLASS(CDrawView),
                        CSize(0,0), pContext);
    m_wndSplitter.SetColumnInfo(0, 300, 100);       //设置列宽
    m_wndSplitter.SetColumnInfo(1, 300, 100);
    m_wndSplitter.RecalcLayout();                    //重新布局
    return bRes;       //CMDIChildWndEx::OnCreateClient(lpcs, pContext);
}
```

(3) 在 ChildFrm.cpp 的前面添加下列语句。

```
#include "ChildFrm.h"
#include "Ex_RectView.h"
#include "DrawView.h"
```

(4) 打开 ChildFrm.h 文件,为 CChildFrame 类添加下列成员变量。

```
public:
    CSplitterWnd    m_wndSplitter;
```

(5) 此时编译,程序会有一些错误。这些错误的出现是基于这样的一些事实:在用标准 C/C++ 设计程序时,有一个原则即两个代码文件不能相互包含,而且多次包含还会造成重复定义的错误。为了解决这个难题,Visual C++ 使用 ♯pragma once 来通知编译器在生成时只包含(打开)一次,也就是说,在第一次 ♯include 之后,编译器重新生成时不会再对这些包含文件进行包含和读取,因此看到在用向导创建的所有类的头文件中都有 ♯pragma once 这样的语句。然而正是由于这个语句而造成了在第二次 ♯include 后编译器无法正确识别所引用的类,从而发生错误。解决的办法是在相互包含时加入类的声明来通知编译器这个类是一个实际的调用,见步骤(6)。

(6) 打开 Ex_RectView.h 文件,在 class CEx_RectView : public CFormView 语句前面添加下列代码。

```
class CEx_RectDoc;
class CEx_RectView : public CFormView
{...}
```

4. 完善 CDrawView 类代码并测试

(1) 用"添加成员变量向导"为 CDrawView 类添加一个公有型的 CPoint 数据成员 m_ptDraw,用来记录绘制小方块的位置。在 CDrawView::OnDraw()函数中添加下列代码。

```
void CDrawView::OnDraw(CDC* pDC)
{
    CDocument* pDoc = GetDocument();
    CRect rc(m_ptDraw.x-5, m_ptDraw.y-5, m_ptDraw.x+5, m_ptDraw.y+5);
    pDC->Rectangle(rc);
}
```

(2) 为 CDrawView 类添加 OnInitialUpdate()虚函数的"重写"(重载),并添加下列代码。

```
void CDrawView::OnInitialUpdate()
{
    CView::OnInitialUpdate();
    CEx_RectDoc* pDoc = (CEx_RectDoc*)m_pDocument;
    m_ptDraw = pDoc->m_ptRect;
}
```

(3) 在 DrawView.cpp 文件的前面添加 CEx_RectDoc 类的头文件包含。

```
#include "Ex_Rect.h"
#include "DrawView.h"
#include "Ex_RectDoc.h"
```

(4) 为 CDrawView 类添加 OnUpdate() 虚函数的"重写"（重载），并添加下列代码。

```
void CDrawView::OnUpdate(CView* /*pSender*/, LPARAM lHint, CObject* pHint)
{
    if(lHint == 2)    {
        CPoint* pPoint = (CPoint*)pHint;
        m_ptDraw = *pPoint;
        Invalidate();
    }
}
```

(5) 为 CDrawView 类添加 WM_LBUTTONDOWN "消息"映射处理函数，并添加下列代码。

```
void CDrawView::OnLButtonDown(UINT nFlags, CPoint point)
{
    m_ptDraw = point;
    GetDocument()->UpdateAllViews(NULL, 1, (CObject*)&m_ptDraw);
    Invalidate();                    //强迫调用 CDrawView::OnDraw
    CView::OnLButtonDown(nFlags, point);
}
```

(6) 编译运行并测试，结果如前面图 5.17 所示。

从上面的程序代码中可以看出下列一些有关"文档视图"的框架核心技术。

(1) 几个视图之间的数据传输是通过 CDocument::UpdateAllViews() 和 CView::OnUpdate() 的相互作用来实现的。而且，为了避免传输的相互干涉，采用了提示数（lHint）来区分。例如，当在 CDrawView 中鼠标单击的坐标数据经文档类调用 UpdateAllViews() 函数传递，提示数为 1，在 CEx_RectView 类接收数据时，通过提示数来判断，如下面的代码片段。

```
void CDrawView::OnLButtonDown(UINT nFlags, CPoint point)
{   ...
    GetDocument()->UpdateAllViews(NULL, 1, (CObject*)&m_ptDraw);
    //传送数据
    ...
}
void CEx_RectView::OnUpdate(CView* pSender, LPARAM lHint, CObject* pHint)
{
    if(lHint == 1)                    //接收时，通过提示数来判断
    {...}
}
```

又例如，当 CEx_RectView 类中的编辑框数据改变后，经文档类调用 UpdateAllViews() 函数传递，提示数为 2，在 CDrawView 类接收数据时，通过 OnUpdate() 函数判断提示数来决定接收数据。

（2）为了能及时更新并保存文档数据，相应的数据成员应在用户文档类中定义。这样，由于所有的视图类都可与文档类进行交互，因而可以共享这些数据。

（3）在为文档创建另一个视图时，该视图的 CView::OnInitialUpdate() 将被调用，因此该函数是放置初始化的最好地方。

5.6 总结提高

在文档应用程序中，框架窗口、文档和视图是不可分割的三个组成部分。框架窗口所包含的应用程序界面资源（菜单、工具栏、状态栏等）与文档类和视图类通过文档模板有机地结合在一起。单文档应用程序使用 CSingleDocTemplate 文档模板类，多文档应用程序使用 CMultiDocTemplate 文档模板类。无论是何模板类，当使用多次 AddDocTemplate() 向程序添加多个文档模板时，则应用程序就是使用多个文档类型。

主框架与文档窗口的外观和绝大多数预定义功能均可通过窗口样式设置来达到，在文档应用程序中，窗口样式既可以在"MFC 应用程序向导"过程中来设置，也可以在主框架或文档窗口类的 PreCreateWindow() 函数中修改 CREATESTRUCT 结构进行设置，或是调用 CWnd 类的成员函数 ModifyStyle() 和 ModifyStyleEx() 来更改。对于主框架窗口的位置和大小，则可用 CWnd 类的成员函数 SetWindowPos 或 MoveWindow 来设置。

文档是文件，在文档应用程序中，文档类就是负责数据文件的新建、打开、保存等，并提供了 CArchive 缓存数据的文档序列化机制：只要在文档类中的 Serialize() 重载函数中，通过在 if 语句框架添加代码可达到实现数据的存取目的。对于非文档应用程序来说，CFile 类又为其提供了另一种文档读写的解决方案。当然，在文档应用程序中，CFile 和 CArchive 又可相互绑定。

文档是数据，而视图就是对数据的呈现。视图的应用类均从 CView 基类派生而来，在用"MFC 应用程序向导"创建的文档应用程序向导的"生成的类"页面中，通过选择修改应用程序的视图类，便可实现视图的不同框架。在这些框架中，有的框架是将控件内嵌在视图中，如 CListView、CTreeView 等；而有的视图框架则是在控件代码基础上进行重写，如 CEditView、CHtmlView、CHtmlEditView 等。之所以能这样重写，是因为视图类 CView 和所有控件类一样均是从窗口类 CWnd 派生而来。所以，使用 Visual C++ 的最高层次便是熟悉并能重写 MFC 自身的类代码，从而实现更完善的功能和界面。例如，SerializeRaw() 是一个未公开的双向文档数据序列化函数，利用它可实现默认文档应用程序的文档读写功能，如下面的代码过程。

（1）在 InitInstance() 中将文档模板中的视图改为 CEditView，如下面的代码。

```
CMultiDocTemplate* pDocTemplate;
pDocTemplate = new CMultiDocTemplate(
    IDR_TEXTTYPE,
```

```
    RUNTIME_CLASS(CTEXTDoc),
    RUNTIME_CLASS(CChildFrame), //custom MDI child frame
    RUNTIME_CLASS(CEditView));
AddDocTemplate(pDocTemplate);
```

（2）在用户文档类的 Serialize()函数体的底部增加下面的代码。

```
void CTEXTDoc::Serialize(CArchive& ar)
{
    if(ar.IsStoring())    {
        //TODO: 在此添加存储代码
    }
    else
    {
        //TODO: 在此添加加载代码
    }
    ((CEditView *)m_viewList.GetHead())->SerializeRaw(ar);
}
```

这样，编译运行后，打开一个文档，便可在视图中显示文档的内容。

需要说明的是，文档和视图结构是 MFC 文档应用程序的核心机制，通过文档类的 UpdateAllViews()和视图类的 OnUpdate()之间的传递，从而使文档数据和用户交互操作达到双向更新的目的。切分窗口、一档多视等带有多个文档或多个视图的文档应用程序更是利用这个核心机制简化了代码。不过，文档应用程序的视图本身就是用"图形"来呈现的，因此就需要掌握在视图中进行图形的方法和技巧，第 6 章就来讨论。

CHAPTER 第 6 章
图形、文本和打印

"绘制"基于图形设备环境,在 Visual C++ 中,任何从 CWnd 派生而来的对话框、控件和视图等都可以作为绘图设备环境,而 MFC 的 CDC(Device Context,设备环境)类是对设备环境进行的封装,提供了画点、线、多边形、位图以及文本输出等操作。一般地,这些绘图操作代码还应添加到 OnPaint()或 OnDraw()虚函数中,因为当窗口或视图无效(如被其他窗口覆盖)时,就会调用这个虚函数中的代码来自动更新。

6.1 概 述

Visual C++ 的 CDC 类是 MFC 中最重要的类之一,它封装了绘图所需要的所有函数,是编写图形和文字处理程序所必不可少的。当然,绘制图形和文字时还必须指定相应的设备环境。设备环境是由 Windows 保存的一个数据结构,该结构包含应用程序向设备输出时所需要的信息。

6.1.1 设备环境类

设备环境类 CDC 提供了绘制和打印的全部函数。为了能让用户使用一些特殊的设备环境,CDC 还派生了 CPaintDC、CClientDC、CWindowDC 和 CMetaFileDC 类。

(1) CPaintDC 比较特殊,它的构造函数和析构函数都是针对 OnPaint()进行的,一旦获得相关的 CDC 指针,就可以将它当成任何设备环境(包括屏幕、打印机)指针来使用。CPaintDC 类的构造函数会自动调用 BeginPaint(),而它的析构函数则会自动调用 EndPaint()。

(2) CClientDC 只能在窗口的客户区(不包括边框、标题栏、菜单栏以及状态栏)进行绘图,点(0,0)通常指的是客户区的左上角。而 CWindowDC 允许在窗口的任意位置中进行绘图,点 (0,0) 指整个窗口的左上角。CWindowDC 和 CClientDC 构造函数分别调用 GetWindowDC()和 GetDC(),但它们的析构函数都是调用 ReleaseDC()函数。

(3) CMetaFileDC 封装了在一个 Windows 图元文件中绘图的方法。图元文件是一系列图形设备接口(GDI)命令的集合,由于它对图像的保存比像素更精确,因而往往在要求较高的场合下使用,例如 AutoCAD 的图像保存等。目前的 Windows 已使用增强格式(Enhanced-Format)的 32 位图元文件来进行操作。

6.1.2 坐标映射

在讨论坐标映射之前,先来看看下列语句。

```
pDC->Rectangle(CRect(0,0,200,200));
```

它是在某设备环境中绘制出一个高为 200px，宽也为 200px 的方块。由于默认的映射模式是 MM_TEXT，其逻辑坐标（在映射模式下的坐标）和设备坐标（显示设备或打印设备坐标系下的坐标）相等。因此，这个方块在 1024×768px 的显示器上看起来要比在 640×480px 的显示器上显得小一些，而且若将它打印在 600dpi 精度的激光打印机上，这个方块就会显得更小了。为了保证打印的结果不受设备的影响，Windows 定义了一些映射模式，这些映射模式决定了设备坐标和逻辑坐标之间的关系，如表 6.1 所示。

表 6.1 映射模式

映 射 模 式	含 义
MM_TEXT	每个逻辑单位等于一个设备像素，x 向右为正，y 向上为正
MM_HIENGLISH	每个逻辑单位为 0.001inch，x 向右为正，y 向上为正
MM_LOENGLISH	每个逻辑单位为 0.01inch，x 向右为正，y 向上为正
MM_HIMETRIC	每个逻辑单位为 0.01mm，x 向右为正，y 向上为正
MM_LOMETRIC	每个逻辑单位为 0.1mm，x 向右为正，y 向上为正
MM_TWIPS	每个逻辑单位为 1 点的 1/20（1 点是 1/72inch），x 向右为正，y 向上为正
MM_ANISOTROPIC	x，y 可变比例
MM_ISOTROPIC	x，y 等比例

这样，就可以通过调用 CDC∷SetMapMode(int nMapMode)来设置相应的映射模式。例如，若将映射模式设置为 MM_LOMETRIC，那么不管在什么设备中调用上述语句，都将显示出 20×20mm 的方块。

需要说明的是，在 MM_ISOTROPIC 映射模式下，纵横比总是 1∶1，换句话说，无论比例因子如何变化，圆总是圆的；但在 MM_ANISOTROPIC 映射模式下，x 和 y 的比例因子可以独立地变化，即圆可以被拉扁成椭圆形状。

在映射模式 MM_ANISOTROPIC 和 MM_ISOTROPIC 中，常常可以调用 CDC∷SetWindowExt()（设置窗口大小）和 CDC∷SetViewportExt()（设置视口大小）函数来设置所需要的比例因子。这里的"窗口"和"视口"的概念往往不易理解。所谓"窗口"，可以理解成是一种逻辑坐标下的窗口，而"视口"是实际看到的那个窗口，也就是设备坐标下的窗口。根据"窗口"和"视口"的大小就可以确定 x 和 y 的比例因子，它们的关系如下：

x 比例因子 = 视口 x 大小 / 窗口 x 大小

y 比例因子 = 视口 y 大小 / 窗口 y 大小

下面的示例是通过设置窗口和视口大小来改变显示的比例。

（1）在"D:\Visual C++ 程序"文件夹中，创建本章应用程序工作文件夹"第 6 章"。用"MFC 应用程序向导"在该文件夹中创建一个标准的视觉样式单文档应用程序 Ex_Scale，将 stdafx.h 文件最后面内容中的 #ifdef _UNICODE 行和最后一个 #endif 行删除（注释掉）。

（2）在 CEx_ScaleView∷OnDraw()函数中添加下列代码。

```
void CEx_ScaleView::OnDraw(CDC* pDC)
{
    CEx_ScaleDoc* pDoc = GetDocument();
    ASSERT_VALID(pDoc);
    if(!pDoc)      return;
    CRect rectClient;
    GetClientRect(rectClient);                          //获得当前窗口的客户区大小
    pDC->SetMapMode(MM_ANISOTROPIC);                    //设置 MM_ANISOTROPIC 映射模式
    pDC->SetWindowExt(1000,1000);                       //设置窗口范围
    int  nViewLength = rectClient.Width() / 2;
    int  nViewHeight = rectClient.Height() / 2;
    pDC->SetViewportExt(nViewLength, nViewHeight);      //设置视口范围
    pDC->SetViewportOrg(nViewLength, nViewHeight);      //设置视口原点
    pDC->Ellipse(CRect(-500,-500,500,500));             //数据单位总是为逻辑坐标
}
```

上述添加的代码是将一个椭圆绘制在视图中央,且当视图的大小发生改变时,椭圆的形状也会随之改变。

(3) 编译运行,结果如图 6.1 所示。

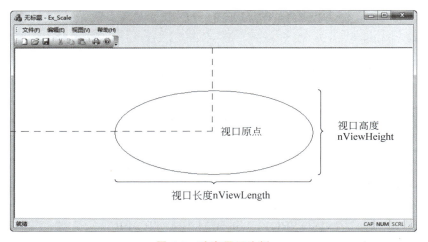

图 6.1　改变显示比例

6.1.3　CPoint、CSize 和 CRect

在图形绘制操作中,常常需要使用 MFC 中的 CPoint、CSize 和 CRect 等简单数据类。由于 CPoint(点)、CSize(大小)和 CRect(矩形)是对 Windows 的 POINT、SIZE 和 RECT 结构的封装,因此它们可以直接使用各自结构的数据成员,如下。

```
typedef struct tagPOINT {
    LONG x;                    //点的 x 坐标
    LONG y;                    //点的 y 坐标
```

```
} POINT;
typedef struct tagSIZE {
    int cx;                    //水平大小
    int cy;                    //垂直大小
} SIZE;
typedef struct tagRECT {
   LONG left;                  //矩形左上角点的 x 坐标
   LONG top;                   //矩形左上角点的 y 坐标
   LONG right;                 //矩形右下角点的 x 坐标
   LONG bottom;                //矩形右下角点的 y 坐标
} RECT;
```

1. CPoint、CSize 和 CRect 类的构造函数

CPoint 类带参数的常用构造函数原型如下。

```
CPoint(int initX, int initY);
CPoint(POINT initPt);
```

其中，initX 和 initY 分别用来指定 CPoint 的成员 x 和 y 的值。initPt 用来指定一个 POINT 结构或 CPoint 对象来初始化 CPoint 的成员。

CSize 类带参数的常用构造函数原型如下。

```
CSize(int initCX, int initCY);
CSize(SIZE initSize);
```

其中，initCX 和 initCY 用来分别设置 CSize 的 cx 和 cy 成员。initSize 用来指定一个 SIZE 结构或 CSize 对象来初始化 CSize 的成员。

CRect 类带参数的常用构造函数原型如下。

```
CRect(int l, int t, int r, int b);
CRect(const RECT& srcRect);
CRect(LPCRECT lpSrcRect);
CRect(POINT point, SIZE size);
CRect(POINT topLeft, POINT bottomRight);
```

其中，l、t、r、b 分别用来指定 CRect 的 left、top、right 和 bottom 成员的值。srcRect 和 lpSrcRect 分别用一个 RECT 结构或指针来初始化 CRect 的成员。point 用来指定矩形的左上角位置。size 用来指定矩形的长度和宽度。topLeft 和 bottomRight 分别用来指定 CRect 的左上角和右下角的位置。

2. CRect 类的常用操作

由于一个 CRect 类对象包含用于定义矩形的左上角和右下角点的成员变量，因此在传递 LPRECT、LPCRECT 或 RECT 结构作为参数的任何地方，都可使用 CRect 对象来代替。

需要说明的是，当构造一个 CRect 时，应使它符合规范。也就是说，使其 left 小于 right，top 小于 bottom。例如，若左上角为(20，20)，而右下角为(10，10)，那么定义的这个

矩形就不符合规范。一个不符合规范的矩形，CRect 的许多成员函数都不会有正确的结果。基于此种原因，常常使用 CRect::NormalizeRect() 函数使一个不符合规范的矩形合乎规范。

CRect 类的操作函数有很多，这里只介绍矩形的扩大、缩小以及两个矩形的"并"和"交"操作，更多的常用操作如表 6.2 所示。

表 6.2 CRect 类常用的成员函数

成 员 函 数	功 能 说 明
int Width() const;	返回矩形的宽度
int Height() const;	返回矩形的高度
CSize Size() const;	返回矩形 CSize 大小，成员 cx 和 cy 分别为其宽度和高度
CPoint& TopLeft();	返回矩形左上角的点坐标
CPoint& BottomRight();	返回矩形右下角的点坐标
CPoint CenterPoint() const;	返回 CRect 的中点坐标
BOOL IsRectEmpty() const;	若矩形宽度或高度是 0 或负值，则该矩形为空，返回 TRUE
BOOL IsRectNull() const;	若矩形的上、左、下和右边的值都等于 0，则返回 TRUE
BOOL PtInRect(POINT point) const;	若点 point 位于矩形中（包括在矩形边上），则返回 TRUE
void SetRect(int x1,int y1,int x2,int y2);	指定矩形的左上角点为（x1，y1）和右下角点为（x2，y2）
void SetRectEmpty();	将矩形的所有坐标设置为零

void OffsetRect(int x,int y);
void OffsetRect(POINT point);
void OffsetRect(SIZE size);
	偏移矩形，水平和垂直偏移量分别由 x、y 或 point、size 的两个成员来指定

成员函数 InflateRect() 和 DeflateRect() 用来扩大和缩小一个矩形。由于它们的操作是相互的，也就是说，若指定 InflateRect() 函数的参数为负值，那么操作的结果是缩小矩形，因此下面只给出 InflateRect() 函数的原型。

```
void InflateRect(int x, int y);
void InflateRect(SIZE size);
void InflateRect(LPCRECT lpRect);
void InflateRect(int l, int t, int r, int b);
```

其中，x 用来指定扩大 CRect 左、右边的数值。y 用来指定扩大 CRect 上、下边的数值。size 中的 cx 成员用来指定扩大左、右边的数值，cy 用来指定扩大上、下边的数值。lpRect 的各个成员用来指定扩大每一边的数值。l、t、r 和 b 分别用来指定扩大 CRect 左、上、右和下边的数值。

需要注意的是，由于 InflateRect() 是通过将 CRect 的边向远离其中心的方向移动来扩大的，因此对于前两个重载函数来说，CRect 的总宽度被增加了两倍的 x 或 cx，总高度被增加了两倍的 y 或 cy。

成员函数 IntersectRect()和 UnionRect()分别用来将两个矩形进行相交和合并,当结果为空时返回 FALSE,否则返回 TRUE,它们的原型如下。

```
BOOL IntersectRect(LPCRECT lpRect1, LPCRECT lpRect2);
BOOL UnionRect(LPCRECT lpRect1, LPCRECT lpRect2);
```

其中,lpRect1 和 lpRect2 用来指定操作的两个矩形。例如:

```
CRect rectOne(125,      0,         150,       200);
CRect rectTwo(0,        75,        350,       95);
CRect rectInter;
rectInter.IntersectRect(rectOne, rectTwo);
ASSERT(rectInter == CRect(125,     75,        150,       95));
rectInter.UnionRect(rectOne, rectTwo);
ASSERT(rectInter == CRect(0,       0,         350,       200));
```

6.1.4 颜色和颜色对话框

一个彩色像素的显示需要颜色空间的支持,常用的颜色空间有 RGB 和 YUV 两种。RGB 颜色空间选用红(R)、绿(G)、蓝(B)三种基色分量,通过对这三种基色不同比例的混合,可以得到不同的彩色效果。而 YUV 颜色空间是将一个彩色像素表示成一个亮度分量(Y)和两个色度分量(U、V)。

在 MFC 中,CDC 使用的是 RGB 颜色空间,并使用 COLORREF 数据类型来表示一个 32 位的 RGB 颜色,它也可以用下列的十六进制表示。

```
0x00bbggrr
```

其中的 rr、gg、bb 分别表示红、绿、蓝三个颜色分量的十六进制值,最大为 0xff。在具体操作 RGB 颜色时,还可使用下列的宏操作。

```
GetBValue              //获得 32 位 RGB 颜色值中的蓝色分量
GetGValue              //获得 32 位 RGB 颜色值中的绿色分量
GetRValue              //获得 32 位 RGB 颜色值中的红色分量
RGB                    //将指定的 R、G、B 分量值转换成一个 32 位的 RGB 颜色值
```

MFC 的 CColorDialog 类为应用程序提供了颜色选择通用对话框,如图 6.2 所示。它具有下列的构造函数。

```
CColorDialog(COLORREF clrInit = 0, DWORD dwFlags = 0,
             CWnd* pParentWnd = NULL);
```

其中,clrInit 用来指定选择的默认颜色值,若此值没指定,则为 RGB(0,0,0)(黑色)。pParentWnd 用来指定对话框的父窗口指针。dwFlags 用来表示定制对话框外观和功能的系列标志参数。它可以是下列值之一或"|"组合。

```
CC_ANYCOLOR              //在基本颜色单元中列出所有可得到的颜色
CC_FULLOPEN              //显示所有的"颜色"对话框界面。若未指定此标志,则需单击
                         //"规定自定义颜色"按钮才能显示出定制颜色的界面
CC_PREVENTFULLOPEN       //禁用"规定自定义颜色"按钮
CC_SHOWHELP              //在对话框中显示"帮助"按钮
CC_SOLIDCOLOR            //在基本颜色单元中只列出所得到的纯色
```

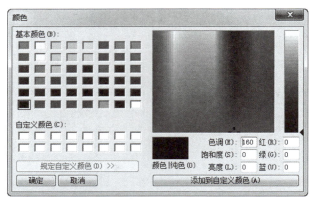

图 6.2 "颜色"对话框

当在对话框中单击"确定"按钮退出(即 DoModal 返回 IDOK)后,可调用下列成员函数获得相应的颜色。

```
COLORREF GetColor() const;                      //返回用户选择的颜色
void SetCurrentColor(COLORREF clr);             //强制使用 clr 作为当前选择的颜色
static COLORREF * GetSavedCustomColors();       //返回用户自定义颜色
```

需要说明的是,在 Microsoft Visual Studio 2010 中,MFC 还提供了另一种通用颜色对话框 CMFCColorDialog(从 CDialogEx 派生而来),它带有两个页面:标准和自定义,如图 6.3 所示。除了可以使用 GetColor()返回用户选择的颜色外,还可使用 GetPalette()返回用户选择的调色板 CPalette 对象指针。

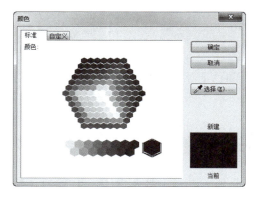 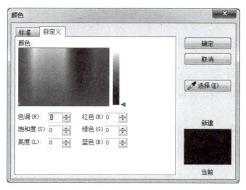

图 6.3 带有"标准"和"自定义"页面的"颜色"对话框

6.2　图形设备接口

Windows 为设备环境提供了各种各样的绘图工具,例如,用于画线的"画笔"、填充区域的"画刷"以及用于绘制文本的"字体"。MFC 封装了这些工具,并提供相应的类来作为应用程序的图形设备接口 GDI 组件,这些类有一个共同的抽象基类 CGdiObject,具体如表 6.3 所示。

表 6.3　MFC 的 GDI 类

类　名	说　　明
CBitmap	"位图"是一种位矩阵,每一个显示像素都对应于其中的一位或多位。用户可以利用位图来表示图像,也可以利用它来创建画刷
CBrush	"画刷"定义了一种位图形式的像素,利用它可对区域内部填充颜色或样式
CFont	"字体"是一种具有某种样式和尺寸的所有字符的完整集合,它常常被当作资源存于磁盘中,其中有一些还依赖于某种设备
CPalette	"调色板"是一种颜色映射接口,它允许应用程序在不干扰其他应用程序的前提下,可以充分利用输出设备的颜色描绘能力
CPen	"画笔"是一种用来画线及绘制有形边框的工具,用户可以指定它的颜色及宽度,并且可以指定它绘制实线、点线或虚线等
CRgn	"区域"是由多边形、椭圆或二者组合形成的一种范围,可以利用它来进行填充、裁剪以及鼠标单击测试等

6.2.1　使用 GDI 对象

在选择 GDI 对象进行绘图时,往往遵循着下列的步骤。

(1) 在堆栈中定义一个 GDI 对象(如 CPen、CBrush 对象),然后用相应函数(如 CreatePen()、CreateSolidBrush())创建此 GDI 对象。但要注意有些 GDI 派生类的构造函数允许用户提供足够的信息,从而一步即可完成对象的创建任务,这些类有 CPen、CBrush 等。

(2) 将构造的 GDI 对象选入当前设备环境中,但不要忘记将原来的 GDI 对象保存起来。

(3) 绘图结束后,恢复当前设备环境中原来的 GDI 对象。

(4) 由于 GDI 对象在堆栈中创建,当程序结束后,会自动删除程序创建的 GDI 对象。

具体操作可如下面的代码过程。

```
void CMyView::OnDraw(CDC * pDC)
{
    CPen penBlack;                                              //定义一个画笔变量
    penBlack.CreatePen(PS_SOLID, 2, RGB(0,0,0));                //创建画笔
    //将此画笔选入当前设备环境并保存原来的画笔
    CPen * pOldPen = pDC->SelectObject(&penBlack);
    //用此画笔绘图
```

```
    pDC->MoveTo(...);
    pDC->LineTo(...);
    //… 其他绘图函数
    pDC->SelectObject(pOldPen);            //恢复设备环境中原来的画笔
}
```

除了自定义的 GDI 对象外，Windows 还包含一些预定义的库存 GDI 对象。由于它们是 Windows 系统的一部分，因而不用删除它们。CDC 的成员函数 SelectStockObject() 可以把一个库存对象选入当前设备环境中，并返回原先被选中的对象指针，同时使原先被选中的对象从设备环境中分离出来。如下面的代码。

```
void CEx_SDIView::OnDraw(CDC* pDC)
{
    CPen newPen(PS_SOLID, 2, RGB(0,0,0)));
    pDC->SelectObject(&newPen);
    pDC->MoveTo(...);
    pDC->LineTo(...);
    //… 其他绘图函数
    pDC->SelectStockObject(BLACK_PEN);     //newPen 被分离出来
}
```

函数 SelectStockObject() 可选用的库存 GDI 对象可以是下列值之一。

```
BLACK_BRUSH                    //黑色画刷
DKGRAY_BRUSH                   //深灰色画刷
GRAY_BRUSH                     //灰色画刷
HOLLOW_BRUSH                   //中空画刷
LTGRAY_BRUSH                   //浅灰色画刷
NULL_BRUSH                     //空画刷
WHITE_BRUSH                    //白色画刷
BLACK_PEN                      //黑色画笔
NULL_PEN                       //空画笔
WHITE_PEN                      //白色画笔
DEVICE_DEFAULT_FONT            //设备默认字体
SYSTEM_FONT                    //系统字体
```

6.2.2　画笔

画笔是 Windows 应用程序中用来绘制各种直线和曲线的一种图形工具，可分为修饰画笔和几何画笔两种类型。在这两种类型中，几何画笔的定义最复杂，它不但有修饰画笔的属性，而且还跟画刷的样式、阴影线类型有关，通常用在对绘图有较高要求的场合。而修饰画笔只有简单的几种属性，通常用在简单的直线和曲线等场合。

一个修饰画笔通常具有宽度、样式和颜色三种属性。画笔的宽度用来确定所画的线条宽度，它是用设备单位表示的。默认的画笔宽度是一个像素单位。画笔的颜色确定了所画的线条颜色。画笔的样式确定了所绘图形的线型，通常有实线、虚线、点线、点画线、双点画线、不可见线和内框线七种风格。这些风格在 Windows 中都是以 PS_ 为前缀的预定义的标识，如表 6.4 所示。

表 6.4 修饰画笔的样式

风　　格	含　　义	图　　例
PS_SOLID	实线	————————
PS_DASH	虚线	-------------------
PS_DOT	点线	····················
PS_DASHDOT	点画线	—·—·—·—·—·—
PS_DASHDOTDOT	双点画线	—··—··—··—
PS_NULL	不可见线	
PS_INSIDEFRAME	内框线	————————

创建一个修饰画笔，可以使用 CPen 类的 CreatePen() 函数进行，其原型如下。

BOOL CreatePen(int *nPenStyle*, **int** *nWidth*, **COLORREF** *crColor***);**

其中，参数 nPenStyle、nWidth、crColor 分别用来指定画笔的样式、宽度和颜色。此外，还有一个 CreatePenIndirect() 函数也是用来创建画笔对象，它的作用与 CreatePen() 函数是完全一样的，只是画笔的三个属性不是直接出现在函数参数中，而是通过一个 LOGPEN 结构间接地给出。

BOOL CreatePenIndirect(LPLOGPEN *lpLogPen***);**

此函数用由 LOGPEN 结构指针指定的相关参数创建画笔，LOGPEN 结构如下。

```
typedef struct tagLOGPEN { /* lgpn */
    UINT        lopnStyle;          //画笔样式,同上
    POINT       lopnWidth;          //POINT 结构的 y 不起作用,而用 x 表示画笔宽度
    COLORREF    lopnColor;          //画笔颜色
} LOGPEN;
```

注意：
（1）当修饰画笔的宽度大于 1px 时，画笔的样式只能取 PS_NULL、PS_SOLID 或 PS_INSIDEFRAME，定义为其他样式不会起作用。
（2）画笔的创建工作也可在画笔的构造函数中直接进行，具有下列原型。

CPen(int *nPenStyle*, **int** *nWidth*, **COLORREF** *crColor***);**

6.2.3　画刷

画刷用于指定填充的特性，许多窗口、控件以及其他区域都需要用画刷进行填充绘制，

它比画笔的内容更加丰富。

画刷的属性通常包括填充色、填充图案和填充样式三种。画刷的填充色和画笔颜色一样，都是使用 COLORREF 颜色类型，画刷的填充图案通常是用户定义的 8×8 位图，而填充样式往往是 CDC 内部定义的一些特性，它们都是以 HS_ 为前缀的标识，如图 6.4 所示。

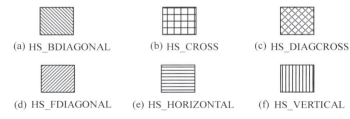

(a) HS_BDIAGONAL   (b) HS_CROSS   (c) HS_DIAGCROSS

(d) HS_FDIAGONAL   (e) HS_HORIZONTAL   (f) HS_VERTICAL

图 6.4　画刷的填充样式

CBrush 类根据画刷属性提供了相应的创建函数，例如，创建填充色画刷和填充样式画刷的函数为 CreateSolidBrush() 和 CreateHatchBrush()，它们的原型如下。

```
BOOL CreateSolidBrush(COLORREF crColor);                        //创建填充色画刷
BOOL CreateHatchBrush(int nIndex, COLORREF crColor);            //创建填充样式画刷
```

其中，nIndex 用来指定画刷的内部填充样式，而 crColor 表示画刷的填充色。

与画笔相类似，画刷也有一个 LOGBRUSH 逻辑结构用于其属性的定义，并通过 CBrush 的成员函数 CreateBrushIndirect() 来创建，其原型如下。

```
BOOL CreateBrushIndirect(const LOGBRUSH* lpLogBrush);
```

其中，LOGBRUSH 逻辑结构如下定义。

```
typedef struct tagLOGBRUSH {        //lb
    UINT        lbStyle;            //样式
    COLORREF    lbColor;            //填充色
    LONG        lbHatch;            //填充样式
} LOGBRUSH;
```

注意：

(1) 画刷的创建工作也可在其构造函数中进行，具有下列原型。

```
CBrush(COLORREF crColor);
CBrush(int nIndex, COLORREF crColor);
CBrush(CBitmap* pBitmap);
```

(2) 画刷也可用位图来指定其填充图案(样式)，但该位图应该是 8×8px，若位图太大，Windows 则只使用其左上角的 8×8px。

(3) 画刷仅对封闭图形的绘图函数 Chord()、Ellipse()、FillRect()、FrameRect()、InvertRect()、Pie()、Polygon()、PolyPolygon()、Rectangle()、RoundRect() 有效。

6.2.4 位图

Windows 的位图有两种类型：一种是 GDI 位图，另一种是 DIB 位图。

GDI 位图是由 MFC 中的 CBitmap 类来表示的，在 CBitmap 类的对象中，包含一种和 Windows 的 GDI 模块有关的 Windows 数据结构，该数据结构与设备有关，故此位图又称为 DDB(Device-Dependent Bitmap，设备相关位图)。当应用程序取得位图数据信息时，其位图显示方式和结果与显卡有关。由于 GDI 位图的这种设备依赖性，当位图通过网络传送到另一台终端时，可能就会出现问题。

DIB(Device-Independent Bitmap，设备无关位图)比 GDI 位图有很多编程优势，例如，它自带颜色信息，从而使调色板管理更加容易，且任何运行 Windows 的机器都可以处理 DIB，并通常以后缀为 BMP 的文件形式被保存在磁盘中或作为资源存在于程序的 EXE 或 DLL 文件中。

1. CBitmap 类

CBitmap 类封装了 Windows 的 GDI 位图操作所需的大部分函数。其中，LoadBitmap() 是位图的初始化函数，其函数原型如下。

```
BOOL LoadBitmap(LPCTSTR lpszResourceName);
BOOL LoadBitmap(UINT nIDResource);
```

该函数从应用程序中装载一个由 nIDResource 或 lpszResourceName 指定的位图资源。若直接创建一个位图对象，可使用 CBitmap 类中的 CreateBitmap()、CreateBitmapIndirect() 以及 CreateCompatibleBitmap() 函数，其原型分别如下。

```
BOOL CreateBitmap(int nWidth, int nHeight, UINT nPlanes,
                  UINT nBitcount, const void* lpBits);
```

该函数用指定的宽度(nWidth)、高度(nHeight)和位模式创建一个位图对象。其中，参数 nPlanes 表示位图的颜色位面的数目，nBitcount 表示每个像素的颜色位个数，lpBits 表示包含位值的短整型数组；若此数组为 NULL，则位图对象还未初始化。

```
BOOL CreateBitmapIndirect(LPBITMAP lpBitmap);
```

该函数直接用 BITMAP 结构来创建一个位图对象。

```
BOOL CreateCompatibleBitmap(CDC* pDC, int nWidth, int nHeight);
```

该函数为某设备环境创建一个指定的宽度(nWidth)和高度(nHeight)的位图对象。

2. GDI 位图的显示

由于位图不能直接显示在实际设备中，因而对于 GDI 位图的显示则必须遵循下列步骤。

（1）调用 CBitmap 类的 CreateBitmapIndirect()、CreateBitmap() 或 CreateCompatibleBitmap() 函数创建一个适当的位图对象。

（2）调用 CDC::CreateCompatibleDC()函数创建一个内存设备环境，以便位图在内存中保存下来，并与指定设备（窗口设备）环境相兼容。

（3）调用 CDC::SelectObject()函数将位图对象选入内存设备环境中。

（4）调用 CDC::BitBlt()或 CDC::StretchBlt()函数将位图复制到实际设备环境中。

（5）使用之后，恢复原来的内存设备环境。

例如，下面的示例过程就是调用一个位图并在视图中显示。

（1）用"MFC 应用程序向导"创建一个标准的视觉样式单文档应用程序 Ex_BMP。将 stdafx.h 文件最后面内容中的 ♯ifdef _UNICODE 行和最后一个 ♯endif 行删除（注释掉）。

（2）选择"项目"→"添加资源"菜单命令，打开"添加资源"对话框，选择 Bitmap 资源类型。单击 导入(M)... 按钮，出现"导入"对话框，从外部文件（如 AutoCAD 中的 Inventor Server\Textures\surfaces）中选定一个位图文件，然后单击 打开(O) 按钮，该位图就被调入应用程序中。保留默认的位图资源标识 IDB_BITMAP1。

（3）在 CEx_BMPView::OnDraw()函数中添加下列代码。

```
void CEx_BMPView::OnDraw(CDC * pDC)
{
    CEx_BMPDoc * pDoc = GetDocument();
    ASSERT_VALID(pDoc);
    if(!pDoc)    return;
    CBitmap m_bmp;
    m_bmp.LoadBitmap(IDB_BITMAP1);              //调入位图资源
    BITMAP bm;                                   //定义一个 BITMAP 结构变量
    m_bmp.GetObject(sizeof(BITMAP),&bm);
    CDC dcMem;                                   //定义并创建一个内存设备环境
    dcMem.CreateCompatibleDC(pDC);
    CBitmap * pOldbmp = dcMem.SelectObject(&m_bmp);
                                                 //将位图选入内存设备环境中
    pDC->BitBlt(0,0,bm.bmWidth,bm.bmHeight,&dcMem,0,0,SRCCOPY);
                                                 //将位图复制到实际的设备环境中
    dcMem.SelectObject(pOldbmp);                 //恢复原来的内存设备环境
}
```

（4）编译并运行，结果如图 6.5 所示。

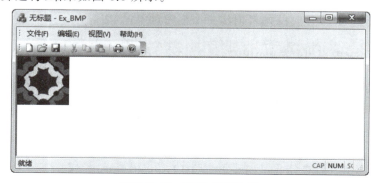

图 6.5　Ex_BMP 运行结果

通过上述代码过程可以看出：位图的最终显示是通过调用 CDC::BitBlt() 函数来完成的。除此之外，也可以使用 CDC::StretchBlt() 函数。这两个函数的区别在于：StretchBlt() 函数可以对位图进行缩小或放大，而 BitBlt() 则不能，但 BitBlt() 显示更新速度较快，它们的原型如下。

```
BOOL BitBlt(int x, int y, int nWidth, int nHeight, CDC* pSrcDC,
            int xSrc, int ySrc, DWORD dwRop);
BOOL StretchBlt(int x, int y, int nWidth, int nHeight, CDC* pSrcDC,
                int xSrc, int ySrc,
                int nSrcWidth, int nSrcHeight, DWORD dwRop);
```

其中，参数 x、y 表示位图目标方块左上角的逻辑坐标值，nWidth、nHeight 表示位图目标方块的逻辑宽度和高度，pSrcDC 表示源设备 CDC 指针，xSrc、ySrc 表示位图源方块的左上角的 x、y 逻辑坐标值，dwRop 表示显示位图的光栅操作方式。光栅操作方式有很多种，但经常使用的是 SRCCOPY，用来直接将位图复制到目标环境中。StretchBlt() 函数还比 BitBlt() 多两个参数：nSrcWidth、nSrcHeight，它们是用来表示位图源方块的逻辑宽度和高度。

6.3　图形绘制

Visual C++ 的 MFC 为用户的图形绘制提供了许多函数，这其中包括画点、线、矩形、多边形、圆弧、椭圆、扇形以及 Bézier 曲线等。

6.3.1　画点、线

如果绘图函数中没有画点和画线的功能，很难想象其他图形是怎样构成的，因为点和线是一切图形的基础。

1. 画点

画点是最基本的绘图操作之一，它是通过调用 CDC::SetPixel() 或 CDC::SetPixelV() 函数来实现的。这两个函数都是用来在指定的坐标上设置指定的颜色，只不过 SetPixelV() 函数不需要返回实际像素点的 RGB 值；正是因为这一点，函数 SetPixelV() 要比 SetPixel() 快得多。

```
COLORREF SetPixel(int x, int y, COLORREF crColor);
COLORREF SetPixel(POINT point, COLORREF crColor);
BOOL SetPixelV(int x, int y, COLORREF crColor);
BOOL SetPixelV(POINT point, COLORREF crColor);
```

实际显示像素的颜色未必等同于 crColor 所指定的颜色值，因为有时受设备限制，不能显示 crColor 所指定的颜色值，而只能取其近似值。

与上述函数相对应的 GetPixel() 函数是用来获取指定点的颜色。

```
COLORREF GetPixel(int x, int y) const;
COLORREF GetPixel(POINT point) const;
```

2. 画线

画线也是特别常用的绘图操作之一。CDC 类的 LineTo() 和 MoveTo() 就是用来实现画线功能的两个函数，通过这两个函数的配合使用，可完成任何直线和折线的绘制操作。

这里，首先值得一提的是在画直线时，总存在一个称为"当前位置"的特殊位置。每次直线绘制都是以此为起始点，画线操作结束之后，直线的结束点位置又成为当前位置。有了当前位置的自动更新，就可避免每次画线时都要给出两点的坐标。当然，这个当前位置还可用函数 CDC::GetCurrentPosition() 来获得，其原型如下。

```
CPoint GetCurrentPosition() const;
```

LineTo() 函数正是经当前位置所在点为直线起始点，另指定直线终点，画出一段直线的，其原型如下。

```
BOOL LineTo(int x, int y);
BOOL LineTo(POINT point);
```

如果当前要画的直线并不与上一条直线的终点相接，那么应该调用 MoveTo() 函数来调整当前位置。此函数不但可以用来更新当前位置，还可用来返回更新前的当前位置，其函数原型如下。

```
CPoint MoveTo(int x, int y);
CPoint MoveTo(POINT point);
```

3. 折线

除了 LineTo() 函数可用来画线之外，CDC 类中还提供了一系列用于绘制各种折线的函数。它们主要是 Polyline()、PolyPolyline() 和 PolylineTo()。这三个函数中，Polyline() 和 PolyPolyline() 既不使用当前位置，也不更新当前位置；而 PolylineTo() 总是把当前位置作为起始点，并且在折线画完之后，还把折线终点所在位置设为新的当前位置。

```
BOOL Polyline(LPPOINT lpPoints, int nCount);
BOOL PolylineTo(const POINT* lpPoints, int nCount);
```

这两个函数用来画一系列连续的折线。参数 lpPoints 是 POINT 或 CPoint 的顶点数组；nCount 表示数组中顶点的个数，它至少为 2。

```
BOOL PolyPolyline(const POINT* lpPoints, const DWORD* lpPolyPoints,
                  int nCount);
```

此函数可用来绘制多条折线。其中，lpPoints 同 PolylineTo() 函数中的定义，lpPolyPoints 表示各条折线所需的顶点数，nCount 表示折线的数目。

6.3.2 矩形和多边形

虽然利用前面的直线、折线也可画出矩形和多边形来，但 CDC 中提供的相关函数使其更胜一筹。

1. 矩形和圆角矩形

CDC 提供的 Rectangle() 和 RoundRect() 函数分别用于矩形和圆角矩形的绘制，它们的原型如下。

```
BOOL Rectangle(int x1, int y1, int x2, int y2);
BOOL Rectangle(LPCRECT lpRect);
BOOL RoundRect(int x1, int y1, int x2, int y2, int x3, int y3);
BOOL RoundRect(LPCRECT lpRect, POINT point);
```

参数 lpRect 的成员 left、top、right、bottom 分别表示 x1、y1、x2、y2，point 的成员 x、y 分别表示 x3、y3；而 x1、y1 表示矩形的左上角坐标，x2、y2 表示矩形的右下角坐标，x3、y3 表示绘制圆角的椭圆大小，如图 6.6 所示。

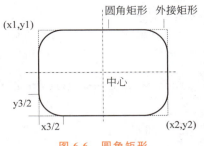

图 6.6　圆角矩形

2. 设置多边形填充模式

多边形填充模式决定了图形填充时寻找填充区域的方法，有两种选择：ALTERNATE 和 WINDING。ALTERNATE 模式是寻找相邻的奇偶边作为填充区域，而 WINDING 是按顺时针或逆时针进行寻找；一般情况下，这两种模式的填充效果是相同的，但对于像五角星这样的图形，填充的结果大不一样，例如下面的代码，其结果如图 6.7 所示。

```
void CMyView::OnDraw(CDC * pDC)
{
    ...
    POINT    pt[5]={{247,10},{230,90},{290,35},{210,30},{275,85}};
    CBrush   brush(HS_FDIAGONAL,RGB(255,0,0));
    CBrush * oldbrush = pDC->SelectObject(&brush);
    pDC->SetPolyFillMode(ALTERNATE);
    pDC->Polygon(pt,5);
    for(int i=0;i<5;i++)    pt[i].x+=80;
    pDC->SetPolyFillMode(WINDING);
    pDC->Polygon(pt,5);
    pDC->SelectObject(oldbrush);
    brush.DeleteObject();
}
```

图 6.7　多边形填充模式

代码中，SetPolyFillMode()是 CDC 类的一个成员函数，用来设置填充模式，它的参数可以是 ALTERNATE 和 WINDING。

3. 多边形

前面已经介绍过折线的画法，而多边形可以说就是由首尾相接的封闭折线所围成的图形。在 CDC 类中，绘制多边形的函数 Polygon()原型如下。

BOOL Polygon(LPPOINT lpPoints**, int** nCount**);**

可以看出，Polygon()函数的参数形式与 Polyline()函数是相同的。但也稍有一点儿小差异。例如，要画一个三角形，使用 Polyline()函数，顶点数组中就得给出四个顶点(尽管始点和终点重复出现)，而用 Polygon()函数则只需给出三个顶点。

与 PolyPolyline()绘制多条折线一样，使用 PolyPolygon()函数，一次可绘制出多个多边形，这两个函数的参数形式和含义也一样。

BOOL PolyPolygon(LPPOINT lpPoints**, LPINT** lpPolyCounts**, int** nCount**);**

6.3.3 曲线

同点、直线一样，圆弧也是图形的基本元素。通过调用 CDC 类提供的圆弧及曲线成员函数可以方便地绘制出各种非规则形状的图形。

1. 圆弧和椭圆

通过调用 CDC 类的 Arc()函数可以绘制出一条椭圆弧线或者整个椭圆。这个椭圆的大小是由其外接矩形(本身并不可见)所决定的，Arc()函数的原型如下。

BOOL Arc(int x1**, int** y1**, int** x2**, int** y2**, int** x3**, int** y3**, int** x4**, int** y4**);**
BOOL Arc(LPCRECT lpRect**, POINT** ptStart**, POINT** ptEnd**);**

这里，x1、y1、x2、y2 或 lpRect 用来指定其外接矩形的位置和大小，而椭圆中心与点(x3、y3)或 ptStart 所构成的射线与椭圆的交点就成为椭圆弧线的起始点，椭圆中心与点(x4、y4)或 ptEnd 所构成的射线与椭圆的交点就成为椭圆弧线的终点。椭圆上弧线始点到终点的部分是要绘制的椭圆弧，如图 6.8 所示。

需要说明的是，要唯一地确定一条椭圆弧线，除了上述参数外，还有一个重要参数，那就是弧线绘制的方向。默认时，这个方向为逆时针，但可以通过调用 SetArcDirection()函数将绘制方向改设为顺时针方向。

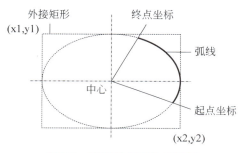

图 6.8 弧线及其参数示意图

int SetArcDirection(int nArcDirection**);**

该函数成功调用时返回以前的绘制方向，nArcDirection 可以是 AD_CLOCKWISE(顺时针)或 AD_COUNTERCLOCKWISE(逆时针)。此方向对函数 Arc()、Pie()、ArcTo()、Rectangle()、Chord()、RoundRect()、Ellipse()有效。

另外,ArcTo()也是一个画圆弧的 CDC 成员函数,它与 Arc()函数的唯一的区别是: ArcTo()函数将圆弧的终点作为新的当前位置,而 Arc()不会。

```
BOOL ArcTo(int x1, int y1, int x2, int y2, int x3, int y3, int x4, int y4);
BOOL ArcTo(LPCRECT lpRect, POINT ptStart, POINT ptEnd);
```

与上述函数相类似,调用 CDC 成员函数 Ellipse()可以用当前画刷绘制一个椭圆区域。

```
BOOL Ellipse(int x1, int y1, int x2, int y2);
BOOL Ellipse(LPCRECT lpRect);
```

参数 x1,y1,x2,y2 或 lpRect 表示椭圆外接矩形的大小的位置。

2. 弦形和扇形

CDC 函数 Chord()和 Pie()用来绘制弦形和扇形,其原型如下。

```
BOOL Chord(int x1, int y1, int x2, int y2, int x3, int y3, int x4, int y4);
BOOL Chord(LPCRECT lpRect, POINT ptStart, POINT ptEnd);
BOOL Pie(int x1, int y1, int x2, int y2, int x3, int y3, int x4, int y4);
BOOL Pie(LPCRECT lpRect, POINT ptStart, POINT ptEnd);
```

这两个函数的参数与 Arc()含义相同,只不过它们还用当前画刷填充其区域,具体如图 6.9 和图 6.10 所示。

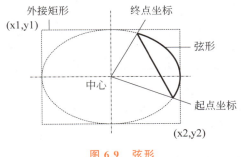

图 6.9　弦形

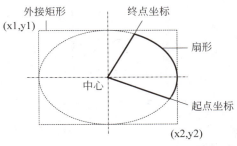

图 6.10　扇形

3. Bézier 曲线

Bézier 曲线是最常见的非规则曲线之一,它的形状不仅便于控制,而且更主要的是它具有几何不变性(即它的形状不随坐标的变换而改变),因此在许多场合往往采用这种曲线。Bézier 曲线属于三次曲线,只需给定四个点(第 1 个和第 4 个点是端点,另两个是控制点),就可唯一确定其形状,如图 6.11 所示。

函数 PolyBezier()可以用来画出一条或多条 Bézier 曲

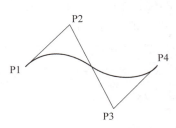

图 6.11　Bézier 曲线

线，其函数原型如下。

`BOOL PolyBezier(const POINT* lpPoints, int nCount);`

其中，lpPoints 是曲线端点和控制点所组成的数组，nCount 表示 lpPoints 数组中的点数。如果 lpPoints 用于画多条 Bézier 曲线，那么除了第一条曲线要用到四个点之外，后面的曲线只需用三个点，因为后面的曲线总是把前一条曲线的终点作为自己的起始端点。

函数 PolyBezier() 不使用也不更新当前位置。如果需要使用当前位置，那么就应该使用 PolyBezierTo() 函数。

`BOOL PolyBezierTo(const POINT* lpPoints, int nCount);`

6.3.4 在视图中绘制图形示例

下面的示例用来表示一个班级某门课程的成绩分布，它是一个直方图，反映＜60、60～69、70～79、80～89 以及≥90 五个分数段的人数，需要绘制五个矩形，相邻矩形的填充样式还要有所区别，并且还需要显示各分数段的人数。其结果如图 6.12 所示。

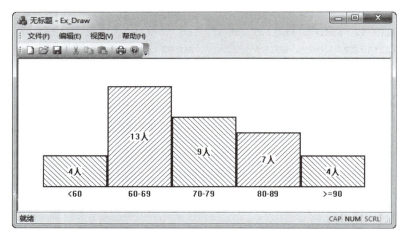

图 6.12 Ex_Draw 运行结果

（1）用"MFC 应用程序向导"创建一个标准的视觉样式单文档应用程序 Ex_Draw。将 stdafx.h 文件最后面内容中的 #ifdef _UNICODE 行和最后一个 #endif 行删除（注释掉）。

（2）为 CEx_DrawView 类添加一个成员函数 DrawScore()，用来根据成绩绘制直方图，该函数的代码如下。

```
void CEx_DrawView::DrawScore(CDC* pDC, float* fScore, int nNum)
//fScore 是成绩数组指针, nNum 是学生人数
{
    int i;
    int nScoreNum[] = { 0, 0, 0, 0, 0};                    //各成绩段的人数的初始值
    //下面是用来统计各分数段的人数
```

```cpp
for(i=0; i<nNum; i++)    {
    int nSeg = (int)(fScore[i]) / 10;           //取数的"十"位上的值
    if(nSeg < 6)   nSeg = 5;                    //<60分
    if(nSeg == 10) nSeg = 9;                    //当为100分,算为>90分数段
    nScoreNum[nSeg - 5] ++;                     //各分数段计数
}
int nSegNum = sizeof(nScoreNum)/sizeof(int);    //计算有多少个分数段
//求分数段上最大的人数
int nNumMax = nScoreNum[0];
for(i=1; i<nSegNum; i++)    {
    if(nNumMax < nScoreNum[i]) nNumMax = nScoreNum[i];
}
CRect rc;
GetClientRect(rc);
rc.DeflateRect(40, 40);                         //缩小矩形大小
int nSegWidth = rc.Width()/nSegNum;             //计算每段的宽度
int nSegHeight = rc.Height()/nNumMax;           //计算每段的单位高度
COLORREF     crSeg = RGB(0,0,192);              //定义一个颜色变量
CBrush       brush1(HS_FDIAGONAL, crSeg);
CBrush       brush2(HS_BDIAGONAL, crSeg);
CPen         pen(PS_INSIDEFRAME, 2, crSeg);
CBrush * oldBrush = pDC->SelectObject(&brush1);
CPen * oldPen = pDC->SelectObject(&pen);
CRect rcSeg(rc);
rcSeg.right = rcSeg.left + nSegWidth;           //使每段的矩形宽度等于nSegWidth
CString strSeg[]={"<60","60-69","70-79","80-89",">=90"};
CRect rcStr;
for(i=0; i<nSegNum; i++)    {
    //保证相邻的矩形填充样式不相同
    if(i%2)
        pDC->SelectObject(&brush2);
    else
        pDC->SelectObject(&brush1);
    rcSeg.top = rcSeg.bottom - nScoreNum[i] * nSegHeight - 2;
    //计算每段矩形的高度
    pDC->Rectangle(rcSeg);
    if(nScoreNum[i] > 0)    {
        CString str;
        str.Format("%d 人", nScoreNum[i]);
        pDC->DrawText(str, rcSeg,
                 DT_CENTER | DT_VCENTER | DT_SINGLELINE);
    }
    rcStr = rcSeg;
    rcStr.top = rcStr.bottom + 2;         rcStr.bottom += 20;
```

```
            pDC->DrawText(strSeg[i], rcStr,
                    DT_CENTER | DT_VCENTER | DT_SINGLELINE);
            rcSeg.OffsetRect(nSegWidth, 0);        //右移矩形
        }
        pDC->SelectObject(oldBrush);               //恢复原来的画刷属性
        pDC->SelectObject(oldPen);                 //恢复原来的画笔属性
    }
```

（3）在 CEx_DrawView::OnDraw() 函数中添加下列代码。

```
void CEx_DrawView::OnDraw(CDC* pDC)
{
    CEx_DrawDoc* pDoc = GetDocument();
    ASSERT_VALID(pDoc);
    if (!pDoc)      return;
    float fScore[] = {66,82,79,74,86,82,67,60,45,44,77,98,65,90,66,
                      76,66,62,83,84,97,43,67,57,60,60,71,74,60,72,
                      81,69,79,91,69,71,81};
    DrawScore(pDC, fScore, sizeof(fScore)/sizeof(float));
}
```

（4）编译并运行。

6.3.5 在对话框及控件中绘图

以前示例的绘图代码都是在视图中绘制，实际上，CDC 类中的 GDI 绘图函数可在任何从 CWnd 派生出的窗口中进行绘制，包括对话框及其上的控件。

与视图中的 OnDraw() 函数所不同的是，对于对话框而言，当需要更新或重新绘制窗口的外观时，系统就会发送 WM_PAINT 消息，在 MFC 框架中其映射的虚函数是 OnPaint()。

像所有的窗口一样，如果对话框中的任何部分变为无效（即需要更新）时，对话框的 OnPaint() 函数都会自动调用。当然，也可以通过调用 Invalidate() 函数来通知系统此时的窗口状态已变为无效，强制系统调用 WM_PAINT 消息虚函数 OnPaint() 重新绘制。

通过在 OnPaint() 函数中添加绘图代码可以实现绘制图形的目的。但在应用时，为了防止 Windows 用系统默认的 GDI 参数向对话框进行重复绘制，还需要调用 UpdateWindow()（更新窗口）函数。UpdateWindow() 是 CWnd 的一个无参数的成员函数，其目的是绕过系统的消息列队，而直接发送或停止发送 WM_PAINT 消息，当窗口没有需要更新的区域时，就停止发送。这样，当用户绘制完图形时，由于没有 WM_PAINT 消息的发送，系统也就不会用默认的 GDI 参数对窗口进行重复绘制。

下面来看一个示例，该例是在对话框和静态文本控件中分别绘制一个下斜线填充和十字线填充的矩形区域，如图 6.13 所示。

（1）创建一个默认的基于对话框的应用程序 Ex_DlgDraw，将 stdafx.h 文件最后面内容中的 #ifdef _UNICODE 行和最后一个 #endif 行删除（注释掉）。

（2）将文档窗口切换到对话框资源页面，单击对话框编辑器工具栏中的"网格切换"按

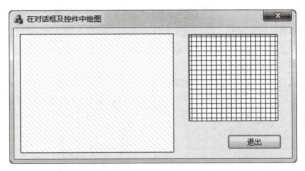

图 6.13　在对话框及控件中绘图

钮▦，显示对话框资源网格。调整对话框的大小（大小调为 258×125px），将 Caption（标题）设为"在对话框及控件中绘图"。删除原来的 [取消] 按钮和"TODO：在此放置对话框控件。"静态文本控件，将 [确定] 按钮标题改为"退出"。

（3）在对话框右侧靠上部位添加一个静态文本控件，在其"属性"窗口中将 ID 设为 IDC_DRAW，清除 Caption（标题）属性内容，将 Sunken 属性设为 True。

（4）为 CEx_DlgDrawDlg 添加下列成员函数 DoDrawCtrl()。

```
void CEx_DlgDrawDlg::DoDrawCtrl(void)
{
    CWnd * pWnd    = GetDlgItem(IDC_DRAW);
    CDC * pDC      = pWnd->GetDC();
    CRect rcClient;
    pWnd->GetClientRect(rcClient);           //获取控件客户区大小
    UpdateWindow();                          //告诉对话框,控件已更新过
    CBrush brush(HS_CROSS,RGB(0,0,255));
    CBrush * oldBrush = pDC->SelectObject(&brush);
    pDC->Rectangle(rcClient);
    pDC->SelectObject(oldBrush);
}
```

（5）在 CEx_DlgDrawDlg::OnPaint() 函数中添加下列代码。

```
void CEx_DlgDrawDlg::OnPaint()
{
    if(IsIconic()){...    }
    else {
        CDialogEx::OnPaint();
        UpdateWindow();                      //告诉系统对话框已更新过
        CDC * pDC = GetDC();
        CRect rcDraw, rcStatic;
        GetDlgItem(IDC_DRAW)->GetWindowRect(rcStatic);
        ScreenToClient(rcStatic);            //获取静态控件在对话框中的位置
```

```
            rcDraw.SetRect(10, 10, rcStatic.left - 24, rcClient.bottom - 10);
            CBrush brush(HS_FDIAGONAL,RGB(0,255,0));
            CBrush *oldBrush = pDC->SelectObject(&brush);
            pDC->Rectangle(rcDraw);
            pDC->SelectObject(oldBrush);
            DoDrawCtrl();                          //调用在控件中绘图的自定义函数
        }
    }
```

（6）编译运行。

6.4　字体与文字处理

字体是文字显示和打印的外观形式，包括文字的字样、风格和尺寸等多方面的属性。适当地选用不同的字体，可以大大丰富文字的外在表现力。例如，把文字中某些重要的字句用较粗的字体显示，能够体现出突出、强调的意图。

6.4.1　字体和字体对话框

根据字体的构造技术，可以把字体分为 4 种基本类型：光栅字体、矢量字体、TrueType 字体和 OpenType 字体。光栅字体也往往称为点阵字体，其每一个字符的原型都是以固定的位图形式存储在字库中。矢量字体则是把字符分解为一系列直线段而存储起来的。TrueType 和 OpenType 字体的字符原型是一系列直线和曲线绘制命令的集合。光栅字体依赖于特定的设备分辨率，是与设备相关的字体。矢量字体、TrueType 和 OpenType 字体都是与设备无关的，可以任意缩放。OpenType 不但可以定义 TrueType 字形还可以定义手写体字形。

1. 字体的属性和创建

字体的属性有很多，但其主要属性有字样、风格和尺寸三个。字样是字符书写和显示时表现出的特定模式，例如，对于汉字，通常有宋体、楷体、仿宋、黑体、隶书以及幼圆等多种字样。字体风格主要表现为字体的粗细和是否倾斜等特点。字体尺寸是用来指定字符所占区域的大小，通常用字符高度来描述。字体尺寸可以取毫米或英寸作为单位，但为了直观起见，也常常采用一种称为"点"的单位，一点约折合为 1/72 英寸。

为了方便用户创建字体，系统定义一种"逻辑字体"，它是应用程序对于理想字体的一种描述方式。在使用逻辑字体绘制文字时，系统会采用一种特定的算法把逻辑字体映射为最匹配的物理字体（实际安装在操作系统中的字体）。逻辑字体的具体属性可由 LOGFONT 结构来描述，这里仅列出最常用到的结构成员。

```
typedef struct tagLOGFONT
{
    LONG      lfHeight;                //字体的逻辑高度
    LONG      lfWidth;                 //字符的平均逻辑宽度
    LONG      lfEscapement;            //倾角
```

```
    LONG        lfOrientation;              //书写方向
    LONG        lfWeight;                   //字体的粗细程度
    BYTE        lfItalic;                   //斜体标志
    BYTE        lfUnderline;                //下画线标志
    BYTE        lfStrikeOut;                //删除线标志
    BYTE        lfCharSet;                  //字符集,汉字必须为 GB2312_CHARSET
    TCHAR       lfFaceName[LF_FACESIZE];    //字样名称
    //…
} LOGFONT;
```

在结构成员中,lfHeight 表示字符的逻辑高度。这里的高度是字符的纯高度,当 lfHeight>0 时,系统将此值映射为实际字体单元格的高度;当 lfHeight=0 时,系统将使用默认的值;当 lfHeight<0 时,系统将此值映射为实际的字符高度。

lfEscapement 表示字体的倾斜矢量与设备的 x 轴之间的夹角(以 1/10°为计量单位),该倾斜矢量与文本的书写方向是平行的。lfOrientation 表示字符基准线与设备的 x 轴之间的夹角(以 1/10°为计量单位)。lfWeight 表示字体的粗细程度,取值范围是 0~1000(字符笔画从细到粗)。例如,400 为常规情况,700 为粗体。

根据定义的逻辑字体,通过调用 CFont 类的 CreateFontIndirect()函数即可创建文本输出所需要的字体,如下面的代码。

```
LOGFONT     lf;                                 //定义逻辑字体的结构变量
memset(&lf, 0, sizeof(LOGFONT));                //将 lf 中的所有成员置 0
lf.lfHeight     = -13;
lf.lfCharSet    = GB2312_CHARSET;
strcpy((LPSTR)&(lf.lfFaceName), "黑体");
//用逻辑字体结构创建字体
CFont       cf;
cf.CreateFontIndirect(&lf);
//在设备环境中使用字体
CFont * oldfont = pDC->SelectObject(&cf);
pDC->TextOut(100,100,"Hello");
pDC->SelectObject(oldfont);                     //恢复设备环境原来的属性
cf.DeleteObject();                              //删除字体对象
```

2. 使用字体对话框

CFontDialog 类提供了字体及其文本颜色选择的通用对话框,如图 6.14 所示。它的构造函数如下。

```
CFontDialog(LPLOGFONT lplfInitial = NULL,
            DWORD dwFlags = CF_EFFECTS | CF_SCREENFONTS,
            CDC* pdcPrinter = NULL, CWnd* pParentWnd = NULL);
```

其中,参数 lplfInitial 是一个 LOGFONT 结构指针,用来设置对话框最初的字体特性。dwFlags 指定选择字体的标志。pdcPrinter 用来表示打印设备环境指针。pParentWnd 表示对话框的父窗口指针。

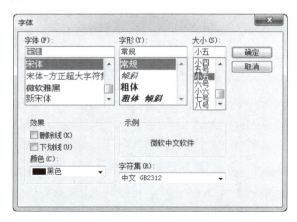

图 6.14 "字体"对话框

当"字体"对话框 DoModal 返回 IDOK 后，可使用下列的成员函数。

```
void         GetCurrentFont(LPLOGFONT lplf);    //返回用户选择的 LOGFONT 字体
CString      GetFaceName() const;               //返回用户选择的字体名称
CString      GetStyleName() const;              //返回用户选择的字体样式名称
int          GetSize() const;                   //返回用户选择的字体大小
COLORREF     GetColor() const;                  //返回用户选择的文本颜色
int          GetWeight() const;                 //返回用户选择的字体粗细程度
BOOL         IsStrikeOut() const;               //判断是否有删除线
BOOL         IsUnderline() const;               //判断是否有下画线
BOOL         IsBold() const;                    //判断是否是粗体
BOOL         IsItalic() const;                  //判断是否是斜体
```

通过"字体"对话框可以创建一个字体，如下面的代码。

```
LOGFONT lf;
CFont    cf;
memset(&lf, 0, sizeof(LOGFONT));            //将 lf 中的所有成员置 0
CFontDialog dlg(&lf);
if(dlg.DoModal()==IDOK)
{
   dlg.GetCurrentFont(&lf);
   pDC->SetTextColor(dlg.GetColor());
   cf.CreateFontIndirect(&lf);
   ...
}
```

6.4.2 常用文本输出函数

文本的最终输出不仅依赖于文本的字体，而且还跟文本的颜色、对齐方式等有很大关系。CDC 类提供了 4 个输出文本的成员函数：TextOut()、ExtTextOut()、TabbedTextOut() 和 DrawText()。

对于这 4 个函数，应根据具体情况来选用。例如，如果想要绘制的文本是一个多列的列表形式，那么采用 TabbedTextOut() 函数，启用制表位（Tab 位），可以使绘制出来的文本效果更佳；如果要在一个矩形区域内绘制多行文本，那么采用 DrawText() 函数，会更富于效率；如果文本和图形结合紧密，字符间隔不等，并要求有背景颜色或矩形裁剪特性，那么 ExtTextOut() 函数将是最好的选择；如果没有什么特殊要求，那使用 TextOut() 函数就显得非常简练了。下面介绍 TextOut()、TabbedTextOut() 和 DrawText() 函数。

```
virtual BOOL TextOut(int x, int y, LPCTSTR lpszString, int nCount);
BOOL TextOut(int x, int y, const CString& str);
```

TextOut() 函数是用当前字体在指定位置 (x, y) 处显示一个文本。参数中，lpszString 和 str 指定即将显示的文本，nCount 表示文本的字节长度。若输出成功，函数返回 TRUE，否则返回 FALSE。

```
virtual CSize TabbedTextOut(int x, int y, LPCTSTR lpszString,
                int nCount, int nTabPositions,
                LPINT lpnTabStopPositions, int nTabOrigin);
CSize TabbedTextOut(int x, int y, const CString& str,
                int nTabPositions,
                LPINT lpnTabStopPositions, int nTabOrigin);
```

TabbedTextOut() 也是用当前字体在指定位置处显示一个文本，但它还根据指定的制表位（Tab 位）设置相应字符位置，函数成功时返回输出文本的大小。参数中，nTabPositions 表示 lpnTabStopPositions 数组的大小，lpnTabStopPositions 表示多个递增的制表位（逻辑坐标）的数组，nTabOrigin 表示制表位 x 方向的起始点（逻辑坐标）。如果 nTabPositions 为 0，且 lpnTabStopPositions 为 NULL，则使用默认的制表位，即一个 Tab 相当于 8 个字符。

```
virtual int DrawText(LPCTSTR lpszString, int nCount,
                LPRECT lpRect, UINT nFormat);
int DrawText(const CString& str, LPRECT lpRect, UINT nFormat);
```

DrawText() 函数是用当前字体在指定矩形中对文本进行格式化绘制。参数中，lpRect 用来指定文本绘制时的参考矩形，它本身并不显示；nFormat 表示文本的格式，它可以是下列的常用值之一或"|"组合。

```
DT_BOTTOM            //下对齐文本,该值还必须与 DT_SINGLELINE 组合
DT_CENTER            //水平居中
DT_END_ELLIPSIS      //使用省略号取代文本末尾的字符
DT_PATH_ELLIPSIS     //使用省略号取代文本中间的字符
DT_EXPANDTABS        //使用制表位,默认的制表长度为 8 个字符
```

```
DT_LEFT                     //左对齐
DT_MODIFYSTRING             //将文本调整为能显示的字符串
DT_NOCLIP                   //不裁剪
DT_NOPREFIX                 //不支持&引导的字符转义
DT_RIGHT                    //右对齐
DT_SINGLELINE               //指定文本的基准线为参考点,单行文本
DT_TABSTOP                  //设置停止位。nFormat的高位字节是每个制表位的数目
DT_TOP                      //上对齐
DT_VCENTER                  //垂直居中
DT_WORDBREAK                //自动换行
```

注意：DT_TABSTOP 与上述 DT_CALCRECT、DT_EXTERNALLEADING、DT_NOCLIP 及 DT_NOPREFIX 不能组合。

需要强调的是,默认时,上述文本输出函数既不使用也不更新"当前位置"。若要使用和更新"当前位置",则必须调用 SetTextAlign(),并将参数 nFlags 设置为 TA_UPDATECP。使用时,最好在文本输出前用 MoveTo()将当前位置移动至指定位置后,再调用文本输出函数。这样,文本输出函数参数中 x,y 或矩形的左边才会被忽略。

下面是一个文本绘制的简单示例。

(1) 用"MFC 应用程序向导"创建一个标准的视觉样式单文档应用程序 Ex_DrawText。将 stdafx.h 文件最后面内容中的 #ifdef _UNICODE 行和最后一个 #endif 行删除(注释掉)。

(2) 在 CEx_DrawView::OnDraw()函数中添加下列代码。

```
void CEx_DrawTextView::OnDraw(CDC* pDC)
{
    CEx_DrawTextDoc* pDoc = GetDocument();
    ASSERT_VALID(pDoc);
    if(!pDoc)    return;
    CRect rc(10, 10, 200, 140);
    pDC->Rectangle(rc);
    pDC->DrawText("单行文本居中", rc,
                        DT_CENTER | DT_VCENTER | DT_SINGLELINE);
    rc.OffsetRect(200, 0);        //将矩形向右偏移 200
    pDC->Rectangle(rc);
    int nTab = 40;                //将一个 Tab 位的值指定为 40 个逻辑单位
    pDC->TabbedTextOut(rc.left, rc.top, "绘制\tTab\t 文本\t 示例",
                        1, &nTab, rc.left);            //使用自定义停止位
    nTab = 80;                    //将一个 Tab 位的值指定为 80 个逻辑单位
    pDC->TabbedTextOut(rc.left, rc.top+20, "绘制\tTab\t 文本\t 示例",
                        1, &nTab, rc.left);            //使用自定义停止位
    pDC->TabbedTextOut(rc.left, rc.top+40, "绘制\tTab\t 文本\t 示例",
                        0, NULL, 0);                   //使用默认停止位
}
```

（3）编译运行，结果如图 6.15 所示。

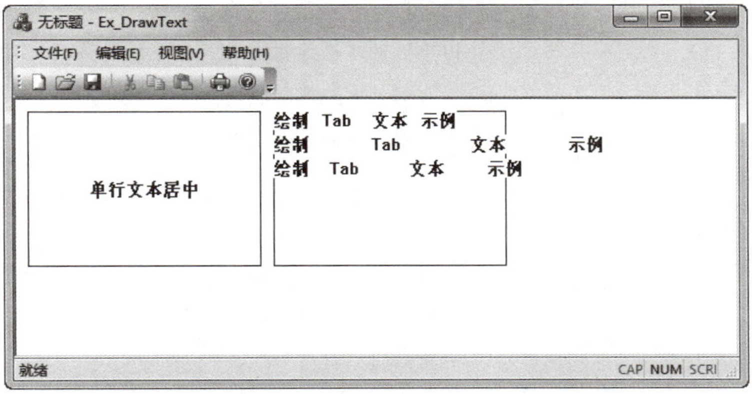

图 6.15　Ex_DrawText 运行结果

6.4.3　文本格式化属性

文本的格式属性通常包括文本颜色、对齐方式、字符间隔以及文本调整等。在绘图设备环境中，默认的文本颜色是黑色，而文本背景色为白色，且默认的背景模式是不透明方式（OPAQUE）。在 CDC 类中，SetTextColor()、SetBkColor() 和 SetBkMode() 函数就是分别用来设置文本颜色、文本背景色和背景模式，而与之相对应的 GetTextColor()、GetBkColor()和 GetBkMode() 函数则是分别获取这三项属性的，它们的原型如下。

```
virtual COLORREF SetTextColor(COLORREF crColor);
COLORREF GetTextColor() const;
virtual COLORREF SetBkColor(COLORREF crColor);
COLORREF GetBkColor() const;
int SetBkMode(int nBkMode);
int GetBkMode() const;
```

其中，nBkMode 用来指定文本背景模式，它可以是 OPAQUE(不透明)或 TRANSPARENT（透明）。

文本对齐方式的设置和获取是由 CDC 函数 SetTextAlign() 和 GetTextAlign() 决定的，它们的原型如下。

```
UINT SetTextAlign(UINT nFlags);
UINT GetTextAlign() const;
```

上述两个函数中所用到的文本对齐标志如表 6.5 所示。这些标志可以分为三组：TA_LEFT、TA_CENTER 和 TA_RIGHT 确定水平方向的对齐方式，TA_BASELINE、TA_BOTTOM 和 TA_TOP 确定垂直方向的对齐方式，TA_NOUPDATECP 和 TA_UPDATECP 确定当前位置的更新标志。这三组标志中，组与组之间的标志可使用"|"操作符。

表 6.5 文本对齐标志

对齐标志	含 义
TA_BASELINE	以字体的基准线作为上下对齐方式
TA_BOTTOM	以文本外框矩形的底边作为上下对齐方式
TA_CENTER	以文本外框矩形的中点作为左右对齐方式
TA_LEFT	以文本外框矩形的左边作为左右对齐方式
TA_NOUPDATECP	不更新当前位置
TA_RIGHT	以文本外框矩形的右边作为左右对齐方式
TA_TOP	以文本外框矩形的顶边作为上下对齐方式
TA_UPDATECP	更新当前位置

6.4.4 计算字符的几何尺寸

在打印和显示某段文本时,有必要了解字符的高度计算及字符的测量方式,才能更好地控制文本输出效果。在 CDC 类中,GetTextMetrics(LPTEXTMETRIC lpMetrics)是用来获得指定映射模式下相关设备环境的字符几何尺寸及其他属性的,其 TEXTMETRIC 结构描述如下(这里仅列出最常用的结构成员)。

```
typedef struct tagTEXTMETRIC {        //tm
    int tmHeight;                      //字符的高度(ascent + descent)
    int tmAscent;                      //高于基准线部分的值
    int tmDescent;                     //低于基准线部分的值
    int tmInternalLeading;             //字符内标高
    int tmExternalLeading;             //字符外标高
    int tmAveCharWidth;                //字体中字符平均宽度
    int tmMaxCharWidth;                //字符的最大宽度
    //
} TEXTMETRIC;
```

通常,字符的总高度是用 tmHeight 和 tmExternalLeading 的总和来表示的。但对于字符宽度的测量除了上述参数 tmAveCharWidth 和 tmMaxCharWidth 外,还有 CDC 类中的相关成员函数 GetCharWidth()、GetOutputCharWidth()以及 GetCharABCWidths()。

在 CDC 类中,计算字符串的宽度和高度的函数主要有两个:GetTabbedTextExtent()和 GetTextExtent(),分别适用于字符串含有与不含制表符的情况,它们的原型如下。

```
CSize GetTextExtent(LPCTSTR lpszString, int nCount) const;
CSize GetTextExtent(const CString& str) const;
CSize GetTabbedTextExtent(LPCTSTR lpszString, int nCount,
            int nTabPositions, LPINT lpnTabStopPositions) const;
CSize GetTabbedTextExtent(const CString& str,
            int nTabPositions, LPINT lpnTabStopPositions) const;
```

其中,参数 lpszString 和 str 表示要计算的字符串,nCount 表示字符串的字节长度,

nTabPositions 表示 lpnTabStopPositions 数组的大小，lpnTabStopPositions 表示多个递增的制表位（逻辑坐标）的数组。函数返回当前设备环境下的一行字符串的宽度（CSize 的 cx）和高度（CSize 的 cy）。

特别地，使用 GetOutputTextExtent()、GetOutputTabbedTextExtent() 分别替代 GetTextExtent()和 GetTabbedTextExtent()函数更能准确地获取用于输出的字符串的宽度和高度。

6.4.5 文档内容显示及其字体改变

这里用示例的形式来说明如何在视图类中通过文本绘制的方法来显示文档的文本内容以及改变显示的字体。

（1）用"MFC 应用程序向导"创建一个标准的视觉样式单文档应用程序 Ex_Text。在向导"生成的类"页面中，将 CEx_TextView 的基类选为 CScrollView（由于视图客户区往往显示不了文档的全部内容，因此需要视图支持滚动操作）。将 stdafx.h 文件最后面内容中的 #ifdef _UNICODE 行和最后一个 #endif 行删除（注释掉）。

（2）为 CEx_TextDoc 类添加 CStringArray 类型的成员变量 m_strContents，用来将读取的文档内容保存。

（3）在 CEx_TextDoc::Serialize()函数中添加读取文档内容的代码。

```
void CEx_TextDoc::Serialize(CArchive& ar)
{
    if(ar.IsStoring())
    {...
    }
    else
    {
        CString str;
        m_strContents.RemoveAll();
        while(ar.ReadString(str)) m_strContents.Add(str);
    }
}
```

（4）为 CEx_TextView 类添加 LOGFONT 类型的成员变量 m_lfText，用来保存当前所使用的逻辑字体。

（5）在 CEx_TextView 类构造函数中添加 m_lfText 的初始化代码。

```
CEx_TextView::CEx_TextView()
{
    memset(&m_lfText, 0, sizeof(LOGFONT));
    m_lfText.lfHeight   = -12;
    m_lfText.lfCharSet  = GB2312_CHARSET;
    strcpy(m_lfText.lfFaceName, "宋体");
}
```

（6）为 CEx_TextView 类添加 WM_LBUTTONDBLCLK（双击鼠标）的"消息"映射处

理函数,并增加下列代码。

```cpp
void CEx_TextView::OnLButtonDblClk(UINT nFlags, CPoint point)
{
    CFontDialog dlg(&m_lfText);
    if(dlg.DoModal() == IDOK)
    {
        dlg.GetCurrentFont(&m_lfText);
        Invalidate();
    }
    CScrollView::OnLButtonDblClk(nFlags, point);
}
```

这样,当双击鼠标左键后,就会弹出"字体"对话框,从中可改变字体的属性,单击"确定"按钮后,执行 CEx_TextView::OnDraw() 中的代码。

(7) 在 CEx_TextView::OnDraw() 中添加下列代码。

```cpp
void CEx_TextView::OnDraw(CDC* pDC)
{
    CEx_TextDoc* pDoc = GetDocument();
    ASSERT_VALID(pDoc);
    if(!pDoc)    return;
    //创建字体
    CFont    cf;
    cf.CreateFontIndirect(&m_lfText);
    CFont* oldFont = pDC->SelectObject(&cf);
    //计算每行高度
    TEXTMETRIC tm;
    pDC->GetTextMetrics(&tm);
    int lineHeight = tm.tmHeight + tm.tmExternalLeading;
    int y = 0;
    int tab = tm.tmAveCharWidth * 4;              //为一个 Tab 设置 4 个字符
    //输出并计算行的最大长度
    int lineMaxWidth = 0;
    CString str;
    CSize lineSize(0,0);
    for(int i=0; i<pDoc->m_strContents.GetSize(); i++)
    {
        str = pDoc->m_strContents.GetAt(i);
        pDC->TabbedTextOut(0, y, str, 1, &tab, 0);
        str = str + "A";                          //多计算一个字符宽度
        lineSize = pDC->GetTabbedTextExtent(str, 1, &tab);
        if(lineMaxWidth < lineSize.cx)
            lineMaxWidth = lineSize.cx;
        y += lineHeight;
    }
    pDC->SelectObject(oldFont);
    //多算一行,以滚动窗口能显示全部文档内容
    int nLines = pDoc->m_strContents.GetSize() + 1;
```

```
    CSize sizeTotal;
    sizeTotal.cx = lineMaxWidth;
    sizeTotal.cy = lineHeight * nLines;
    SetScrollSizes(MM_TEXT, sizeTotal);           //设置滚动逻辑窗口的大小
}
```

（8）编译运行并测试，打开任意一个文本文件，结果如图 6.16 所示。

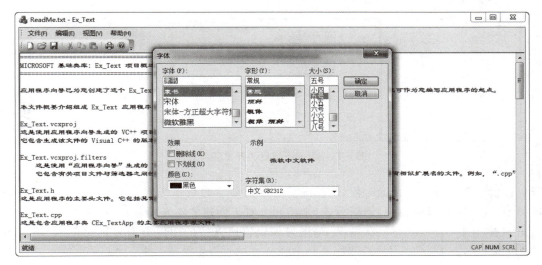

图 6.16　Ex_Text 运行结果

6.5　图标和光标

基于 Windows 的应用程序是离不开图形图像的，这些图像最为常见的则是 Windows 位图，它实际上就是一些和显示像素相对应的位阵列，它可以用来保存、加载和显示。图标、光标也是一种位图，但它们有各自的特点，例如，同一个图标或光标对应于不同的显示设备时，可以包含不同的图像，对于光标而言，还有"热点"的特性。本节将介绍如何用图形编辑器创建和编辑图标和光标，并着重讨论它们在程序中的控制方法。

6.5.1　图像编辑器

在 Visual C++ 中，图像编辑器可以创建和编辑任何位图格式的图像资源，除以前的工具栏按钮图像外，它还用于位图、图标和光标。它的功能很多，如提供一套完整的绘图工具来绘制 256 色的图像，进行位图的移动和复制以及含有若干个编辑工具等。由于图像编辑器的使用和 Windows 中的"绘图"工具相似，因此它的具体绘制操作在这里不再重复。

这里仅讨论一些常用操作：创建新的图标和光标，选用或定制显示设备和设置光标"热点"（所谓热点，就是指光标的位置点）和使用颜色选择器等。

1. 创建一个新的图标或光标

在 Visual C++ 中，使用"MFC 应用程序向导"创建一个应用程序后，选择"项目"→"添

加资源"菜单命令,就可打开"插入资源"对话框,从中选择 Cursor(光标)或 Icon(图标)资源类型,单击 新建(N) 按钮后,系统为项目添加一个新的光标或图标资源,同时在开发环境中出现图像编辑器。图 6.17 是添加一个新的图标资源后出现的图像编辑器。

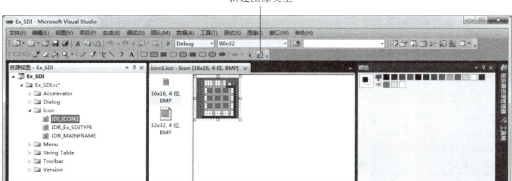

图 6.17　添加图标后的开发环境界面

在创建新图标或光标的时候,图像编辑器首先创建的是一个适合当前设备环境中的图像类型,开始时它以屏幕色(透明方式)来填充。对于创建的新光标,其"热点"被初始化为左上角的点,坐标为(0,0)。默认情况下,图像编辑器所支持的图像类型分别是单色、16 色和 256 色的大小为 16×16px、32×32px、48×48px、96×96px 以及 128×128px 的类型。

由于同一个图标或光标在不同的显示环境中包含不同的图像类型,因此,在创建图标或光标前必须事先指定好目标显示设备。这样,在打开所创建的图形资源时,与当前设备最相吻合的图像类型才会被自动打开。

2. 选用和定制显示设备

在图像编辑器工具栏上有一个"新建图像类型"按钮,单击此按钮后,系统弹出相应的图像类型列表,可以从中选取需要创建的图像类型,如图 6.18 所示。

除了对话框"目标图像类型"列表框中显示的图像类型外,还可以单击 自定义(C)... 按钮,弹出"自定义图像类型"对话框,如图 6.19 所示,在这里可指定新图像类型的大小和颜色。

图 6.18　选用图像类型

图 6.19　"自定义图像类型"对话框

3. 设置光标热点

Windows 系统借助光标"热点"来确定光标实际的位置,所以这个"热点",又称为"作用点"。在光标属性窗口中 Hot spot 属性中可以看到当前的光标"热点"位置。图 6.20 是添加一个新的光标资源后出现的图像编辑器(且打开了光标的"属性"窗口)。

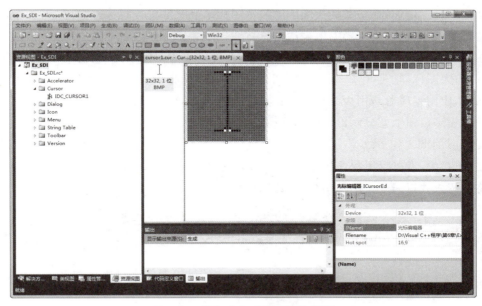

图 6.20 添加光标后的图像编辑器

默认时,根据光标的图像类型的不同,光标热点可能是图像左上角(0,0)的点或者是中间的点。当然,这个热点位置可以重新指定,单击"设置作用点工具"图标按钮 后,在光标图像上单击要指定的像素点,此时会在其属性窗口中的 Hot spot 属性中看到所选中的像素点的坐标。

4. 颜色选择器

当图像编辑器打开后,就会在开发环境右侧出现"颜色"窗口,称为"颜色工具箱",如图 6.21 所示。当右击调色板的"屏幕色"图标 时,则背景色就是屏幕色了。所谓"屏幕色",即该颜色在实际显示时是透明的,其下方的内容不会被覆盖。若使用"反色",则当拖动图标时,相应的内容是以反转的颜色显示的。颜色选择器左上角的"颜色指示器"还将显示出当前在调色板左击指定的前景色和右击指定的背景色。

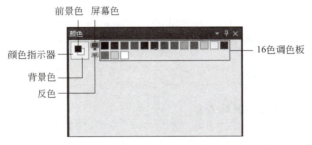

图 6.21 颜色工具箱

6.5.2 图标

在 Windows 图形用户界面环境中,图标的身影几乎是随处可见的。各种类型的文件、资源以及应用程序往往配有各色图标,使用户一望即知。此外,图标作为一种图像资源,还用于其他场合。例如,在任务栏通知区中显示图标来反映某些程序状态,而在消息对话框中配上适当的图标,往往更能形象地表达信息。

在 Windows 中,一个应用程序至少允许有两种尺寸的图标来标明自己:一种是普通图标,也称为大图标,它是 $32 \times 32\text{px}$ 的位图;另一种是小图标,它是大小为 $16 \times 16\text{px}$ 的位图。在桌面上,应用程序总是用大图标作为自身的类型标识,而一旦启动后,其窗口的左上角和任务栏的程序按钮上就显示出该应用程序的小图标。

1. 图标的调入和清除

在 MFC 中,当在应用程序中添加一个图标资源后,就可以使用 CWinApp::LoadIcon() 函数将其调入并返回一个图标句柄,函数原型如下。

```
HICON LoadIcon(LPCTSTR lpszResourceName) const;
HICON LoadIcon(UINT nIDResource) const;
```

其中,lpszResourceName 和 nIDResource 分别表示图标资源的字符串名和标识。函数返回的是一个图标句柄。

如果不想使用新的图标资源,也可使用系统中预先定义好的标准图标,这时需调用 CWinApp::LoadStandardIcon() 函数,其原型如下。

```
HICON LoadStandardIcon(LPCTSTR lpszIconName) const;
```

其中,lpszIconName 可以是下列常见值之一。

```
IDI_APPLICATION      //默认的应用程序图标
IDI_HAND             //手形图标(用于严重警告)
IDI_QUESTION         //问号图标(用于提示消息)
IDI_EXCLAMATION      //警告消息图标(惊叹号)
IDI_SHIELD           //安全盾牌图标
IDI_ASTERISK         //消息图标
```

图标装载后,可使用全局函数 DestroyIcon)()来删除图标,并释放为图标分配的内存,其原型如下。

```
BOOL DestroyIcon(HICON hIcon);
```

其中,hIcon 用来指定要删除的图标句柄。

2. 图标的显示

图标的显示一般有两种方法:一是通过静态图片控件来显示,或在其他(如按钮)控件中设置显示;二是通过函数 CDC::DrawIcon()将一个图标绘制在指定设备的位置处,其原型如下。

```
BOOL DrawIcon(int x, int y, HICON hIcon);
BOOL DrawIcon(POINT point, HICON hIcon);
```

其中,(x, y)和 point 用来指定图标绘制的位置,而 hIcon 用来指定要绘制的图标句柄。

3. 应用程序图标的改变

在用"MFC 应用程序向导"创建的应用程序中,图标资源 IDR_MAINFRAME 用来表示应用程序窗口的图标,通过图像编辑器可将其内容直接修改。实际上,程序中还可使用 GetClassLong()和 SetClassLong()函数重新指定应用程序窗口的图标,函数原型如下。

```
DWORD SetClassLong(HWND hWnd, int nIndex, LONG dwNewLong);
DWORD GetClassLong(HWND hWnd, int nIndex);
```

其中,hWnd 用来指定窗口类句柄,dwNewLong 用来指定新的 32 位值。nIndex 用来指定与 WNDCLASSEX 结构相关的索引,它可以是下列值之一。

```
GCL_HBRBACKGROUND      //窗口类的背景画刷句柄
GCL_HCURSOR            //窗口类的光标句柄
GCL_HICON              //窗口类的图标句柄
GCL_MENUNAME           //窗口类的菜单资源名称
GCL_STYLE              //窗口类的风格(样式)位(Bit)
```

下面看一示例,它是将应用程序的图标按一定序列来显示,使其看起来具有动画效果。

(1) 用"MFC 应用程序向导"创建一个标准的视觉样式单文档应用程序 Ex_Icon。将 stdafx.h 文件最后面内容中的 #ifdef _UNICODE 行和最后一个 #endif 行删除(注释掉)。

(2) 先添加一个新的图标资源,保留默认的 ID"IDI_ICON1"。默认时,添加的图标资源包含两种图像类型:一是 16 色(4 位)的 16×16,另一是 16 色(4 位)的 32×32。一般地,最新 Windows 的标准图像通常都是 8 位(256)颜色,因此需要将其更改。

(3) 选择"图像"→"新建图像类型"菜单命令或单击图像编辑器工具栏中的图标按钮 ,在弹出的对话框中选择"16×16,8 位"类型,单击 确定 按钮。在中间的缩略图像类型列表区域中,选定并右击"16×16,4 位"类型,从弹出的快捷菜单中选择"删除图像类型"命令,删除"16×16,4 位"类型。当然,也可先选定类型,再选择"图像"→"删除图像类型"菜单命令,可删除当前图像类型。类似地,删除"32×32,4 位"类型。这样,添加的"16×16,8 位"图像类型才会自动起作用。

(4) 将 IDI_ICON1 图标设计成如图 6.22(a)所示。类似地,再添加 3 个这样新的图标资源,保留图标资源默认的 ID:IDI_ICON2~ IDI_ICON4,将其图标设计成如图 6.22(b)~图 6.22(d)所示。

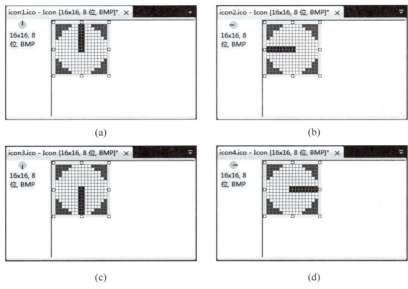

图 6.22 添加设计的 4 个图标

(5) 在 CMainFrame::OnCreate()函数的最后添加计时器设置代码。

```
int CMainFrame::OnCreate(LPCREATESTRUCT lpCreateStruct)
{
    if(CFrameWnd::OnCreate(lpCreateStruct) == -1)    return -1;
    //...
    SetTimer(1, 500, NULL);
    return 0;
}
```

Visual C++ 中的"计时器"能够周期性地按一定的时间间隔向应用程序发送 WM_TIMER 消息。由于它能实现"实时更新"以及"后台运行"等功能，因而在应用程序中计时器是一个难得的程序方法。代码中，SetTimer()是 CWnd 的成员函数，用来设置并启动计时器。它有三个参数：第一个参数用来指定该计时器的标识值（不能为 0），当应用程序需要多个计时器时可多次调用该函数，但每一个计时器的标识值应是唯一的，各不相同；第二个参数表示计时器的时间间隔（单位为 ms）；最后一个参数是一个函数的指针，用来使用程序定义的函数处理计时器 WM_TIMER 消息，一般情况下，该参数设为 NULL。

(6) 为 CMainFrame 类添加一个成员函数 ChangeIcon()，用来切换应用程序的图标，该函数的代码如下。

```
void CMainFrame::ChangeIcon(UINT nIconID)
{
    HICON hIconNew = AfxGetApp()->LoadIcon(nIconID);
    HICON hIconOld = (HICON)GetClassLong(m_hWnd, GCL_HICON);
```

```
        if(hIconNew != hIconOld)     {
            DestroyIcon(hIconOld);
            SetClassLong(m_hWnd, GCL_HICON, (long)hIconNew);
            RedrawWindow();            //重绘窗口
        }
    }
```

（7）打开 CMainFrame 类"属性"窗口，切换到"消息"页面，为其添加 WM_TIMER 消息的默认映射处理函数，并增加下列代码。

```
void CMainFrame::OnTimer(UINT nIDEvent)
{
    static int icons[] = { IDI_ICON1, IDI_ICON2, IDI_ICON3, IDI_ICON4};
    static int index = 0;
    ChangeIcon(icons[index]);
    index++;
    if(index>3) index = 0;
    CFrameWndEx::OnTimer(nIDEvent);
}
```

（8）打开 CMainFrame 类"属性"窗口，切换到"消息"页面，为其添加 WM_DESTROY 消息的默认映射处理函数，并增加下列代码。

```
void CMainFrame::OnDestroy()
{
    CFrameWndEx::OnDestroy();
    KillTimer(1);
}
```

（9）编译并运行。可以看到任务栏上的按钮以及应用程序的标题栏上 4 个图标循环显示的动态效果，显示速度为每秒两帧。

6.5.3 光标

光标在 Windows 程序中起着非常重要的作用，它不仅能反映鼠标的运动位置，而且还可以表示程序执行的状态，引导用户的操作，使程序更加生动。例如，沙漏光标表示"正在执行，请等待"，网页中手形光标表示"可以跳转"，另外还有一些有趣的动画光标。光标又称为"鼠标指针"。

1. 使用系统光标

Windows 预定义了一些经常使用的标准光标，这些光标均可以使用函数 CWinApp::LoadStandardCursor()加载到程序中，其函数原型如下。

HCURSOR LoadStandardCursor(LPCTSTR *lpszCursorName***) const;**

其中，lpszCursorName 用来指定一个标准光标名，它可以是下列预定义值之一。

```
    IDC_ARROW              //标准箭头光标
    IDC_IBEAM              //标准文本输入光标
    IDC_WAIT               //沙漏形计时等待光标
    IDC_CROSS              //十字形光标
    IDC_UPARROW            //垂直箭头光标
    IDC_SIZEALL            //四向箭头光标
    IDC_SIZENWSE           //向下的双向箭头光标
    IDC_SIZENESW           //向上双向箭头光标
    IDC_SIZEWE             //左右双向箭头光标
    IDC_SIZENS             //上下双向箭头光标
```

例如,加载一个垂直箭头光标 IDC_UPARROW 的代码如下。

```
HCURSOR hCursor;
hCursor = AfxGetApp()->LoadStandardCursor(IDC_UPARROW);
```

2. 使用光标资源

用编辑器创建或从外部调入的光标资源,可通过函数 CWinApp∷LoadCursor() 进行加载,其原型如下。

```
HCURSOR LoadCursor(LPCTSTR lpszResourceName) const;
HCURSOR LoadCursor(UINT nIDResource) const;
```

其中,lpszResourceName 和 nIDResource 分别用来指定光标资源的名称或 ID。例如,当光标资源为 IDC_CURSOR1 时,则可使用下列代码。

```
HCURSOR hCursor;
hCursor = AfxGetApp()->LoadCursor(IDC_CURSOR1);
```

也可直接用全局函数 LoadCursorFromFile() 加载一个外部光标文件,例如:

```
HCURSOR hCursor;
hCursor = LoadCursorFromFile("c:\\windows\\cursors\\globe.ani");
```

3. 更改程序中的光标

更改应用程序中的光标除了可以使用 GetClassLong() 和 SetClassLong() 函数外,最简单的方法是用 MFC ClassWizard 映射 WM_SETCURSOR 消息,该消息是当光标移动到一个窗口内并且还没有捕捉到鼠标时产生的。CWnd 为此消息的映射函数定义这样的原型:

```
afx_msg BOOL OnSetCursor(CWnd* pWnd, UINT nHitTest, UINT message);
```

其中,pWnd 表示拥有光标的窗口指针,nHitTest 用来表示光标所处的位置。例如,当为 HTCLIENT 时表示光标在窗口的客户区中,而为 HTCAPTION 时表示光标在窗口的标题栏处,为 HTMENU 时表示光标在窗口的菜单栏区域等。message 用来表示鼠标消息。

在 OnSetCursor() 函数中调用 SetCursor() 来设置相应的光标,并将 OnSetCursor() 函

数返回 TRUE，即可改变当前的光标。

例如，可根据当前鼠标所在的位置来确定单文档应用程序光标的类型，当处在标题栏时为一个动画光标，当处在客户区时为一个自定义光标。

(1) 用"MFC 应用程序向导"创建一个标准的视觉样式单文档应用程序 Ex_Cursor。将 stdafx.h 文件最后面内容中的 #ifdef _UNICODE 行和最后一个 #endif 行删除（注释掉）。

(2) 添加一个新的光标资源，保留默认的 ID"IDC_CURSOR1"。默认时，添加的光标资源的图像类型是单色 32×32。为此，需要为光标添加图像类型"32×32，4 位"，同时删除原来的"32×32，1 位"类型。

(3) 绘制如图 6.23 所示的光标图形，指定光标热点位置为(15,15)。

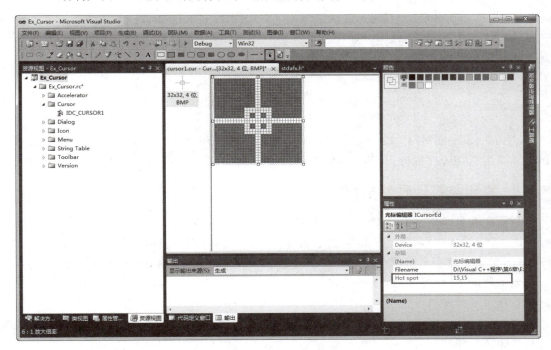

图 6.23 添加并设计的光标

(4) 为 CMainFrame 类添加一个成员变量 m_hCursor，变量类型为光标句柄 HCURSOR。打开 CMainFrame 类"属性"窗口，切换到"消息"页面，为其添加 WM_SETCURSOR"消息"的默认映射处理函数，并增加下列代码。

```
BOOL CMainFrame::OnSetCursor(CWnd* pWnd, UINT nHitTest, UINT message)
{
    BOOL bRes = false;
    if(nHitTest == HTCAPTION)    {
        //Windows 7 下
        m_hCursor = LoadCursorFromFile(
                "c:\\windows\\cursors\\aero_working.ani");
        SetCursor(m_hCursor);
        bRes = TRUE;
```

```
        } else if(nHitTest == HTCLIENT)      {
            m_hCursor = AfxGetApp()->LoadCursor(IDC_CURSOR1);
            SetCursor(m_hCursor);
            bRes = TRUE;
        }
        if(!bRes)
            return CFrameWndEx::OnSetCursor(pWnd, nHitTest, message);
        return bRes;
    }
```

(5) 编译运行并测试。当鼠标移动到标题栏时,光标变成了 aero_working.ani 的动画光标,而当移动到客户区时,光标变成了 IDC_CURSOR1 定义的形状。

需要说明的是,Visual C++ 还提供了 BeginWaitCursor() 和 EndWaitCursor() 函数来启动和终止动画沙漏光标。

6.6 打印与打印预览

Visual C++ 的 MFC 文档视图结构采用了 Windows 环境中统一的打印控制界面,并提供了相关的应用程序框架,包括相应的打印预览机制,从而大大简化了打印工作。

6.6.1 打印与打印预览机制

当程序在打印机上打印时,它使用的是 CDC 类的设备环境对象,并将它作为参数传给视图类的 OnDraw() 函数。如果文档应用程序要把显示结果在打印机上打印出来,则此时 OnDraw() 函数就担负着两个任务。显示时,OnPaint() 函数会调用 OnDraw(),此时设备环境为显示器屏幕;而打印时,OnDraw() 函数会被另一个 CView() 虚函数 OnPrint() 调用,此时设备环境为打印机。

在打印预览状态下,OnDraw() 的参数实际上是一个指向 CPreviewDC 对象的指针。不管是打印还是预览,OnPrint() 和 OnDraw() 函数的工作方式都是相同的。

1. MFC 打印过程

用"MFC 应用程序向导"创建的文档应用程序运行后,当选择"文件"→"打印"菜单命令或直接按快捷键 Ctrl+P 时,就会弹出如图 6.24 所示的"打印"对话框。

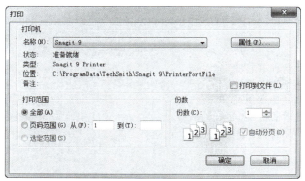

图 6.24 "打印"对话框

单击 确定 按钮后，应用程序就自动开始打印。在打印过程中，还会显示一个关于打印状态的对话框。虽然这个打印过程看起来比较简单，但实际上应用程序调用了很多相关函数，具体调用过程如图 6.25 所示。

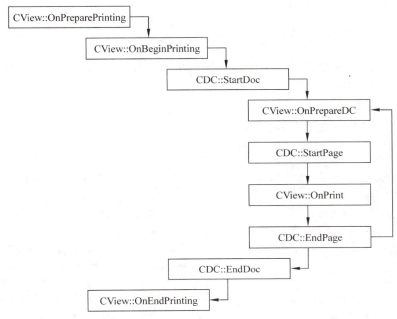

图 6.25　打印过程中的函数调用

其中，可以重载的 CView 类虚函数有：

```
CView::OnPreparePrinting    //若能知道文档长度,则在这里设置。该函数通过调用
                            //DoPreparePrinting()来显示打印对话框以及创建
                            //打印设备环境
CView::OnBeginPrinting      //创建 GDI 对象
CView::OnPrepareDC          //对每页设置映射模式,并可检测打印工作的结束
CView::OnPrint              //对每页进行打印并调用 OnDraw()函数
CView::OnEndPrinting        //删除 GDI 对象,结束打印工作
```

事实上，在用"MFC 应用程序向导"创建文档应用程序的过程中，若选择了"打印和打印预览"特性（默认时为选中），那么程序框架就会自动添加 OnPreparePrinting()、OnBeginPrinting()和 OnEndPrinting()三个虚函数的重载，并自动映射与打印和打印预览相关的菜单命令。

2. 打印预览过程

用"MFC 应用程序向导"创建的文档应用程序运行后，当选择"文件"→"打印预览"菜单命令后，应用程序就会创建一个 CPreviewDC 对象，每当应用程序执行一个设置打印机设备环境属性的操作，也会同样对显示设备环境进行一个类似的操作。例如，执行一个选择打印字库的操作，应用程序也会选择一个模拟打印字库的字库用于屏幕显示，每当应用程序向打印机发送打印信息时，它便对显示器发送与打印同样的信息。

打印预览与打印过程的另一个不同在于它们处理每一页的方式：在打印时，应用程序

连续处理每一页,直到指定的页码范围完成。而在预览时,一页或两页同时显示,然后,系统处于等待状态,直到用户做出反应,才显示其他页或结束预览。

预览时,CView 类成员函数 OnPreparePrinting() 同样被调用,通过改变此函数的一些参数,可以改变打印预览的功能。

6.6.2 打印与打印预览的简单设计

完整的打印和打印预览设计工作包括控制页边距和行距、设计页眉页脚、控制打印字体、选择打印模式、多页打印以及预览功能实现等。

1. CPrintInfo 结构

在打印和打印预览设计中,经常需要使用 CPrintInfo 结构,它保存所有打印和打印预览工作的全部信息。在 CPrintInfo 结构定义中,经常用到的成员函数和成员变量如下。

```
struct CPrintInfo
{...
    CPrintDialog* m_pPD;                    //打印对话框指针
    BOOL m_bPreview;                        //预览模式时为 TRUE
    BOOL m_bDirect;                         //绕过打印对话框而直接打印时为 TRUE
    BOOL m_bContinuePrinting;               //是否继续打印循环
    UINT m_nCurPage;                        //当前打印的页码
    UINT m_nNumPreviewPages;                //在预览框中显示的页数,可以是 1 或 2
    CRect m_rectDraw;                       //有效打印区域,以逻辑坐标表示
    void SetMinPage(UINT nMinPage);         //设置文档的第一页页码
    void SetMaxPage(UINT nMaxPage);         //设置文档的最后页页码
    UINT GetMinPage() const;                //获取文档的第一页页码
    UINT GetMaxPage() const;                //获取文档的最后页页码
    UINT GetFromPage() const;               //获取被打印的第一页页码
    UINT GetToPage() const;                 //获取被打印的最后页页码
};
```

需要说明的是,每当一页文档开始打印时,都会自动调用重载函数 OnPrepareDC()。若此时在该函数中将 m_bContinuePrinting 设置为 FALSE,则打印停止。显然,通过判断 m_nCurPage 是否已达到 GetToPage() 来决定 m_bContinuePrinting 是 FALSE 还是 TRUE,从而控制文档的多页打印。

2. 页面设置

在文档或图形的打印之前,通常需要对页面进行设置,就像 Microsoft Office 一样。页面设置一般包括页边距、每页行数、行距、每行字符个数以及页脚页眉等内容。为了方便程序控制,这里自己先定义一个页面信息结构体类型 PAGEINFO。

```
struct PAGEINFO {                           //页面信息结构
    CSize sizePage;                         //页面/纸大小
    CSize sizeLine;                         //每行的大小
    CSize sizeChar;                         //每个字符的平均大小
```

```
    int nLMargin;                //左边距
    int nRMargin;                //右边距
    int nTMargin;                //上边距
    int nBMargin;                //下边距
    int nPhyLeft;                //物理左边距
    int nPhyRight;               //物理右边距
    int nPhyTop;                 //物理上边距
    int nPhyBottom;              //物理下边距
    LOGFONT lfHead;              //页眉字体
    LOGFONT lfFoot;              //页脚字体
    LOGFONT lfText;              //正文字体
};
```

再构造一个打印相关的类 CPagePrint，声明如下。

```
class CPagePrint : public CObject
{
public:
    CPagePrint(int nTextFontSize);
public:
    void SetPageInfo(CDC * pDC, CPrintInfo * pInfo,
                     int l, int t, int r, int b, int nLineSpace);
    void PrintHead(CDC* pDC, CPrintInfo* pInfo,
                   CString title, int margin, int mode);
    void PrintFoot(CDC* pDC, CPrintInfo* pInfo,
                   CString title, int margin, int mode);
    void AdjustAllLine(CDC * pDC, CStringArray& strContents);
    void PrintText(CDC * pDC, CPrintInfo * pInfo);
private:
    PAGEINFO        thePageInfo;
    CStringArray    theArrText;      //处理后的文档内容
    CUIntArray      theLineArray;    //记录每页的开始行号
};
```

1) 页边距

页边距是指打印的文本或图形的区域与打印纸边界之间的距离，包括左、右、上和下边距。设置时可参考 CPrintInfo 的成员变量 m_rectDraw 的数值，但 m_rectDraw 的数值表示的是有效打印区域，它本身与打印纸边界有一定的边距，这个边距称为物理边距。需要说明的是，这些物理边距在不同大小的纸张中是不一样的，通过用全局函数 GetDeviceCaps()可以获取这些数据，它的原型如下。

int GetDeviceCaps(HDC *hdc*, **int** *nIndex***);**

其中，hdc 用来指定设备环境句柄，nIndex 用来指定要获取的参量索引，对于打印机而言，它常常需要下列的预定义值。

```
LOGPIXELSX                          //打印机水平分辨率,如 300dpi,则返回 300
LOGPIXELSY                          //打印机垂直分辨率,如 300dpi,则返回 300
PHYSICALWIDTH                       //打印纸的实际宽度,返回的值为设备单位
PHYSICALHEIGHT                      //打印纸的实际高度,返回的值为设备单位
PHYSICALOFFSETX                     //实际可打印区域的左上角的 x 值,该值为设备单位
PHYSICALOFFSETY                     //实际可打印区域的左上角的 y 值,该值为设备单位
```

值得一提的是,若一张打印纸的大小为 A4(210×297mm),且打印机的分辨率为 300×300dpi,当指定函数的参数值为 PHYSICALWIDTH 时,则返回的值不是 210mm,而是 2480mm。它是先将毫米单位转换成英寸,即 210mm 变成 8.267inch,然后乘以 300dpi 得出的结果。

类 CPagePrint 中的 SetPageInfo() 函数就是用来设置页边距和行距的,并计算页面的相关参数,其实现的代码如下。

```
void CPagePrint::SetPageInfo(CDC * pDC, CPrintInfo * pInfo,
        int l, int t, int r, int b, int nLineSpace)
//nLineSpace 为行间距,l,t,r,b 分别表示左、上、右、下的页边距
{
    //计算一个设备单位等于多少 0.1mm
    float scaleX = 254.0f/(float)GetDeviceCaps(pDC->m_hAttribDC,
                                        LOGPIXELSX);
    float scaleY = 254.0f/(float)GetDeviceCaps(pDC->m_hAttribDC,
                                        LOGPIXELSY);
    int x = GetDeviceCaps(pDC->m_hAttribDC, PHYSICALOFFSETX);
    int y = GetDeviceCaps(pDC->m_hAttribDC, PHYSICALOFFSETY);
    int w = GetDeviceCaps(pDC->m_hAttribDC, PHYSICALWIDTH);
    int h = GetDeviceCaps(pDC->m_hAttribDC, PHYSICALHEIGHT);
    int nPageWidth    = (int)(w * scaleX + 0.5f);       //纸宽,单位 0.1mm
    int nPageHeight   = (int)(h * scaleY + 0.5f);       //纸高,单位 0.1mm
    int nPhyLeft      = (int)(x * scaleX + 0.5f);       //物理左边距,单位 0.1mm
    int nPhyTop       = (int)(y * scaleY + 0.5f);       //物理上边距,单位 0.1mm
    CRect rcTemp      = pInfo->m_rectDraw;
    rcTemp.NormalizeRect();
    int nPhyRight     = nPageWidth - rcTemp.Width() - nPhyLeft;
    //物理右边距,单位 0.1mm
    int nPhyBottom    = nPageHeight - rcTemp.Height() - nPhyTop;
    //物理下边距,单位 0.1mm
    //若边距小于物理边距,则调整它们
    if(l < nPhyLeft)         l = nPhyLeft;
    if(t < nPhyTop)          t = nPhyTop;
    if(r < nPhyRight)        r = nPhyRight;
    if(b < nPhyBottom)       b = nPhyBottom;
```

```
    thePageInfo.nLMargin = l;     thePageInfo.nRMargin = r;
    thePageInfo.nTMargin = t;     thePageInfo.nBMargin = b;
    thePageInfo.nPhyLeft       = nPhyLeft;
    thePageInfo.nPhyRight      = nPhyRight;
    thePageInfo.nPhyTop        = nPhyTop;
    thePageInfo.nPhyBottom     = nPhyBottom;
    thePageInfo.sizePage       = CSize(nPageWidth, nPageHeight);
    //计算并调整 pInfo->m_rectDraw 的大小
    pInfo->m_rectDraw.left     = l - nPhyLeft;
    pInfo->m_rectDraw.top      = - t + nPhyTop;
    pInfo->m_rectDraw.right   -= r - nPhyRight;
    pInfo->m_rectDraw.bottom  += b - nPhyBottom;
    //计算字符的大小
    thePageInfo.sizeChar = pDC->GetOutputTextExtent("G");
    //计算行的大小
    thePageInfo.sizeLine = CSize(pInfo->m_rectDraw.Width(),
                              thePageInfo.sizeChar.cy + nLineSpace);
}
```

2）页眉页脚

打印文档时往往需要打印文档的标题及页码或其他内容的页眉和页脚。在视图类的函数 OnPrint()中处理页眉和页脚是最合适的，因为每打印一页，就调用该函数一次，且只在打印过程中调用。CPagePrint 类中定义的 PrintHead()和 PrintFoot()函数就是用来打印页眉和页脚的，特别地，为了避免与正文重合，还需要对 CPrintInfo::m_rectDraw 的值进行调整，这两个函数实现代码如下。

```
void CPagePrint::PrintHead(CDC * pDC, CPrintInfo * pInfo,
                           CString title, int margin, int mode)
//mode 表示页眉文本对齐模式,0 为居中,>0 表示右对齐,<0 表示左对齐
//title 表示页眉内容, margin 为页眉与顶边的距离
{
    CFont font;
    font.CreateFontIndirect(&thePageInfo.lfHead);
    CFont *  oldFont  = pDC->SelectObject(&font);
    CSize    strSize  = pDC->GetOutputTextExtent(title);
    CRect    rc       = pInfo->m_rectDraw;
    CPoint pt;
    margin = margin - thePageInfo.nPhyTop;
    if(margin<0) margin = 0;
    //根据 mode 计算绘制页眉文本的起点
    if(mode < 0)          pt = CPoint(rc.left, -margin);
    else if(mode > 0)     pt = CPoint(rc.right - strSize.cx, -margin);
    else     pt = CPoint(rc.CenterPoint().x - strSize.cx/2, -margin);
    pDC->TextOut(pt.x, pt.y, title);            //绘制页眉文本
```

```cpp
            pt.y -= strSize.cy + 5;
            pDC->MoveTo(rc.left, pt.y);                //画页眉下的页面线
            pDC->LineTo(rc.right, pt.y);
            pt.y -= 10;
            int absY = pt.y>0 ? pt.y : -pt.y;
            if(absY > thePageInfo.nTMargin) pInfo->m_rectDraw.top = pt.y;
            pDC->SelectObject(oldFont);
            font.DeleteObject();
}
void CPagePrint::PrintFoot(CDC * pDC, CPrintInfo * pInfo,
                           CString title, int margin, int mode)
//mode 表示页脚文本对齐模式,0 为居中,>0 表示右对齐,<0 表示左对齐
//title 表示页脚内容, margin 为页脚与底边的距离
{
    CFont font;
    font.CreateFontIndirect(&thePageInfo.lfFoot);
    CFont *  oldFont  = pDC->SelectObject(&font);
    CSize    strSize  = pDC->GetOutputTextExtent(title);
    CRect    rc       = pInfo->m_rectDraw;
    CPoint   pt;
    margin = thePageInfo.nBMargin - margin - strSize.cy;
    int      nYFoot   = rc.bottom - margin;
    //根据 mode 计算绘制页脚文本的起点
    if(mode < 0)          pt = CPoint(rc.left, nYFoot);
    else if(mode > 0)     pt = CPoint(rc.right - strSize.cx, nYFoot);
    else     pt = CPoint(rc.CenterPoint().x - strSize.cx/2, nYFoot);

    pDC->TextOut(pt.x, pt.y, title);                //绘制页脚文本
    pDC->SelectObject(oldFont);
    font.DeleteObject();
    if(margin < 0)
        pInfo->m_rectDraw.bottom -= margin;
}
```

3. 行的文本处理

在调用 CDC 类的文本输出函数 TabbedTextOut()或 TextOut()时,若输出的字符数大于每行的总字符数,则多余的字符被裁剪,这是不允许的。故需使用一些技巧将多余的字符放在下一行中输出。CPagePrint 类中定义的 AdjustAllLine()就是这样的函数,它是将文档的每一行内容按页面的宽度大小进行拆分,拆分后的内容再保存到 CPagePrint 类中另一个字符串数组集合类变量 theArrText 中。

```cpp
void CPagePrint::AdjustAllLine(CDC * pDC, CStringArray& strContents)
{
    int nLineNums   = strContents.GetSize();                //文档总行数
```

```cpp
    if(nLineNums < 1)      return;
    theLineArray.RemoveAll();
    theLineArray.Add(0);
    theArrText.RemoveAll();
    if(thePageInfo.sizeLine.cx < 100)     return;
    CFont    font;
    font.CreateFontIndirect(&thePageInfo.lfText);
    CFont*   oldFont = pDC->SelectObject(&font);              //设置正文字体
    thePageInfo.sizeChar = pDC->GetOutputTextExtent("G");
    int      tab       = thePageInfo.sizeChar.cx * 4;
    CString  str;
    CSize    strSize;
    for(int i=0; i<nLineNums; i++)    {
        str      = strContents.GetAt(i);
        strSize  = pDC->GetOutputTabbedTextExtent(str, 1, &tab);
        CString strTemp = str;
        while(strSize.cx > thePageInfo.sizeLine.cx) {
            unsigned int pos = 0;
            for(pos = 0; pos<strlen(strTemp); pos++) {
                CSize size = pDC->GetOutputTabbedTextExtent(strTemp,
                             pos+1, 1, &tab);
                if(size.cx > thePageInfo.sizeLine.cx) break;
            }
                    //判断汉字双字符是否被分开
            int nCharHZ = 0;
            for(unsigned int chIndex = 0; chIndex <= pos; chIndex++)
                if(strTemp.GetAt(chIndex) < 0) nCharHZ++;
            if(nCharHZ %2) pos = pos - 1;
            theArrText.Add(strTemp.Left(pos+1));
            strTemp = strTemp.Mid(pos+1);
            strSize = pDC->GetTabbedTextExtent(strTemp, 1, &tab);
        }
        theArrText.Add(strTemp);
    }

    pDC->SelectObject(oldFont);
    font.DeleteObject();
}
```

4. 打印与多页打印

由于 OnPrepareDC() 函数是在 CDC 的 StartPage() 函数前被调用，因而打印页眉和页脚或其他任何内容都不能在此函数中进行，但多页打印的控制却是在此函数中进行设置。

多页打印能将整个文档全部打印，这在打印和打印预览中必须要做到。实现多页打印的方法比较简单。若知道文档或要打印的内容需要多少页，则在重载函数 OnPreparePrinting()

中，调用 CPrintInfo::SetMaxPage()函数来设置打印的页数即可。但如果不知道要打印的页数，则在重载函数 OnPrepareDC()中，将 m_bContinuePrinting 设为 TRUE，再通过判断文档是否结束来确定打印是否终止。例如：

```cpp
void CEx_PrintView::OnPrepareDC(CDC* pDC, CPrintInfo* pInfo)
{
    CView::OnPrepareDC(pDC, pInfo);
    if(pInfo){
        if(pInfo->m_nCurPage <= pInfo->GetToPage())
            pInfo->m_bContinuePrinting = TRUE;
        else
            pInfo->m_bContinuePrinting = FALSE;
    }
}
```

5. CPagePrint 类其他函数实现

CPagePrint 类带参的构造函数和打印文本的 PrintText()函数如下。

```cpp
CPagePrint::CPagePrint(int nTextFontSize)
{
    memset(&thePageInfo, 0, sizeof(PAGEINFO));              //所有成员置为 0
    double fontScale = 254.0/72.0;                          //一个点相当于多少 0.1mm

    //页眉字体,9 磅字
    thePageInfo.lfHead.lfHeight   = - (int)(9 * fontScale + 0.5);
    thePageInfo.lfHead.lfWeight   = FW_BOLD;
    thePageInfo.lfHead.lfCharSet  = GB2312_CHARSET;
    strcpy((LPSTR)&(thePageInfo.lfHead.lfFaceName), "黑体");

    //页脚字体,9 磅字
    thePageInfo.lfFoot.lfHeight   = - (int)(9 * fontScale + 0.5);
    thePageInfo.lfFoot.lfWeight   = FW_NORMAL;
    thePageInfo.lfFoot.lfCharSet  = GB2312_CHARSET;
    strcpy((LPSTR)&(thePageInfo.lfFoot.lfFaceName), "楷体_GB2312");

    //正文字体,大小由 nSize 指定,默认为 11
    thePageInfo.lfText.lfHeight   = - (int)(nSize * fontScale + 0.5);
    thePageInfo.lfText.lfWeight   = FW_NORMAL;
    thePageInfo.lfText.lfCharSet  = GB2312_CHARSET;
    strcpy((LPSTR)&(thePageInfo.lfText.lfFaceName), "宋体");
    theLineArray.RemoveAll();
    theLineArray.Add(0);
}
void CPagePrint::PrintText(CDC * pDC, CPrintInfo * pInfo)
{
```

```cpp
    if(theArrText.GetSize() < 1)    return;              //没有文档内容则返回
    CFont    font;
    font.CreateFontIndirect(&thePageInfo.lfText);
    CFont*   oldFont = pDC->SelectObject(&font);         //构造并设置正文字体
    thePageInfo.sizeChar = pDC->GetOutputTextExtent("G");
    int nIndex        = pInfo->m_nCurPage - 1;
    if(nIndex < 0)    nIndex = 0;
    int nStartLine    = theLineArray.GetAt(nIndex);
    CRect rc          = pInfo->m_rectDraw;
    int y             = rc.top;
    int nHeight       = thePageInfo.sizeLine.cy;
    int tab           = thePageInfo.sizeChar.cx * 4;
    CString  str;
    while(y >= (pInfo->m_rectDraw.bottom + nHeight))
    {
        str = theArrText.GetAt(nStartLine);
        rc.top = y;
        pDC->TabbedTextOut(rc.left, y, str, 1, &tab, rc.left);
        nStartLine++;
        if(nStartLine >= theArrText.GetSize())
        {
            pInfo->SetMaxPage(pInfo->m_nCurPage);
            pInfo->m_pPD->m_pd.nToPage = pInfo->m_nCurPage;
            break;
        }
        y -= nHeight;
    }
    if(nIndex >= (theLineArray.GetSize() - 1))
        theLineArray.Add(nStartLine);                    //保存下一页的起始行号
    pDC->SelectObject(oldFont);
    font.DeleteObject();
}
```

代码最主要的内容是如何控制当前页的内容显示,nStartLine 变量就是用来指定当前页所显示的起始行号。

6.6.3 完整的示例

下面来看一下完整的示例。这个示例将实现文档内容的多页打印。这个文档是由用户通过选择应用程序的"文件"→"打开"菜单命令,并在文件对话框中成功调用的文档。在打印前,将所有的页边距默认设置为 25mm,将正文、页眉、页脚的字体分别默认设置为宋体 11 磅、黑体 9 磅、楷体 9 磅,页眉左对齐方式显示文档名,页脚居中显示页码,页眉和页脚边距均为 20mm。

1. 打印准备代码

(1) 用"MFC 应用程序向导"创建一个标准的视觉样式单文档应用程序 Ex_Print。将 stdafx.h 文件最后面内容中的 #ifdef _UNICODE 行和最后一个 #endif 行删除(注释掉)。

(2) 打开 Ex_PrintView.h 文件，在 #pragma once 和 class CEx_PrintView : public CView 之间添加前面已列出的结构体类型 PAGEINFO 和类 CPagePrint 的声明代码。

(3) 打开 Ex_PrintView.cpp 文件并在最后添加 CPagePrint 类构造函数和其他成员函数的实现代码（前面已列出）。

(4) 使用"添加成员变量向导"为 CEx_PrintDoc 类添加两个公有型成员变量：一个是 BOOL 型的 m_bNewDocument，用来确定是否是新的文档，另一个是 CStringArray 类型的 m_strContents，用来保存文档中的内容。

(5) 在 CEx_PrintDoc::Serialize() 函数中添加下列代码。

```cpp
void CEx_PrintDoc::Serialize(CArchive& ar)
{
    if(ar.IsStoring())     {...}
    else
    {
        CString str;
        m_strContents.RemoveAll();
        while(ar.ReadString(str))
            m_strContents.Add(str);
        m_bNewDocument = TRUE;
    }
}
```

(6) 为 CEx_PrintView 类添加下列成员变量。

```cpp
public:
    CPagePrint m_nPagePrint;
```

(7) 在 CEx_PrintView 类的构造函数处，添加下列初始化代码。

```cpp
CEx_PrintView::CEx_PrintView()
    : m_nPagePrint()
{
    //TODO: 在此处添加构造代码
}
```

2. 完善打印代码

(1) 在 CEx_PrintView::OnPreparePrinting() 中设置当文档内容为空时的最大打印页数。

```cpp
BOOL CEx_PrintView::OnPreparePrinting(CPrintInfo* pInfo)
{
    CEx_PrintDoc* pDoc = GetDocument();
    int nSize = pDoc->m_strContents.GetSize();
    if(nSize<1)
```

```
        pInfo->SetMaxPage(1);
    return DoPreparePrinting(pInfo);
}
```

（2）在 CEx_PrintView 类"属性"窗口的"重写"页面中，添加 OnPrepareDC()虚函数的重载，并添加设置映射模式和多页打印的代码。

```
void CEx_PrintView::OnPrepareDC(CDC* pDC, CPrintInfo* pInfo)
{
    pDC->SetMapMode(MM_LOMETRIC);                //单位 0.1mm
    CView::OnPrepareDC(pDC, pInfo);
    CEx_PrintDoc* pDoc = GetDocument();
    int nSize = pDoc->m_strContents.GetSize();
    if((pInfo)&&(nSize>0)){
        if(pInfo->m_nCurPage<= pInfo->GetToPage())
            pInfo-> m_bContinuePrinting = TRUE;
        else
            pInfo-> m_bContinuePrinting = FALSE;
    }
}
```

（3）在 CEx_PrintView 类"属性"窗口的"重写"页面中，添加 OnPrint()虚函数的重载，并添加下列代码。

```
void CEx_PrintView::OnPrint(CDC* pDC, CPrintInfo* pInfo)
{
    m_nPagePrint.SetPageInfo(pDC, pInfo, 250, 250, 250, 250, 35);
    //设置页边距和行距
    CEx_PrintDoc* pDoc = GetDocument();
    CString str = pDoc->GetTitle();              //获取文档名
    if(!(str.IsEmpty()))
        m_nPagePrint.PrintHead(pDC, pInfo, str, 200, -1);
                                                 //打印页眉
    if(pDoc->m_bNewDocument)                     //调整行文本,只调一次
    {
        m_nPagePrint.AdjustAllLine(pDC, pDoc->m_strContents);
        pDoc->m_bNewDocument  = FALSE;
    }
    m_nPagePrint.PrintText(pDC, pInfo);          //打印正文

    str.Format("- %d -", pInfo->m_nCurPage);
    m_nPagePrint.PrintFoot(pDC, pInfo, str, 200, 0);
                                                 //打印页脚
    CView::OnPrint(pDC, pInfo);
}
```

(4) 编译运行并测试。打开 Ex_PrintView.cpp 文件,然后选择"文件"→"打印预览"菜单命令,结果如图 6.26 所示。

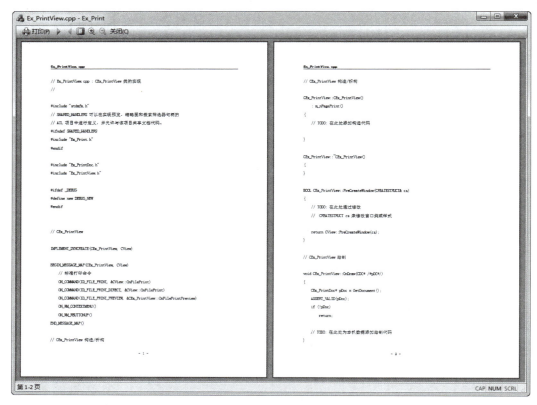

图 6.26 Ex_Print 的打印预览效果

说明:在打印和打印预览中,往往还将文档内容同时显示在视图中。这时,可以像 Ex_Text 示例那样将视图类的基类设为 CScrollView,然后调用 SetScrollSizes() 设置滚动大小,最后在 OnDraw() 函数中添加显示文档内容的代码。为了避免 OnDraw() 和 OnPrint() 的内容显示冲突,还需要通过 CDC::IsPrinting() 函数来确定具体的调用代码。

6.7 总结提高

在设备环境中,使用 MFC 中的 CDC 类可以进行图形的一系列绘制工作。事实上,MFC 还是 CAD(计算机辅助设计)软件开发难得的好工具之一。在 CAD 中,图形常常要实现动态定位操作。所谓动态定位是交互式图形系统中最基本的操作,它有橡皮条(Rubber Banding)和牵引(Dragging)这两种技术。它们在实现方法上十分相似,都必须动态实时地绘出图元操作变化中的中间过程。由于颜色相同的前景像素的两次 XOR 操作可以还原成原有的背景像素,因此用 MFC 中的 CDC 类来开发图形系统时常使用 SetROP2() 方法,并通过指定 R2_XORPEN 来设定像素的这种 XOR 技术来擦除和重现中间过程的图元。

下面来举一个应用实例，当鼠标在视图客户区移动时，会出现一个大大的光标（由水平线和垂直线组成）跟随移动，结果如图 6.27 所示。

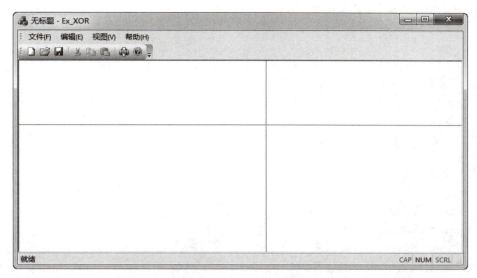

图 6.27　Ex_XOR 运行结果

（1）用"MFC 应用程序向导"创建一个标准的视觉样式单文档应用程序 Ex_XOR。将 stdafx.h 文件最后面内容中的 ♯ifdef _UNICODE 行和最后一个 ♯endif 行删除（注释掉）。

（2）在 Ex_XORView.h 文件中的类声明中添加下列成员变量。

```
class CEx_XORView : public CView
{
public:
    BOOL      m_bCursorFirst;              //光标第一次显示标志
    CPoint    m_ptCurPos;                  //当前点的坐标
```

（3）在 CEx_XORView∷OnDraw()中先添加一些初始化代码，并将 m_bCursorFirst 设为 TRUE。

```
void CEx_XORView::OnDraw(CDC * pDC)
{
    CEx_XORDoc * pDoc = GetDocument();
    ASSERT_VALID(pDoc);
    if(!pDoc)
        return;
    m_bCursorFirst  = TRUE;
    pDC->SetBkMode(TRANSPARENT);           //设置透明背景模式
}
```

（4）用"添加成员函数向导"为 CEx_XORView 类添加绘制光标函数 DrawCursor()。

```cpp
void CEx_XORView::DrawCursor(CDC * pDC, CPoint pt)
{
    CRect    rcClip;
    pDC->GetClipBox(rcClip);                    //当前裁剪区大小
    CPen    pen(PS_SOLID, 1, RGB(128, 128, 128));
    CPen    * oldPen = pDC->SelectObject(&pen);
    //设置 XOR 光栅操作模式
    int nOldROP    = pDC->SetROP2(R2_XORPEN);
    //绘制水平线
    pDC->MoveTo(rcClip.left, pt.y);
    pDC->LineTo(rcClip.right, pt.y);
    //绘制垂直线
    pDC->MoveTo(pt.x, rcClip.top);
    pDC->LineTo(pt.x, rcClip.bottom);
    //恢复原来的光栅模式
    pDC->SetROP2(nOldROP);
    //恢复原来的画笔
    pDC->SelectObject(oldPen);
}
```

（5）在 CEx_XORView 类"属性"窗口的"消息"页面中，添加 WM_MOUSEMOVE 消息默认映射函数，并在映射函数中添加下列代码。

```cpp
void CEx_XORView::OnMouseMove(UINT nFlags, CPoint point)
{
    CDC * pDC        = this->GetDC();
    if(m_bCursorFirst)
    {
        m_bCursorFirst    = FALSE;
        m_ptCurPos        = point;
        DrawCursor(pDC, m_ptCurPos);
    } else
    {
        DrawCursor(pDC, m_ptCurPos);
        m_ptCurPos        = point;
        DrawCursor(pDC, m_ptCurPos);
    }
    CView::OnMouseMove(nFlags, point);
}
```

（6）在 CEx_XORView 类"属性"窗口的"消息"页面中，添加 WM_SETCURSOR 的消息映射函数，并增加下列代码，用来关闭在视图客户区的默认光标。

```
BOOL CEx_XORView::OnSetCursor(CWnd* pWnd, UINT nHitTest, UINT message)
{
    SetCursor(NULL);
    return TRUE;//CView::OnSetCursor(pWnd, nHitTest, message);
}
```

(7) 编译运行并测试。看看是否在视图客户区中有一个可以移动的大大的光标。

总之，使用 CDC 类所提供的方法不仅可以实现 CAD 中的绝大多数图形交互技术，而且通过 CDC 类的路径(Path)操作还可以提取文字或其他图形的轮廓，以便进行更复杂的后续处理，达到令人叹为观止的 3D 画面(限于篇幅，这里不讨论)。当然，如果说 CDC 是数据的图视化手段(包括打印与打印预览)的话，那么数据的管理，尤其是对海量数据来说，使用数据库操作则更为方便和高效，此部分相关内容将在第 7 章来讨论。

CHAPTER 第 7 章
数据库编程

用数据库方式来管理人们日常生活中大量的信息已变得越来越重要,并涌现出许多数据库管理系统(DBMS),如 Access、SQL Server、Oracle、Sybase 和 MySQL 等。尽管这些系统能出色地胜任数据库的管理,但却不能开发出其他功能强大的 Windows 应用程序。而 Visual C++ 能将关系数据库与面向对象的编程方法有机地结合起来,使得在数据库处理和应用程序开发两方面都能相得益彰。

7.1 概 述

数据库是一个容器,用于管理存放在其中的对象。这些对象包括表、视图、关系等。数据存放在数据库的表中,一个数据库中可包含若干张表,一般根据管理要求和使用情况将所管的数据分解到不同的表中。数据保存在数据库中的目的之一是能够对数据进行各种查询和分析。利用查询功能,可以从一张或多张表中获得所需的数据。有时需把分散在相关表中的数据收集到一起,构成一张视图。在用 Visual C++ 进行数据库编程之前,首先简单介绍一些数据库基本内容。

7.1.1 数据模型

数据库管理系统是管理数据库的系统,它按一定的数据模型组织数据。数据库管理系统采用的数据模型主要有:关系模型、层次模型和网状模型。

目前主要使用的是关系模型。所谓关系模型,简单地说,就是用二维表格数据来表示实体及实体之间联系的模型,一个表就是一个关系。

例如,在学生成绩管理系统中,经分析可得该系统涉及的主要数据对象有学生、课程和成绩。"学生"涉及的主要信息有学号、姓名、性别、专业、出生年月;"课程"涉及的主要信息有课程号、课程名、所属专业、类别、开课学期、学时和学分。"成绩"涉及的主要信息有学号、课程号、成绩和学分。若以二维表格(关系表)的形式来组织数据库中的数据,可有表 7.1~表 7.3 这样的描述。

表格中的一行称为一个记录,一列称为一个字段,每列的标题称为字段名。如果给每个关系表取一个名字,则有 n 个字段的关系表的结构可表示为:关系表名(字段名 1,…,字段名 n),通常把关系表的结构称为关系模式。

在关系表中,如果一个字段或几个字段组合的值可唯一标识其对应记录,则称该字段或字段组合为主键。例如,表 7.1 的"学号"可唯一标识每一个学生,表 7.2 的"课程号"可唯一标识每一门课。表 7.3 的"学号"和"课程号"可唯一标识每一个学生一门课程的成绩。

表 7.1 学生基本信息表

姓 名	学 号	性 别	出生年月	专 业
李明	21010101	true	1985-1-1	电气工程及其自动化
王玲	21010102	false	1985-1-1	电气工程及其自动化
张芳	21010501	false	1985-1-1	机械工程及其自动化
陈涛	21010502	true	1985-1-1	机械工程及其自动化

表 7.2 课程信息表

课程号	所属专业	课 程 名	类型	开课学期	课时数	学分
2112105	机械工程及其自动化	C 语言程序设计	专修	3	48	3
2112348	机械工程及其自动化	AutoCAD	选修	6	51	2.5
2121331	电气工程及其自动化	计算机图形学	方向	5	72	3
2121344	电气工程及其自动化	Visual C++ 程序设计	通修	4	60	3

表 7.3 学生课程成绩表

学 号	课 程 号	成 绩	学 分
21010101	2112105	80	3
21010102	2112348	85	2.5
21010501	2121344	70	3
21010502	2121331	78	3

7.1.2 SQL 接口和常用语句

流行的数据库管理系统(DBMS)都提供了一个 SQL(结构化查询语言)接口。它作为用来在 DBMS 中访问和操作的语言,其语句分为两类:一是 DDL(Data Definition Language,数据定义语言)语句,用来创建表、索引等,另一是 DML(Data Manipulation Language,数据操作语言)语句,用来读取数据、更新数据和执行其他类似操作的语句。下面就来简单介绍 SQL 的几个常用语句。

1. SELECT 语句

一个典型的 SQL 查询可以从指定的数据库表中"选择"信息,这时就需要使用 SELECT 语句来执行。SELECT 语句格式如下。

SELECT 字段名 **FROM** 表名 **[WHERE** 子句**] [ORDER BY** 子句**]**

它的最简单形式是:

```
SELECT * FROM tableName
```

其中,星号(*)用来指定从数据库的 tableName 表中选择所有的字段(列)。若要从表中选择指定字段的记录,则将星号(*)用字段列表来代替,多个字段之间要用逗号分隔。

说明:

(1) 在 SELECT 语句中,若用星号(*)来查询时,则结果记录集中的字段顺序与数据表中的字段顺序相同。

(2) 若字段名称中含有空格,则该字段名称需要用方括号([])括上。

(3) 在不同的 DBMS 中,字段名称的命名规则不一定相同。但为了确保数据库的兼容性,一般不使用汉字、空格或短画线来作为字段名中的字符,并且也不能与 SQL 的关键字重名。

2. WHERE 子句

在数据表查询 SELECT 语句中,经常还需要使用 WHERE 子句来设定查询的条件。它的一般形式如下。

```
SELECT column1, column2,… FROM tableName WHERE condition
```

WHERE 子句中的条件可以是<(小于)、>(大于)、<=(小于等于)、>=(大于等于)、=(等于)、<>(不等于)和 LIKE 等运算符。其中,LIKE 用于匹配条件的查询,它可以使用"%"和"_(下画线)"等通配符,"%"表示可以出现 0 个或多个字符,"_"表示该位置处只能出现 1 个字符。例如:

```
SELECT * FROM Score WHERE studentno LIKE '21%'
```

则将 Score 表中所有学号以 21 开头的记录查询出来。注意,LIKE 后面的字符串是以单引号来标识。再如。

```
SELECT * FROM Score WHERE studentno LIKE '210105__'
```

则将 Score 表中所有学号以 210105 开头的,且学号为 8 位的记录查询出来。

WHERE 子句中的条件还可用 AND(与)、OR(或)以及 NOT(非)运算符来构造复合条件查询,例如,若查询 Score 表中成绩(score)为 70~80 分的记录,则可有下列语句。

```
SELECT * FROM Score WHERE score<=80 AND score>=70
```

3. ORDER BY 子句

在数据表查询 SELECT 语句中,若将查询到的记录进行排序,则可使用 ORDER BY 子句,如下面的形式。

```
SELECT column1, column2,… FROM tableName [WHERE condition]
        ORDER BY col1, col2,… ASC | DESC
```

其中,ASC 表示升序(从低到高),DESC 表示降序(从高到低),col1、col2,…分别用来指定是按什么字段来排序的。当指定多个字段时,则先按 col1 排序,当有相同 col1 的记录时,则相同的记录按 col2 排序,以此类推。

4. INSERT 语句

INSERT 语句是用来向表中插入一个新的记录。该语句的常用形式是:

```
INSERT INTO tableName(col1,col2,col3,…,colN)
      VALUES (val1,val2,val3,…,valN)
```

其中,tableName 用来指定插入新记录的数据表,tableName 后跟一对圆括号,包含一个以逗号分隔的列(字段)名的列表,VALUES 后面的圆括号内是一个以逗号分隔的值列表,它与 tableName 后面的列名列表一一对应。需要说明的是,若某个记录的某个字段值是字符串,则需要用单引号括起来。例如:

```
INSERT INTO Student(studentno,studentname) VALUES ('21010503','张小峰')
```

将在 Student 中插入一个新行,其中,studentno 为"21010503",studentname 为"张小峰",对于该记录的其他字段值,由于没有指定相应的值,其结果由系统决定。

5. UPDATE 语句

UPDATE 语句用于更新表中的数据。该语句的常用形式是:

```
UPDATE tableName SET column1=value1, column2=value2,…,columnN=valueN
       WHERE condition
```

该语句可以更新 tableName 表中一行记录或多行记录的数据,这取决于 WHERE 后面的条件。关键字 SET 后面是以逗号分隔的"列名/值"列表。例如:

```
UPDATE Student SET studentname = '王鹏' WHERE studentno = '21010503'
```

将学号为"21010503"的记录中的 studentname 字段内容更新为"王鹏"。

6. DELETE 语句

DELETE 语句用来从表中删除记录,其常用形式如下。

```
DELETE FROM tableName WHERE condition
```

该语句可以删除 tableName 表中一行记录或多行记录,这取决于 WHERE 后面的条件。

说明:与 UPDATE 语句相同,DELETE 语句后面的 WHERE 子句是可选的。但若不指定 WHERE 条件,则将删除全部记录,这也是很危险的,使用时要特别注意!

7.1.3 ODBC、DAO 和 OLE DB

Visual C++ 为用户提供了 ODBC(Open Database Connectivity,开放数据库连接)、DAO(Data Access Objects,数据访问对象)及 OLE DB(OLE Data Base,OLE 数据库)三种数据库方式,使用户的应用程序从特定的数据管理系统脱离出来。

ODBC 提供了应用程序接口(API)，使得任何一个数据库都可以通过 ODBC 驱动器与指定的 DBMS 相连。程序可通过调用 ODBC 驱动管理器中相应的驱动程序达到管理数据库的目的。作为 Windows 开放式服务体系结构的主要组成部分，ODBC 一直沿用至今。

DAO 类似于用 Microsoft Access 或 Microsoft Visual Basic 编写的数据库应用程序，它使用 Jet 数据库引擎形成一系列的数据访问对象：数据库对象、表和查询对象、记录集对象等。它可以打开一个 Access 数据库文件(MDB 文件)，也可直接打开一个 ODBC 数据源以及使用 Jet 引擎打开一个 ISAM(被索引的顺序访问方法)类型的数据源(dBASE、FoxPro、Paradox、Excel 或文本文件)等。

OLE DB 试图提供一种统一的数据访问接口，除了能处理标准关系型数据库中的数据之外，还能处理包括邮件数据、Web 上的文本或图形、目录服务(Directory Services)以及主机系统中的 IMS 和 VSAM 数据等。OLE DB 提供一个数据库编程 COM(组件对象模型)接口，使得数据的使用者(应用程序)可以使用同样的方法访问各种数据，而不用考虑数据的具体存储地点、格式或类型。这个 COM 接口与 ODBC 相比，其健壮性和灵活性要高得多。但是，由于 OLE DB 的程序比较复杂，因而对于一般用户来说使用 ODBC 和 DAO 方式已能满足一般数据库处理的需要。

7.1.4 ADO 技术

ADO 是目前在 Windows 环境中比较流行的客户端数据库编程技术。它是 Microsoft 为最新和最强大的数据访问范例 OLE DB 而设计的，是一个便于使用的应用程序层接口。ADO 使用户应用程序能够通过"OLE DB 提供者"访问和操作数据库服务器中的数据。由于它兼具有强大的数据处理功能(处理各种不同类型的数据源、分布式的数据处理等)和极其简单、易用的编程接口，因而得到了广泛的应用。

ADO 技术基于 COM(Component Object Model，组件对象模型)，具有 COM 组件的许多优点，可以用来构造可复用应用框架，被多种语言支持，能够访问关系数据库、非关系数据库及所有的文件系统。另外，ADO 还支持各种 B/S 与基于 Web 的应用程序，具有远程数据服务(Remote Data Service，RDS)的特性，是远程数据存取的发展方向。

7.2 MFC ODBC 一般操作

ODBC 是一种使用 SQL 的程序设计接口，使用 ODBC 能使用户编写数据库应用程序变得容易简单，避免了与数据源相连接的复杂性。在 Visual C++ 中，MFC 的 ODBC 数据库类 CDatabase(数据库类)、CRecordSet(记录集类)和 CRecordView(记录视图类)可为用户管理数据库提供切实可行的解决方案。

7.2.1 MFC ODBC 使用过程

在"MFC 应用程序向导"中使用 ODBC 数据库的一般过程如下。
(1) 用 Access 或其他数据库工具构造一个数据库。
(2) 在 Windows 中为刚才构造的数据库定义一个 ODBC 数据源。
(3) 在创建数据库处理的文档应用程序向导中选择数据源。

(4) 设计界面,并使控件与数据表字段关联。

1. 构造数据库

数据库表与表之间的关系构成了一个数据库。作为示例,这里用 Microsoft Access 创建一个数据库 Student.mdb,其中暂包含一个数据表 score,用来描述学生课程成绩。表 7.4 是该数据表的结构内容,其记录内容如前面的表 7.3 所示。

表 7.4 学生课程成绩表(score)的表结构

序号	字段名称	数据类型	字段大小	小数位	字段含义
1	studentno	文本	8	—	学号
2	course	文本	7	—	课程号
3	score	数字	单精度	1	成绩
4	credit	数字	单精度	1	学分

2. 创建 ODBC 数据源

在 Windows 7 中的"控制面板"中输入"ODBC"进行搜索,如图 7.1 所示。单击"设置数据源(ODBC)",进入 ODBC 数据源管理器(64 位 Windows 7 在 C:\Windows\SysWOW64 中运行 odbcad32.exe)。在这里,用户可以设置 ODBC 数据源的一些信息。其中,"用户 DSN"页面是用来定义用户自己在本地计算机使用的数据源名(DSN),如图 7.2 所示。

图 7.1 Windows 7 的管理工具

创建一个用户 DSN 的过程如下。

(1) 单击 添加(D)... 按钮,弹出带有驱动程序列表的"创建新数据源"对话框,在对话框中选择要添加用户数据源的驱动程序,这里选择 Microsoft Access Driver,如图 7.3 所示。

(2) 单击 完成 按钮,进入指定驱动程序的安装对话框,单击 选择(S)... 按钮将前面创建的数据库调入,然后在"数据源名"框中输入"Database Example For VC++"(双引号不输入),结果如图 7.4 所示。

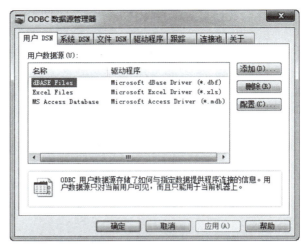

图 7.2　ODBC 数据源管理器

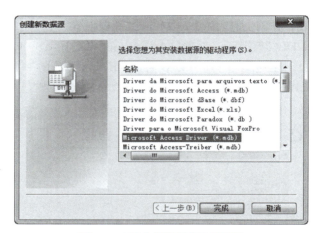

图 7.3　"创建新数据源"对话框

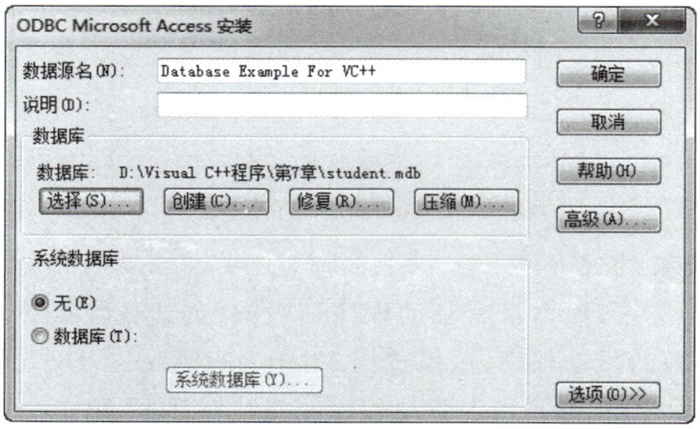

图 7.4　"ODBC Microsoft Access 安装"对话框

(3) 单击 [确定] 按钮,刚才创建的用户数据源被添加在"ODBC 数据源管理器"的"用户数据源"列表中。

3. 在 MFC 向导中选择数据源

用"MFC 应用程序向导"可以容易地创建一个支持数据库的文档应用程序,如下面的过程(先在"D:\Visual C++ 程序"文件夹中,创建本章应用程序工作文件夹"第 7 章")。

(1) 用"MFC 应用程序向导"在本章应用程序工作文件夹中创建一个标准的视觉样式单文档应用程序 Ex_ODBC。在向导的"数据库支持"页面中选择"支持文件的数据库视图"(不同的选项含义如表 7.5 所示),选中 ODBC 客户端类型,如图 7.5 所示。

表 7.5 MFC 支持数据库的不同选项

选项	视图类的基类	创建的文档类
无	CView	支持文档的常用操作,并在"文件"菜单中有"新建""打开""保存""另存为"等命令
仅支持头文件	CView	除了在 StdAfx.h 文件中添加了"#include <afxdb.h>"语句外,其余与 None 选项相同
不支持文件的数据库视图	CRecordView	不支持文档的常用操作,也就是说,创建的文档类不能进行序列化,且在"文件"菜单中没有"新建"等文档操作命令。但可在用户视图中使用 CRecordset 类处理数据库
支持文件的数据库视图	CRecordView	全面支持文档操作和数据库操作

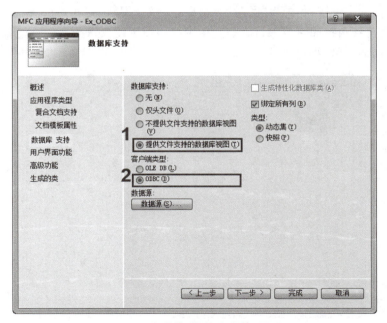

图 7.5 向导的"数据库支持"页面

需要说明的是,记录集"类型"(见图 7.5)有动态集(Dynaset)和快照集(Snapshot)之分。动态集能与其他应用程序所做的更改保持同步,而快照集则是数据的一个静态视图。

这两种类型在记录集被打开时都提供一组记录，所不同的是：当在一个动态集里滚动一条记录时，由其他用户或应用程序中的其他记录集对该记录所做的更改会相应地显示出来，而快照集则不会。

（2）保留其他默认选项，单击 数据源(S)... 按钮，将弹出的对话框切换到"机器数据源"页面，从中选择前面创建的 ODBC 数据源 Database Example For VC++，如图 7.6 所示。

图 7.6 "选择数据源"页面

（3）单击 确定 按钮，弹出"登录"对话框，不做任何输入，单击 确定 按钮，弹出如图 7.7 所示的"选择数据库对象"对话框，从中选择要使用的表 score。单击 确定 按钮，又回到了图 7.5 的向导"数据库支持"页面。

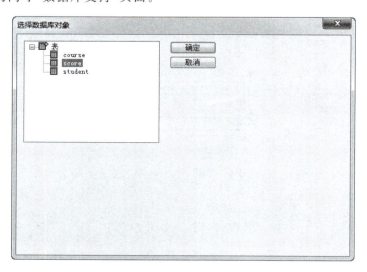

图 7.7 "选择数据库对象"对话框

（4）单击 完成 按钮（一般会出现"安全警告"对话框，暂不管它）。打开并将 stdafx.h 文件最后面内容中的 #ifdef _UNICODE 行和最后一个 #endif 行删除（注释掉）。

（5）编译。出现错误，修改如下。

```
//#error 安全问题：连接字符串可能包含密码
//...
CString CEx_ODBCSet::GetDefaultConnect()
{
    return _T("DSN=...;DBQ=D:\\Visual C++程序\\第 7 章\\student.mdb;...;");
}
```

代码中，_T 是一个宏，可以更好地支持 Unicode 字符集。与之相关联的，可在字符串前面加上 L，表示将 ANSI 字符串转换成 Unicode 的字符串。

注意：由于 _T 宏中的字符串很长，故在不需要修改的地方用"…"代替。

（6）再次编译运行，结果如图 7.8 所示。

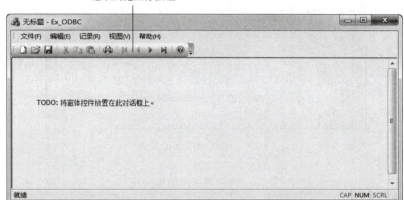

图 7.8 Ex_ODBC 运行结果

需要说明的是，"MFC 应用程序向导"创建的 Ex_ODBC 单文档应用程序与一般单文档应用程序相比较，在类框架方面，有如下几点不同。

（1）添加了一个 CEx_ODBCSet 类，它与上述过程中所选择的数据表 score 进行数据绑定，也就是说，CEx_ODBCSet 对象的操作实质上是对数据表进行操作。

（2）将 CEx_ODBCView 类的基类设置成 CRecordView。由于 CRecordView 的基类是 CFormView，因此它需要与之相关联的表单资源。

（3）在 CEx_ODBCView 类中添加了一个全局的 CEx_ODBCSet 对象指针变量 m_pSet，目的是在表单视图和记录集之间建立联系，使得记录集中的查询结果能够很容易地在表单视图上显示出来。

4. 设计浏览记录界面

在上面的 Ex_ODBC 中，MFC 为用户自动创建了用于浏览数据表记录的工具按钮和相应的"记录"菜单项。若用户选择这些浏览记录命令，系统会自动调用相应的函数来移动数据表的当前位置。

若在表单视图 CEx_ODBCView 中添加控件并与表的字段相关联,就可以根据表的当前记录位置显示相应的数据。其步骤如下。

(1) 打开 IDD_EX_ODBC_FORM 表单资源,在其"属性"窗口中将 Font(Size) 属性设为"微软雅黑,常规,小五"。切换至网格,删除原来的静态文本控件,按照如图 7.9 所示布局,在模板中添加如表 7.6 所示的控件(组框的 Transparent 属性要指定为 True)。调整控件的位置(按网格点布局后,选中所有静态文本控件,然后按两次向下方向键进行微调)。

图 7.9 表单中控件的设计

表 7.6 在表单中添加的控件

添加的控件	ID	标　　题	其他属性
编辑框(学号)	IDC_STUNO	—	默认
编辑框(课程号)	IDC_COURSENO	—	默认
编辑框(成绩)	IDC_SCORE	—	默认
编辑框(学分)	IDC_CREDIT	—	默认

(2) 在 CEx_ODBCView::DoDataExchange() 函数中添加下列代码。

```
void CEx_ODBCView::DoDataExchange(CDataExchange* pDX)
{
    CRecordView::DoDataExchange(pDX);
    DDX_FieldText(pDX, IDC_STUNO,     m_pSet->m_studentno,  m_pSet);
    DDX_FieldText(pDX, IDC_COURSENO,  m_pSet->m_course,     m_pSet);
    DDX_FieldText(pDX, IDC_SCORE,     m_pSet->m_score,      m_pSet);
    DDX_FieldText(pDX, IDC_CREDIT,    m_pSet->m_credit,     m_pSet);
}
```

说明:虽然 Visual C++ 6.0 可以使用 MFC ClassWizard 对话框对字段变量与控件进

行关联,但 Visual Studio 2010 也很简单,直接在 DoDataExchange()中添加 DDX_FieldText(编辑框)、DDX_FieldRadio(单选)、DDX_FieldCheck(复选)等相关函数的调用即可。

(3) 打开 Ex_ODBCSet.h 文件,将 m_studentno 和 m_course 的字符串类型改为 CString,如下面的代码。

```
class CEx_ODBCSet : public CRecordset
{
public:
    CEx_ODBCSet(CDatabase* pDatabase = NULL);
    DECLARE_DYNAMIC(CEx_ODBCSet)
    CString     m_studentno;
    CString     m_course;
    float       m_score;
    float       m_credit;
    //...
```

(4) 编译运行并测试,结果如图 7.10 所示。

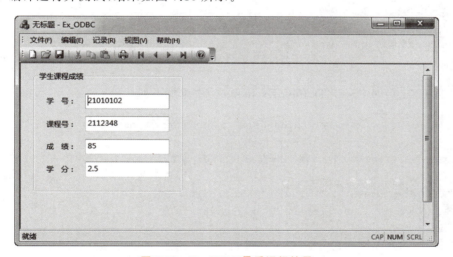

图 7.10　Ex_ODBC 最后运行结果

7.2.2　ODBC 数据表绑定更新

上述 MFC ODBC 应用程序框架中,数据表 score 和 CEx_ODBCSet 类进行数据绑定。但当数据表的字段更新后,例如,若用 Access 为 score 数据表再添加一个"备注"字段名 remark(文本类型,长度为 50 个字符),并关闭 Access 后,就需要重新为数据表 score 和 CEx_ODBCSet 类进行数据绑定的更新,即要在 CEx_ODBCSet 类中为添加的字段增设变量的绑定,其步骤如下。

(1) 打开 Ex_ODBCSet.h 文件,添加要与"备注"字段名相绑定的字符串变量 m_remark,如下面的代码。

```
public:
    CEx_ODBCSet(CDatabase * pDatabase = NULL);
    DECLARE_DYNAMIC(CEx_ODBCSet)
    ...
    float           m_score;
    float           m_credit;
    CString         m_remark;
```

（2）在 CEx_ODBCSet()构造函数中添加(修改)下列初始化代码。

```
CEx_ODBCSet::CEx_ODBCSet(CDatabase * pdb)
    : CRecordset(pdb)
{
    m_studentno     = L"";
    m_course        = L"";
    m_remark        = L"";
    m_score         = 0.0;
    m_credit        = 0.0;
    m_nFields       = 5;
    m_nDefaultType = dynaset;
}
```

（3）在 CEx_ODBCSet::DoFieldExchange()中添加下列代码。

```
void CEx_ODBCSet::DoFieldExchange(CFieldExchange * pFX)
{
    pFX->SetFieldType(CFieldExchange::outputColumn);
    ...
    RFX_Single(pFX, _T("[credit]"), m_credit);
    RFX_Text(pFX, _T("[remark]"), m_remark);
}
```

7.2.3 MFC 的 ODBC 类

在"MFC 应用程序向导"创建的数据库处理的基本程序框架中，只提供了程序和数据库记录之间的关系映射，却没有操作的完整界面。如果想增加操作功能，还必须加入一些代码。这时就需要使用 MFC 所供的 ODBC 类：CDatabase（数据库类）、CRecordSet（记录集类）和 CRecordView（记录视图类）。其中，CDatabase 类用来提供对数据源的连接，通过它可以对数据源进行操作；CRecordView 类用来控制并显示数据库记录，该视图是直接连到一个 CRecordSet 对象的表单视图。但在实际应用过程中，CRecordSet 类是用户最关心的，因为它提供了对表记录进行操作的许多功能，如查询记录、增加记录、删除记录、修改记录等，并能直接为数据源中的表映射一个 CRecordSet 类对象，方便用户的操作。

1. 查询记录

使用 CRecordSet 类的成员变量 m_strFilter、m_strSort 和成员函数 Open()可以对表

进行记录的查询和排序。

先来看一个示例,该示例在前面的 Ex_ODBC 的表单中添加一个编辑框和一个"查询"按钮,单击"查询"按钮,将按编辑框中的学号内容对数据表进行查询,并将查找到的记录显示在前面添加的控件中。示例的过程如下。

(1) 打开 Ex_ODBC 应用程序的表单资源,按如图 7.11 所示布局添加控件,其中,添加的编辑框 ID 设为 IDC_EDIT_QUERY,"查询"按钮的 ID 设为 IDC_BUTTON_QUERY。

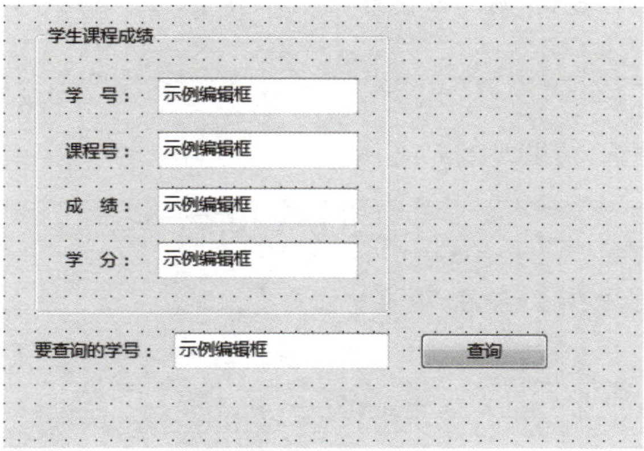

图 7.11 要添加的控件

(2) 为编辑框 IDC_EDIT_QUERY 添加 Value 类型 CString 控件变量 m_strQuery。在 CEx_ODBCView 类中添加按钮 IDC_BUTTON_QUERY 的 BN_CLICKED"事件"消息的处理函数,并添加下列代码。

```
void CEx_ODBCView:: OnBnClickedButtonQuery ()
{
    UpdateData();
    m_strQuery.TrimLeft();
    if(m_strQuery.IsEmpty())    {
        MessageBox("要查询的学号不能为空!");           return;
    }
    if(m_pSet->IsOpen())
        m_pSet->Close();                //如果记录集打开,则先关闭
    m_pSet->m_strFilter.Format("studentno='%s'",m_strQuery);
    //studentno 是 score 表的字段名,用来指定查询条件
    m_pSet->m_strSort = "course";
    //course 是 score 表的字段名,用来按 course 字段从小到大排序
    m_pSet->Open();                     //打开记录集
    if(!m_pSet->IsEOF())                //如果打开记录集有记录
        UpdateData(FALSE);              //自动更新表单中控件显示的内容
    else
        MessageBox("没有查到你要找的学号记录!");
}
```

代码中，m_strFilter 和 m_strSort 是 CRecordSet 的成员变量，用来执行条件查询和结果排序。其中，m_strFilter 称为"过滤字符串"，相当于 SQL 语句中 WHERE 后的条件串；而 m_strSort 称为"排序字符串"，相当于 SQL 语句中 ORDER BY 后的字符串。若字段的数据类型是文本，则需要在 m_strFilter 字符串中用单引号将查询的内容括起来，对于数字，则不需要用单引号。

注意：只有在调用 Open()函数之前设置 m_strFilter 和 m_strSort 才能保证查询和排序有效。如果有多个条件查询，则可以使用 AND、OR、NOT 来组合，例如下面的代码。

```
m_pSet->m_strFilter = "studentno>='21010101' AND studentno<='21010105'";
```

（3）编译运行并测试，结果如图 7.12 所示。

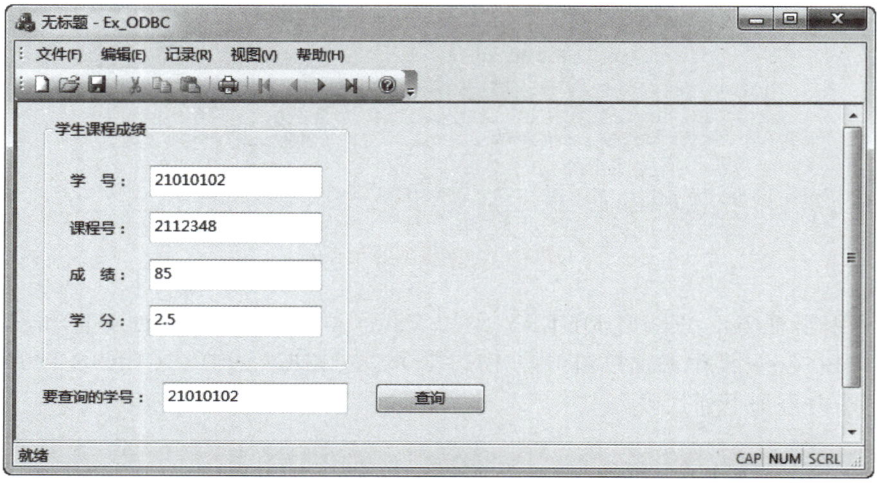

图 7.12　查询记录

需要说明的是，如果查询的结果有多条记录，可以用 CRecordSet 类的 MoveNext()（下移一个记录）、MovePrev()（上移一个记录）、MoveFirst()（定位到第一个记录）和 MoveLast()（定位到最后一个记录）等成员函数来移动当前记录位置进行操作。

2. 增加记录

增加记录是使用 AddNew()函数，但要求数据库必须是以"可增加"的方式打开的。下面的代码是在表的末尾增加新记录。

```
m_pSet->AddNew();                    //在表的末尾增加新记录
m_pSet->SetFieldNull(&(m_pSet->m_studentno), FALSE);
                                     //设定 m_studentno 值不为空(NULL)
m_pSet-> m_studentno = "21010503";
...                                  //输入新的字段值
m_pSet->Update();                    //将新记录存入数据库
m_pSet->Requery();                   //刷新记录集,这在快照集方式下是必需的
```

3. 删除记录

可以直接使用 CRecordSet::Delete()函数来删除记录。需要说明的是，要使删除操作有效，还需要移动记录函数，例如下面的代码。

```
CRecordsetStatus status;
m_pSet->GetStatus(status);           //获取当前记录集状态
m_pSet->Delete();                    //删除当前记录
if(status.m_lCurrentRecord==0)       //若当前记录索引号为 0(第一条记录)则
    m_pSet->MoveNext();              //下移一个记录
else
    m_pSet->MoveFirst();             //移动到第一个记录处
UpdateData(FALSE);
```

4. 修改记录

函数 CRecordSet::Edit()可以用来修改记录，例如：

```
m_pSet->Edit();                      //修改当前记录
m_pSet->m_name="刘向东";             //修改当前记录字段值
...
m_pSet->Update();                    //将修改结果存入数据库
m_pSet->Requery();
```

5. 撤销操作

若在进行增加或者修改记录后，希望放弃当前操作，则在调用 CRecordSet::Update()函数之前调用 CRecordSet::Move(AFX_MOVE_REFRESH)来撤销操作，便可恢复在增加或修改操作之前的当前记录。

7.3 MFC ODBC 常用编程

下面从显示记录总数和当前记录号、编辑记录、字段操作、多表处理等几个方面来讨论数据库编程的方法和技巧。

7.3.1 显示记录总数和当前记录号

在 Ex_ODBC 的记录浏览过程中，用户并不能知道表中的记录总数及当前的记录位置，这就造成了交互的不完善，因此必须将这些信息显示出来。这时就需要使用 CRecordset 类的成员函数 GetRecordCount()和 GetStatus()，它们分别用来获得表中的记录总数和当前记录的索引，其原型如下：

```
long GetRecordCount() const;
void GetStatus(CRecordsetStatus& rStatus) const;
```

其中，参数 rStatus 是指向下列的 CRecordsetStatus 结构的对象。

```
struct CRecordsetStatus
{
    long m_lCurrentRecord;                    //当前记录的索引,0表示第一个记录,
    //1表示第二个记录,以此类推。但-1表示在第一个记录之前,-2表示不确定
    BOOL m_bRecordCountFinal;                 //记录总数是否是最终结果
};
```

需要强调的是,GetRecordCount()函数所返回的记录总数在表打开时或在调用Requery()函数后是不确定的,因而必须经过下列的代码才能获得最终有效的记录总数。

```
while(!m_pSet->IsEOF()){
    m_pSet->MoveNext();
    m_pSet->GetRecordCount();
}
```

下面的示例过程将实现显示记录信息的功能。

(1) 打开前面的应用程序 Ex_ODBC。在 MainFrm.cpp 文件中,向原来的 indicators 数组添加一个元素,用来在状态栏上增加一个窗格,修改的结果如下。

```
static UINT indicators[] =
{
    ID_SEPARATOR,                   //第一个状态行指示器窗格
    ID_SEPARATOR,                   //第二个状态行指示器窗格
    ID_INDICATOR_CAPS,
    ID_INDICATOR_NUM,
    ID_INDICATOR_SCRL,
};
```

(2) 为 CEx_ODBCView 类添加 OnCommand()虚函数的"重写"(重载),添加下列代码。

```
BOOL CEx_ODBCView::OnCommand(WPARAM wParam, LPARAM lParam)
{
    CString str;
    CMainFrame*    pFrame  = (CMainFrame *)AfxGetApp()->m_pMainWnd;
                                    //获得主框架窗口的指针
    CMFCStatusBar* pStatus = &pFrame->m_wndStatusBar;
                                    //获得主框架窗口中的状态栏指针
    if(pStatus){
        CRecordsetStatus rStatus;
        m_pSet->GetStatus(rStatus);         //获得当前记录信息
        str.Format("当前记录:%d/总记录:%d",1+rStatus.m_lCurrentRecord,
            m_pSet->GetRecordCount());
        pStatus->SetPaneWidth(1, 160);      //设置第二个窗格的像素宽度
        pStatus->SetPaneText(1, str);       //更新第二个窗格的文本
    }
    return CRecordView::OnCommand(wParam, lParam);
}
```

代码首先获得状态栏对象的指针，然后调用 SetPaneText()函数更新第二个窗格的文本。

（3）在 CEx_ODBCView 类的 OnInitialUpdate()函数处添加下列代码。

```
void CEx_ODBCView::OnInitialUpdate()
{
    m_pSet = &GetDocument()->m_ex_ODBCSet;    //获得在文档类定义的记录集指针
    CRecordView::OnInitialUpdate();           //视图更新并初始化
    while(!m_pSet->IsEOF()){
        m_pSet->MoveNext();
        m_pSet->GetRecordCount();
    }
    m_pSet->MoveFirst();
}
```

（4）在 Ex_ODBCView.cpp 文件的开始处添加下列语句。

```
#include "Ex_ODBCDoc.h"
#include "Ex_ODBCView.h"
#include "MainFrm.h"
```

（5）将 MainFrm.h 文件中的保护型变量 m_wndStatusBar 变成公共（public）变量。

```
protected:      //控件条嵌入成员
    CMFCMenuBar             m_wndMenuBar;
    CMFCToolBar             m_wndToolBar;
public:
    CMFCStatusBar           m_wndStatusBar;
```

（6）编译运行并测试，结果如图 7.13 所示。

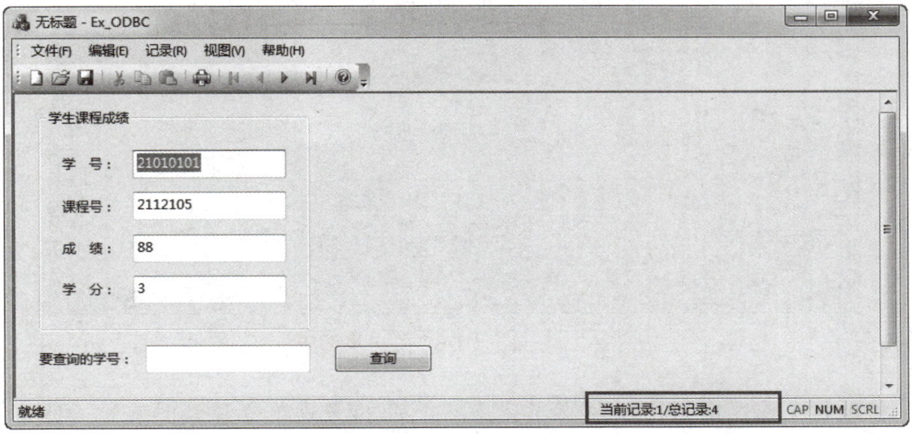

图 7.13　显示记录信息

7.3.2 编辑记录

CRecordset 类提供了编辑记录所需要的成员函数，但在编程时应注意控件与字段数据成员的相互影响。

在 MFC 创建的数据库处理的应用程序框架中，表的字段总是和系统定义的默认数据成员相关联，例如，表 score 字段 studentno 与 CEx_ODBCSet 指针对象 m_pSet 的 m_studentno 相关联。而且，在表单视图 CEx_ODBCView 添加用于记录内容显示的一些控件中，控件 DDX_FieldXXX 绑定的也是 m_pSet 中的成员变量。例如，编辑框 IDC_STUNO 绑定的是 m_pSet 的 m_studentno。虽然共用同一个成员变量能简化编程，但有时也给编程带来不便，因为稍不留神就会产生误操作。例如，下面的代码是用来增加一条记录。

```
m_pSet->AddNew();          //在表的末尾增加新记录
UpdateData(TRUE);          //将控件中的数据传给字段数据成员
m_pSet->Update();          //将新记录存入数据库
m_pSet->MoveLast();        //将当前记录位置定位到最后一个记录
UpdateData(FALSE);         //将字段数据成员的数据传给控件，即在控件中显示
```

由于增加和显示记录在同一个界面中出现，容易造成误操作。因此，在修改和添加记录数据之前，往往设计一个对话框用以获得所需要的数据，然后用该数据进行当前记录的编辑。这样就能避免它们的相互影响，且保证代码的相对独立性。

作为示例，下面的过程是在 Ex_ODBC 的表单视图中增加三个按钮："添加""修改"和"删除"，如图 7.14 所示。单击"添加"或"修改"按钮都将弹出一个如图 7.15 所示的对话框，在对话框中对数据进行编辑后，单击 确定 按钮使操作有效。

图 7.14　Ex_ODBC 的记录编辑

（1）将项目工作区窗口切换到"资源视图"页面，打开表单资源 IDD_EX_ODBC_FORM 及模板网格。参看图 7.14，向表单资源模板中添加三个按钮："添加"（IDC_REC_ADD）、"修改"（IDC_REC_EDIT）和"删除"（IDC_REC_DEL）。

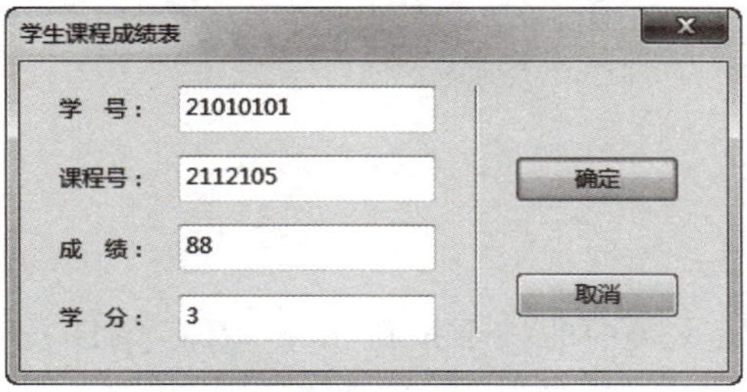

图 7.15 "学生课程成绩表"对话框

(2) 添加一个对话框资源,在"属性"窗口中将 ID 改为 IDD_SCORE_TABLE,Caption 设为"学生课程成绩表",Font(Size)属性设为"微软雅黑,常规,小五"。

(3) 打开对话框资源模板网格,参看图 7.15,将表单中的控件复制到对话框中。复制时先选中 IDD_EX_ODBC_FORM 表单资源模板"学生课程成绩"组框中的所有控件,然后按 Ctrl+C 快捷键,打开对话框 IDD_SCORE_TABLE 资源,按 Ctrl+V 快捷键即可。

(4) 微调控件布局,将"确定"和"取消"移至右侧,调整对话框大小(215×80px),添加竖直蚀刻线。双击对话框模板空白处或右击后从弹出的快捷菜单中选择"添加类"命令,为对话框资源 IDD_SCORE_TABLE 创建一个基于 CDialog 的对话框类 CScoreDlg。

(5) 选择"项目"→"类向导"菜单命令或按快捷键 Ctrl+Shift+X,弹出"MFC 类向导"对话框。查看"类名"组合框中是否已选择了 CScoreDlg,切换到"成员变量"页面。在"控件变量"列表中,选中所需的控件 ID,双击鼠标或单击  添加变量(A)... 按钮。依次为表 7.7 控件添加成员变量。

表 7.7 控件变量

控件 ID	变量类别	变量类型	变 量 名	范围和大小
IDC_STUNO	Value	CString	m_strStudentNO	20
IDC_COURSENO	Value	CString	m_strCourseNO	20
IDC_SCORE	Value	float	m_fScore	0.0~100.0
IDC_CREDIT	Value	float	m_fCredit	0.0~20.0

(6) 为 CScoreDlg 类添加 IDOK 按钮的 BN_CLICKED"事件"消息的处理映射,并添加下列代码。

```
void CScoreDlg:: OnBnClickedOk()
{
    UpdateData();
    m_strStudentNO.TrimLeft();
    m_strCourseNO.TrimLeft();
    if(m_strStudentNO.IsEmpty())
        MessageBox("学号不能为空!");
    else
```

```
            if(m_strCourseNO.IsEmpty())
                MessageBox("课程号不能为空!");
            else
                CDialog::OnOK();
    }
```

(7) 为 CEx_ODBCView 类中的三个按钮 IDC_REC_ADD、IDC_REC_EDIT 和 IDC_REC_DEL 添加 BN_CLICKED"事件"消息的处理映射，并添加下列代码。

```
void CEx_ODBCView::OnBnClickedRecAdd()
{
    CScoreDlg dlg;
    if(dlg.DoModal()==IDOK){
        m_pSet->AddNew();
        m_pSet->m_course     = dlg.m_strCourseNO;
        m_pSet->m_studentno  = dlg.m_strStudentNO;
        m_pSet->m_score      = dlg.m_fScore;
        m_pSet->m_credit     = dlg.m_fCredit;
        m_pSet->Update();
        m_pSet->Requery();
    }
}
void CEx_ODBCView::OnBnClickedRecEdit()
{
    CScoreDlg dlg;
    dlg.m_strCourseNO    = m_pSet->m_course;
    dlg.m_strStudentNO   = m_pSet->m_studentno;
    dlg.m_fScore         = m_pSet->m_score;
    dlg.m_fCredit        = m_pSet->m_credit;
    if(dlg.DoModal()==IDOK)  {
        m_pSet->Edit();
        m_pSet->m_course     = dlg.m_strCourseNO;
        m_pSet->m_studentno  = dlg.m_strStudentNO;
        m_pSet->m_score      = dlg.m_fScore;
        m_pSet->m_credit     = dlg.m_fCredit;
        m_pSet->Update();
        UpdateData(FALSE);
    }
}
void CEx_ODBCView::OnBnClickedRecDel()
{
    CRecordsetStatus status;
    m_pSet->GetStatus(status);
    m_pSet->Delete();
    if(status.m_lCurrentRecord==0)
        m_pSet->MoveNext();
```

```
    else
        m_pSet->MoveFirst();
    UpdateData(FALSE);
}
```

(8) 在 Ex_ODBCView.cpp 文件的开始处添加下列语句。

```
#include "MainFrm.h"
#include "ScoreDlg.h"
```

(9) 编译运行并测试。

7.3.3 字段操作

在前面的示例中,虽然可以通过 CRecordSet 对象中的字段关联变量直接访问当前记录的相关字段值,但有时在处理多个字段时就不太方便了。CRecordSet 类中的成员变量 m_nFields(用于保存数据表的字段个数)和成员函数 GetODBCFieldInfo()及 GetFieldValue()可以简化多字段的访问操作。

GetODBCFieldInfo()函数用来得到数据表中的字段信息,其函数原型如下。

```
void GetODBCFieldInfo(short nIndex, CODBCFieldInfo& fieldinfo);
```

其中,nIndex 用于指定字段索引号,0 表示第一个字段,1 表示第二个字段,以此类推。fieldinfo 是 CODBCFieldInfo 结构参数,用来表示字段信息。CODBCFieldInfo 结构如下。

```
struct CODBCFieldInfo
{
    CString     m_strName;           //字段名
    SWORD       m_nSQLType;          //字段的 SQL 数据类型
    UDWORD      m_nPrecision;        //字段的文本大小或数据大小
    SWORD       m_nScale;            //字段的小数点位数
    SWORD       m_nNullability;      //字段接受空值(NULL)能力
};
```

结构中,SWORD 和 UDWORD 分别表示 short int 和 unsigned long int 数据类型。

GetFieldValue()函数用来获取数据表当前记录中指定字段的值,其最常用的原型如下。

```
void GetFieldValue(short nIndex, CString& strValue);
```

其中,nIndex 用于指定字段索引号,strValue 用来返回段的内容。

下面来看一个示例,该示例是用列表视图来显示前面课程信息表内容。在进行这个示例之前,先用 Microsoft Access 为数据库 Student.mdb 添加一个数据表 course。表 7.8 是该数据表的结构内容,其记录内容如前面的表 7.2 所示。

表 7.8　课程信息表（course）的表结构

序号	字段名称	数据类型	字段大小	小数位	字段含义
1	courseno	文本	7	—	课程号
2	special	文本	50	—	所属专业
3	coursename	文本	50	—	课程名
4	coursetype	文本	10	—	课程类型
5	openterm	数字	字节	—	开课学期
6	hours	数字	字节	—	课时数
7	credit	数字	单精度	1	学分

注意：字段名最好不要是中文，且一般不能为 SQL 的关键字 no、class、open 等，以避免运行结果出现难以排除的错误。

（1）用"MFC 应用程序向导"创建一个标准的视觉样式单文档应用程序 Ex_Field。在向导"数据库支持"页面中，选中"仅支持头文件"以及 ODBC 客户端类型；在"生成的类"页面中，将 CEx_FieldView 的基类选为 CListView。打开并将 stdafx.h 文件最后面内容中的 ♯ifdef _UNICODE 行和最后一个 ♯endif 行删除（注释掉）。

（2）选择"项目"→"添加类"菜单命令，弹出"添加类"对话框，在左侧"先安装的模板"中选定 MFC，在中间"模板"栏中选定 [MFC ODBC 使用者]，单击 [添加(A)] 按钮，弹出"MFC ODBC 使用者向导"对话框，单击 [数据源(S)...] 按钮，将弹出的对话框切换到"机器数据源"页面，从中选择前面创建的 ODBC 数据源 Database Example For VC++，单击 [确定] 按钮，弹出"登录"对话框，不做任何输入，单击 [确定] 按钮，弹出"选择数据库对象"对话框，从中选择表 course。单击 [确定] 按钮，又回到了"MFC ODBC 使用者向导"对话框页面。输入"类名"为"CCourseSet"，如图 7.16 所示。

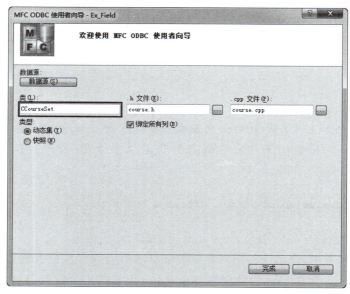

图 7.16　为添加的表定义 CRecordSet 派生类

(3) 保留其他默认选项,单击 完成 按钮(一般会出现"安全警告"对话框,暂不管它)。此时编译会出现错误,修改如下。

```
//#error 安全问题:连接字符串可能包含密码。
//...
CString CCourseSet::GetDefaultConnect()
{
    return _T("DSN=...;DBQ=D:\\Visual C++程序\\第 7 章\\student.mdb;...;");
}
```

(4) 在 CEx_FieldView::PreCreateWindow()函数中添加修改列表视图风格的代码。

```
BOOL CEx_FieldView::PreCreateWindow(CREATESTRUCT& cs)
{
    cs.style &= ~LVS_TYPEMASK;
    cs.style |= LVS_REPORT;                        //报表方式
    return CListView::PreCreateWindow(cs);
}
```

(5) 在 CEx_FieldView::OnInitialUpdate()函数中添加下列代码。

```
void CEx_FieldView::OnInitialUpdate()
{
    CListView::OnInitialUpdate();
    CListCtrl& m_ListCtrl = GetListCtrl();     //获取内嵌在列表视图中的列表控件
    //设置扩展样式,使得列表项一行全项选择且显示出网格线
    m_ListCtrl.SetExtendedStyle(LVS_EX_FULLROWSELECT|LVS_EX_GRIDLINES);
    CCourseSet cSet;
    cSet.Open();                               //打开记录集
    CODBCFieldInfo field;
    //创建列表头
    for(UINT i=0; i<cSet.m_nFields; i++)
    {
        cSet.GetODBCFieldInfo(i, field);
        m_ListCtrl.InsertColumn(i,field.m_strName,LVCFMT_LEFT,100);
    }
    //添加列表项
    int nItem = 0;
    CString str;
    while(!cSet.IsEOF())
    {
        for(UINT i=0; i<cSet.m_nFields; i++)
        {
            cSet.GetFieldValue(i, str);
            if(i == 0)    m_ListCtrl.InsertItem(nItem, str);
            else          m_ListCtrl.SetItemText(nItem, i, str);
        }
        nItem++;
```

```
        cSet.MoveNext();
    }
    cSet.Close();                               //关闭记录集
}
```

（6）在 Ex_FieldView.cpp 文件的前面添加 CCourseSet 类的头文件包含。

```
#include "Ex_FieldDoc.h"
#include "Ex_FieldView.h"
#include "course.h"
```

（7）编译运行，结果如图 7.17 所示。

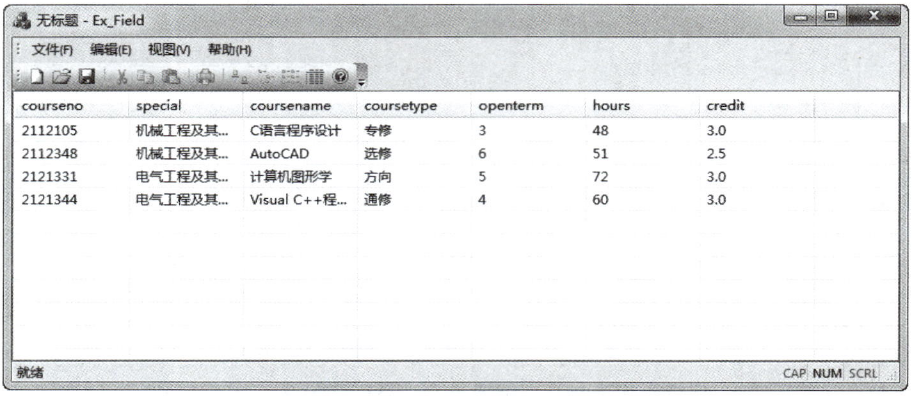

图 7.17 Ex_Field 运行结果

注意：当为数据源中的某个数据表映射一个 CRecordSet 类时，该类对象只有先调用其 Open() 成员函数，才能访问该数据表的记录集，访问后还须调用 Close() 成员函数关闭它。

7.3.4 多表处理

数据库中表与表之间往往存在着一定的关系，例如，要显示一个学生的课程成绩信息，信息包括学号、姓名、课程号、课程所属专业、课程名称、课程类别、开课学期、课时数、学分、成绩，这时就要涉及前面的学生课程成绩表、课程表以及下面的学生基本信息表。

这里用示例来说明多表处理的方法，如图 7.18 所示，对话框的右上角是一个组合框控件，用来显示学生所在的班级号；选定班级号，所有该班级的学生课程成绩综合信息将在左侧列表控件中显示出来。在进行本示例之前，先用 Microsoft Access 为数据库 Student.mdb 添加一个数据表 student，其表结构如表 7.9 所示，记录内容如前面表 7.1 所示。

表 7.9 学生基本信息表（student）的表结构

序号	字 段 名 称	数 据 类 型	字 段 大 小	小数位	字 段 含 义
1	studentname	文本	20	—	姓名
2	studentno	文本	10	—	学号

续表

序号	字段名称	数据类型	字段大小	小数位	字段含义
3	xb	是/否	—	—	性别
4	birthday	日期/时间	—	—	出生年月
5	special	文本	50	—	专业

图 7.18　Ex_Student 运行结果

(1) 用"MFC 应用程序向导"创建一个默认的基于对话框应用程序 Ex_Student。打开并将 stdafx.h 文件最后面内容中的 #ifdef _UNICODE 行和最后一个 #endif 行删除(注释掉),并添加 ODBC 数据库支持的头文件包含 #include <afxdb.h>。

(2) 在对话框资源模板中,删除"取消"按钮和默认的静态文本控件。显示网格,调整对话框大小(360×131px),将对话框的 Caption(标题)属性改为"多表处理示例",将"确定"按钮的 Caption(标题)属性改为"退出"。

(3) 参看图 7.18 控件布局,向对话框模板左侧中添加一个列表控件,调整其位置和大小(276×120px),在其"属性"窗口中,将 View 属性选为 Report。其他添加的控件 ID 和属性均为默认(组合框要拉大其下拉框大小)。

(4) 选择"项目"→"类向导"菜单命令或按快捷键 Ctrl+Shift+X,弹出"MFC 类向导"对话框,切换到"成员变量"页面。在"控件变量"列表中,选中所需的控件 ID,双击鼠标或单击 添加变量(A)... 按钮。依次为表 7.10 控件添加成员变量。

表 7.10　控件变量

控件 ID	变量类别	变量类型	变量名	范围和大小
IDC_LIST1	Control	CListCtrl	m_listCtrl	—
IDC_COMBO1	Control	CComboBox	m_classBox	
IDC_COMBO1	Value	CString	m_strClass	20

(5) 用"MFC ODBC 使用者向导"为数据表 student、course 和 score 分别创建 CRecordSet 派生类 CStudentSet、CCourseSet 和 CScoreSet。同时,按前面的方法修改出现的编译错误,并将其头文件中各字段字符串变量类型由 CStringW 改为 CString。

(6) 在 Ex_StudentDlg.cpp 文件的前面添加记录集类的头文件包含,如下面的代码。

```cpp
#include "Ex_StudentDlg.h"
#include "afxdialogex.h"
#include "Student.h"
#include "Score.h"
#include "Course.h"
```

（7）在 CEx_StudentDlg::OnInitDialog()函数中再添加下列初始化代码。

```cpp
BOOL CEx_StudentDlg::OnInitDialog()
{
    CDialogEx::OnInitDialog();
    //...
    //填充班级组合框,注意重复
    CStudentSet sSet;
    sSet.m_strSort = "studentno";          //按学号排序
    sSet.Open();
    while(!sSet.IsEOF()){
        CString strClass   = ((sSet.m_studentno).Trim()).Left(6);
        int     nIndex     = m_classBox.FindStringExact(-1, strClass);
        if(nIndex < 0)
            m_classBox.AddString(strClass);
        sSet.MoveNext();
    }
    sSet.Close();
    //创建列表控件的标题头,设置列表控件样式
    CString strHeader[]={"学号","姓名", "课程号","课程所属专业",
        "课程名称","课程类别","开课学期","课时数","学分","成绩"};
    int nLong[] = {80, 80, 80, 180, 180, 80, 80, 80, 80, 80};
    for(int nCol=0; nCol<sizeof(strHeader)/sizeof(CString); nCol++)
        m_listCtrl.InsertColumn(nCol,strHeader[nCol],
                                LVCFMT_LEFT,nLong[nCol]);
    m_listCtrl.SetExtendedStyle(LVS_EX_FULLROWSELECT|LVS_EX_GRIDLINES);
    return TRUE;         //除非将焦点设置到控件,否则返回 TRUE
}
```

（8）为组合框 IDC_COMBO1 添加 CBN_SELCHANGE（当前选择项发生改变时发出的消息）的默认消息映射函数,并添加下列代码。

```cpp
void CEx_StudentDlg::OnCbnSelchangeCombo1()
{
    int nIndex = m_classBox.GetCurSel();
    if(nIndex < 0)    return;

    CString    strClass, strFilter;
```

```cpp
    m_classBox.GetLBText(nIndex, strClass);
    strFilter.Format("studentno LIKE '%s%%'", strClass);

    m_listCtrl.DeleteAllItems();                //删除所有的列表项
    CScoreSet sSet;
    sSet.m_strFilter = strFilter;               //设置过滤条件
    sSet.Open();                                //打开 score 表
    int nItem = 0;
    CString str;
    while(!sSet.IsEOF())
    {
        m_listCtrl.InsertItem(nItem, sSet.m_studentno);    //插入学号
        //根据 score 表中的 studentno(学号)获取 student 表中的"姓名"
        CStudentSet uSet;
        uSet.m_strFilter.Format("studentno='%s'", sSet.m_studentno);
        uSet.Open();
        if(!uSet.IsEOF())
            m_listCtrl.SetItemText(nItem, 1, uSet.m_studentname);
        uSet.Close();
        m_listCtrl.SetItemText(nItem, 2, sSet.m_course);
        //根据 score 表中的 course(课程号)获取 course 表中的课程信息
        CCourseSet cSet;
        cSet.m_strFilter.Format("courseno='%s'", sSet.m_course);
        cSet.Open();
        UINT i = 7;
        if(!cSet.IsEOF())
        {
            for(i=1; i<cSet.m_nFields; i++) {
                cSet.GetFieldValue(i, str);         //获取指定字段值
                m_listCtrl.SetItemText(nItem, i+2, str);
            }
        }
        cSet.Close();
        str.Format("%0.1f", sSet.m_score);
        m_listCtrl.SetItemText(nItem, i+2, str);
        sSet.MoveNext();
        nItem++;
    }
    if(sSet.IsOpen())   sSet.Close();
}
```

这样，当班级号选定后就根据构建的过滤条件将多表组成的记录显示在列表控件。strFilter 中的"studentno LIKE 210101%"，使得所有学号前面是 210101 的记录被打开。% 是 SQL 使用的通配符，由于 % 也是 Format() 函数中格式前导符，所以在代码中需要

两个%。

(9) 编译运行并测试,结果如前图 7.18 所示。

7.4 ADO 数据库编程

ADO 最主要的优点是易于使用、速度快、内存开销小,它使用最少的网络流量,并且在前端和数据源之间使用最少的层数,它是一个轻量、高性能的接口。ADO 实际上就是由一组 Automation 对象构成的组件,因此可以像使用其他任何 Automation 对象一样使用 ADO。ADO 中最重要的对象有三个:Connection、Command 和 Recordset,它们分别表示"连接"对象、"命令"对象和"记录集"对象。

7.4.1 ADO 编程的一般过程

在 MFC 应用程序中使用 ADO 数据库的一般过程如下。

(1) 添加对 ADO 的支持。
(2) 创建一个数据源连接。
(3) 对数据源中的数据库进行操作。
(4) 关闭数据源。

1. 添加对 ADO 的支持

ADO 编程有三种方式:使用预处理指令♯import、使用 MFC 中的 CIDispatchDriver 和直接使用 COM 提供的 API。这三种方式中,第一种最为简便,故这里采用这种方法。

下面以一个示例过程来说明在 MFC 应用程序中添加对 ADO 的支持。

(1) 用"MFC 应用程序向导"创建一个标准的视觉样式单文档应用程序 Ex_ADO。在"生成的类"页面中,将 CEx_ADOView 的基类选为 CListView,以便更好地显示和操作数据表中的记录。

(2) 在 stdafx.h 文件中添加对 ADO 支持的代码,同时将 stdafx.h 文件最后面内容中的♯ifdef _UNICODE 行和最后一个♯endif 行删除(注释掉)。

```
#include <afxcontrolbars.h>        //功能区和控件条的 MFC 支持
#import "C:\Program Files\Common Files\System\ADO\msado15.dll" \
no_namespace rename("EOF", "adoEOF")
#include <icrsint.h>
```

代码中,预编译命令♯import 是编译器将此命令中所指定的动态链接库文件引入程序中,并从动态链接库文件中抽取出其中的对象和类的信息。icrsint.h 文件包含 Visual C++ 扩展的一些预处理指令、宏等的定义,用于与数据库数据绑定。

(3) 在 CEx_ADOView::PreCreateWindow()函数中添加下列代码,用来设置列表视图内嵌列表控件的风格。

```
BOOL CEx_ADOView::PreCreateWindow(CREATESTRUCT& cs)
{
```

```
    cs.style |= LVS_REPORT;          //报表风格
    return CListView::PreCreateWindow(cs);
}
```

（4）在 CEx_ADOApp::InitInstance() 函数中添加下列代码，用来对 ADO 的 COM 环境进行初始化。

```
BOOL CEx_ADOApp::InitInstance()
{   ...
    ::CoInitialize(NULL);
    AfxEnableControlContainer();
    ...
}
```

（5）在 Ex_ADOView.h 文件中为 CEx_ADOView 定义三个 ADO 对象指针变量。

```
public:
    _ConnectionPtr      m_pConnection;
    _RecordsetPtr       m_pRecordset;
    _CommandPtr         m_pCommand;
```

代码中，_ConnectionPtr、_RecordsetPtr 和 _CommandPtr 分别是 ADO 对象 Connection、Recordset 和 Command 的智能指针类型。

2. 连接数据源

只有建立了与数据库服务器的连接后，才能进行其他有关数据库的访问和操作。ADO 使用 Connection 对象来建立与数据库服务器的连接，它相当于 MFC 中的 CDatabase 类。和 CDatabase 类一样，调用 Connection 对象的 Open() 即可建立与服务器的连接。

```
HRESULT Connection::Open(_bstr_t ConnectionString, _bstr_t UserID,
        _bstr_t Password, long Options)
```

其中，ConnectionString 为连接字符串，UserID 是用户名，Password 是登录密码，Options 是选项，通常用于设置同步或异步等方式。_bstr_t 是一个 COM 类，用于字符串 BSTR（用于 Automation 的宽字符）操作。

需要说明的是，正确设置 ConnectionString 是连接数据源的关键。不同的数据，其连接字符串内容（格式）有所不同，如表 7.11 所示。

表 7.11 Connection 对象的连接字符串格式

数 据 源	格　　式
ODBC	"[Provider=MSDASQL;]{DSN=name | FileDSN=filename};[DATABASE=database;]UID=user;PWD=password"
Access 数据库	"Provider=Microsoft.Jet.OLEDB.4.0;Data Source=databaseName;User ID=userName;Password=userPassWord"

续表

数 据 源	格 式
Oracle 数据库	"Provider=MSDAORA；Data Source=serverName；User ID=userName；Password=userPassword；"
MS SQL 数据库	"Provider=SQLOLEDB；Data Source=serverName；Initial Catalog=databaseName；User ID=user；Password=userPassword；"

注：格式字符串中，"[ ]"为可选项，"{ }"为必选项，且等于符号"="两边不应有空格符。

例如，若连接本地当前目录中的 Access 数据库文件 student.mdb，则有：

```
m_pConnection->Open("Provider=Microsoft.Jet.OLEDB.4.0;
                    Data Source=student.mdb;","","",0);
```

或者，先设置 Connection 对象的 ConnectionString 属性，然后调用 Open()函数。

```
m_pConnection->ConnectionString="Provider=Microsoft.Jet.OLEDB.4.0;
                                 Data Source=student.mdb;";
m_pConnection->Open("","","",0);
```

再如，若连接 ODBC 数据源为 Database Example For VC++ 的数据库，则有：

```
m_pConnection->ConnectionString = "DSN=Database Example For VC++";
m_pConnection->Open("","","",0);
```

3. 关闭连接

在 CEx_ADOView 类"属性"窗口的"消息"页面中，添加 WM_DESTROY 消息映射，并添加下列代码。

```
void CEx_ADOView::OnDestroy()
{
    CListView::OnDestroy();
    if(m_pConnection)
        m_pConnection->Close();                //关闭连接
}
```

4. 获取数据源信息

Connection 对象除了建立与数据库服务器的连接外，还可以通过 OpenSchema()来获取数据源的自有信息，如数据表信息、表字段信息以及所支持的数据类型等。

(1) 在 CEx_ADOView∷OnInitialUpdate()中添加下列代码，用来获取 student.mdb 的数据表名和字段名，并将信息内容显示在列表视图中。

```
void CEx_ADOView::OnInitialUpdate()
{
    CListView::OnInitialUpdate();
```

```
    m_pConnection.CreateInstance(__uuidof(Connection));
    //初始化 Connection 指针
    m_pRecordset.CreateInstance(__uuidof(Recordset));
    //初始化 Recordset 指针
    m_pCommand.CreateInstance(__uuidof(Command));
    //初始化 Recordset 指针
    //连接数据源为 Database Example For VC++
    m_pConnection->ConnectionString = "DSN=Database Example For VC++";
    m_pConnection->ConnectionTimeout = 30;
    //允许连接超时时间,单位为 s
    HRESULT hr = m_pConnection->Open("","","",0);
    if(hr != S_OK)
        MessageBox("无法连接指定的数据库!");
    //获取数据表名和字段名
    _RecordsetPtr pRstSchema = NULL;              //定义一个记录集指针
    pRstSchema = m_pConnection->OpenSchema(adSchemaColumns);
                                                  //获取表信息
    //将表信息显示在列表视图控件中
    CListCtrl& m_ListCtrl = GetListCtrl();
    CString strHeader[3] = {"序号","TABLE_NAME","COLUMN_NAME"};
    for(int i=0; i<3; i++)
        m_ListCtrl.InsertColumn(i, strHeader[i], LVCFMT_LEFT, 160);
    int nItem = 0;
    CString str;
    _bstr_t value;
    while(!(pRstSchema->adoEOF)) {
        str.Format("%d", nItem+1);
        m_ListCtrl.InsertItem(nItem, str);
        for(int i=1; i<3; i++) {
            value = pRstSchema->Fields->
                    GetItem((_bstr_t)(LPCSTR)strHeader[i])->Value;
            m_ListCtrl.SetItemText(nItem, i, value);
        }
        pRstSchema->MoveNext();
        nItem++;
    }
    pRstSchema->Close();
}
```

代码中,__uuidof 用来获取对象的全局唯一标识(GUID)。ConnectionTimeout 是连接超时属性,单位为 s。OpenSchema()方法中的 adSchemaColumns 是一个预定义的枚举常量,用来获取与"列"(字段)相关的信息记录集。该记录集的主要字段名有"TABLE_NAME""COLUMN_NAME";类似地,若在 OpenSchema()方法中指定 adSchemaTables 枚举常量,则返回的记录集的字段名主要有"TABLE_NAME""TABLE_TYPE"。

(2) 编译并运行,结果如图 7.19 所示。

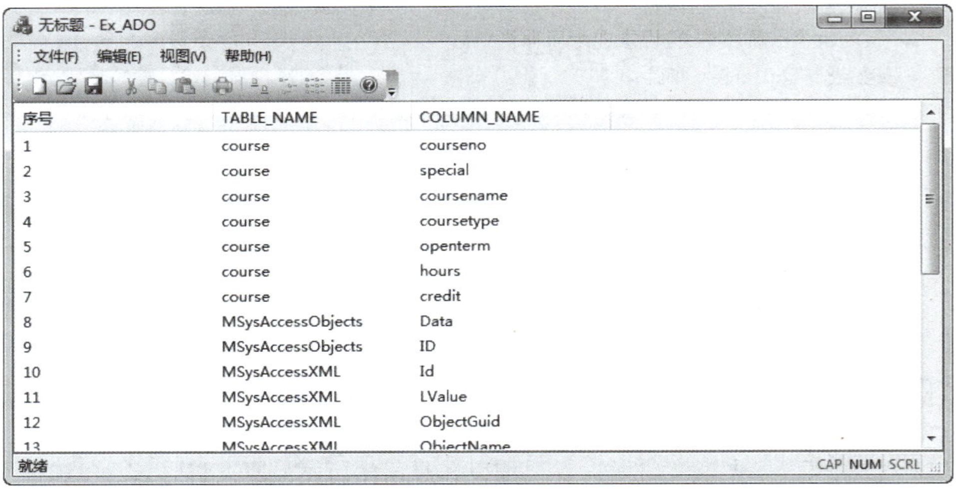

图 7.19 获取数据源表信息

7.4.2 Recordset 对象使用

Recordset 是用来从数据表或某一个 SQL 命令执行后获得记录集,通过 Recordset 对象的 AddNew()、Update()和 Delete()方法可实现记录的添加、修改和删除等操作。

1. 读取数据表全部记录内容

下面的过程是将 student.mdb 中的 course 表中的记录显示在列表视图中。

(1) 打开菜单资源 IDR_MAINFRAME,在顶层菜单"视图"下添加一个"显示 Course 表记录"子菜单,将其 ID 属性设为 ID_VIEW_COURSE。

(2) 向 CEx_ADOView 类添加 ID_VIEW_COURSE 的 COMMAND"事件"消息的映射处理,保留默认的映射函数 OnViewCourse(),并在该函数中添加下列代码。

```
void CEx_ADOView::OnViewCourse()
{
    CListCtrl& m_ListCtrl = GetListCtrl();
    //删除列表中所有行和列表头
    m_ListCtrl.DeleteAllItems();
    int nColumnCount = m_ListCtrl.GetHeaderCtrl()->GetItemCount();
    for(int i=0; i<nColumnCount; i++)
        m_ListCtrl.DeleteColumn(0);
    m_pRecordset->Open("Course",              //指定要打开的表
        m_pConnection.GetInterfacePtr(),       //获取当前数据库连接的接口指针
        adOpenDynamic,                          //动态游标类型,可使用 Move 等操作
        adLockOptimistic,    adCmdTable);
    //建立列表控件的列表头
    FieldsPtr flds = m_pRecordset->GetFields();  //获取当前表的字段指针
    _variant_t Index;
    Index.vt = VT_I2;
```

```
    m_ListCtrl.InsertColumn(0, "序号", LVCFMT_LEFT, 60);
    for(int i = 0; i < (int)flds->GetCount(); i++)
    {
        Index.iVal=i;
        m_ListCtrl.InsertColumn(i+1, flds->GetItem(Index)->GetName(),
                                LVCFMT_LEFT, 140);
    }
    //显示记录
    _bstr_t str, value;
    int nItem = 0;
    CString strItem;
    while(!m_pRecordset->adoEOF)
    {
        strItem.Format("%d", nItem+1);
        m_ListCtrl.InsertItem(nItem, strItem);
        for(int i = 0; i < (int)flds->GetCount(); i++)
        {
            Index.iVal=i;
            str = flds->GetItem(Index)->GetName();
            value = m_pRecordset->GetCollect(str);
            m_ListCtrl.SetItemText(nItem, i+1, value);
        }
        m_pRecordset->MoveNext();
        nItem++;
    }
    m_pRecordset->Close();
}
```

代码中，_variant_t 是一个用于 COM 的 VARIANT 类型。VARIANT 类型是一个 C 结构，由于它既包含数据本身，也包含数据的类型，因而它可以实现各种不同的自动化（Automation）对象数据的传输。

（3）编译运行并测试，选择"视图"→"显示 Course 表记录"菜单命令，结果如图 7.20 所示。

图 7.20 显示 Course 表所有记录

需要说明的是,上述代码是显示 Course 表的所有记录,若按条件显示记录,则为"条件查询"。Recordset 对象可以用下列两种方式来实现。

第一种方式是在调用 Recordset 的 Open() 方法之前,设置 Recordset 对象的 Filter 属性来实现。Filter 属性可以为由 AND、OR、NOT 等构成的条件查询字符串,它相当于"SELECT…WHERE"SQL 语句格式中 WHERE 的功能。例如:

```
m_pRecordset->Filter = "coursename LIKE 'C%'";
//查询课程名以 C 开头的记录
m_pRecordset->Filter = "coursehours>=40 AND credit=3";
//查询课时超过 40 且学分为 3 的记录
```

第二种方式是在 Recordset 的 Open() 方法参数中进行设置。例如:

```
m_pRecordset->Open("SELECT * FROM Course WHERE coursename LIKE 'C%'",
                  m_pConnection.GetInterfacePtr(),
                  adOpenDynamic, adLockOptimistic, adCmdText);
```

事实上,第二种方式就是 Command 方式。

2. 添加、修改和删除记录

记录的添加、修改和删除是通过 Recordset 对象的 AddNew()、Update() 和 Delete() 方法来实现的。例如,向 course 表中新添加一个记录可有下列代码。

```
//打开记录集
m_pRecordset->AddNew();                          //添加新记录
m_pRecordset->PutCollect("courseno",_variant_t("2112111"));
m_pRecordset->PutCollect("coursehourse",_variant_t(60));
...
m_pRecordset->Update();                          //使添加有效
//关闭记录集
```

若从 course 表中删除一个记录可有下列代码。

```
//打开记录集
...
m_pRecordset->Delete(adAffectCurrent);   //删除当前行
m_pRecordset->MoveFirst();               //调用 Move()方法,使删除有效
//关闭记录集
```

若从 course 表中修改一个记录可有下列代码。

```
//打开记录集
m_pRecordset->PutCollect("courseno",_variant_t("2112111"));
m_pRecordset->PutCollect("coursehourse",_variant_t(60));
...
```

```
    m_pRecordset->Update();                        //使修改有效
    //关闭记录集
```

特别强调的是，通常用 Command 对象执行 SQL 命令来实现数据表记录的查询、添加、更新和删除等操作，而用 Recordset 对象获取记录集，用来显示记录内容。

注意：数据库的表名不能与 ADO 的某些关键字符串同名，例如 user 等。

7.4.3　Command 对象使用

Command 对象就是直接用来执行 SQL 命令，使用时应遵循下列步骤。

```
    _CommandPtr pCmd;
    pCmd.CreateInstance(__uuidof(Command));        //初始化 Command 指针
    pCmd->ActiveConnection = m_pConnection;        //指向已有的连接
    pCmd->CommandText ="SELECT * FROM course";     //指定一个 SQL 查询
    m_pRecordset = pCmd->Execute(NULL, NULL, adCmdText);
    //执行命令，并返回一个记录集指针
```

7.5　总　结　提　高

Visual C++ 为用户提供了 ODBC（Open Database Connectivity，开放数据库连接）、DAO（Data Access Objects，数据访问对象）及 OLE DB（OLE Data Base，OLE 数据库）三种数据库方式，使用户的应用程序与特定的数据管理系统（DBMS）脱离开。

ODBC 是一种使用 SQL 的程序设计接口，使用 ODBC 能使用户编写数据库应用程序变得容易简单，避免了与数据源相连接的复杂性。在 Visual C++ 中，MFC 的 ODBC 数据库类 CDatabase（数据库类）、CRecordSet（记录集类）和 CRecordView（记录视图类）可为用户管理数据库提供切实可行的解决方案。

其中，数据库类 CDatabase 用来提供对数据源的连接等操作；记录集视图类 CRecordView 用来控制并显示数据库记录，该视图是直接连到一个 CRecordSet 对象的表单视图。但在实际应用过程中，记录集类 CRecordSet 是用户最关心的，因为它提供了对表记录进行操作的许多功能，如查询记录、添加记录、删除记录、修改记录等，并能直接为数据源中的表映射一个 CRecordSet 类对象，方便操作。简单地说，当在应用程序中操作数据表时，就首先应为表添加相应的 CRecordSet 类，通过 MFC 对 ODBC 的支持，将字段映射为成员变量，这样就可在程序中通过类对象进行访问和操作了。

不过，ADO 却不同了。ADO 实际上是由一组 Automation 对象构成的组件，用于操作数据库的最重要的对象有三个：Connection、Command 和 Recordset，它们分别表示"连接"对象、"命令"对象和"记录集"对象。简单地说，ADO 可直接用来访问数据库文件，并不像 CRecordSet 那样非要先建立 ODBC 数据源不可。

事实上，为了能像 ADO 那样直接访问数据库文件，许多程序员采用在应用程序中添加建立 ODBC 数据源的代码，这样当移交软件给用户时，就无须安装程序或用户来创建 ODBC 数据源，从而保证了数据库应用程序的正确运行。

若创建应用程序时已在向导中选择了数据库,例如前面的示例 Ex_ODBC,则 ODBC 数据源动态创建可有下列步骤。

(1) 在 stdafx.h 文件中添加对 ODBC 配置 API 支持的头文件。

```cpp
#include <afxdb.h>              //MFC ODBC database classes
#include <odbcinst.h>
```

(2) 在 CEx_ODBCView::OnInitialUpdate()中添加下列代码。

```cpp
void CEx_ODBCView::OnInitialUpdate()
{
    m_pSet = &GetDocument()->m_ex_ODBCSet;
    try
    {
        CRecordView::OnInitialUpdate();
    }
    catch(...)
    {
        ::SQLConfigDataSource(NULL, ODBC_ADD_DSN,
            "Microsoft Access Driver(*.mdb)",
            "DSN=Database Example For VC++\0"
            "Description=用于 Visual C++中\0"
            "DBQ=e:\\Visual C++程序\\第 7 章\\student.mdb\0\0");
        CRecordView::OnInitialUpdate();
    }
    ...
}
```

这样,当 CRecordView::OnInitialUpdate()更新时,若 Windows 系统中没有相应的 ODBC 数据源,则会出现系统错误。这个错误则由 catch 段代码捕捉并处理。::SQLConfigDataSource() 是一个 ODBC API 函数,用来动态地增加、修改和删除 ODBC 数据源,其函数原型如下。

```cpp
BOOL SQLConfigDataSource(HWND hwndParent, UINT fRequest,
                    LPCSTR lpszDriver, LPCSTR lpszAttributes);
```

参数 hwndPwent 用来指定是父窗口句柄。若句柄为 NULL,将忽略配置对话框出现。fRequest 用来指定数据源的操作方式,它可以是下列值之一。

```
ODBC_ADD_DSN                //增加一个新数据源
ODBC_CONHG_DSN              //配置(修改)一个已经存在的数据源
ODBC_REMOVE_DSN             //删除一个已经存在的数据源
ODBC_ADD_SYS_DSN            //增加一个新的系统数据源
ODBC_CONFIG_SYS_DSN         //更改一个已经存在的系统数据源
ODBC_REMOVE_SYS_DSN         //删除一个已经存在的系统数据源
```

参数 lpszDriver 用来指定数据库的驱动,可参见 ODBC 管理器中对 ODBC 驱动程序的描述。比如要加载的是 Excel 数据库,那么数据库引擎名称就为 Microsoft Excel Driver (*.xls)。参数 lpszAttributes 用来指定属性字符串,它由一连串的"KeyName=value"字符子串组成,每两个 KeyName 值之间用""字符隔开,如上述代码中指定的内容。

总之,在 Visual C++ 中,利用 MFC 和 API 方式可以很好地对不同环境的数据库的支持。除此之外,Visual C++ 还可进行图像、OpenGL、动态链接库、网络等的编程,第 8 章将予以讨论。

第 8 章 高级应用

因特网(Internet)、多媒体、可视化计算、三维设计以及实时通信等应用程序与先进的32/64位操作系统的多任务能力相结合,大大地扩展了计算机的功能,使得 PC 的应用领域越来越广泛。本章将介绍如何在 Visual C++中进行图像处理、动态链接库和 ActiveX 控件等的程序设计。

8.1 图像处理和 OpenGL

随着人们对图形图像的要求不断提高,在应用程序中加入图形图像(尤其是 3D)的功能已越来越流行,本节从 Visual C++自身特点来介绍用 MFC 进行图形图像以及 3D 开发的基本处理方法。

8.1.1 常用图像控件

在 Visual C++中可使用的图像控件有许多,除了第三方提供的图像控件外,还可以使用静态图片控件、Microsoft Forms 2.0 Image 控件以及 Microsoft Web Browser(Web 浏览器)来显示图像。

1. Visual C++ 的 Picture 控件

静态图片(Picture)控件是 3.2.1 节中已介绍过的颇具微词的一个控件,它不像 VB 中的 Image 控件可以显示出绝大多数的图像文件(BMP、GIF、JPEG 等),而只能显示出在资源中的图标、位图、光标以及图元文件的内容。因此,Visual C++中的静态图片控件让许多专业人员感到非常不便。

2. Microsoft Forms 2.0 Image 控件

作为弥补,Microsoft Windows 提供 Microsoft Forms 2.0 Image 控件来试图缓和上述局面。但遗憾的是,Image 控件除了可以将磁盘中的图像文件调入显示以及设置控件的字体、背景色等一些外观外,仍然不能显示 GIF、JPEG 图像。

3. Microsoft Web Browser

Web Browser(Web 浏览器)又称为 Web 客户程序。它是一种用于获取 Internet 资源的应用程序,是查看 WWW(万维网)中超文本文档(也包括图像及多媒体)的重要工具。在 MFC 中,可以将 Web 浏览器控件插入到应用程序中,用来显示某图像文件的内容,如下面的示例过程(先在"D:\Visual C++程序"文件夹中,创建本章应用程序工作文件夹"第 8 章")。

(1) 用"MFC 应用程序向导"在本章应用程序工作文件夹中创建一个默认的基于对话框的应用程序 Ex_WebImage。打开并将 stdafx.h 文件最后面内容中的 #ifdef _UNICODE 行和最后一个 #endif 行删除(注释掉)。

(2) 在对话框资源模板中,删除"取消"按钮和默认的静态文本控件。显示网格,调整对话框大小(320×173px),将对话框的 Caption(标题)属性改为"图像浏览",将"确定"按钮的 Caption(标题)属性改为"退出"。

(3) 在对话框资源模板空白处右击,从弹出的快捷菜单中选择"插入 ActiveX 控件"命令,从弹出的对话框中找到并选中 Microsoft Web Browser,如图 8.1 所示。

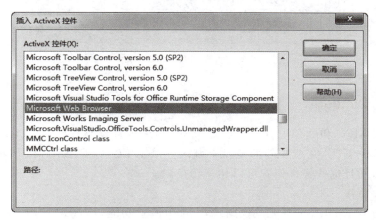

图 8.1 "插入 ActiveX 控件"对话框

(4) 单击 确定 按钮,Microsoft Web Browser 控件被添加,调整其位置和大小(240×142px),保留其默认的 ID"IDC_EXPLORER1"。再添加一个"打开"按钮,将其 ID 设为 IDC_IMAGE_OPEN。

(5) 为控件 IDC_EXPLORER1 添加 Control"类别"控件变量 m_WebBrowser,为"打开"按钮 IDC_IMAGE_OPEN 添加 BN_CLICKED"事件"消息的默认处理映射函数,并添加下列代码。

```
void CEx_WebImageDlg::OnBnClickedImageOpen()
{
    CFileDialog dlg(TRUE);
    dlg.m_ofn.lpstrFilter="所有图像文件\0*.gif;*.jpg\0\
                          HTML 文件\0*.htm;*.html\0\
                          文本文件\0*.txt\0\
                          GIF 文件\0*.gif\0\
                          JPEG 文件\0*.jpg;*.jpeg\0\
                          所有文件\0*.*\0\0";
    if(dlg.DoModal()!=IDOK)   return;
    COleVariant vt(dlg.GetPathName());
    VARIANT bt;
    m_WebBrowser.Navigate2(vt,&bt,&bt,&bt,&bt);
}
```

（6）编译运行并测试，单击 打开 按钮，调入一个图像文件，结果如图 8.2 所示。

图 8.2　Ex_WebImage 运行结果

8.1.2　使用 CImage

CImage 是 MFC 和 ATL（Active Template Library，活动模板库，是 Visual C++ 另一种编程方式）共享的新类，它能从外部磁盘中调入一个 JPEG、GIF、BMP 和 PNG 格式的图像文件加以显示，而且这些文件格式可以相互转换。

1. CImage 特性

CImage 封装了 DIB（设备无关位图）的大部分专业功能，比 MFC 的 CBitmap 类更加强大、完善。例如，CImage 类的 AlphaBlend 支持像素级的颜色混合，从而实现透明和半透明的效果；PlgBlt 能使一个矩形区域的位图映射到一个平行四边形区域中，而且还可能使用位屏蔽操作；TransparentBlt 在目标区域中产生透明图像（SetTransparentColor()用来设置某种颜色是透明色）；MaskBlt 在目标区域中产生源位图与屏蔽位图合成的效果等。

2. 使用 CImage 的一般过程

使用 CImage 的一般过程如下。

（1）打开应用程序的 stdafx.h 文件添加 CImage 类的头文件包含。

```
#include <atlimage.h>
```

（2）定义一个 CImage 类对象，然后调用 CImage∷Load()方法装载一个外部图像文件。

（3）调用 CImage∷Draw()方法绘制图像。Draw()方法具有如下定义。

```
BOOL Draw(HDC hDestDC, int xDest, int yDest,
          int nDestWidth, int nDestHeight, int xSrc, int ySrc,
          int nSrcWidth, int nSrcHeight);
BOOL Draw(HDC hDestDC, const RECT& rectDest, const RECT& rectSrc);
BOOL Draw(HDC hDestDC, int xDest, int yDest);
BOOL Draw(HDC hDestDC, const POINT& pointDest);
BOOL Draw(HDC hDestDC, int xDest, int yDest,
          int nDestWidth, int nDestHeight);
BOOL Draw(HDC hDestDC, const RECT& rectDest);
```

其中，hDestDC 用来指定绘制的目标设备环境句柄，(xDest，yDest)和 pointDest 用来指定图像显示的位置，这个位置和源图像的左上角点相对应。nDestWidth 和 nDestHeight 分别指定图像要显示的高度和宽度，xSrc、ySrc、nSrcWidth 和 nSrcHeight 用来指定要显示的源图像的某个部分所在的位置和大小。rectDest 和 rectSrc 分别用来指定目标设备环境上和源图像所要显示的某个部分的位置和大小。

需要说明的是，Draw()方法综合了 StretchBlt()、TransparentBlt()和 AlphaBlend()函数的功能。默认时，Draw()的功能和 StretchBlt()相同。但当图像含有透明色或 Alpha 通道时，它的功能又和 TransparentBlt()、AlphaBlend()相同。因此，在一般情况下，都应尽量调用 CImage::Draw()方法来绘制图像。

例如，下面的示例 Ex_Image 是实现这样的功能：当选择"文件"→"打开"菜单命令后，弹出一个文件打开对话框。当选定一个图像文件后，就会在窗口客户区中显示该图像文件内容。

(1) 用"MFC 应用程序向导"创建一个标准的视觉样式单文档应用程序 Ex_Image。在"生成的类"页面中，将 CEx_ImageView 的基类选为 CScrollView，以便更好地显示打开的图像。

(2) 在 stdafx.h 文件中添加 CImage 类的头文件包含(#include <atlimage.h>)，同时将 stdafx.h 文件最后面内容中的#ifdef _UNICODE 行和最后一个#endif 行删除(注释掉)。

(3) 打开 Ex_ImageView.h 文件，添加一个公共的成员数据 m_Image。

```
public:
    CImage m_Image;
```

(4) 在 CEx_ImageView 类中添加 ID_FILE_OPEN 的 COMMAND"事件"处理的默认映射函数，并添加下列代码。

```
void CEx_ImageView::OnFileOpen()
{
    CString strFilter;
    CSimpleArray<GUID> aguidFileTypes;
    HRESULT hResult;
    //获取 CImage 支持的图像文件的过滤字符串
    hResult = m_Image.GetExporterFilterString(strFilter,aguidFileTypes,
                     "所有图像文件");
    if(FAILED(hResult)) {
        MessageBox("GetExporterFilter 调用失败!");
        return;
    }
    CFileDialog dlg(TRUE, NULL, NULL, OFN_FILEMUSTEXIST, strFilter);
    if(IDOK != dlg.DoModal())     return;
    m_Image.Destroy();
    //将外部图像文件装载到 CImage 对象中
```

```
    hResult = m_Image.Load(dlg.GetPathName());
    if(FAILED(hResult)) {
        MessageBox("调用图像文件失败!");
        return;
    }
    //设置主窗口标题栏内容
    CString str;
    str.LoadString(AFX_IDS_APP_TITLE);
    AfxGetMainWnd()->SetWindowText(str + " - " +dlg.GetFileName());
    Invalidate();                   //强制调用 OnDraw()
}
```

(5) 在 CEx_ImageView∷OnDraw()函数处,添加下列代码。

```
void CEx_ImageView::OnDraw(CDC* pDC)
{
    CEx_ImageDoc* pDoc = GetDocument();
    ASSERT_VALID(pDoc);
    if(!pDoc)    return;
    if(!m_Image.IsNull()) {
        m_Image.Draw(pDC->m_hDC,0,0);
        //设置滚动视图大小,增大 8
        CSize sizeTotal(m_Image.GetWidth() + 8, m_Image.GetHeight() + 8);
        SetScrollSizes(MM_TEXT, sizeTotal);
    }
}
```

(6) 编译运行并测试。打开一个图像文件后,其结果如图 8.3 所示。

图 8.3　Ex_Image 运行结果

3. 将图像用其他格式保存

CImage∷Save()方法能将一个图像文件按另一种格式来保存,它的原型如下。

```
HRESULT Save(LPCTSTR pszFileName, REFGUID guidFileType = GUID_NULL);
```

其中,pszFileName 用来指定一个文件名,guidFileType 用来指定要保存的图像文件格式,当为 GUID_NULL 时,其文件格式由文件的扩展名来决定,这也是该函数的默认值。它还可以是下列值之一。

```
GUID_BMPFile            //BMP 文件格式
GUID_PNGFile            //PNG 文件格式
GUID_JPEGFile           //JPEG 文件格式
GUID_GIFFile            //GIF 文件格式
```

例如,下面的过程是在 Ex_Image 示例基础上进行的,在 CEx_ImageView 类中添加 ID_FILE_SAVE_AS 的 COMMAND"事件"处理的默认映射函数,并添加下列代码。

```
void CEx_ImageView::OnFileSaveAs()
{
    if(m_Image.IsNull())
    {
        MessageBox("还没有打开一个要保存的图像文件!");
        return;
    }
    CString strFilter;
    strFilter = "位图文件|*.bmp|JPEG 图像文件|*.jpg| \
        GIF 图像文件|*.gif|PNG 图像文件|*.png||";
    CFileDialog dlg(FALSE,NULL,NULL,NULL,strFilter);
    if(IDOK != dlg.DoModal())          return;
    //如果用户没有指定文件扩展名,则为其添加一个
    CString strFileName;
    CString strExtension;
    strFileName = dlg.m_ofn.lpstrFile;
    if(dlg.m_ofn.nFileExtension > 0)    {
        switch (dlg.m_ofn.nFilterIndex)    {
            case 1:
                strExtension = "bmp";     break;
            case 2:
                strExtension = "jpg";     break;
            case 3:
                strExtension = "gif";     break;
            case 4:
                strExtension = "png";     break;
            default:
                break;
```

```
            }
            strFileName = strFileName + '.' + strExtension;
    }
    //图像保存
    HRESULT hResult = m_Image.Save(strFileName);
    if(FAILED(hResult))
        MessageBox("保存图像文件失败!");
}
```

8.1.3 使用 OpenGL

科学计算可视化、计算机动画和虚拟现实是当前计算机图形学的三个热点，而这三个热点的核心都是三维真实感图形的绘制。由于 OpenGL(Open Graphics Library)具有跨平台、简便、高效、功能完善等特点，目前已经成为一个性能优越的开放式三维图形标准，它不仅适用于高性能的工作站，而且也适合于高档 PC。自从 Windows NT 3.51 在微机平台上支持 OpenGL 以后，微软公司在 Windows 95/98/2000/XP 以及最新的操作系统中也提供 OpenGL 开发环境。Visual C++ 从 4.2 版本以后已经完全支持 OpenGL API，使一般用户能够绘制出具有专业水平的三维图形。

1. OpenGL 特点及功能

OpenGL 实质上是一个开放的三维图形软件包，它不但具有开放性、独立性和兼容性三大特点，而且还提供了建模、变换、颜色模式、光照和材质、纹理映射、位图显示和图像增强以及双缓存动画等七大功能。此外，利用 OpenGL 还能实现深度渲染(Depth Cue)、运动模糊(Motion Blur)等特殊效果。

2. OpenGL 图形库

OpenGL 图形库一共有几百个函数，主要由核心库、实用库和辅助库三个部分组成。

核心库中有一百多个函数，它们是最基本的函数，其前缀是 gl；实用库(OpenGL Utility Library,GLU)的函数功能更高一些，如绘制复杂的曲线曲面等；辅助库(OpenGL Auxilary Library,GLAUX)的函数是一些特殊的函数，包括简单的窗口管理、输入事件处理、某些复杂三维物体绘制等函数，前缀为 aux。

此外，还有不少非常重要的 WGL 函数，专用于 OpenGL 和 Windows 窗口系统的连接，其前缀为 wgl，主要用于创建和选择绘图内容以及在窗口内任一位置显示字符位图。这些功能是对 Windows 和 OpenGL 的唯一补充。另外，还有一些 Win32 函数用来处理像素格式和双缓存，它们是对 Win32 系统的扩展。

在 MFC 中使用这些图形库的函数时，还必须在源文件的开头处加入相应的头文件包含，以及编译时加入相应的库或在程序中加入，如下列语句。

```
#include "gl\gl.h"
#include "gl\glu.h"
#include "gl\glaux.h"
#pragma comment (lib,"Opengl32.lib")
```

```
#pragma comment (lib,"Glu32.lib")
#pragma comment (lib,"Glaux.lib")
```

需要说明的是，在 Visual Studio 2010 中上述 OpenGL 的头文件和库并没有自带全，所以需要下载（可直接复制 Visual Studio 6.0 安装盘的 VC98\INCLUDE\GL\glaux.h 及 \VC98\LIB\Glaux.lib）并分别放置到 C:\Program Files（x86）\Microsoft SDKs\Windows\v7.0A\中的 Include 和 Lib 文件夹中。

3. 用 MFC 编写 OpenGL 程序

由于 OpenGL 作图的自身特点，因而用 MFC 编写 OpenGL 程序还需要一些技巧。编写 OpenGL 程序一般遵循下面的步骤。

（1）先设置设备环境 DC 的位图格式（PIXELFORMAT）属性，通过填写一个 PIXELFORMATDESCRIPTOR 结构来完成，该结构决定了 OpenGL 作图的物理设备的属性，比如该结构中的数据项 dwFlags 中的 PFD_DOUBLEBUFFER 位，如果没有设置，通过该设备的 DC 作图的 OpenGL 命令就不可能使用双缓冲来做动画。由于有一些位图格式（PIXELFORMAT）DC 不支持，因而程序必须先用 ChoosePixelFormat()来选择与 DC 所支持的指定位图格式最接近的位图格式，然后用 SetPixelFormat()设置 DC 的位图格式。

（2）根据刚才的设备环境 DC 用 wglCreateContext 建立一个渲染环境 RC（Rendering Context），并调用 wglMakeCurrent 使得 RC 与 DC 建立联系。

（3）调用 OpenGL 函数作图。

（4）作图完毕以后，先通过设置当前 RC 为 NULL，断开和该渲染环境的联系，然后再根据 RC 句柄的有效性进行释放或者删除。

4. OpenGL 程序示例

下面的示例过程是在单文档应用程序的窗口客户区内绘制一个水壶线框模型（白色背景，蓝色图线）。

（1）添加 OpenGL 的支持。

① 用"MFC 应用程序向导"创建一个标准的视觉样式单文档应用程序 Ex_OpenGL。在"高级功能"页面中，取消勾选"打印和打印预览"复选框，因为这里不需要。

② 在 stdafx.h 文件中添加 OpenGL 库的头文件包含及库调用（前面已列出），同时将 stdafx.h 文件最后面内容中的 #ifdef _UNICODE 行和最后一个 #endif 行删除（注释掉）。

③ 向 CEx_OpenGLView 类中添加下列成员变量。

```
public:
    HGLRC m_hGLRC;                          //用作渲染环境 RC 的句柄
```

④ 向 CEx_OpenGLView 类添加成员函数 DrawScene()，并添加下列代码。

```
void CEx_OpenGLView::DrawScene(void)
{
    glClearColor(1.0,1.0,1.0,0.0);          //设置清屏所需要的颜色
    glClear(GL_COLOR_BUFFER_BIT);           //清屏
    glPushMatrix();                         //把当前操作矩阵压入矩阵堆栈
```

```
        glColor3f(0.0,0.0,1.0);                    //设置绘图颜色
        auxWireTeapot(0.4);                        //绘制茶壶的线框模型
        glPopMatrix();                             //恢复当前操作矩阵
        glFinish();                                //完成绘制
}
```

(2) 完善代码。

① 在 CEx_OpenGLView 类的 PreCreateWindow() 函数中设置文档窗口的风格，OpenGL 窗口必须具有 WS_CLIPSIBLINGS 和 WS_CLIPCHILDREN 风格，如下面的代码。

```
BOOL CEx_OpenGLView::PreCreateWindow(CREATESTRUCT& cs)
{
    cs.style |= WS_CLIPSIBLINGS|WS_CLIPCHILDREN;
    return CView::PreCreateWindow(cs);
}
```

② 在 CEx_OpenGLView 类"属性"窗口的"消息"页面中，为其添加 WM_CREATE 消息的默认处理函数，并添加下列初始化代码。

```
int CEx_OpenGLView::OnCreate(LPCREATESTRUCT lpCreateStruct)
{
    if(CView::OnCreate(lpCreateStruct) == -1)     return -1;
    PIXELFORMATDESCRIPTOR pfd =         {
        sizeof(PIXELFORMATDESCRIPTOR),            //该结构的大小
        1,                                        //该结构的版本号,这里必须为 1
        PFD_DRAW_TO_WINDOW | PFD_SUPPORT_OPENGL | PFD_DOUBLEBUFFER,
        //支持屏幕绘图、支持 OpenGL、支持双缓冲
        PFD_TYPE_RGBA,                            //像素颜色模式为 RGBA
        24,                                       //颜色的位数为 24 位
        0, 0, 0, 0, 0, 0,                         //忽略各颜色分量在 RGBA 的位数
        0,                                        //在 RGBA 中没有 alpha 成分
        0,                                        //忽略 alpha 的偏移量
        0, 0, 0, 0, 0,                            //没有累加缓冲区及各颜色的位数
        32,                                       //z 缓冲区的深度为 32 位
        0,                                        //没有模板缓冲区
        0,                                        //没有辅助缓冲区
        PFD_MAIN_PLANE,                           //设为主平面类型
        0,                                        //保留,这里必须是 0
        0, 0, 0                                   //忽略层、颜色等的屏蔽
    };
    CClientDC dc(this);
    int pixelformat = ChoosePixelFormat(dc.GetSafeHdc(), &pfd);
    if(SetPixelFormat(dc.GetSafeHdc(), pixelformat, &pfd) == FALSE)    {
        MessageBox("SetPixelFormat 设置失败!");    return -1;
    }
```

```
    m_hGLRC = wglCreateContext(dc.GetSafeHdc());
    return 0;
}
```

③ 在 CEx_OpenGLView 类"属性"窗口的"消息"页面中，为其添加 WM_DESTROY 消息的默认处理函数，并添加下列代码来释放 RC 句柄。

```
void CEx_OpenGLView::OnDestroy()
{
    CView::OnDestroy();
    if(wglGetCurrentContext() != NULL)
        wglMakeCurrent(NULL,NULL);
    if(m_hGLRC != NULL) {
        wglDeleteContext(m_hGLRC);        m_hGLRC =    NULL;
    }
}
```

④ 在 CEx_OpenGLView 类"属性"窗口的"消息"页面中，为其添加 WM_SIZE（大小发生改变）消息的默认处理函数，并添加下列代码。其目的是当窗口大小发生改变时，相应地改变视口大小和投影变换方式，将场景中的物体正确地显示于窗口中。

```
void CEx_OpenGLView::OnSize(UINT nType, int cx, int cy)
{
    CView::OnSize(nType, cx, cy);
    if(cy > 0)  {
        CClientDC dc(this);
        wglMakeCurrent(dc.GetSafeHdc(),m_hGLRC);
        glViewport(0, 0, cx, cy);
        wglMakeCurrent(NULL,NULL);
    }
}
```

⑤ 在 CEx_OpenGLView∷OnDraw()中添加下列代码。

```
void CEx_OpenGLView::OnDraw(CDC * /*pDC*/)
{
    CEx_OpenGLDoc* pDoc = GetDocument();
    ASSERT_VALID(pDoc);
    if(!pDoc)    return;
    HWND  hWnd   = GetSafeHwnd();           //获得当前窗口句柄
    HDC   hDC    = ::GetDC(hWnd);           //获得与窗口句柄相关联的设备环境
    wglMakeCurrent(hDC,m_hGLRC);            //设置当前的渲染环境
    DrawScene();                            //绘制场景
    wglMakeCurrent(NULL,NULL);              //取消当前的渲染环境
    SwapBuffers(hDC);                       //将图形显示在窗口的设备环境中
}
```

⑥ 编译并运行。注意运行时应保证屏幕的颜色在 16 位以上，结果如图 8.4 所示。

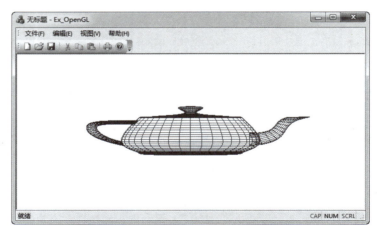

图 8.4　Ex_OpenGL 运行结果

8.2　动态链接库

在 Windows 操作系统中使用动态链接库(DLL)有很多优点,它不仅能让多个应用程序甚至是不同语言编写的应用程序之间可以共享一个 DLL 文件,真正实现了资源"共享",大大缩小了应用程序的执行代码,更加有效地利用了内存,而且 DLL 文件作为一个单独的程序模块,封装性、独立性好,在软件需要升级的时候,开发人员只需要修改相应的 DLL 文件就可以了,并且当 DLL 中的函数改变后,只要不是参数的改变,程序代码并不需要重新编译。这在编程时十分有用,大大提高了软件开发和维护的效率。

8.2.1　DLL 概念和 Visual C++ 的支持

DLL 是建立在"客户/服务器(C/S)"通信的概念上,包含若干函数、类或资源的库文件,函数和数据被存储在一个 DLL(服务器)上并由一个或多个客户导出而使用,这些客户可以是应用程序或者是其他的 DLL。DLL 库不同于静态库,在静态库情况下,函数和数据被编译进一个二进制文件(通常扩展名为 *.LIB),Visual C++ 的编译器在处理程序代码时将从静态库中恢复这些函数和数据并把它们和应用程序中的其他模块组合在一起生成可执行文件。这个过程称为"静态链接",此时因为应用程序所需的全部内容都是从库中复制出来,所以静态库本身并不需要与可执行文件一起发行。

在动态库的情况下,有两个文件:一个是引入库(.LIB)文件,一个是 DLL 文件。引入库文件包含被 DLL 导出的函数的名称和位置,而 DLL 包含实际的函数和数据。

应用程序使用 LIB 文件链接到所需要使用的 DLL 文件,库中的函数和数据并不复制到可执行文件中,因此在应用程序的可执行文件中,存放的不是被调用的函数代码,而是 DLL 中所要调用的函数的内存地址,这样当一个或多个应用程序运行时再把程序代码和被调用的函数代码链接起来,从而节省了内存资源。从上面的说明可以看出,DLL 和.LIB 文件必须随应用程序一起发行,否则应用程序将会产生错误。

Visual C++ 支持三种类型 DLL,即非 MFC 动态库(Non－MFC DLL)、常规 DLL

（Regular DLL）和扩展 DLL（Extension DLL）。

非 MFC 动态库指的是不用 MFC 的类库结构，直接用 C 语言写的 DLL，其导出的函数是标准的 C 接口，能被非 MFC 或 MFC 编写的应用程序所调用。

常规 DLL 和扩展 DLL 一样，是用 MFC 类库编写的，它的一个明显的特点是在源文件里有一个 CWinApp 派生类，但没有 CWinApp 类的消息循环功能，被导出的函数是 C 函数、C++ 类或者 C++ 类的成员函数，调用常规 DLL 的应用程序不必是 MFC 应用程序，只要是能调用类 C 函数的应用程序就可以，它们可以是在 Visual C++、Dephi、Visual Basic 和 Borland C++ 等编译环境下利用 DLL 来开发应用程序。

常规 DLL 又可分成静态链接到 MFC 和动态链接到 MFC 两种。与常规 DLL 相比，使用扩展 DLL 用于导出增强 MFC 基础类的函数或子类，用这种类型的动态链接库，可以用来输出一个 MFC 派生类。

扩展 DLL 是使用 MFC 的动态链接版本所创建的，并且它只被用 MFC 类库所编写的应用程序所调用。扩展 DLL 和常规 DLL 不一样，它没有 CWinApp 派生类对象，所以，开发人员必须在 DLL 中的 DllMain() 函数中添加初始化代码和结束代码。

8.2.2 动态链接库的创建

在 Visual Studio 2010（Visual C++）开发环境中，使用"Win32 应用程序向导"中的 DLL 应用程序类型可以创建非 MFC 动态库，使用"MFC DLL 向导"可以创建常规 DLL 和扩展 DLL。下面举例来说明用"MFC DLL 向导"创建一个常规 DLL，该 DLL 包含学生基本信息对话框的调用。

（1）选择"文件"→"新建"→"项目"菜单命令，在弹出的"新建项目"对话框中，选定左侧"已安装的模板"中的 MFC，然后在中间"模板"栏中选择 MFC DLL，在"名称"框中输入项目名"Ex_DLL"，如图 8.5 所示。

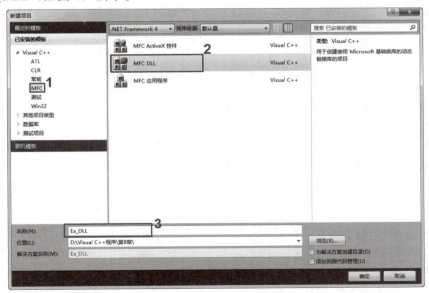

图 8.5 "新建项目"对话框

（2）单击 **确定** 按钮，出现"MFC DLL 向导"概述页面，单击 **下一步>** 按钮，出现如图 8.6 所示的"应用程序设置"页面，在这里可以选择创建的 DLL 的类型，以及在 DLL 中是否包含自动化（Automation）和用于网络的 Windows 套接字（Sockets）特性。保留默认选项，单击 **完成** 按钮，系统开始生成 DLL 应用程序框架。

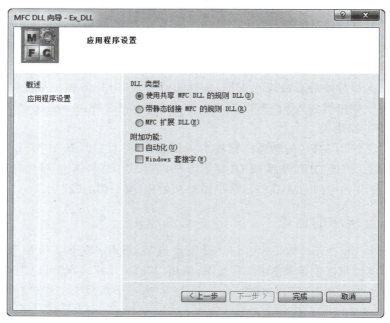

图 8.6 "应用程序设置"页面

需要说明的是，"MFC DLL 向导"中生成 DLL 文件的 3 种类型中，"带静态链接 MFC 的规则 DLL"类型使用的是 MFC 的静态链接库，生成的 DLL 文件长度大，一般不使用这种方式；而"使用共享 MFC DLL 的规则 DLL"类型使用的是 MFC 的动态链接库，生成的 DLL 文件长度小，它所有输出的函数都应以下列语句开始，此语句用来正确地切换 MFC 模块状态。

```
AFX_MANAGE_STATE(AfxGetStaticModuleState())
```

（3）向项目中添加一个对话框资源，在其"属性"窗口中将 ID 改为 IDD_STUINFO，Caption（标题）设为"学生基本信息"。打开资源网格，调整对话框的大小（大小调为 190×159px），将"确定"和"取消"按钮移至对话框底部。

（4）打开第 3 章应用程序项目 Ex_Ctrl4SDT 中的资源文件 Ex_Ctrl4SDT.rc，展开 Dialog 下的所有结点，双击 IDD_STUINFO 结点，将水平蚀刻线及其以上的控件选定，按 Ctrl+C 快捷键，再切换到本项目中的对话框资源页面，按 Ctrl+V 快捷键。这样，就把相关的控件（包括定义的 ID）全部复制过来了。

（5）将 Ex_Ctrl4SDT 文件夹中的 StuInfoDlg.cpp 和 StuInfoDlg.h 文件复制到本项目文件夹 Ex_DLL 中。选择"项目"→"添加现有项"菜单命令，在弹出的"添加现有项"对话框中将刚才的两个文件添加进来。将 StuInfoDlg.cpp 中的 #include "Ex_Ctrl4SDT.h" 改成 #include "Ex_DLL.h"。

（6）在 Ex_DLL.cpp 文件的最后，添加显示"学生基本信息"对话框的导出函数 ShowStuInfoDlg()，其代码如下。

```
extern "C" __declspec(dllexport) int ShowStuInfoDlg()
{
    AFX_MANAGE_STATE(AfxGetStaticModuleState());
    CStuInfoDlg dlg;
    return dlg.DoModal();
}
```

代码中，__declspec(dllexport) 是定义导出函数的关键字，而使用 extern "C" 的最大好处是可以使创建的 DLL 被非 C++ 程序访问。

（7）在 Ex_DLL.cpp 文件的前面添加 CStuInfoDlg 类头文件包含 #include "StuInfoDlg.h"。

（8）编译后，打开 Ex_DLL 工程中的 Debug 目录，可以看到 Ex_DLL.dll、Ex_DLL.lib 两个文件。LIB 文件中包含 DLL 文件名和 DLL 文件中的函数名等，该 LIB 文件只是对应该 DLL 文件的"映像文件"。与 DLL 文件相比，LIB 文件的长度要小得多，在进行隐式链接 DLL 时要用到它。

注意：编译时若出现 LPCTSTR 相关错误，则因为以前用向导创建的应用程序都是将"使用 Unicode 库"选项去除的缘故。这导致程序中有的 MFC 函数不支持 ANSI 字符串常量，因此凡是出现编译错误的字符串常量，在双引号前加上 L 即可。

8.2.3 动态链接库的访问

对动态链接库的访问也就是对动态链接库的链接。应用程序使用 DLL 可以采用两种方式：一种是隐式链接，另一种是显式链接。

1. 隐式链接

隐式链接就是在程序开始执行时就将 DLL 文件加载到应用程序当中。实现隐式链接很容易，只要将导入函数写到应用程序相应的头文件中就可以了。例如，下面的示例过程是通过隐式链接调用 Ex_DLL.dll 库中的 ShowStuInfoDlg() 函数。

（1）用"MFC 应用程序向导"创建一个标准的视觉样式单文档应用程序 Ex_USEDLL。但在"应用程序类型"页面中，将"MFC 的使用"类型设为"在静态库中使用 MFC"，如图 8.7 所示。

（2）将 Ex_DLL 项目中的 Debug 文件中的 Ex_DLL.dll、Ex_DLL.lib 两个文件复制到本项目 Ex_USEDLL 文件中。

（3）打开 stdafx.h 文件，添加下列代码。同时将最后面内容中的 #ifdef _UNICODE 行和最后一个 #endif 行删除（注释掉）。

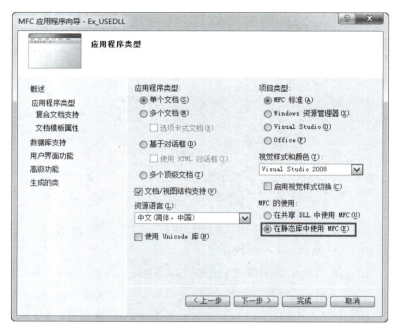

图 8.7 "应用程序类型"页面

```
#endif    //_AFX_NO_AFXCMN_SUPPORT
#include <afxcontrolbars.h>        //功能区和控件条的 MFC 支持
#pragma comment(lib, "Ex_DLL.lib")
extern "C" __declspec(dllimport) int ShowStuInfoDlg();
```

（4）打开菜单资源 IDR_MAINFRAME，添加顶层菜单项"操作（&O）"并移至菜单项"视图（&V）"和"帮助（&H）"之间，在其下添加一个菜单项"测试（&T）"，指定 ID 属性为 ID_OP_TEST。

（5）为 CMainFrame 类添加了菜单项 ID_OP_TEST 的 COMMAND"事件"消息的默认映射函数 OnOpTest()，添加下列代码。

```
void CMainFrame::OnOpTest()
{
    ShowStuInfoDlg();
}
```

（6）编译运行并测试。

2. 显式链接

显式链接是应用程序在执行过程中随时可以加载 DLL 文件，也可以随时卸载 DLL 文件，这是隐式链接所无法做到的，所以显式链接具有更好的灵活性。不过实现显式链接要麻烦一些，在应用程序中用 LoadLibrary() 或 MFC 提供的 AfxLoadLibrary() 显式地将自己所做的动态链接库调进来，此后再用 GetProcAddress() 获取想要引入的函数，这样就可以调用此引入函数了。但在应用程序退出之前，还应用 FreeLibrary() 或 MFC 提供的

AfxFreeLibrary()释放动态链接库。下面的示例过程是通过显式链接调用 Ex_DLL.dll 库中的 ShowStuInfoDlg()函数。

（1）用"MFC 应用程序向导"创建一个标准的视觉样式单文档应用程序 Ex_TestDLL。但在"应用程序类型"页面中，将"MFC 的使用"类型设为"在静态库中使用 MFC"。打开并将 stdafx.h 最后面内容中的 #ifdef _UNICODE 行和最后一个 #endif 行删除（注释掉）。

（2）将 Ex_DLL 项目中的 Debug 文件中的 Ex_DLL.dll、Ex_DLL.lib 两个文件复制到 Windows 的 systerm32 文件夹中（64 位 Windows 7 复制到 C:\Windows\SysWOW64 文件夹中）。

（3）打开菜单资源 IDR_MAINFRAME，添加顶层菜单项"操作(&O)"并移至菜单项"视图(&V)"和"帮助(&H)"之间，在其下添加一个菜单项"测试(&T)"，指定 ID 属性为 ID_OP_TEST。

（4）为 CMainFrame 类添加了菜单项 ID_OP_TEST 的 COMMAND"事件"消息的默认映射函数 OnOpTest，添加下列代码。

```cpp
void CMainFrame::OnOpTest()
{
    typedef void (WINAPI * TESTDLL)();
    HINSTANCE hmod;
    hmod = ::LoadLibrary("Ex_DLL.dll");
    if(hmod == NULL)    {
        AfxMessageBox("未能打开 Ex_DLL.dll!");
        return;
    }
    TESTDLL lpproc;
    lpproc = (TESTDLL)GetProcAddress (hmod,"ShowStuInfoDlg");
    if(lpproc != (TESTDLL)NULL)
        (*lpproc)();               //执行函数
    FreeLibrary(hmod);
}
```

（5）编译运行并测试。

8.3 ActiveX 控件

ActiveX 控件是一种 COM 组件，它能实现一系列特定接口，并且在使用和外观上更像一个控件。ActiveX 控件作为基本的界面单元，可有自己的属性和方法以适合不同特点的程序和向包容器程序提供功能服务，其属性和方法均由自动化服务的 IDispatch 接口来支持。除了属性和方法外，ActiveX 控件还具有区别于自动化服务的一种特性——事件，它类似于一般控件的通知消息。事件的触发通常是通过控件包容器提供的 IDispatch 接口来调用自动化对象的方法来实现的。下面就 MFC 开发 ActiveX 控件进行介绍。

8.3.1 创建 ActiveX 控件

下面以示例 Ex_OCX 的形式来说明创建 ActiveX 控件的过程、方法和技巧。

1. 创建一个 ActiveX 控件程序

用 MFC 向导创建一个 ActiveX 控件项目是非常方便的,如下面的步骤。

(1) 选择"文件"→"新建"→"项目"菜单命令,在弹出的"新建项目"对话框中,选定左侧"已安装的模板"中的 MFC,然后在中间"模板"栏中选择"MFC ActiveX 控件",在"名称"框中输入项目名"Ex_OCX",如图 8.8 所示。

图 8.8 "新建项目"对话框

(2) 单击 确定 按钮,出现"MFC ActiveX 控件向导"概述页面,单击 下一步> 按钮,出现"应用程序设置"页面,该页面只有一个"运行时许可证"选项。一旦选中该选项(默认不选中),向导所创建的框架代码中将包含使用密钥和许可证文件进行许可验证的所需的相关函数。

(3) 保留默认选项,单击 下一步> 按钮,出现如图 8.9 所示的"控件名称"页面。再次单击 下一步> 按钮,出现如图 8.10 所示的"控件设置"页面,在这里可以为控件添加一些其他特征(附加功能)以及为控件类指定一个基类。保留默认选项,单击 完成 按钮,系统开始生成该 ActiveX 控件的程序框架。

在向导创建的 Ex_OCX 程序框架中,库 Ex_OCXLib 有两个显示接口_DEx_OCX 和_DEx_OCXEvents,它们将为客户程序提供本控件的属性、方法以及可能响应的事件。项目中的全局函数 DllRegisterServer() 和 DllUnregisterServer() 分别用于控件在注册表的注册和注销,一般不需要对其进行改动。

类框架中的应用程序类 CEx_OCXApp 是从 COleControlModule 类派生,它提供了初始化控件模块的功能。CEx_OCXPropPage 的基类是 COlePropertyPage,COlePropertyPage 是

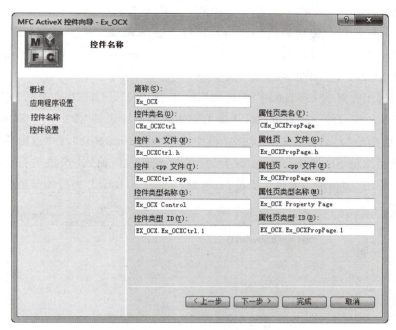

图 8.9 "控件名称"页面

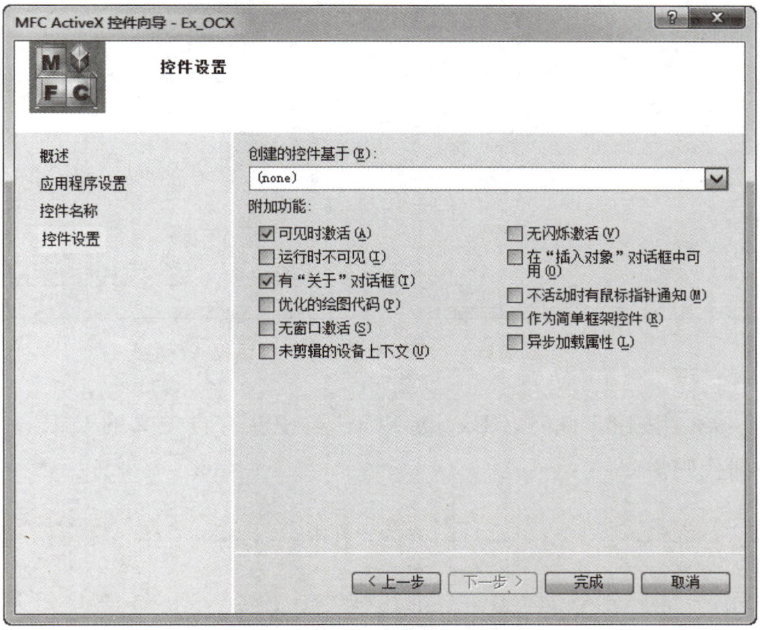

图 8.10 "控件设置"页面

CDialog 类的派生类,主要负责属性页中对图形界面下用户控件属性的显示。控件类 CEx_OCXCtrl 是这几个类中比较重要的一个类,大部分实质性工作都在该类中完成,其基类为 COleControl,它继承 CWnd 类。

2. 方法的添加

用 MFC 向导可以方便地进行 ActiveX 控件方法的添加。作为示例，这里添加一个自定义方法 short CalCircleSize(short rcWidth, short rcHeight)，用来计算一个矩形中可以绘制的最大圆的半径大小。添加的步骤如下。

（1）将项目工作区窗口切换到"类视图"页面，展开 Ex_OCXLib 中的所有结点，右击 _DEx_OCX 或 _DEx_OCXEvents，从弹出的快捷菜单中选择"添加"→"添加方法"命令，弹出"添加方法向导"对话框。在"方法名"框中输入"CalCircleSize"，在"返回类型"组合框中选择函数的返回类型 SHORT。将"参数类型"选为 SHORT，输入"参数名"为"rcWidth"，如图 8.11 所示，单击 添加(A) 按钮。按类似的操作，添加 SHORT 类型的参数 rcHeight。

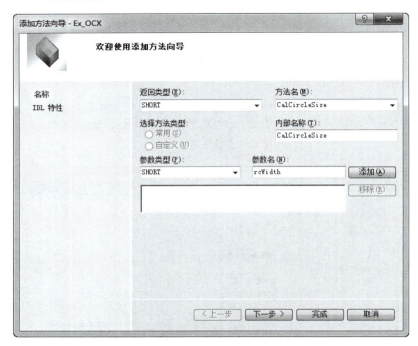

图 8.11 "添加方法向导"对话框

（2）单击 完成 按钮。此时，CEx_OCXCtrl 类中就有自定义的 CalCircleSize()函数，打开并添加下列代码。

```
SHORT CEx_OCXCtrl::CalCircleSize(SHORT rcWidth, SHORT rcHeight)
{
    AFX_MANAGE_STATE(AfxGetStaticModuleState());
    if(rcWidth>rcHeight) return rcHeight/2;
    else return rcWidth/2;
}
```

需要说明的是，对于控件的库存（Stock，也被译为"常用""常备"）方法，可以直接从向导对话框中的"方法名"组合框的下拉列表中进行选择。与自定义方法不同的是，库存方法的实现是由 COleControl 自动提供的,因而它的函数代码不会添加到源程序中。

3. 属性的添加

用 MFC 向导也可以方便地进行 ActiveX 控件的属性的添加。作为示例,这里添加三个属性:一个是库存属性 ForeColor(前景色),一个是成员变量属性 bCircle,用来决定创建的这个控件中间是否为一个圆,另一个是填充样式 nHatch,采用 Get/Set 方法来获取和设置属性。添加的步骤如下。

(1) 在项目工作区窗口的"类视图"页面中,右击 Ex_OCXLib 中的 _DEx_OCX 或 _DEx_OCXEvents 结点,从弹出的快捷菜单中选择"添加"→"添加属性"命令,弹出"添加属性向导"对话框。从"属性名"组合框中选择 ForeColor 属性,如图 8.12 所示,单击 完成 按钮。需要说明的是,库存属性由 COleControl 自动关联,这里不用自己编写代码。

图 8.12 "添加属性向导"对话框

(2) 再次打开"添加属性向导"对话框,输入"属性名"为"bCircle",将"属性类型"选为 VARIANT_BOOL,如图 8.13 所示,保留其他默认选项,单击 完成 按钮。

(3) 类似地,打开"添加属性向导"对话框,输入"属性名"为"nHatch",将"属性类型"选为 SHORT,"实现类型"选为"Get/Set 方法",如图 8.14 所示,单击 完成 按钮。

(4) 在项目工作区窗口的"类视图"页面中,右击 CEx_OCXCtrl 类结点,从弹出的快捷菜单中选择"添加"→"添加变量"命令,在弹出的"添加成员变量向导"对话框中,添加 short 类型的 m_nHatch 变量,单击 完成 按钮。

(5) 修改 CEx_OCXCtrl 类中的 nHatch 属性 Get/Set 方法的代码。

图 8.13 添加 bCircle 属性

图 8.14 添加 nHatch 属性

```
SHORT CEx_OCXCtrl::GetnHatch(void)
{
    AFX_MANAGE_STATE(AfxGetStaticModuleState());
    return m_nHatch;
}
void CEx_OCXCtrl::SetnHatch(SHORT newVal)
{
    AFX_MANAGE_STATE(AfxGetStaticModuleState());
    m_nHatch    = newVal;
    InvalidateControl();                    //强制调用 OnDraw()函数
    SetModifiedFlag();
}
```

(6) 修改 CEx_OCXCtrl::OnbCircleChanged()函数代码(当 bCircle 属性改变后调用该函数)。

```
void CEx_OCXCtrl::OnbCircleChanged(void)
{
    AFX_MANAGE_STATE(AfxGetStaticModuleState());
    InvalidateControl();
    SetModifiedFlag();
}
```

(7) 修改 CEx_OCXCtrl::OnDraw()函数代码。

```
void CEx_OCXCtrl::OnDraw(
         CDC * pdc, const CRect& rcBounds, const CRect& rcInvalid)
{
    if(!pdc)    return;
    pdc->FillRect(rcBounds, CBrush::FromHandle(
                   (HBRUSH)GetStockObject(WHITE_BRUSH)));
    CBrush brush(m_nHatch, TranslateColor(GetForeColor()));
    CBrush * oldBrush = pdc->SelectObject(&brush);
    if(m_bCircle){
        CRect rcCircle(rcBounds);
        int r = CalCircleSize(rcCircle.Width(), rcCircle.Height());
        rcCircle.SetRect(rcCircle.CenterPoint().x - r,
                         rcCircle.CenterPoint().y - r,
                         rcCircle.CenterPoint().x + r,
                         rcCircle.CenterPoint().y + r);
        pdc->Ellipse(rcCircle);
    } else
        pdc->Ellipse(rcBounds);
    pdc->SelectObject(oldBrush);
}
```

(8) 在 CEx_OCXCtrl::DoPropExchange() 函数中添加下列属性序列化代码。

```
void CEx_OCXCtrl::DoPropExchange(CPropExchange* pPX)
{
    ExchangeVersion(pPX, MAKELONG(_wVerMinor, _wVerMajor));
    COleControl::DoPropExchange(pPX);
    //TODO: 为每个持久的自定义属性调用 PX_ 函数
    PX_Bool(pPX, L"bCircle", (int&)m_bCircle, VARIANT_TRUE);
    PX_Short(pPX, L"nHatch",   m_nHatch,         0);
}
```

4. 属性表的建立

属性表是 ActiveX 控件所特有的一种技术，可以在容器程序处于设计阶段时为其提供一个可视化的人机交互界面。例如，在 Visual C++ 中将一个 ActiveX 控件添加到对话框后，右击控件，从弹出的快捷菜单中选择"属性"(Properties)，将弹出显示该控件属性表的对话框。

通过向导创建的代码框架，可为控件自定义属性和库存属性建立属性表。步骤如下。

(1) 打开 Ex_OCXCtl.cpp 文件，在靠前的部分中可以看到下面的代码。

```
BEGIN_PROPPAGEIDS(CEx_OCXCtrl, 1)
    PROPPAGEID(CEx_OCXPropPage::guid)
END_PROPPAGEIDS(CEx_OCXCtrl)
```

需要说明的是，这里的 CEx_OCXPropPage 类是从 COlePropertyPage 派生出来的，而 COlePropertyPage 的基类又是 CDialog，因此不难发现 CEx_OCXPropPage 与通常的对话框类是比较相似的。可以像处理对话框一样在资源模板中为默认的属性页添加与自定义属性相关的控件，并可将这些控件与类成员变量建立绑定关系。

(2) 为库存属性 ForeColor 建立属性页，如下面的代码。需要说明的是，对于库存属性 BackColor 和 ForeColor，可以通过 ID 为 CLSID_CColorPropPage 的库存属性页来进行设置，在将其添加到属性页 ID 表的同时一定要注意修改 BEGIN_PROPPAGEIDS 宏的属性页计数，否则将会引起系统的崩溃。

```
BEGIN_PROPPAGEIDS(CEx_OCXCtrl, 2)
    PROPPAGEID(CEx_OCXPropPage::guid)
    PROPPAGEID(CLSID_CColorPropPage)
END_PROPPAGEIDS(CEx_OCXCtrl)
```

(3) 将项目工作区窗口切换到"资源视图"页面，打开 IDD_PROPPAGE_EX_OCX 对话框资源，删除原来的"TODO:…"静态文本控件，打开网格，依次添加如图 8.15 所示的控件，保留默认 ID，将旋转按钮控件 Alignment(排列)属性选定为 Right Align(靠右)、Auto buddy(自动结伴)和 Set buddy integer(设置结伴整数)属性设为 True。

(4) 选择"项目"→"类向导"菜单命令或按快捷键 Ctrl+Shift+X，弹出"MFC 类向导"对话框。查看"类名"组合框中是否已选择了 CEx_OCXPropPage，切换到"成员变量"页面。

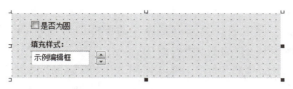

图 8.15 添加的控件

在"控件变量"列表中,选中所需的控件 ID,双击鼠标或单击 添加变量(A)... 按钮。依次为表 8.1 控件增加成员变量。单击 确定 按钮,退出"MFC 类向导"对话框。

表 8.1 控件变量

控件 ID	变量类别	变量类型	变 量 名	范围和大小
IDC_CHECK1	Value	BOOL	m_bCircle	
IDC_EDIT1	Value	short	m_nHatch	
IDC_SPIN1	Control	CSpinButtonCtrl	m_Spin	—

(5) 在 CEx_OCXPropPage() 构造函数与 DoDataExchange() 函数中添加控件变量初始化以及控件与属性相绑定的代码。

```
CEx_OCXPropPage::CEx_OCXPropPage() :
    COlePropertyPage(IDD, IDS_EX_OCX_PPG_CAPTION)
{
    m_nHatch   = 0;
    m_bCircle  = TRUE;
}
void CEx_OCXPropPage::DoDataExchange(CDataExchange* pDX)
{
    DDX_Control(pDX, IDC_SPIN1, m_Spin);
    DDX_Check(pDX, IDC_CHECK1, m_bCircle);
    DDX_Text(pDX, IDC_EDIT1, m_nHatch);
    DDP_Check(pDX, IDC_CHECK1,  m_bCircle,  L"bCircle");
    DDP_Text(pDX, IDC_EDIT1,    m_nHatch,   L"nHatch");
    DDP_PostProcessing(pDX);
}
```

(6) 在 CEx_OCXPropPage 类属性窗口的"重写"页面中,为其添加虚函数 OnInitDialog() 的重载,并在该函数中添加设置旋转按钮控件范围的代码。

```
BOOL CEx_OCXPropPage::OnInitDialog()
{
    COlePropertyPage::OnInitDialog();
    m_Spin.SetRange(0, 5);
    return FALSE;
}
```

5. 事件的添加

用 MFC 向导可以方便地进行 ActiveX 控件的事件的添加,如下面的步骤。

(1) 在项目工作区窗口的"类视图"页面中,右击 CEx_OCXCtrl 类结点,从弹出的快捷菜单中选择"添加"→"添加事件"命令,弹出如图 8.16 所示的"添加事件向导"对话框。从"事件名称"组合框中选择 Click(单击鼠标),单击 完成 按钮。需要说明的是,对于这种库存事件,MFC 会自动激发相应的事件。

图 8.16 "添加事件向导"对话框

(2) 编译,出现 warning MSB3075 和 error MSB8011,其原因是 Windows 7 注册 ActiveX 控件时需要"管理员身份"权限。

(3) 将 D:\Visual C++ 程序\第 8 章\Ex_OCX\Debug\Ex_OCX.ocx 复制到 C:\Windows\System32 中(64 位 Windows 7 复制到 C:\Windows\SysWOW64)。

(4) 在 Windows 7 菜单中,找到"所有程序"→"附件"→"命令提示符"菜单项,右击"命令提示符"菜单项,从弹出的快捷菜单中选择"以管理员身份运行"命令,弹出"用户账户控制"对话框,单击"是"按钮,进入 DOS 命令窗口。

(5) 在打开的命令窗口中,输入并执行下列命令(注册成功时会有对话框出现)。

```
regsvr32 C:\Windows\System32\Ex_OCX.ocx
//64 位 Windows 7 输入: regsvr32 C:\Windows\SysWOW64\Ex_OCX.ocx
```

8.3.2 测试和使用 ActiveX 控件

创建并注册后的 ActiveX 控件可通过 ActiveX Control Test Container 来测试或在 Visual C++ 应用程序等中使用。

1. 使用 ActiveX Control Test Container

Visual Studio 2010 中的 ActiveX Control Test Container 工具并非自动安装，而是作为一个例程来提供，所以应先找到该例程，编译后再运行。步骤如下。

(1) 在 C:\Program Files (x86)\Microsoft Visual Studio 10.0\Samples\2052 中将例程打包文件 VC2010Samples.zip 解压到当前文件中。

(2) 将\C++\MFC\ole\TstCon 文件夹及其内容复制到"D:\Visual C++程序\第 8 章\"文件夹中。打开 TstCon.sln 编译并运行。

(3) 选择 Edit→Insert New Control 菜单命令，在弹出的对话框中选定 Ex_OCX Control，单击 OK 按钮，这时就会出现一个控件实例，调整该实例的大小。

(4) 选择 Control→Invoke Methods 菜单命令，在弹出的 Invoke Methods 对话框中，选择方法名称 nHatch(PropPut)，在 Parameter Value 编辑框中输入"2"，然后依次单击 Set Value 按钮和 Invoke 按钮，结果如图 8.17 所示。

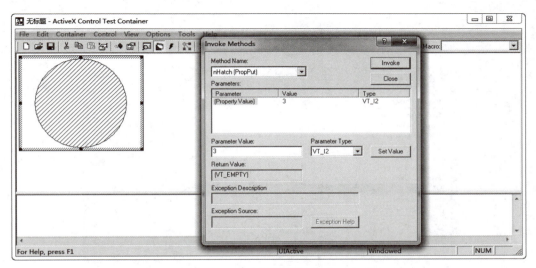

图 8.17　测试属性和方法

(5) 关闭 Invoke Methods 对话框，选择 Edit→Properties 菜单命令，弹出控件的属性对话框，设置属性后，单击"确定"按钮。结果如图 8.18 所示。

(6) 单击"确定"按钮，然后关闭 ActiveX Control Text Container。

2. 在 Visual C++ 程序中使用

(1) 用"MFC 应用程序向导"创建一个默认的基于对话框应用程序 Ex_Test。打开并将 stdafx.h 文件最后面内容中的 #ifdef _UNICODE 行和最后一个 #endif 行删除（注释掉）。

(2) 打开对话框资源，删除"TODO：…"静态文本控件，右击对话框模板，从弹出的快捷菜单中选择"插入 ActiveX 控件"命令，从弹出的对话框中找到并选定 Ex_OCX Control，如图 8.19 所示。

(3) 单击"确定"按钮，Ex_OCX Control 添加到对话框中，同时自动将该控件类命名为 CEx_ocxctrl1 类的代码添加到项目中。打开网格，调整其大小。右击此控件，从弹出的快

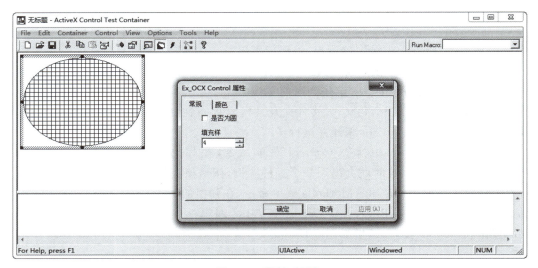

图 8.18 属性对话框

图 8.19 "插入 ActiveX 控件"对话框

捷菜单中选择"属性"命令,出现如图 8.20 所示的"属性"窗口。

(4) 将属性窗口切换到"事件"页面,可以看到只有一个前面为该控件添加的事件 Click,为该事件添加默认的处理映射函数名 ClickExOcxctrl1,并添加下列代码。

```
void CEx_TestDlg::ClickExOcxctrl1()
{
    MessageBox("你单击了这个控件!");
}
```

(5) 为添加的控件 IDC_EXOCXCTRL1 添加 CEx_ocxctrl1 类的成员变量 m_OCX,并在 CEx_TestDlg::OnInitDialog()函数中添加下列代码。

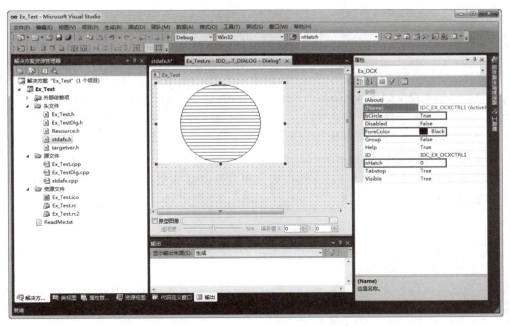

图 8.20 Ex_OCX Control"属性"窗口

```
BOOL CEx_TestDlg::OnInitDialog()
{
    CDialogEx::OnInitDialog();
    ...
    m_OCX.SetbCircle(FALSE);        //设置 bCircle 属性
    m_OCX.SetnHatch(3);             //设置 nHatch 属性
    return TRUE;                    //除非将焦点设置到控件,否则返回 TRUE
}
```

（6）编译运行,结果如图 8.21 所示。单击 Ex_OCX Control 控件,弹出一个消息对话框。

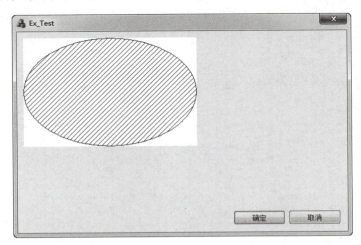

图 8.21　Ex_Test 运行结果

8.4 总结提高

Visual C++ 作为一门程序语言，其应用非常宽广。本书仅涉及一些基础内容，而且也仅限于 MFC 编程，事实上，Visual C++ 的另一种模式——ATL(Active Template Library，活动模板库)，应用也非常广泛。它是一系列基于模板的 C++ 类(如前面介绍的 CImage 类)，能让用户快速地创建一个智能的组件对象模型(Component Object Model，COM)对象。除了支持标准 COM 中的多种接口和 ActiveX 控件外，它还很好地支持 COM 中的关键特征。它不仅可以创建单线程、自由线程对象和部件模型单元，还可以创建自由线程和部件模型的混合对象。

APPENDIX 附录 A
Visual C++ 常用编程操作方法

在 Visual C++ 应用程序编程过程中,常常需要对类及类代码进行定位、类添加、成员添加、事件或消息映射、虚函数重载等操作,这里来归纳一下。在操作之前,假定已创建一个标准的视觉样式单文档应用程序 Ex_T,同时已将 stdafx.h 文件最后面内容中的 #ifdef _UNICODE 行和最后一个 #endif 行删除(注释掉)。

1. 类的添加

给项目添加一个类有很多方法,例如,先将外部源文件复制到当前项目文件夹中,然后选择"项目"→"添加现有项"菜单命令,可将外部源文件所定义的类添加到项目中。

但若是添加一个新类,则可按下列步骤进行。

(1) 选择"项目"→"添加类"菜单命令,弹出如图 A.1 所示的"添加类"对话框。

图 A.1 "添加类"对话框

(2) 大多数情况下,在左侧"已安装的模板"中选择 MFC,而在中间的模板栏中选中"MFC 类",单击 添加(A) 按钮,弹出"MFC 添加类向导"对话框,如图 A.2 所示。

图 A.2 "MFC 添加类向导"对话框

（3）在"MFC 添加类向导"对话框中，注意"类名"要以"C"字母开头，以保持与 MFC 标识符命名规则一致；当输入类名时，除"基类"外，其他框中的内容将随之改变。在输入类名后，可直接在".h 文件"和".cpp 文件"框中修改源文件名称或单击 按钮选择要指定的源文件。需要说明的是，"MFC 添加类向导"除支持"自动化"外，还支持 Active Accessibility（它是一种新的 DCOM 技术，用于为残障人士提供放大器、屏幕阅读器以及触觉型鼠标等的界面支持）。

（4）单击 完成 按钮，一个新类就会自动添加到项目中。

2. 类的删除

当添加的类需要删除时，则需要按下列步骤进行。

（1）将 Visual C++ 打开的所有文档窗口关闭。

（2）将工作区窗口切换到"解决方案资源"页面，展开"头文件"和"源文件"结点，分别右击要删除类的对应 .h 和 .cpp 文件结点，从弹出的快捷菜单中选择"从项目中排除"命令。

（3）如有必要，在项目所在的文件夹中删除该类的 .h 和 .cpp 文件。

3. 添加类的成员函数

向一个类添加成员函数可按下列步骤进行，这里是向 CEx_TView 类添加一个成员函数 void DoDemo(int nDemo1, long lDemo2)。

（1）将项目工作区窗口切换到"类视图"页面，展开结点，右击 CEx_TView 类名结点，从弹出的快捷菜单中选择"添加"→"添加函数"命令，如图 A.3 所示。

需要说明的是，选中 CEx_TView 类名结点，也可选择"项目"→"添加函数"菜单命令，也会弹出"添加成员函数向导"对话框。

（2）在弹出的"添加成员函数向导"对话框中，将"返回类型"选为 void，在"函数名"框中

附录 A　Visual C++ 常用编程操作方法　351

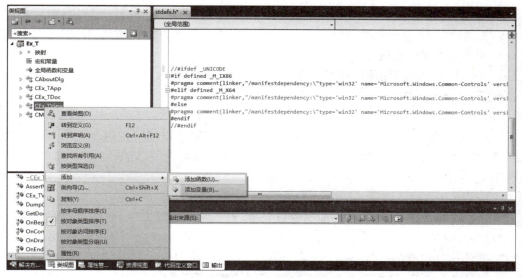

图 A.3　"类视图"页面和快捷菜单

输入"DoDemo"，保留默认的"参数类型"int，在"参数名"中输入"nDemo1"，如图 A.4 所示，单击 添加(A) 按钮，第 1 个形参添加完成。将"参数类型"选为 long，在"参数名"中输入"lDemo2"，单击 添加(A) 按钮，第 2 个形参添加完成。需要说明的是，在"参数"列表选定参数后，单击 移除(R) 按钮可"移除"该参数。另外，可在"返回类型"和"参数类型"中直接输入向导组合框中没有的数据类型。

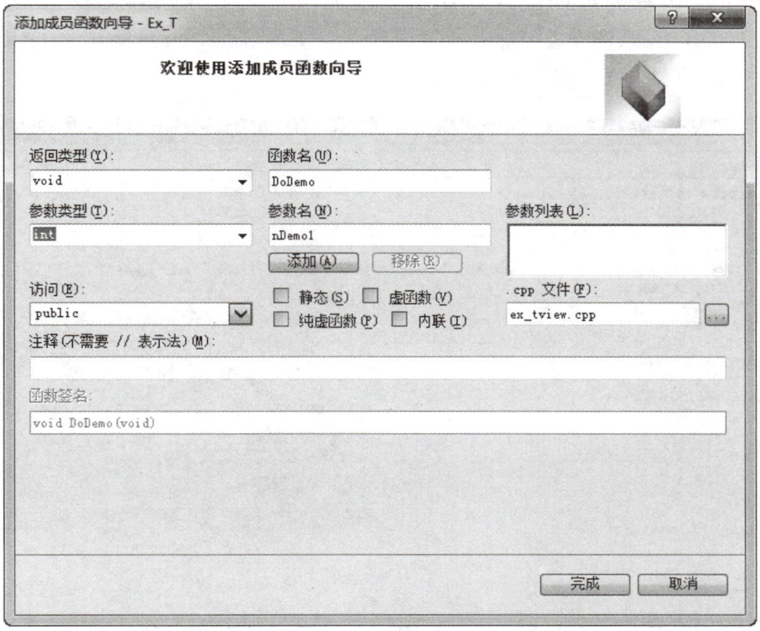

图 A.4　添加成员函数

（3）保留其他默认选项，单击 完成 按钮，向导开始添加，同时在文档窗口中打开该类源代码文件，并自动定位到添加的函数实现代码处，在这里可以添加该函数的代码。

4. 添加类的成员变量

向一个类添加成员变量可按下列步骤进行，这里是向 CEx_TView 类中添加一个成员指针变量 int * m_nDemo。

（1）将项目工作区窗口切换到"类视图"页面。

（2）右击 CEx_TView 类名，从弹出的快捷菜单中选择"添加"→"添加变量"命令（或者选择"项目"→"添加变量"菜单命令），弹出"添加成员变量向导"对话框。在"变量类型"框中输入"int *"，在"变量名"框中输入"m_nDemo"。

（3）保留其他默认选项，单击 完成 按钮，向导开始添加。

需要说明的是，用这种方法添加的成员变量，对于某些类型来说，它会自动在类构造函数中为其设定初值。当然，成员变量的添加也可在类的声明文件(.h)中直接添加。

5. 文件打开和成员定位

在项目工作区窗口"解决方案资源管理器"和"类视图"页面中，每个"类别名"或"类名"均有一个图标和一个套在方框中的符号"＋"或"－"（分别用于结点的展开和收缩）。

在"解决方案资源管理器"页面中，展开结点后，可看到所有的头文件、源文件、资源文件和 ReadMe.txt 结点，双击它们可直接在文档窗口中打开。

而在"类视图"页面中，展开结点后，双击"对象"窗格（上半部）中的类结点将在文档窗口中自动打开并定位到类的声明处(.h 文件)。而在"成员"窗格（下半部）中，双击"成员"结点，将在文档窗口中自动打开并定位到当前项的定义处。

特别地，在文档窗口的顶部，如图 A.5 所示，根据打开的文档提供该文档所包含的"类"组合框（左）及类中的成员函数组合框（右）。在成员函数组合框中选定某成员函数，可直接在该文档窗口中定位到该函数的定义处。

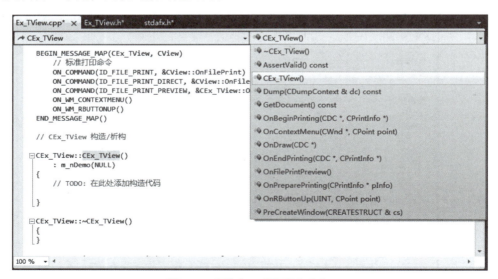

图 A.5 文档窗口顶部的组合框

下面的操作步骤是将前面添加在 CEx_TView 类的成员变量 m_nDemo 的类型改为 short,并在构造函数处将其初值设为 0。

(1) 将项目工作区窗口切换到"类视图"页面。单击 CEx_TView 类结点,在"成员"窗格(下半部)中找到并双击 m_nDemo 成员结点。

(2) 在 Ex_TView.h 文件打开的文档窗口中,将 m_nDemo 的类型改为 short。

(3) 再次回到"成员"窗格(下半部)中,双击 CEx_TView 类的构造函数结点,将其初值设为 0,如下面的代码。

```
CEx_TView::CEx_TView()
        : m_nDemo(0)
{
        //TODO:在此处添加构造代码
}
```

APPENDIX 附录 B
程序简单调试

在软件开发过程中，大部分的工作往往体现在程序的调试上。Visual Studio 2010 (Visual C++) 开发环境集成的调试器能够方便地对可执行文件、动态链接库、多线程等进行调试。同时，多个层面的调试窗口能够让用户了解到程序执行过程中更多的内部细节。调试一般按这样的步骤进行：修正语法错误→设置断点→启用调试器→控制程序运行→查看和修改变量的值。

1. 修正语法错误

调试最初的任务主要是修正一些语法错误，这些错误包括。

（1）未定义或不合法的标识符，如函数名、变量名和类名等。

（2）数据类型或参数类型及个数不匹配。

上述语法错误在程序编译后，会在"输出"窗口中列出所有错误项，每个错误都给出其所在的文件名、行号及其错误编号。若选定"任务列表"窗口显示的错误信息项，按 F1 键可打开 https://msdn.microsoft.com/中相关帮助的内容。

为了能快速定位到错误产生的源代码位置，Visual C++ 提供下列一些方法。

（1）在"输出"窗口中双击某个错误，或将光标移到该错误处按 Enter 键，则该错误被亮显，状态栏上显示出错误内容，并定位到相应的代码行中，且该代码行最前面有个深蓝色箭头标志。

（2）在"输出"窗口中的某个错误项上，右击，从弹出的快捷菜单中选择"转到位置"命令。

（3）按 F4 或 Shift+F4 快捷键可"转到下一位置"或"转到上一位置"的错误，并定位到相应的源代码行。

一旦语法错误被修正后，编译时就会出现类似"生成：成功 1 个，失败 0 个，最新 0 个，跳过 0 个"字样。但并不是说，此项目完全没有错误，相反它可能还有"异常""断言"等其他错误，而这些错误在编译时是不会显示出来的，只有当程序运行后才会出现。

2. 设置断点

一旦程序运行过程中发生错误，就需要设置断点分步进行查找和分析。所谓断点，实际上就是告诉调试器在何处暂时中断程序的运行，以便查看程序的状态以及浏览和修改变量的值等。

当在文档窗口中打开源代码文件时，则可用下面的三种方式来设置位置断点。

（1）按快捷键 F9。

（2）在需要设置断点的位置右击鼠标，从弹出的快捷菜单中选择"断点"→"插入断点"命令。

利用上述方式可以将断点位置设置在程序源代码中指定的一行上，或者某函数的开始处或指定的内存地址上。一旦断点设置成功，则断点所在代码行的前置区域（窗口页边距）中有一个深橘红色的实心圆点，如图 B.1 所示。

图 B.1　断点操作

需要说明的是，若在断点所在的代码行中再使用上述快捷方式进行操作，则相应的位置断点被清除。若此时用快捷菜单方式进行操作，则"断点"子菜单项中还包含"删除断点"和"禁用断点"命令，当选择"禁用断点"命令后，相应的断点标志由原来深橘红色的实心圆变为空心圆。

3. 启用和终止调试器

选择"调试"→"启动调试"菜单命令或按快捷键 F5，就可以启动调试器了。启动调试器后，可以随时选择"调试"→"停止调试"菜单命令或单击"调试"工具栏（参见图 B.3）中的 ■ 按钮停止调试或直接按快捷键 Shift+F5。

在默认情况下，调试器遇到断点时总会中断程序的执行。但是，可通过设置断点的属性来改变这种默认行为，指定在满足一定条件时才发生中断。

在有断点的代码行上，右击，从弹出的快捷菜单中选择"断点"→"命中次数"命令，则可弹出如图 B.2(a)所示的对话框。所谓"命中次数"，对于位置断点来说就是指点执行到指定位置的次数（这对于循环结构的调试特别有用），而对于数据断点来说，则是变量的值发生改变的次数。在"断点命中次数"对话框中选择相应的命中条件属性，如图 B.2(b)所示，单击 确定 按钮。一旦设置断点命中次数属性后，调试器就会按此属性进行中断。

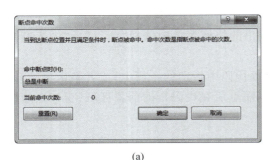 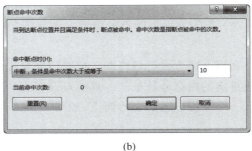

(a)　　　　　　　　　　　　　　　　(b)

图 B.2　设置断点命中次数

同样,可选择"断点"→"条件"或"命中条件"菜单命令,在弹出的对话框中为断点设置一个断点条件或命中条件。另外,选择"调试"→"窗口"→"断点"菜单命令或直接按 Alt+F9 快捷键,弹出"断点"窗口。该窗口列出了程序中用户设置的所有断点,凡是可以使用的断点前均有选中标记(√)。若用户单击前面的复选框,即未选中,则该断点被禁止。按钮 ✕、✿ 和 ✿ 分别用来清除当前选中的断点、删除或禁止全部断点。

4. 控制程序运行

当用 Visual C++ 应用程序项目模板创建项目时,系统会自动为项目创建 Win32 Debug (调试)版本的默认配置。需要说明的是,在启用调试器之前,虽然可以改变默认的项目配置,但在调试程序时必须使用 Debug(调试)版本。

选择"调试"→"启动"菜单命令或按 F5 快捷键,调试器启动后,程序会由于断点而停顿下来,这时可看到断点标记里有一个小箭头,它指向即将执行的代码。此时,调试器还有相应的"调试"工具栏(如图 B.3 所示)和"调试"菜单,并可用以下几种方式来控制程序运行。

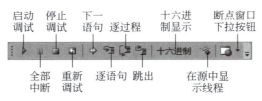

图 B.3　调试工具栏

(1) 选择"调试"→"逐语句"菜单命令、按快捷键 F11 或单击"调试"工具栏中的 ▣ 按钮。调试器从中断处执行下一条语句,然后就会中断。

(2) 选择"调试"→"逐过程"菜单命令、按快捷键 F10 或单击"调试"工具栏中的 ▣ 按钮。这种方式和逐语句类似,但它不会进入到被调用程序的内部,而是把函数调用当作一条语句执行。

(3) 选择"调试"→"跳出"菜单命令、按快捷键 Shift+F11 或单击"调试"工具栏中的 ▣ 按钮。若当前中断位置位于被调用函数内部,该方式能继续执行代码直到函数返回,然后在调用函数中的返回点中断。

(4) 在源代码文档窗口中右击,从弹出的快捷菜单中选择"运行到光标处"命令,则程序执行到光标所处的代码位置处中断,但如果在光标位置前存在断点,则程序执行首先会在断点处中断。

需要说明的是，调试器启动也可以有"逐语句""逐过程"和"运行到光标处"方式。其含义与上述基本相同，但对于"逐语句"方式，应用程序开始执行第一条语句，然后就会中断。若为控制台应用程序，它中断在 main() 函数体的第一个"{"位置处。

5. 查看和修改变量的值

为了更好地进行程序调试，调试器还提供一系列的窗口，用来显示各种不同的调试信息。这些窗口可借助"调试"→"窗口"菜单下的命令来访问，如图 B.4(a) 所示，或者单击"调试"工具条上的"断点窗口下拉按钮"，从弹出的下拉菜单中选择要显示的窗口，如图 B.4(b) 所示。

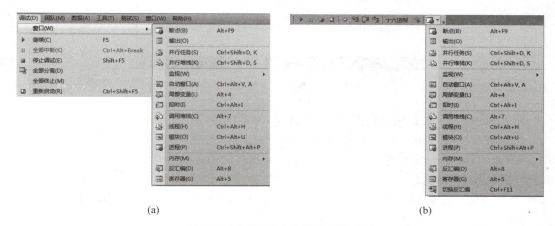

图 B.4　调试器启动后可显示的窗口

事实上，调试器启动后，开发环境底部会自动显示出左右两组窗口标签页面，左侧的窗口有"自动窗口""局部变量""线程""模块"和"监视 1"，右侧的窗口有"调用堆栈""断点"和"输出"等。

对于对象及变量值的查看和修改来说，通常可以使用"快速监视"对话框以及"监视""自动窗口"和"局部变量"这几个窗口。

(1) "快速监视"对话框的使用。

"快速监视"对话框是用来快速查看或修改某个变量或表达式的值。当然，若仅需要快速查看变量或表达式的值，则只需要将鼠标指针直接放在该变量或表达式上，片刻后，系统会自动弹出一个小窗口显示出该变量或表达式的值。

在调试器启动后，选择"调试"→"快速监视"菜单命令或按快捷键 Shift+F9，将弹出如图 B.5 所示的"快速监视"对话框。其中，"表达式"框用来输入变量名或表达式，输入后按 Enter 键或单击 重新计算 按钮，就可在"当前值"列表中显示出相应的"名称""值"和"类型"等内容。若想要修

图 B.5　"快速监视"窗口

改其值的大小,则可按 Tab 键或在列表项的"值"列中双击该值,再输入新值按 Enter 键就可以了。单击 [添加监视(W)] 按钮可将刚才输入的变量名或表达式及其值显示在"监视"窗口中。

(2)"监视"窗口的使用。

"监视"窗口主要用于观察特定变量或表达式在调试过程中的值。启动调试器后,选择"调试"→"窗口"→"监视"下的子菜单命令,则打开相应的监视窗口,如图 B.6 所示,最多可以同时打开 4 个这样的窗口,每一个监视窗口均可有一系列或一组要查看的变量或表达式。

图 B.6　添加新的变量或表达式

需要说明的是,在使用监视窗口进行操作时,要注意到下面一些技巧。

① 当需要查看或修改某个新的变量或表达式而向"监视"窗口添加时,单击左边的"名称"列下面的行,输入变量或表达式,按 Enter 键,相应的内容就会自动出现在同一行的"值"和"类型"域中,同时选定下一行。

② 修改时选中相应的变量或表达式,按 Tab 键或在列表项的"值"域中双击该值,再输入新值按 Enter 键就可以了。

③ 有时,"监视"窗口中含有太多的变量或表达式时,按 Delete 键可将当前选定列表项的变量或表达式删除。

(3)"局部变量"和"自动窗口"的使用。

"局部变量"和"自动窗口"是用来快速访问程序当前的环境中所使用的一些重要变量。"局部变量"窗口用来显示出当前函数使用的局部变量。"自动窗口"用来显示出当前语句和上一条语句使用的变量,它还显示使用"逐过程"或"跳出"命令后函数的返回值。

需要说明的是,这两个窗口内均有"名称""值"和"类型"三个列,调试器自动填充它们的内容。其查看和修改变量数值的方法与"监视"窗口相类似,这里不再重述。

以上是调试器进行程序调试的一些基本方法。当然,Visual C++ 功能强大的调试器还能调试异常、线程、OLE 以及远程调试等,且支持多平台和平台间的调试。

APPENDIX 附录 C
C++ 基本知识点

C.1　C++ 程序结构

一个程序是由若干个程序源文件组成的。为了与其他语言相区别，每一个 C++ 程序源文件通常是以.cpp（c plus plus，C++）为扩展名，它是由编译预处理指令、数据或数据结构定义以及若干个函数组成。代码中，main()表示主函数，由于每一个程序执行时都必须从 main() 开始，而不管该函数在整个程序中的具体位置，因此每一个 C++ 程序或由多个源文件组成的 C++ 项目都必须包含一个且只有一个 main() 函数。一个简单的 C++ 程序可如下列代码。

```
1  /* 第一个简单的C++程序 */
2  #include <iostream>
3  using namespace std;
4  int  main()
5  {
6      double  r, area;                    // 定义变量r,area双精度整数类型
7      cout<<"输入圆的半径：";              // 显示提示信息
8      cin>>r;                              // 从键盘上输入的值存放到r中
9      area = 3.14159 * r * r;              // 计算圆面积，结果存放到area中
10     cout<<"圆的面积为："<<area<<"\n";    // 输出结果
11     return 0;                            // 指定返回值
12 }
13
```

行号为 2 的代码是 C++ 文件包含 #include 的编译指令，称为预处理指令。#include 后面的 iostream 是 C++ 编译器自带的文件，称为 C++ 库文件，它定义了标准输入/输出流的相关数据及其操作，又由于它们总是被放置在源程序文件的起始处，所以这些文件被称为头文件（Header File）。C++ 编译器自带了许多这样的头文件，每个头文件都支持一组特定的"工具"，用于实现基本输入/输出、数值计算、字符串处理等方面的操作。

cin 和 cout 是输入/输出名称空间 std 的流对象，因而需要用 using namespace 编译指令来指定。名称空间是 ANSI/ISO C++ 一个新的特性，用于解决在程序中同名标识存在的潜在危机。若不指定名称空间 std，则在使用时应通过域作用运算符"::"来指定它所属名称空间，如 std::cin、std::cout 等。

程序中的"/*...*/"之间的内容或"//"开始一直到行尾的内容是用来注释的，它的目的只是为了提高程序的可读性，对编译和运行并不起作用。正是因为这一点，所注释的内容既可以用汉字来表示，也可以用英文来说明，只要便于理解就行。其中，"/*...*/"是用来实现多行的注释，它是将由"/*"开头到"*/"结尾之间所有内容均视为注释，称为块注释。块注释（"/*...*/"）的注解方式可以出现在程序中的任何位置，包括在语句或表达式之间。

而"//"只能实现单行的注释,它是将"//"开始一直到行尾的内容作为注释,称为行注释。

C.2 标识符和数据类型

1. 标识符命名

C++标识符用来标识变量名、函数名、数组名、类名、对象名、类型名、文件名等的有效字符序列(一般不超过32个字符),它是由大小写字母、数字字符(0~9)和下画线组成,且第一个字符必须为字母或下画线。任何标识符中都不能有空格、标点符号、运算符及其他非法字符。标识符的大小写是有区别的,并且不能和系统的关键字同名。以下是常用C++标准关键字。

asm	auto	bool	break	case	catch
char	class	const	continue	default	delete
do	double	else	enum	extern	float
for	frient	goto	if	inline	int
long	mutable	namespace	new	operator	private
protected	public	register	return	short	signed
sizeof	static	struct	switch	template	this
throw	try	typedef	union	unsigned	using
virtual	void	volatile	while		

2. 数据类型

C++数据类型分为基本类型、派生类型以及复合类型三类。基本数据类型是C++系统的内部数据类型,如整型、浮点型等。派生类型是将已有的数据类型定义成指针或引用。而复合类型是根据基本类型和派生类型定义的复杂数据类型(又可称为构造类型),如数组、类、结构体和共用体等。

C++基本数据类型有int(整型)、float(单精度实型)、double(双精度实型)、char(字符型)和bool(布尔型,值为false或true,而false用0表示,true用1表示)等。除bool外,这些基本数据类型还可用short(短型)、long(长型)、signed(有符号)和unsigned(无符号)来区分。表C.1列出了C++各种基本数据的类型、字宽(以字节数为单位)和范围,它们是根据ANSI标准而定的。

1) 常量

根据程序中数据的可变性,数据可以分为常量和变量两大类。在程序运行过程中,其值不能被改变的量称为常量。常量可分为不同的类型,一般从其字面形式即可判别,这种常量又称为字面常量。常量也可以是const修饰的只读变量、#define定义的常量及enum类型的枚举常量等,它们称为标识符常量。

整型常量(整数):用十进制、八进制和十六进制来表示。八进制整数是以数字0开头的,它由0~7的数字组成。十六进制整数是以0x或0X开头的,它由0~9、A~F或a~f组成。对于整型常量中的长整型(long)要以L(l)字母结尾,而对于无符号(unsigned)整型常量要以U(u)字母结尾。

表 C.1 C++ 的基本数据类型

类 型 名	类 型 描 述	字宽	范 围
bool	布尔型	1	false(0)或 true(1)
char	单字符型	1	−128～127
unsigned char	无符号字符型	1	0～255(0xff)
signed char	有符号字符型	1	−128～127
wchar_t	宽字符型	2	视系统而定
short [int]	短整型	2	−32 768～32 767
unsigned short [int]	无符号短整型	2	0～65 535(0xffff)
signed short [int]	有符号短整型(与 short int 相同)	2	−32 768～32 767
int	整型	4	−2 147 483 648～2 147 483 647
unsigned [int]	无符号整型	4	0～4 294 967 295(0xffffffff)
signed [int]	有符号整型(与 int 相同)	4	−2 147 483 648～2 147 483 647
long [int]	长整型	4	−2 147 483 648～2 147 483 647
unsigned long [int]	无符号长整型	4	0～429 4967 295(0xffffffff)
signed long [int]	有符号长整型(与 long int 相同)	4	−2 147 483 648～2 147 483 647
float	单精度实型	4	7 位有效位
double	双精度实型	8	15 位有效位
long double	长双精度实型	10	19 位有效位,视系统而定

注：①表中的字宽和范围是 32 位系统的结果,若在 16 位系统中,则 int、signed int、unsigned int 的字宽为 2B,其余相同。②表中的[int]表示可以省略,即在 int 之前有 signed、unsigned、short、long 时,可以省略 int 关键字。

浮点型常量(实数)：它有十进制数或指数两种表示形式。十进制数形式是由整数部分和小数部分组成的(注意必须有小数点)。指数形式采用科学表示法,它能表示出很大或很小的浮点数。例如,1.2e9 或 1.2E9 都代表 1.2×10^9,注意 E(e)字母前必须有数字,且 E(e)字母后跟的指数必须是整数。以 F(f)字母结尾的实数,则表示单精度类型(float),以 L(l)字母结尾的表示长双精度类型(long double)。若一个实数没有字母结尾,表示双精度类型(double)。

字符常量：用单引号括起来的一个字符。由"\"开头的字符称为转义字符,如'\n'代表一个换行符,而不是表示字母 n。反斜杠字符应为'\\'。

字符串常量：是一对双引号括起来的字符序列。除一般字符外,字符串常量中还可以包含空格、转义字符或其他字符。字符串常量应尽量在同一行书写,若一行写不下,可用"\"来连接。

2) 变量

变量是指有标识符(变量名)、类型且在程序执行中其值可以改变的量。变量在使用前必须先定义,其格式如下。

> <类型> <变量名列表>;

同类型的变量定义可在一行语句中进行,不过变量名要用逗号(,)分隔。在同一个程序块(作用域)中,不能有同名的变量存在。特别地,C++没有字符串变量类型,它是用字符类型的数组或指针来定义的。

变量的初始化可使用赋值符(=),也可采用下列形式,它与C语言不同。例如:

> int nX(1), nY(3) , nZ = 5;

表示nX、nY和nZ都是整型变量,它们的初值分别为1、3和5。

3) 数据类型转换

数据类型转换有两种,一种是"自动转换",另一种是"强制类型转换"。自动转换是将数据类型从低到高的顺序进行转换,而强制类型转换是在程序中通过指定数据类型来改变如图C.1所示的类型转换顺序,将一个变量从其定义的类型改变为另一种新的类型。强制类型转换有下列两种格式。

> (<类型名>)<表达式>

或

> <类型名>(<表达式>)

这里的"类型名"是任何合法的C/C++数据类型,如float、int等。通过类型的强制转换可以将"表达式"转换成指定的类型。

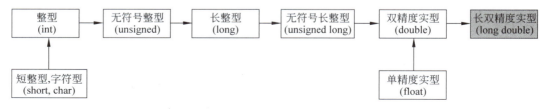

图 C.1 类型转换的顺序

4) 数组

数组是相同类型的元素的有序集合,每个元素在数组中的位置可用统一的数组名和下标来唯一确定。定义一个数组可按下列格式进行:

> <类型> <数组名>[<常量表达式 1>][<常量表达式 2>]…

常量表达式用于确定数组的维数和大小。一般地,表示某维大小的常量表达式中不能包含变量,但可以包括字面常量和符号常量,其值必须是一个确定的整型数值,且数值大于1。数组定义后,就可以引用数组中的元素,引用时按下列格式。

```
<数组名>[<下标>]…
```

5) 结构体

一个结构体是由多种类型的数据组成的整体。组成结构的各个分量称为结构体的数据成员(简称为成员)。结构体定义的格式为：

```
struct <结构体名>
{
        <成员定义 1>;
        <成员定义 2>;
        …
        <成员定义 n>;
}[结构变量名列表];          //注意最后的分号不要忘记
```

结构体定义是以关键字 struct 作为标志的，<结构体名>应是一个有效的标识符。在结构体中的每个成员都必须通过"成员定义"来确定成员名及其类型。

结构体变量的初始化的一般形式是在变量后面加上：

```
= {<初值列表>};
```

当一个结构体变量定义之后，就可引用这个变量。使用时，若只引用结构体变量中的成员变量，则需使用成员运算符"."或"->"来引用，如下列格式。

```
<结构体变量名>.<成员变量名>
<结构体指针变量>-><成员变量名>
```

6) 共用体

共用体的功能和语法都与结构体相同，但它们最大的区别是：共用体在任一时刻只有一个成员处于活动状态，且共用体变量所占的内存长度等于各个成员中最长成员的长度，而结构体变量所占的内存长度等于各个成员的长度之和。

在共用体中，各个成员所占内存的字节数各不相同，但都是从同一地址开始的。定义一个共用体可用下列格式。

```
union <共用体名>
{
        <成员定义 1>;
        <成员定义 2>;
        …
        <成员定义 n>;
}[共用体变量名列表];          //注意最后的分号不要忘记
```

共用体除关键字(union)不同外，其使用方法均与结构体相同。

7）枚举类型

枚举也是一种构造类型，它是一系列有标识符的整型常量的集合，其主要功能是增加程序代码的可读性，它的格式如下。

```
enum <枚举类型名> {<枚举常量列表>}[枚举变量];        //注意最后的分号不要忘记
```

枚举常量表中的枚举常量名之间要用逗号分隔。默认时，系统为每一个枚举常量都对应一个整数，并从 0 开始，逐个增 1，不过这些默认值可重新用"＝"指定。

8）用 typedef 定义类型

使用 typedef 可以将已有的类型名用新的类型名（别名）来代替，它具有下列格式。

```
typedef    <已有的类型名> <类型别名>;
```

例如：

```
typedef    int       Ints[10];
Ints       a;                //等效于 int a[10]
```

C.3 运算符和表达式

运算符的运算对象称为操作数，运算符所需操作数的个数称为目数。在 C++ 中，复杂的运算须遵循运算符的优先级和结合性。运算符的运算优先级共分为 17 级（1 级最高，17 级最低），如表 C.2 所示。在表达式中，优先级较高的先于优先级较低的进行运算。而在一个运算量两侧的运算符优先级相同时，则按运算符的结合性所规定的结合方向进行运算。运算符的结合性分为左结合性（自左至右）和右结合性（自右至左）两种。

表 C.2 C++ 常用运算符一览表

优先级	运算符	描述	目数	结合性
1	::	作用域（作用范围）运算符（域作用符）		
2	()、[ ] .、-> ++、--	圆括号、数组（下标运算符） 成员运算符 后缀自增、后缀自减运算符	单目、双目	从左至右
3	++、-- &、* !、~ +、- （类型） sizeof new、delete	前缀自增，前缀自减运算符 取对象的指针、引用对象的内存空间 逻辑非、按位求反 正号运算符，负号运算符 强制类型转换 返回操作数的字节大小 动态存储分配与释放	单目	从右至左

续表

优先级	运算符	描述	目数	结合性
4	.*、->*	成员指针运算符	双目	从左至右
5	*、/、%	乘法、除法、取余	双目	从左至右
6	+、-	加法、减法		
7	<<、>>	左移位、右移位		
8	<、<=、>、>=	小于、小于等于、大于、大于等于		
9	==、!=	相等于、不等于		
10	&	按位与		
11	^	按位异或		
12	|	按位或		
13	&&	逻辑与		
14	||	逻辑或		
15	?:	条件运算符	三目运算符	从右至左
16	=、+=、-=、*=、/=、%=、&=、^=、|=、<<=、>>=	赋值运算符	双目	从右至左
17	,	逗号运算符		从左至右

1. 算术运算符

算术运算符包括双目的加减乘除四则运算符、求余运算符以及单目的正负运算符。C++中没有幂运算符,幂运算符是通过函数来实现的。算术运算符如下。

+(正号运算符)、-(负号运算符)、*(乘法)、/(除法)、%(求余)、+(加法)、-(减法)

C++中算术运算符和数学运算的概念及运算方法是一致的,但要注意以下几点。

(1) 两个整数相除,结果为整数,它将保留整数部分,而不是四舍五入;若除数和被除数中有一个是浮点数,则进行浮点数除法,结果是浮点型。

(2) 求余运算要求参与运算的两个操作数都是整型,其结果是两个数相除的余数。

2. 赋值运算符

在C++语言中,赋值符"="是一个双目运算符,结合性从右至左,其作用是将赋值符右边操作数的值赋给左边的操作数。每一个合法的表达式在求值后都有一个确定的值和类型。赋值表达式的值是赋值符左边操作数的值,赋值表达式的类型是赋值符左边操作数的类型。

(1) 复合赋值。

在C++语言中,规定了10种复合赋值运算符:

+=、-=、*=、/=、%=、&=、|=、^=、<<=、>>=

它们都是在赋值符"="之前加上其他运算符而构成的。前5个是算术复合赋值运算符,后5个是位操作复合赋值运算符,依次分别表示按位与赋值、按位或赋值、按位异或赋值、左移赋值、右移赋值。

注意:

① 在复合赋值运算符之间不能有空格,例如,+=不能写成+ ␣=,否则编译系统将提示出错信息("␣"表示一个空格)。

② 复合赋值运算符的优先级和赋值符的优先级一样,在C++所有运算符中只高于逗号运算符,而且复合赋值运算符的结合性也是从右至左的,所以在组成复杂的表达式时要特别小心。

(2) 多重赋值。

所谓多重赋值是指在一个赋值表达式中出现两个或更多的赋值符("=")。由于赋值是一个表达式,所以它几乎可以出现在程序的任何地方。

3. 关系运算符

关系运算是逻辑运算中比较简单的一种,它是双目运算符。所谓"关系运算"实际上是比较两个操作数是否符合给定的条件。若符合条件,则关系表达式的值为"真",否则为"假"。在C++编译系统中,往往将"真"表示为"true"或1,将"假"表示为"false"或0。而任何不为0的数被认为是"真",0被认为是"假"。

C++提供了下列6种关系运算符。

> <(小于)、<=(小于等于)、>(大于)、>=(大于等于)、==(相等于)、!=(不等于)

其中,前4种的优先级相同且高于后面的两种。但关系运算符的优先级低于算术运算符。

4. 逻辑运算符

逻辑运算符用于将多个关系表达式或逻辑量("真"或"假")组成一个逻辑表达式。C++提供了下列3种逻辑运算符。

> !(逻辑非)、&&(逻辑与)、||(逻辑或)

5. 位运算符

位运算符是对操作数按其在计算机内表示的二进制数逐位地进行逻辑运算或移位运算,参与运算的操作数只能是整型常量或变量。C++语言提供了以下6种位运算符。

> ~(按位求反)、<<(左移)、>>(右移)、&(按位与)、^(按位异或)、|(按位或)

6. 三目运算符

C++中唯一的三目运算符是条件运算符,其格式如下。

> <条件表达式>?<表达式1>:<表达式2>

"条件表达式"是C++中可以产生"真"和"假"结果的任何表达式,如果条件表达式的结果为"真",则执行表达式1,否则执行表达式2。

注意: 只有在表达式2后面才能出现分号结束符,"表达式1"和"表达式2"中都不能有分号。

7. 增 1 和减 1 运算符

单目运算符增 1(＋＋)和减 1(－－)为整型变量加 1 或减 1 提供一种非常有效的方法。＋＋和－－既可放在变量的左边也可以出现在变量的右边,分别称为前缀运算符和后缀运算符。例如：

```
i++; 或 ++i;         (等效于 i = i + 1; 或 i+= 1;)
i--; 或 --i;         (等效于 i = i - ; 或 i -= 1;)
```

需要特别注意的是,若前缀运算符和后缀运算符仅用于某个变量的增 1 和减 1,则这两个都是等价的,但如果将这两个运算符和其他运算符组合在一起,在求值次序上就会产生根本的不同。

(1) 若用前缀运算符对一个变量增 1(减 1),则在将该变量增 1(减 1)后,用新的值在表达式中进行其他的运算。

(2) 若用后缀运算符对一个变量增 1(减 1),则用该变量的原值在表达式中进行其他的运算后,再将该变量增 1(减 1)。

8. 逗号运算符

逗号运算符是优先级最低的运算符,它可以使多个表达式放在一行上,从而大大简化了程序代码。在计算时,C++ 将从左至右逐个计算每个表达式,最终整个表达式的结果是最后计算的那个表达式的类型和值。

9. sizeof 运算符

sizeof 的目的是返回操作数所占的内存空间大小(字节数),它具有下列两种格式。

```
sizeof(<表达式>)
sizeof(<数据类型>)
```

需要说明的是,由于同一类型的操作数在不同系统下占用的存储字节数可能不同,因此 sizeof() 的结果有可能是不一样的。

10. new 和 delete

在 C++ 中,使用关键字 new 和 delete 来有效地、直接地进行动态内存的分配和释放。

运算符 new 用来根据指定类型进行动态内存的分配,并返回一个指针,如果分配失败(如没有足够的内存空间)时则返回 0。运算符 delete 操作是释放 new 请求到的内存。需要强调的是：

(1) 运算符 delete 必须用于先前 new 分配的有效指针。如果使用了未定义的其他任何类型的指针,就会带来严重问题,如系统崩溃等。

(2) 用 new 也可指定分配的内存大小,例如：

```
int * p;
p = new int(60);              //为指针 p 开辟 60B 的内存单元
```

(3) new 可以为数组分配内存,但当释放时,必须告诉 delete 数组有多少个元素。例如：

```
int * p;
p= new int[10];          //分配整型数组的内存,数组中有 10 元素
...
delete[10]p;             //告诉 delete 数组有多少个元素
```

C.4 基本语句

C++ 提供了如表达式语句、复合语句、选择语句和循环语句等语句,满足了结构化程序设计所需要的三种基本结构:顺序结构、选择结构和循环结构。

1. 表达式语句、空语句和复合语句

表达式语句、空语句及复合语句是一些系统顺序执行(操作)的语句,故又称为顺序语句。任何一个表达式加上分号就是一个表达式语句。仅由分号";"也能构成一个语句,这个语句就是空语句。空语句仅为语法的需要而设置,并不执行任何动作。

复合语句是由两条或两条以上的语句组成的,并由一对花括号({ })括起来的语句。又称为块语句。复合语句中的语句可以是单条语句(包括空语句),也可以再包含复合语句。不过要注意的是:在块中定义的变量只作用于块的范围,出了块外,这些变量就无效。

2. 选择语句

选择结构是用来判断所给定的条件是否满足,并根据判定的结果("真"或"假")决定哪些语句被执行。C++ 中构成选择结构的语句有 if(条件)语句和 switch(开关)语句。

(1) if 语句。

if 语句具有下列形式。

```
if  (<表达式>) <语句 1>
[else   <语句 2>]
```

当"表达式"为"真"时,执行语句 1,否则执行语句 2。

(2) switch 语句。

switch 语句能解决多个条件分支判断问题,具有下列形式。

```
switch  (<表达式>)
{
case <常量表达式 1>:[语句 1]
case <常量表达式 2> :[语句 2]
...
case <常量表达式 n>:[语句 n]
[default           : 语句 n+1]
}
```

当表达式的值与 case 中某个表达式的值相等时,就执行该 case 中":"号后面的所有语句。若 case 中所有表达式的值都不等于表达式的值,则执行 default 后面的语句,若 default 不存在,则跳出 switch 结构。

注意:

① switch 后面的表达式可以是整型、字符型或枚举型的表达式,而 case 后面的常量表达式的类型必须与其匹配。

② 多个 case 可以共有一组执行语句。

③ 若同一个 case 后面的语句有两条或两条以上的语句,则这些语句可以不用花括号括起来。

④ 由于 case 语句起标号作用,因此每一个 case 常量表达式的值必须互不相同,否则会出现编译错误。

⑤ 合理使用 break 语句使其跳出 switch 结构,以保证结果的正确性;若没有 break 语句,则后面的语句继续执行,直到 switch 结构的最后一个花括号"}"为止才跳出该结构。

3. 循环语句

C++ 中提供了三种循环语句:while 语句、do…while 语句和 for 语句。这些循环语句在许多情况下可以相互替换。

(1) while 语句。

while 循环语句具有下列形式。

```
while(<表达式>)
     <语句>
```

<语句>是循环体,它可以是一条语句,也可以是复合语句。当表达式为"真"时便开始执行 while 循环体中的语句,然后反复执行,每次执行都会判断表达式是否为"真",若为"假",则终止循环。

(2) do…while 语句。

do…while 循环语句具有下列形式。

```
do   <语句>
while(<表达式>)
```

<语句>是循环体,它可以是一条语句,也可以是复合语句。当语句执行到 while 时,将判断表达式是否为"真",若是,则继续执行循环体,直到下一次表达式为"假"为止。需要指出的是:do…while 至少执行一次循环体,而 while 循环可能一次都不会执行。

(3) for 语句。

for 循环语句具有下列形式。

```
for([表达式 1];[表达式 2];[表达式 3])
     <语句>
```

<语句>是循环体,它可以是一条语句,也可以是复合语句。一般情况下,[表达式 1]用作循环变量的初始化,[表达式 2]是循环体的判断条件,当为"真"时,开始执行循环体,然后计算[表达式 3],再判断表达式 2 的值是否为"真",若是,再执行循环体,再计算表达式 3,如此反复,直到表达式 2 为"假"为止。

以上是 C++ 几种类型的循环语句,使用时可根据实际需要进行适当选择。但不管是怎

样的循环结构,在编程时应保证循环有终止的可能;否则,程序陷入死循环。

4. break、continue 语句

在 C++ 程序中,若需要跳出循环结构或重新开始循环,就得使用 break 和 continue 语句,其格式如下。

```
break;
continue;
```

break 语句既可以从一个循环体跳出,即提前终止循环,也可以跳出 switch 结构。而 continue 是用于那些依靠条件判断而进行循环的循环语句,如 for、while 语句。对于 for 语句来说,continue 的目的是将流程转到 for 语句的表达式 2 和表达式 3。

C.5 函 数

在面向过程的结构化程序设计中,通常需要若干个模块实现较复杂的功能,而每一个模块自成结构,用来解决一些子问题。这种能完成某一独立功能的子程序模块,称为函数。

1. 函数的定义和调用

一个 C++ 函数的定义是由函数名、函数类型、形式参数表和函数体四个部分组成的。函数类型决定了函数所需要的返回值类型,它可以是函数或数组之外的任何有效的 C++ 数据类型,包括构造的数据类型、指针等。如果不需要函数有返回值,只要定义函数的类型为 void 即可。

(1) 函数的定义格式。

函数定义的格式如下。

```
<函数类型> <函数名>(<形式参数表>)
{
        <若干语句>
}
```

函数名须是一个有效的 C++ 标识符(注意命名规则),函数名后面必须跟一对圆括号"()",以区别于变量名及其他用户定义的标识名。函数的形式参数写在圆括号内,参数表中参数个数可以是 0,表示没有参数,但圆括号不能省略,也可以是一个或多个参数,但多个参数间要用逗号分隔。

函数的函数体由在一对花括号中的若干条语句组成,用于实现这个函数执行的动作。C++ 不允许在一个函数体中再定义函数。

(2) 函数的声明。

声明一个函数可按下列格式进行。

```
<函数类型> <函数名>(<形式参数表>);
```

其中,<形式参数表>中的形参的标识符可以省略,但类型名不能省略。要注意,函数声明的内容应和函数的定义相同。

(3) 函数的调用。

函数调用的一般形式为：

<函数名>(<实际参数表>);

所谓"实际参数"（简称"实参"），与"形参"相对应，是实际调用函数时所给定的常量、变量或表达式，且必须有确定的值。

2. 带默认形参值的函数

C++允许在函数的声明或定义时给一个或多个参数指定默认值。这样在调用时，可以不给出参数，而按指定的默认值进行传递。

注意：

(1) 当函数既有声明又有定义后，不能在函数定义中指定默认参数。

(2) 默认参数值可以是全局变量、全局常量，甚至是一个函数。但不可以是局部变量，因为默认参数的函数调用是在编译时确定的，而局部变量的值在编译时无法确定。

(3) 当一个函数中有多个默认参数时，则形参分布中，默认参数应从右到左逐个定义。在函数调用时，系统按从左到右的顺序将实参与形参结合，当实参的数目不足时，系统将按同样的顺序用声明或定义中的默认值来补齐所缺少的参数。

3. 函数的递归调用

C++中允许在调用一个函数的过程中出现直接地或间接地调用函数本身，这种情况称为函数的"递归"调用，相应的函数称为递归函数。

4. 内联函数

内联函数的使用与一般函数相同，只是在定义时，在函数类型前加上关键字 inline。

注意：

(1) 在 C++中，需要定义成的内联函数不能含有循环、switch 和复杂嵌套的 if 语句。

(2) 递归函数不能定义成内联函数。

(3) 编译器是否将内联函数当作真正的内联函数处理，由编译器自行决定。

5. 函数的重载

函数重载是指允许有多个同名的函数存在，但同名的各个函数的形参必须有区别：形参的个数不同，或者形参的个数相同，但参数类型有所不同。若只有返回值的类型不同是不行的。

C.6　指针和引用

C++有简捷高效的"指针"和特别有用的"引用"操作。

1. 指针和指针变量

指针变量是存放内存地址的变量，一般情况下，该地址是另一个变量存储在内存中的首地址，这时又称该指针变量"指向"这个变量。指针变量可按下列格式进行定义。

<类型名> *<指针变量名1>[,*<指针变量名2>,…];

式中的"*"是一个定义指针变量的说明符,每个指针变量前面都需要这样的"*"来标明。在定义一个指针后,系统也会给指针分配一个内存单元,但分配的空间大小都是相同的,因为指针变量的数值是某个变量的地址,而地址值的长度是一样的。

2. & 和 * 运算符

C++中有两个专门用于指针的运算符:

> &(取地址运算符)、*(取值运算符)

运算符"&"只能对变量操作,作用是取该变量的地址。运算符"*"用于指针类型的变量操作,作用是取该指针所指内存单元中存储的内容。

说明:

(1) 在使用指针变量前,一定要对其进行初始化或使其有确定的地址。

(2) 指针变量只能赋以一个指针的值,若给指针变量赋了一个变量的值而不是该变量的地址或者赋了一个常量的值,则系统会以这个值作为地址。根据这个"地址"读写的结果将是致命的。

(3) 两个指针变量进行赋值,必须使这两个指针变量类型是相同的。否则,结果将是不可预测的。

(4) 给指针变量赋值实际上是"间接"给指针所指向的变量赋值。

3. 指针和数组

数组中所有元素都是依次存储在内存单元中的,每个元素都有相应的地址。C++又规定数组名代表数组中第一个元素的地址,即数组的首地址。

由于指针变量和数组的数组名在本质上是一样,都是指向地址的变量,因此指向数组的指针变量实际上也可像数组变量那样使用下标,而数组又可像指针变量那样使用指针。例如,若当一个指针变量 p 指向一维数组 a 时,则 p[i] 与 *(p+i) 及 a[i] 是等价的,*(a+i) 与 *(p+i) 是等价的。

4. 函数的指针传递

如果函数的某个参数是指针,对这一个函数的调用就是按地址传递的函数调用,简称传址调用。由于函数形参指针和实参指针指向同一个地址,因此形参内容的改变必将影响实参。在实际应用中,函数可以通过指针类型的参数带回一个或多个值。

5. 引用

定义引用类型变量,实质上是给一个已定义的变量起一个别名,系统不会为引用类型变量分配内存空间,只是使引用类型变量与其相关联的变量使用同一个内存空间。

引用类型变量的一般定义格式为:

> <类型>　&<引用名> = <变量名>

或

> <类型>　&<引用名> (<变量名>)

其中,变量名必须是一个已定义过的变量。

引用与指针的最大区别是：指针是一个变量，可以把它再赋值成指向别处的地址，而引用一旦初始化后，其地址不会再改变。

注意：

（1）定义引用类型变量时，必须将其初始化。而且引用变量类型必须与为它初始化的变量类型相同。

（2）当引用类型变量的初始化值是常数的，则必须将该引用定义成 const 类型。

（3）不能引用一个数组，这是因为数组是某个数据类型元素的集合，数组名表示该元素集合空间的起始地址，它自己不是一个真正的数据类型。

（4）可以引用一个结构体。

（5）引用本身不是一种数据类型，所以没有引用的引用，也没有引用的指针。

6. 函数的引用传递

前面已提到过，当指针作为函数的参数时，形参改变后相应的实参也会改变。但如果以引用作为参数，则既可以实现指针所带来的功能，而且更加简便自然。一个函数能使用引用传递的方式是在函数定义时将形参前加上引用运算符"&"。引用除了可作为函数的参数外，还可作为函数的返回值。

C.7 预 处 理

C++ 预处理指令（命令）有三种：宏定义、文件包含和条件编译。这些指令在程序中都是以"#"来引导，每一条预处理指令必须单独占用一行，且行尾不能有分号";"。

1. 宏定义

用 # define 可以定义一个符号常量，如：

```
#define    PI   3.141593
```

这里的 # define 就是宏定义指令，它的作用是将 3.141593 用 PI 代替；PI 称为宏名。需要强调的是：

（1）# define、PI 和 3.141593 之间一定要有空格，且一般将宏名定义成大写，以便与普通标识符相区别。

（2）宏被定义后，一般不能再重新定义，而只有当使用如下命令时才可以。

```
#undef   宏名
```

（3）一个定义过的宏名可以用来定义其他新的宏。

（4）宏还可以带参数，例如：

```
#define MAX(a,b)   ((a)>(b)?(a):(b))
```

其中，(a, b) 是宏 MAX 的参数表，如果在程序出现下列语句：

```
x = MAX(3, 9);
```

则预处理后变成:

```
x = (3>9?3:9);              //结果为 9
```

很显然,带参数的宏相当于一个函数的功能,但比函数简洁。

2. 文件包含

所谓"文件包含"是指将另一个源文件的内容合并到源程序中。C++ 提供了 #include 指令来实现文件包含的操作,它有下列两种格式。

```
#include <文件名>
#include "文件名"
```

在这两种格式中,第一种格式是将文件名用尖括号"< >"括起来的,用来包含那些由系统提供的并放在指定子文件夹中的文件。第二种格式是将文件名用双引号括起来的,用来包含那些由用户定义的放在当前文件夹或其他文件夹下的文件。

3. 条件编译

一般情况下,源程序中所有的语句都参加编译,但有时也希望根据一定的条件去编译源文件的不同部分,这就是"条件编译"。条件编译使得同一源程序在不同的编译条件下得到不同的目标代码。C++ 提供的条件编译指令有下列几种常用的形式。

(1) 第一种形式。

```
#ifdef <标识符>
        <程序段 1>
[#else
        <程序段 2>]
#endif
```

<程序段>是由若干条预处理命令或语句组成的。这种形式的含义是:如果标识符已被 #define 指令定义过,则编译<程序段 1>,否则编译<程序段 2>。

(2) 第二种形式。

```
#ifndef <标识符>
        <程序段 1>
[#else
        <程序段 2>]
#endif
```

与前一种形式的区别仅在于,如果标识符没有被 #define 指令定义过,则编译<程序段 1>,否则就编译<程序段 2>。

(3) 第三种形式。

```
#if <表达式 1>
        <程序段 1>
```

```
[#elif <表达式 2>
        <程序段 2>
...]
[#else
        <程序段 n>]
#endif
```

它的含义是,如果<表达式 1>为"真"就编译<程序段 1>,否则如果<表达式 2>为"真"就编译<程序段 2>,…,如果各表达式都不为"真"就编译<程序段 n>。

C.8 类 和 对 象

1. 类的声明

C++中,声明一个类的一般格式如下:

```
class    <类名>                      //声明部分
{
private:
         [<私有型数据和函数>]
public:
         [<公有型数据和函数>]
protected:
         [<保护型数据和函数>]
};
<各个成员函数的实现>                  //实现部分
```

类中的数据和函数都是类的成员,分别称为数据成员和成员函数。类中关键字 public、private 和 protected 声明了类中的成员与类外之间的关系,称为访问权限。对于 public 成员来说,它们是公有的,可以在类外访问。对于 private 成员来说,它们是私有的,不能在类外访问,数据成员只能由类中的函数所使用,成员函数只允许在类中调用。而对于 protected 成员来说,它们是受保护的,具有半公开性质,可在类中或其子类中访问。

需要说明的是,一个成员函数的声明和定义同时在类体中完成,则该成员函数的实现将不需要单独出现。如果所有的成员函数都在类体中定义,则实现部分可以省略。

当类的成员函数的定义是在类体外部完成时,必须用作用域运算符"::"来告知编译系统该函数所属的类。此时,成员函数的定义格式如下:

```
<函数类型> <类名>::<函数名>(<形式参数表>)
{
    ...
}
```

2. 对象的定义和初始化

类声明后,就可以定义该类的对象。类对象有 3 种定义方式:声明之后定义、声明之时定义和一次性定义，例如：

```
class  A
{...};
A a;                //声明之后定义
class  B
{...
} b, c;             //声明之时定义
class
{...
} d, e;             //一次性定义
```

但在程序中应尽量使用对象的声明之后定义方式，即按下列格式进行。

<类名> <对象名表>；

其中，<类名>是已声明过的类的标识符，对象名可以有一个或多个，多个时要用逗号隔开。被定义的对象既可以是一个普通对象，也可以是一个数组对象或指针对象，例如：

```
CStuscore one, * Stu, Stus[2];
```

这时，one 是类 CStuscore 的一个普通对象，Stu 和 Stus 分别是该类的一个指针对象和对象数组。若对象是一个指针，则还可像指针变量那样进行初始化，例如：

```
CStuscore  * two = &one;
```

可见，在程序中，对象的使用和变量是一样的，只是对象还有成员的访问等手段。

3. 对象成员的访问

一个对象的成员就是该对象的"类"所定义的数据成员和成员函数。访问对象的成员变量和成员函数与访问一般变量和函数的方法是一样的，只不过须在成员前面加上对象名和成员运算符"."，例如：

```
cout<<one.getName()<<endl;
//调用对象 one 中的成员函数 getName()，然后输出其结果
cout<< Stus[0].getNo()<<endl;
//调用对象数组元素 Stus[0]中的成员函数 getNo()，然后输出
```

需要说明的是，一个类对象只能访问该类的公有型成员，而对于私有型成员则不能访问。若对象是一个指针，则对象的成员访问应使用成员运算符"-> 0"，它用来表示指向对象的指针的成员。需要说明的是，下面的两种表示是等价的（对于成员函数也适用）。

<对象指针名>-><成员变量>
(* <对象指针名>).<成员变量>

例如：

```
CStuscore  * two = &one;
cout<<(*two).getName()<<endl;        //A
cout<<two->getName()<<endl;          //与 A 等价
```

需要强调的是，类外通常是指在子类中或其对象等的一些场合，对于访问权限 public、private 和 protected 来说，只有在子类中或用对象来访问成员时，它们才会起作用。在用类外对象来访问成员时，只能访问 public 成员，而对 private 和 protected 均不能访问。对类中的成员访问或通过该类对象来访问成员都不受访问权限的限制。

4. 构造函数和析构函数

事实上，一个类总有两种特殊的成员函数：构造函数和析构函数。构造函数的功能是在创建对象时，给数据成员赋初值，即给对象初始化。析构函数的功能是用来释放一个对象，在对象删除前，用它来做一些内存释放等清理工作，它与构造函数的功能正好相反。

类的构造函数和析构函数的一个典型应用是在构造函数中用 new 为指针成员开辟独立的动态内存空间，而在析构函数中用 delete 释放它们。

5. 对象赋值和复制构造函数

C++ 还常用下列形式的初始化来将另一个对象作为对象的初值。

```
<类名> <对象名 1>(<对象名 2>),…;
```

例如：

```
CName o2("DING");         //A：通过构造函数设定初值
CName o3(o2);             //B：通过指定对象设定初值
```

B 语句是将 o2 作为 o3 的初值，同 o2 一样，o3 这种初始化形式要调用相应的构造函数，但此时找不到相匹配的构造函数，因为 CName 类没有任何构造函数的形参是 CName 类对象。事实上，CName 还隐含一个特殊的默认构造函数，其原型为 CName(const CName &)，这种特殊的默认构造函数称为默认复制构造函数。但这种仅将内存空间的内容复制的方式称为浅复制。事实上，对于数据成员有指针类型的类来说，由于默认复制构造函数无法解决，因此必须自己定义一个复制构造函数，在进行数值复制之前，为指针类型的数据成员另辟一个独立的内存空间。由于这种复制还需另辟内存空间，因而称其为深复制。

复制构造函数的格式就是带参数的构造函数。由于复制操作实质是类对象空间的引用，因此 C++ 规定，复制构造函数的参数个数可以是 1 个或多个，但左起的第 1 个参数必须是类的引用对象，它可以是"类名 & 对象"或是"const 类名 & 对象"形式，其中，"类名"是复制构造函数所在类的类名。也就是说，对于 CName 的复制构造函数，可有下列合法的函数原型。

```
CName(CName &x);                //x 为合法的对象标识符
CName(const CName &x);
CName(CName &x ,…);             //"…"表示还有其他参数
CName(const CName &x,…);
```

需要说明的是,一旦在类中定义了复制构造函数,则隐式的默认复制构造函数和隐式的默认构造函数就不再有效了。

6. this 指针

this 指针是类中一个特殊指针,当类实例化(用类定义对象)时,this 指针的指向对象自己,而在类的声明时指向类本身。

C.9 继承和派生

1. 派生类的定义

在 C++ 中,一个派生类的定义可按下列格式。

```
class <派生类名> :[<继承方式 1> ] <基类名 1>, [<继承方式 2> ] <基类名 2>, …
                                    —————————————基类列表—————————————
{
    [<派生类的成员>]
};
```

2. 继承方式

类的继承使得基类可以向派生类传递基类的属性和方法,但在派生类中访问基类的属性和方法不仅取决于基类成员的访问属性而且取决于其继承方式。

继承方式能有条件地改变在派生类中的基类成员的访问属性,从而使派生类对象对派生类中的自身成员和基类成员的访问均取决于成员的访问属性。C++ 继承方式有 3 种:public(公有)、private(私有)及 protected(保护)。

3. 派生类数据成员初始化

C++ 中,一个派生类中的数据成员通常有 3 类:基类的数据成员、派生类自身的数据成员以及派生类中其他类的对象。由于基类在派生类常常是隐藏的,也就是说,在派生类中无法访问它,因此必须通过调用基类构造函数来设定基类的数据成员的初值。需要说明的是,通常将派生类中的基类,称为基类复制,或称为"base class subobject,基类子对象"。

C++ 规定,派生类中对象成员初值的设定应在初始化列表中进行,因此一个派生类的构造函数的定义可有下列格式。

```
<派生类名>(形参表)
    :基类 1(参数表),基类 2(参数表),…,基类 n(参数表),
     对象成员 1(参数表),对象成员 2(参数表),…,对象成员 n(参数表) {   }
                           ————————成员初始化列表————————
```

说明:

(1) 在派生类构造函数的成员初始化列表中,既可有基类复制的数据成员的初始化,也可有派生类中对象成员的初始化。当然,派生类的数据成员也可在成员初始化列表中进行初始化,但数据成员的初始化形式必须是"数据成员名(参数)"的形式。

(2) 在成员初始化列表中,多个成员初始化之间必须用逗号分隔。

(3) 派生类中的各数据成员的初始化次序总体是:首先是基类复制成员的初始化,然后才是派生类自己的数据成员初始化。

（4）基类复制成员的初始化次序与它在成员初始化列表中的次序无关。在单继承中，它取决于继承层次的次序，即优先初始化上层类的对象。而在多继承中，基类成员的初始化次序取决于派生类声明时指定继承时的基类的先后次序。

（5）派生类自身数据成员的初始化次序也与在成员初始化列表中的次序无关，它们取决于在派生类中声明的先后次序。

4. 基类成员的访问

假设派生类 B 公有继承了基类 A，A 中的公有成员为 m，则在派生类 B 及其对象中访问基类 A 成员 m 的方式有以下几种。

（1）若派生类 B 中无任何和 A 基类成员 m 同名的成员时，则可在派生类 B 中直接引用 m。若有同名成员存在，则在派生类 B 中须指定成员所属的类，即访问形式为"A::m"。

（2）若派生类 B 对象 oB 是一个普通对象，当派生类 B 中无任何和 A 基类成员 m 同名的成员时，则通过 oB 访问基类成员 m 的形式为"oB.m"。若派生类 B 中有同名成员 m 存在，则通过 oB 访问基类成员 m 的形式为"oB.A::m"。

（3）若派生类 B 对象 poB 是一个指针对象，当派生类 B 中无任何和 A 基类成员 m 同名的成员时，则通过 poB 访问基类成员 m 的形式为"poB->m"，若派生类 B 中有同名成员 m 存在，则通过 poB 访问基类成员 m 的形式为"poB->A::m"。

C.10　多态和虚函数

1. 多态概念

多态是面向对象程序设计的重要特性之一，它与封装和继承构成了面向对象程序设计的三大特性。C++ 类的多态具体体现在运行和编译两个方面，在程序运行时的多态通过继承和虚函数来体现，而在程序编译时多态体现在函数和运算符的重载上。

在 C++ 中，多态可分为两种：编译时的多态和运行时的多态。编译时的多态是通过函数的重载或运算符的重载来实现的。而运行时的多态是通过继承和虚函数来实现的，它是在程序执行之前，根据函数和参数还无法确定应该调用哪一个函数，必须在程序的执行过程中，根据具体的执行情况动态地确定。

与这两种多态方式相对应的是两种编译方式：静态联编和动态联编。所谓联编（Binding，又称为绑定），就是将一个标识符和一个内存地址联系在一起的过程，或是一个源程序经过编译、连接，最后生成可执行代码的过程。

静态联编是指这种联编在编译阶段完成，由于联编过程是在程序运行前完成的，故又称为早期联编。动态联编是指这种联编要在程序运行时动态进行，所以又称为晚期联编。

在 C++ 中，函数重载是静态联编的具体实现方式。调用重载函数时，编译根据调用时参数类型与个数在编译时实现静态联编，将调用地址与函数名进行绑定。

事实上，在静态联编的方式下，同一个成员函数在基类和派生类中的不同版本是不会在运行时根据程序代码的指定进行自动绑定的。因此，必须通过类的虚函数机制，才能实现基类和派生类中的成员函数不同版本的动态联编。

2. 虚函数定义

虚函数是用关键字 virtual 来修饰基类中的 public 或 protected 的成员函数。当在派生类中进行重新定义后,就可在此类层次中具有该成员函数的不同版本。在程序执行过程中,依据基类对象指针所指向的派生类对象,或通过基类引用对象所引用的派生类对象,才能确定哪一个版本被激活,从而实现动态联编。

在基类中,虚函数定义时是在其成员函数定义前添加了关键字 virtual。

说明:

(1) 可把析构函数定义为虚函数,但不能将构造函数定义为虚函数。通常在释放基类中及其派生类中的动态申请的存储空间时,也要把析构函数定义为虚函数,以便实现撤销对象时的多态性。

(2) 虚函数在派生类重新定义时参数的个数和类型以及函数类型必须和基类中的虚函数完全匹配,这一点和函数重载完全不同。并且,虚函数派生下去仍是虚函数,且可省略 virtual 关键字。

C.11 运算符重载

运算符重载就是赋予已有的运算符多重含义,是一种静态联编的多态。通过重新定义运算符,使其能够对特定类对象执行特定的功能,从而增强了 C++ 语言的扩充能力。

1. 运算符重载函数

事实上,运算符重载的目的是为了实现类对象的运算操作。重载时,一般是在类中定义一个特殊的函数,以便通知编译器遇到该重载运算符时调用该函数,并由该函数来完成该运算符应该完成的操作。这种特殊的函数称为运算符重载函数,它通常是类的成员函数或是友元函数,运算符的操作数通常也是该类的对象。

在类中,定义一个运算符重载函数与定义一般成员函数相类似,只不过函数名必须以 operator 开头,其一般形式如下:

```
<函数类型><类名>::operator<重载的运算符>(<形参表>)
{…}                          //函数体
```

由于运算符重载函数的函数是以特殊的关键字开始的,因而编译器很容易与其他函数名区分开来。需要说明的是,运算符重载函数的参数和返回值类型取决于运算符的含义和结果,它们可能是类、类引用、类指针或是其他类型。

2. 运算符重载限制

在 C++ 中,运算符重载还有以下一些限制。

(1) 重载的运算符必须是一个已有的合法的 C++ 运算符,如"+""−""*""/""++"等,且不是所有的运算符都可以重载。在 C++ 中不允许重载的运算符有"?:"(条件)、"."(成员)、"*."(成员指针)、"::"(域作用符)、sizeof(取字节大小)。

(2) 不能定义新的运算符,或者说,不能为 C++ 没有的运算符进行重载。

(3) 当重载一个运算符时,该运算符的操作数个数、优先级和结合性不能改变。

(4) 运算符重载的方法通常有类的操作成员函数和友元函数两种,但"="(赋值)、"()"

（函数调用）、"[ ]"（下标）和"->"（成员指针）运算符不能重载为友元函数。

3. 友元重载

友元重载方法既可用于单目运算符，也可以用于双目运算符，其一般格式如下。

```
friend <函数类型>operator <重载的运算符>(<形参>)              //单目运算符重载
{… }                        //函数体
friend <函数类型>operator <重载的运算符>(<形参1，形参2>)       //双目运算符重载
{… }                        //函数体
```

其中，对于单目运算符的友元重载函数来说，只有一个形参，形参类型既可能是类的对象，也可能是类的引用，这取决于运算符的类型。对于"++""--"等来说，这个形参类型是类的引用对象，因为操作数必须是左值。对于单目"-"（负号运算符）等来说，形参类型可以是类的引用，也可以是类的对象。对于双目运算符的友元重载函数来说，它有两个形参，这两个形参中必须有一个是类的对象。

4. 转换函数

类型转换是将一种类型的值映射为另一种类型的值，它是实现强制转换操作的手段之一。定义时，应为类中的一个非静态成员函数，其一般格式为：

```
class <类名>
{
public:
    operator <类型>();
    //...
};
```

其中，"类型"是要转换后的一种数据类型，它可以是基本数据类型，也可以是构造数据类型。operator 和"类型"一起构成了转换函数名，它的作用是将"class <类名>"声明的类的对象转换成"类型"指定的数据类型。当然，转换函数既可以在类中定义也可在类体外实现，但声明必须在类中进行，因为转换函数是类中的成员函数。

C.12 基本异常处理

1. 异常及其传统处理方法

程序中的错误通常包括语法错误、逻辑错误和运行时异常等。其中，语法错误通常是指函数、类型、语句、表达式、运算符或标识符的使用不符合 C++ 中的语法，这种错误在程序编译或连接时就会由编译器指出；逻辑错误是指程序能顺利运行，但是没有实现或达到预期的功能或结果，这类错误通常需要调试或测试才能发现；而运行时异常（Exception）是指程序在运行过程中，由于意外事件的产生而导致程序异常终止，如内存空间不足、打开的文件不存在、零除数、下标越界等。

异常或错误的处理方法有很多，如判断函数返回值、使用全局的标志变量、直接使用 C++ 中的 exit() 或 abort() 函数来中断程序的执行。

2. 使用 C++ 异常处理

程序运行时异常的产生虽然无法避免,但可以预料,为了保证程序的健壮性,必须要在程序中对运行异常进行预见性处理,这种处理就称为异常处理。C++ 提供了专门用于异常处理的一种结构化形式的描述机制 try/throw/catch。该异常处理机制能够把程序的正常处理和异常处理逻辑分开表示,使得程序的异常处理结构清晰,通过异常集中处理的方式,解决异常处理的问题。

1) try

try 语句块的作用是启动异常处理机制,侦测 try 语句块中的程序语句执行时可能产生的异常。如有异常产生,则抛出异常,try 的格式如下。

```
try
{
    //被侦测的语句
}
```

注意:try 总是与 catch 一同出现,在一个 try 语句块之后,至少应该有一个 catch 语句块。

2) catch

catch 语句块用来捕捉 try 语句块产生的异常或用 throw 抛出的异常,然后进行处理,其格式如下。

```
catch(形参类型 [形参名])
{
    //异常处理语句
}
```

其中,catch 中的形参类型可以是 C++ 基本类型、构造类型,还可以是一个已定义的类的类型,包括类的指针或者引用等。如果在 catch 中指定了形参名,则可像一个函数的参数传递那样将异常值传入,并可在 catch 语句块中使用该形参名,例如:

```
try
{
    throw "除数不能为 0!";
} catch(const char * s)              //指定异常形参名
{
    cout<<s<<endl;                    //使用异常形参名
}
```

注意:

(1) 当 catch 中的整个形参为"…"时,则表示 catch 能捕捉任何类型的异常。

(2) catch 前面必须是 try 语句块或另一个 catch 块。正因为如此,在书写代码时应使用这样的格式:

```
try
{   ...
} catch(...)
{ ...
} catch(...)
{...}
```

3）throw

throw 用来强行抛出异常，其后跟的异常类型表达式可以是类对象、常量或变量表达式等。

4）try、catch 和 throw 之间的关系

（1）throw 和 catch 的关系就好比是函数调用关系，catch 指定形参，而 throw 给出实参。编译器将按照 catch 出现的顺序以及 catch 指定的参数类型确定 throw 抛出的异常应该由哪个 catch 来处理。

（2）throw 不一定就得出现在 try 语句块中，它实际上可以出现在任何需要的地方，即使在 catch 中的语句块中，仍然可以继续使用 throw，只要最终有 catch 可以捕获它即可，例如：

```
class Overflow
    {   //...
public:
    Overflow(char,double,double);
};
void f(double x)
{   //...
    throw Overflow('+',x,3.45e107);
    //在函数体中使用 throw,用来抛出一个对象
}
try
{   //...
    f(1.2);
    //...
} catch(Overflow& oo)
{
    //处理 Overflow 类型的异常
}
```

（3）当 throw 出现在 catch 语句块中时，通过 throw 既可以重新抛出一个新类型的异常，也可以重新抛出当前这个异常，在这种情况下，throw 不应带任何实参，例如：

```
try
{   ...
    } catch(int)
{
    throw "hello exception";
    //抛出一个新的异常,异常类型为 const char *
```

```
} catch(float)
{
    throw;              //重新抛出当前的 float 类型异常
}
```

3. 嵌套异常和栈展开

在 C++ 中，异常处理嵌套一般是指下列结构。

```
外层 ┌ try{   ...
     │   内层 ┌ try{...
     │        │ } catch(...){
     │        │    ...
     │        └ }
     │     ...
     │ } catch(...){
     │    ...
     └ }
```

当然，在程序代码中，若一个函数中的异常处理语句块中还有另一个函数的调用，而另一个函数本身也会产生异常。这样，通过函数嵌套调用也会形成异常处理嵌套。

在嵌套异常情况下，最底层函数所抛出的异常首先在内层中依次查找相匹配的 catch 语句块，只要遇到第一个匹配的 catch 子句，查找就会结束，然后进入该 catch 子句，进行处理。若没有匹配，则内层函数产生的异常逐层向外传递，最后回到主程序中。这种因发生异常而逐步退出复合语句或函数定义的过程，称为栈展开（Stack Unwinding）的过程。

说明：

(1) 随着栈展开，在退出的复合语句和函数定义中声明的局部变量的生命期也结束了。在栈中分配的局部变量所占用的资源也被释放，由系统回收。但是，如果函数动态分配过内存或其他资源（包括用 new 运算符取得的资源和打开的文件），由于异常，这些资源的释放语句可能被忽略，从而造成这些资源将永远不会被自动释放。

(2) 在栈展开期间，当一条复合语句（或语句块）或函数退出时，若遇到的局部变量是类对象时，则栈展开过程将自动调用该对象的析构函数，完成资源的释放。

图书资源支持

感谢您一直以来对清华版图书的支持和爱护。为了配合本书的使用,本书提供配套的资源,有需求的读者请扫描下方的"书圈"微信公众号二维码,在图书专区下载,也可以拨打电话或发送电子邮件咨询。

如果您在使用本书的过程中遇到了什么问题,或者有相关图书出版计划,也请您发邮件告诉我们,以便我们更好地为您服务。

我们的联系方式:

地　　址:北京市海淀区双清路学研大厦 A 座 714

邮　　编:100084

电　　话:010-83470236　　010-83470237

客服邮箱:2301891038@qq.com

QQ:2301891038(请写明您的单位和姓名)

资源下载:关注公众号"书圈"下载配套资源。

资源下载、样书申请

书圈

获取最新书目

观看课程直播